国家出版基金项目
NATIONAL PUBLICATION FOUNDATION

"十三五"国家重点出版物出版规划项目

持久性有机污染物
POPs 研究系列专著

新型持久性有机污染物的生物富集

罗孝俊　麦碧娴/著

科学出版社
北京

内 容 简 介

环境中的新型持久性有机污染物是最近 20 年来环境科学领域持续关注的一个重要热点问题。生物可富集性是持久性有机污染物的重要特性。了解这些新型持久性有机污染物的生物富集特征是当前研究的一个重要领域。本书首先简明扼要地概括及总结了有机污染物生物富集的相关概念、原理、方法、研究历史与现状。基于室内暴露实验和野外实际监测的数据，讨论了新型持久性有机污染物多溴联苯醚（PBDEs）、六溴环十二烷（HBCDs）、得克隆（DP）及短链氯化石蜡（SCCPs）在生物中的富集、代谢及食物链传递特点。着重探讨了这些新型持久性有机污染物在水生、陆生生物中的差异性富集及机理。同时也介绍了卤代持久性有机污染物在电子垃圾回收区不同植物中的叶片和根系吸收过程及机理。

本书可以作为高等院校环境科学、环境工程等专业的教学参考书，也可供从事环境生物学、污染物环境监测、化学品控制与管理的研究人员和技术人员参考。

图书在版编目（CIP）数据

新型持久性有机污染物的生物富集/罗孝俊，麦碧娴著. —北京：科学出版社，2017.9

（持久性有机污染物（POPs）研究系列专著）

"十三五"国家重点出版物出版规划项目　国家出版基金项目

ISBN 978-7-03-054596-1

Ⅰ.①新… Ⅱ.①罗… ②麦… Ⅲ.①持久性–有机污染物–生物富集–研究 Ⅳ.①X171

中国版本图书馆 CIP 数据核字(2017)第 236974 号

责任编辑：朱　丽　杨新改 / 责任校对：韩　杨
责任印制：肖　兴 / 封面设计：黄华斌

科 学 出 版 社 出版

北京东黄城根北街 16 号
邮政编码：100717
http://www.sciencep.com

北京通州皇家印刷厂 印刷

科学出版社发行　各地新华书店经销

*

2017 年 9 月第　一　版　　开本：720×1000 1/16
2019 年 1 月第二次印刷　　印张：22 1/4
字数：420 000

定价：128.00 元

（如有印装质量问题，我社负责调换）

《持久性有机污染物（POPs）研究系列专著》丛书编委会

丛 书 序

持久性有机污染物（persistent organic pollutants, POPs）是指在环境中难降解（滞留时间长）、高脂溶性（水溶性很低），可以在食物链中累积放大，能够通过蒸发–冷凝、大气和水等的输送而影响到区域和全球环境的一类半挥发性且毒性极大的污染物。POPs 所引起的污染问题是影响全球与人类健康的重大环境问题，其科学研究的难度与深度，以及污染的严重性、复杂性和长期性远远超过常规污染物。POPs 的分析方法、环境行为、生态风险、毒理与健康效应、控制与削减技术的研究是最近 20 年来环境科学领域持续关注的一个最重要的热点问题。

近代工业污染催生了环境科学的发展。1962 年，*Silent Spring* 的出版，引起学术界对滴滴涕（DDT）等造成的野生生物发育损伤的高度关注，POPs 研究随之成为全球关注的热点领域。1996 年，*Our Stolen Future* 的出版，再次引发国际学术界对 POPs 类环境内分泌干扰物的环境健康影响的关注，开启了环境保护研究的新历程。事实上，国际上环境保护经历了从常规大气污染物（如 SO_2、粉尘等）、水体常规污染物［如化学需氧量（COD）、生化需氧量（BOD）等］治理和重金属污染控制发展到痕量持久性有机污染物削减的循序渐进过程。针对全球范围内 POPs 污染日趋严重的现实，世界许多国家和国际环境保护组织启动了若干重大研究计划，涉及POPs 的分析方法、生态毒理、健康危害、环境风险理论和先进控制技术。研究重点包括：①POPs 污染源解析、长距离迁移传输机制及模型研究；②POPs 的毒性机制及健康效应评价；③POPs 的迁移、转化机理以及多介质复合污染机制研究；④POPs 的污染削减技术以及高风险区域修复技术；⑤新型污染物的检测方法、环境行为及毒性机制研究。

20 世纪国际上发生过一系列由于 POPs 污染而引发的环境灾难事件（如意大利 Seveso 化学污染事件、美国拉布卡纳尔镇污染事件、日本和中国台湾米糠油事件等），这些事件给我们敲响了 POPs 影响环境安全与健康的警钟。1999 年，比利时鸡饲料二噁英类污染波及全球，造成 14 亿欧元的直接损失，导致该国政局不稳。

国际范围内针对 POPs 的研究，主要包括经典 POPs（如二噁英、多氯联苯、含氯杀虫剂等）的分析方法、环境行为及风险评估等研究。如美国 1991~2001 年的二噁英类化合物风险再评估项目，欧盟、美国环境保护署（EPA）和日本环境厅先后启动了环境内分泌干扰物筛选计划。20 世纪 90 年代提出的蒸馏理论和蚱蜢跳效应较好地解释了工业发达地区 POPs 通过水、土壤和大气之间的界面交换而长距离迁移到南北极等极地地区的现象，而之后提出的山区冷捕集效应则更加系统地解释了高山地区随着海拔的增加其环境介质中 POPs 浓度不断增加的迁移机理，从而为 POPs 的全球传输提供了重要的依据和科学支持。

2001 年 5 月，全球 100 多个国家和地区的政府组织共同签署了《关于持久性有机污染物的斯德哥尔摩公约》（简称《斯德哥尔摩公约》）。目前已有包括我国在内的 179 个国家和地区加入了该公约。从缔约方的数量上不仅能看出公约的国际影响力，也能看出世界各国对 POPs 污染问题的重视程度，同时也标志着在世界范围内对 POPs 污染控制的行动从被动应对到主动防御的转变。

进入 21 世纪之后，随着《斯德哥尔摩公约》进一步致力于关注和讨论其他同样具 POPs 性质和环境生物行为的有机污染物的管理和控制工作，除了经典 POPs，对于一些新型 POPs 的分析方法、环境行为及界面迁移、生物富集及放大，生态风险及环境健康也越来越成为环境科学研究的热点。这些新型 POPs 的共有特点包括：目前为正在大量生产使用的化合物、环境存量较高、生态风险和健康风险的数据积累尚不能满足风险管理等。其中两类典型的化合物是以多溴二苯醚为代表的溴系阻燃剂和以全氟辛基磺酸盐（PFOS）为代表的全氟化合物，对于它们的研究论文在过去 15 年呈现指数增长趋势。如有关 PFOS 的研究在 Web of Science 上搜索结果为从 2000 年的 8 篇增加到 2013 年的 323 篇。随着这些新增 POPs 的生产和使用逐步被禁止或限制使用，其替代品的风险评估、管理和控制也越来越受到环境科学研究的关注。而对于传统的生态风险标准的进一步扩展，使得大量的商业有机化学品的安全评估体系需要重新调整。如传统的以鱼类为生物指示物的研究认为污染物在生物体中的富集能力主要受控于化合物的脂–水分配，而最近的研究证明某些低正辛醇–水分配系数、高正辛醇–空气分配系数的污染物（如 HCHs）在一些食物链特别是在陆生生物链中也表现出很高的生物放大效应，这就向如何修订污染物的生态风险标准提出了新的挑战。

作为一个开放式的公约，任何一个缔约方都可以向公约秘书处提交意在将某一化合物纳入公约受控的草案。相应的是，2013 年 5 月在瑞士日内瓦举行的缔约方大会第六次会议之后，已在原先的包括二噁英等在内的 12 类经典 POPs 基础上，新增 13 种包括多溴二苯醚、全氟辛基磺酸盐等新型 POPs 成为公约受控名单。目前正在进行公约审查的候选物质包括短链氯化石蜡（SCCPs）、多氯萘（PCNs）、六氯丁二烯（HCBD）及五氯苯酚（PCP）等化合物，而这些新型有机污染物在我国均有一定规模的生产和使用。

中国作为经济快速增长的发展中国家，目前正面临比工业发达国家更加复杂的环境问题。在前两类污染物尚未完全得到有效控制的同时，POPs 污染控制已成为我国迫切需要解决的重大环境问题。作为化工产品大国，我国新型 POPs 所引起的环境污染和健康风险问题比其他国家更为严重，也可能存在国外不受关注但在我国环境介质中广泛存在的新型污染物。对于这部分化合物所开展的研究工作不但能够为相应的化学品管理提供科学依据，同时也可为我国履行《斯德哥尔摩公约》提供重要的数据支持。另外，随着经济快速发展所产生的污染所致健康问题在我国的集中显现，新型POPs污染的毒性与健康危害机制已成为近年来相关研究的热点问题。

随着2004年5月《斯德哥尔摩公约》正式生效，我国在国家层面上启动了对POPs污染源的研究，加强了POPs研究的监测能力建设，建立了几十个高水平专业实验室。科研机构、环境监测部门和卫生部门都先后开展了环境和食品中POPs的监测和控制措施研究。特别是最近几年，在新型POPs的分析方法学、环境行为、生态毒理与环境风险，以及新污染物发现等方面进行了卓有成效的研究，并获得了显著的研究成果。如在电子垃圾拆解地，积累了大量有关多溴二苯醚（PBDEs）、二噁英、溴代二噁英等POPs的环境转化、生物富集/放大、生态风险、人体赋存、母婴传递乃至人体健康影响等重要的数据，为相应的管理部门提供了重要的科学支撑。我国科学家开辟了发现新POPs的研究方向，并连续在环境中发现了系列新型有机污染物。这些新POPs的发现标志着我国POPs研究已由全面跟踪国外提出的目标物，向发现并主动引领新POPs研究方向发展。在机理研究方面，率先在珠穆朗玛峰、南极和北极地区"三极"建立了长期采样观测系统，开展了POPs长距离迁移机制的深入研究。通过大量实验数据证明了POPs的冷捕集效应，在新的源汇关系方面也有所发现，为优化POPs远距离迁移模型及认识POPs的环境归宿做出了贡献。在污染物控制方面，系统地摸清了二噁英类污染物的排放源，获得了我国二噁英类排放因子，相关成果被联合国环境规划署《全球二噁英类污染源识别与定量技术导则》引用，以六种语言形式全球发布，为全球范围内评估二噁英类污染来源提供了重要技术参数。以上有关POPs的相关研究是解决我国国家环境安全问题的重大需求、履行国际公约的重要基础和我国在国际贸易中取得有利地位的重要保证。

我国POPs研究凝聚了一代代科学家的努力。1982年，中国科学院生态环境研究中心发表了我国二噁英研究的第一篇中文论文。1995年，中国科学院武汉水生生物研究所建成了我国第一个装备高分辨色谱/质谱的标准二噁英分析实验室。进入21世纪，我国POPs研究得到快速发展。在能力建设方面，目前已经建成数十个符合国际标准的高水平二噁英实验室。中国科学院生态环境研究中心的二噁英实验室被联合国环境规划署命名为"Pilot Laboratory"。

2001年，我国环境内分泌干扰物研究的第一个"863"项目"环境内分泌干扰物的筛选与监控技术"正式立项启动。随后经过10年4期"863"项目的连续资助，形成了活体与离体筛选技术相结合，体外和体内测试结果相互印证的分析内分泌干扰物研究方法体系，建立了有中国特色的环境内分泌污染物的筛选与研究规范。

2003年，我国POPs领域第一个"973"项目"持久性有机污染物的环境安全、演变趋势与控制原理"启动实施。该项目集中了我国POPs领域研究的优势队伍，围绕POPs在多介质环境的界面过程动力学、复合生态毒理效应和焚烧等处理过程中 POPs 的形成与削减原理三个关键科学问题，从复杂介质中超痕量 POPs 的检测和表征方法学；我国典型区域 POPs 污染特征、演变历史及趋势；典型 POPs 的排放模式和运移规律；典型 POPs 的界面过程、多介质环境行为；POPs 污染物的复合生态毒理效应；POPs 的削减与控制原理以及 POPs 生态风险评价模式和预警方法体系七个方面开展了富有成效的研究。该项目以我国 POPs 污染的演变趋势为主，基本摸清了我国 POPs 特别是二噁英排放的行业分布与污染现状，为我国履行《斯德哥尔摩公约》做出了突出贡献。2009 年，POPs 项目得到延续资助，研究内容发展到以 POPs 的界面过程和毒性健康效应的微观机理为主要目标。2014 年，项目再次得到延续，研究内容立足前沿，与时俱进，发展到了新型持久性有机污染物。这 3 期"973"项目的立项和圆满完成，大大推动了我国 POPs 研究为国家目标服务的能力，培养了大批优秀人才，提高了学科的凝聚力，扩大了我国 POPs 研究的国际影响力。

2008 年开始的"十一五"国家科技支撑计划重点项目"持久性有机污染物控制与削减的关键技术与对策"，针对我国持久性有机物污染物控制关键技术的科学问题，以识别我国 POPs 环境污染现状的背景水平及制订优先控制 POPs 国家名录，我国人群 POPs 暴露水平及环境与健康效应评价技术，POPs 污染控制新技术与新材料开发，焚烧、冶金、造纸过程二噁英类减排技术，POPs 污染场地修复，废弃 POPs 的无害化处理，适合中国国情的 POPs 控制战略研究为主要内容，在废弃物焚烧和冶金过程烟气减排二噁英类、微生物或植物修复 POPs 污染场地、废弃 POPs 降解的科研与实践方面，立足自主创新和集成创新。项目从整体上提升了我国 POPs 控制的技术水平。

目前我国 POPs 研究在国际 SCI 收录期刊发表论文的数量、质量和引用率均进入国际第一方阵前列，部分工作在开辟新的研究方向、引领国际研究方面发挥了重要作用。2002 年以来，我国 POPs 相关领域的研究多次获得国家自然科学奖励。2013 年，中国科学院生态环境研究中心 POPs 研究团队荣获"中国科学院杰出科技成就奖"。

我国 POPs 研究开展了积极的全方位的国际合作，一批中青年科学家开始在国际学术界崭露头角。2009 年 8 月，第 29 届国际二噁英大会首次在中国举行，来自世界上 44 个国家和地区的近 1100 名代表参加了大会。国际二噁英大会自 1980 年召开以来，至今已连续举办了 38 届，是国际上有关持久性有机污染物（POPs）研究领域影响最大的学术会议，会议所交流的论文反映了当时国际 POPs 相关领域的最新进展，也体现了国际社会在控制 POPs 方面的技术与政策走向。第 29 届国际二噁英大会在我国的成功召开，对提高我国持久性有机污染物研究水平、加速国际化进程、推进国际合作和培养优秀人才等方面起到了积极作用。近年来，我国科学家多次应邀在国际二噁英大会上作大会报告和大会总结报告，一些高水平研究工作产生了重要的学术影响。与此同时，我国科学家自己发起的 POPs 研究的国内外学术会议也产生了重要影响。2004 年开始的"International Symposium on Persistent Toxic Substances"系列国际会议至今已连续举行 14 届，近几届分别在美国、加拿大、中国香港、德国、日本等国家和地区召开，产生了重要学术影响。每年 5 月 17～18 日定期举行的"持久性有机污染物论坛"已经连续 12 届，在促进我国 POPs 领域学术交流、促进官产学研结合方面做出了重要贡献。

本丛书《持久性有机污染物（POPs）研究系列专著》的编撰，集聚了我国 POPs 研究优秀科学家群体的智慧，系统总结了 20 多年来我国 POPs 研究的历史进程，从理论到实践全面记载了我国 POPs 研究的发展足迹。根据研究方向的不同，本丛书将系统地对 POPs 的分析方法、演变趋势、转化规律、生物累积/放大、毒性效应、健康风险、控制技术以及典型区域 POPs 研究等工作加以总结和理论概括，可供广大科技人员、大专院校的研究生和环境管理人员学习参考，也期待它能在 POPs 环保宣教、科学普及、推动相关学科发展方面发挥积极作用。

我国的 POPs 研究方兴未艾，人才辈出，影响国际，自树其帜。然而，"行百里者半九十"，未来事业任重道远，对于科学问题的认识总是在研究的不断深入和不断学习中提高。学术的发展是永无止境的，人们对 POPs 造成的环境问题科学规律的认识也是不断发展和提高的。受作者学术和认知水平限制，本丛书可能存在不同形式的缺憾、疏漏甚至学术观点的偏颇，敬请读者批评指正。本丛书若能对读者了解并把握 POPs 研究的热点和前沿领域起到抛砖引玉作用，激发广大读者的研究兴趣，或讨论或争论其学术精髓，都是作者深感欣慰和至为期盼之处。

2017 年 1 月于北京

前　言

　　持久性有机污染物（POPs）是指能持久存在于环境中通过生物食物链（网）累积对野外生物及人类健康造成有害影响的化学物质。与常规污染物不同，POPs 在自然环境中滞留时间长，极难降解，毒性极强，能导致全球性的传播；被生物体摄入后不易分解，并沿着食物链浓缩放大，对人类和动物危害巨大。很多 POPs 不仅具有致癌、致畸、致突变性，而且还具有内分泌干扰作用。POPs 对人类的影响会持续几代，对人类生存繁衍和可持续发展构成重大威胁。

　　没有富集就没有伤害。POPs 排放进入环境后会通过各种途径进入到生物及人体。只有在达到一定的浓度阈值或持续长期暴露才会导致负面效应的发生。在这个过程中，生物富集起到了至关重要的作用。通过生物富集作用，环境中微量存在的 POPs 会在高等级生物及人体中浓度达到足够产生明显毒害性的程度。与传统的 POPs 如有机氯农药、多氯联苯及二噁英类化合物相比，以卤代阻燃剂为代表的新型或疑似持久性有机化合物具有分子量更大、亲脂性更高以及分子体积大等特点，如十溴联苯醚、十溴二苯乙烷和得克隆等辛醇/水分配系数都在 10 左右，是超强的疏水性物质。尽管不少生物监测结果揭示出这些化合物广泛存在生物体内，但对于这些强疏水性有机化合物是否具有生物可富集性仍存有争议。与此同时，这些新型卤代持久性有机物一般都具有众多的同系物或者立体/手性异构体，在生物体内会存在各种同系物或立体/手性异构体的选择性富集。有机污染物生物富集研究的最新进展表明，水生、陆生生态系统生物在污染物的富集上存在明显的差异，一些具有较低辛醇/水分配系数，但同时具有较高辛醇/空气分配系数的化合物能在陆生生物中富集和放大，但不能在水生生物中放大。新型污染物强的疏水性限制了其在水生生物体内的富集，但它们是否在陆生生物中产生富集？强的疏水性质是否会影响它们在植物中的富集行为？所有这些问题都迫切需要我们开展更多有关这些新型持久性有机污染物的生物富集行为的研究，一方面丰富有机污染物生物富集的理论知识；另一方面为相应的管理部门提供重要的科学支撑。

　　从 2003 年起，在连续三期持久性有机污染领域国家重点基础研究发展计划项目（以下简称"973" POPs 项目），国家自然科学基金委员会重大、重点、国家杰出青年科学基金及面上项目，中国科学院，广东省自然科学基金委员会重点项目的资助下，我们以新型卤代持久性有机污染物多溴联苯醚（PBDEs）、六溴环十二烷（HBCDs）、得克隆（DP）和短链氯化石蜡（SCCPs）为目标化合物，以珠江三角洲为核心研究区域，通过室内暴露及野外生物监测相结合的方法，研究了这些新型污染物在以鱼为核心及以鸟为核心的水生、陆生生物中的吸收、组织分布、生物转化及食物链传递行为，重点关注了这些污染物在水生、陆生生物上的差异性生物富集行为。同时，对卤代持久性有机污染物在植物中的叶面吸收与根系吸收也进行了初步研究。取得的创新性的认识有：有机污染物的植物/大气分配系数与化合物辛醇/空气分配系数之间并不是简单的线性关系，而是表现出由植物吸收污染物机制变化所控制的多段性；在高污染情况下，土壤根系吸收有机污染物的贡献不可忽视；生物代谢的差异性是造成多溴联苯醚生物差异性富集的重要机制，多溴联苯醚和得克隆在水生、陆生生物上的生物富集存在明显差异性；异构化反应是 HBCDs 立体异构体组成发生变化的重要原因；短链氯化石蜡在高污染水生食物链上为食物链稀释而非放大。同时，我们也利用单体稳定碳同位素技术对多溴联苯醚的生物转化进行了示踪。本书即是上述研究成果的一个综合集成。

本书由 9 章组成，分别是持久性有机污染物的生物富集概论；生物富集的基本理论与方法；典型卤代持久性有机污染物在电子垃圾回收区植物中的富集；多溴联苯醚生物富集及转化的室内模拟研究；多溴联苯醚在水生生物中的富集与食物链传递；多溴联苯醚在水生、陆生鸟类中的富集及食物链传递；六溴环十二烷的生物富集与放大；得克隆的生物富集与放大；短链氯化石蜡在电子垃圾回收区水生与陆生生物中的富集。前两章主要从概念、原理、方法、研究历史与现状等方面较全面地介绍了有关生物富集的基本理论和方法，以期使读者对生物富集的研究内容、研究方法有一个较全面的了解。后面各个章节针对具体某一类化合物，先简要介绍相关化合物的基础信息，包括化学结构、性质、生产及使用情况；然后具体介绍了相关室内暴露、野外环境监测的实验数据和结果；特别注重了污染物在水生、陆生生态系统中的差异性富集与食物链传递行为。污染物的植物富集单独以一章来阐述，也是先介绍基本原理，然后从叶面吸收和根系吸收两个方面介绍了作者课题组的最新成果。总之，本书将以较系统、完整的学科体系和最新的研究成果来编织。

本书由罗孝俊、麦碧娴策划、统稿，是作者课题组十余年的主要研究成果总结，这些成果是集体的智慧，是大家共同努力的结果。书中的内容包含了余梅、张秀蓝、吴江平、张荧、田密、余乐洹、何明靖、孙毓鑫、曾艳红、孙闰霞、郑晓波、罗远来博士论文及阮伟硕士论文的部分工作以及课题组合作伙伴杨中艺、戴家银、彭永宏、邹发生、郑晶、李妍、严骁、张芸等的有关研究成果。在编写过程中也得到了陈社军、吴江平及上述已毕业博士生的支持与帮助。本书的研究工作是在三期"973" POPs 项目（2003CB415003，2009CB4216604 和 2015CB453102）及国家自然科学基金委员会众多项目、中国科学院、广东省自然科学基金的资助下完成的。后续的写作工作还得到了国家自然科学基金委面上课题（41673100）和国家出版基金项目

（2016R-045）的资助。作者衷心感谢持久性有机污染物（POPs）研究系列专著主编江桂斌院士在我们科研工作及本书撰写过程中给予的指导、鼓励和支持。感谢科学出版社朱丽编辑耐心、细致的编校工作。向所有参与相关研究工作的老师、学生表示感谢，同时也向关心、支持我们完成相关工作的单位同事、领导表示衷心的感谢，正是所有这些人的辛勤工作才使本书最终得以出版。

由于作者水平有限，书中疏漏和错误之处在所难免，恳请读者批评指正。

著　者

2017 年 5 月

目　　录

丛书序

前言

第1章　持久性有机污染物的生物富集概论 ·························1

本章导读 ···1

　1.1　生物富集及相关术语 ···3

　1.2　生物富集的研究内容 ···5

　1.3　生物富集的评判指标与基准值 ···································7

　1.4　生物富集研究历史与现状 ······································11

　参考文献 ··14

第2章　生物富集的基本理论与方法 ·····························18

本章导读 ···18

　2.1　生物富集的生理过程 ··18

　　2.1.1　吸收与排泄 ··18

　　2.1.2　组织分布 ··21

　　2.1.3　生物代谢 ··22

　2.2　生物富集的相关原理及实验测定方法 ····························24

　　2.2.1　生物浓缩机理与实验测定方法 ······························24

　　2.2.2　生物放大机理与实验测定方法 ······························28

　2.3　生物富集模型 ··33

　　2.3.1　生物富集的经验模型 ·······································33

　　2.3.2　生物富集的机理模型 ·······································36

　参考文献 ··41

第3章　典型卤代持久性有机污染物在电子垃圾回收区植物中的富集 ····45

本章导读 ···45

　3.1　植物富集的相关机理 ··46

　　3.1.1　植物叶面吸收机制 ···47

　　3.1.2　植物根系吸收机制 ···49

　3.2　广东清远电子垃圾回收区两种植物对大气中典型卤代持久性有机污
　　　染物的富集及机制 ··51

3.2.1　样品采集、处理及分析 ···52

3.2.2　大气中的卤代持久性有机污染物及季节变化 ·······················54

3.2.3　卤代持久性有机污染物在大气中的气粒分配 ·······················58

3.2.4　植物中的卤代持久性有机污染物浓度、组成与季节变化··········58

3.2.5　植物中卤代持久性有机污染物与大气中卤代持久性有机污染物
　　　　及气象条件间关系 ··62

3.2.6　植物叶面从大气中吸收 PBDEs 及 PCBs 的机制 ··················66

3.2.7　植物/大气分配系数与化合物辛醇/空气分配系数的关系 ··········71

3.3　电子垃圾污染土壤中典型卤代持久性有机污染物在水稻中的富集
　　　与传递 ··74

3.3.1　实验方案设计 ···75

3.3.2　样品处理与分析 ··76

3.3.3　电子垃圾污染土壤对植物生长发育过程中形态及生理参数的
　　　　影响 ···78

3.3.4　种植前后土壤中卤代持久性有机污染物的变化·····················81

3.3.5　水稻组织中卤代持久性有机污染物的浓度及污染物组成··········83

3.3.6　卤代持久性有机污染物从土壤到水稻根部的累积（土壤–根部
　　　　富集因子，RCF）···85

3.3.7　卤代持久性有机污染物从根到茎及从茎到叶的传递·············86

参考文献 ··89

第 4 章　多溴联苯醚生物富集及转化的室内模拟研究 ····················96

本章导读 ··96

4.1　食物暴露条件下 PBDEs 在鲤鱼中的富集、代谢及转化的稳定碳同位
　　　素示踪 ···99

4.1.1　三种 PBDEs 工业品的鲤鱼暴露实验 ·······························99

4.1.2　PBDEs 的提取与定量分析 ···100

4.1.3　鱼体中 PBDEs 单体稳定碳同位素分析 ······························102

4.1.4　质量保证与质量控制 ···103

4.1.5　PBDEs 在鲤鱼肠道中的吸收与转化 ··································104

4.1.6　PBDEs 在鲤鱼体内的单体组成模式及其脱溴代谢 ···············107

4.1.7　鲤鱼血清中 MeO-BDEs 和 OH-BDEs ······························110

4.1.8　单体稳定碳同位素示踪 PBDEs 单体在鲤鱼中的脱溴代谢 ·······113

4.2　室内暴露条件下 PBDEs 在水生食物链上的富集、传递及代谢特征 ·····115

4.2.1　TBDE-71X 工业品水生食物链暴露实验及样品分析 ···············115

4.2.2　PBDEs 在两捕食性鱼中的组织分配 ·······················117

4.2.3　PBDEs 在三种鱼中的脱溴代谢与食物链迁移 ············120

4.2.4　捕食性鱼体中 MeO-BDEs 和 OH-BDEs ···················123

4.2.5　单体稳定碳同位素示踪 PBDEs 单体在食物链传递过程中的
脱溴代谢 ···124

4.3　PBDEs 的体外肝微粒体代谢研究 ·······························126

4.3.1　PBDEs 在两种鱼体外肝微粒体代谢及脱溴代谢的结构–活性
关系 ···126

4.3.2　PBDEs 在鸡和猫肝微粒体中的代谢研究 ··················134

参考文献 ··140

第 5 章　多溴联苯醚在水生生物中的富集与食物链传递 ················145

本章导读 ··145

5.1　东江三角洲流域水体中 PBDEs 的生物富集特征 ···············146

5.1.1　样品采集与分析 ···146

5.1.2　沉积物和水体中的多溴联苯醚 ····························148

5.1.3　生物体内 PBDEs 的含量及组成 ··························150

5.1.4　生物富集因子和生物–沉积物富集因子 ····················151

5.2　电子垃圾回收区水生生物中 PBDEs 的生物富集与放大 ·········155

5.2.1　样品采集与分析 ···155

5.2.2　生物样品的营养级别及食物网构成 ························156

5.2.3　PBDEs 在水生生物中的污染特征 ························158

5.2.4　PBDEs 在两条水生食物链上的传递与放大 ················160

5.3　PBDEs 在珠江口鱼类中的生物富集与食物链放大 ·············162

5.3.1　采样与样品分析 ···162

5.3.2　食物网结构 ···164

5.3.3　珠江口生物中 PBDEs 的污染特征 ·······················164

5.3.4　PBDEs 的富集与放大 ····································168

参考文献 ··171

第 6 章　多溴联苯醚在水生、陆生鸟类中的富集与食物链传递 ··········176

本章导读 ··176

6.1　电子垃圾回收区水鸟中 PBDEs 的污染特征 ···················177

6.1.1　样品采集与分析 ···177

6.1.2　鸟类中 PBDEs 的含量及同系物组成特征 ·················179

6.1.3　PBDEs 在鸟中的组织分布 ·······························182

6.1.4　乌肌肉中 PBDEs 的浓度与营养级之间的关系·····················185

6.2　PBDEs 在珠三角地区雀鸟中的富集特征···························188

6.2.1　样品采集与分析·······················188

6.2.2　雀形目鸟类中碳和氮同位素比值·······················189

6.2.3　PBDEs 在雀形目鸟类中的区域分布·······················189

6.2.4　PBDEs 同系物组成特征·······················191

6.2.5　PBDEs 浓度与鸟类营养级之间的关系·······················195

6.3　北京城区猛禽中 PBDEs 的污染特征及食物链放大·················196

6.3.1　样品采集、食性观测及样品的分析·······················196

6.3.2　食性观察结果及食物网构成·······················199

6.3.3　生物及环境样品中 PBDEs 的浓度及同系物组成特征·············203

6.3.4　PBDEs 的生物放大系数·······················205

6.3.5　PBDEs 的生物放大及其影响因素·······················208

参考文献·······················210

第 7 章　六溴环十二烷的生物富集与放大·······················217

本章导读·······················217

7.1　室内模拟 HBCDs 在水生食物链上的异构体选择性富集与传递···········220

7.1.1　实验设计与样品分析·······················220

7.1.2　HBCDs 在背景与控制鱼样中的含量及组成·······················223

7.1.3　HBCDs 在地图鱼肠道中的吸收与净化·······················225

7.1.4　鱼体内 HBCDs 立体异构体的组成·······················229

7.1.5　HBCDs 手性异构体组成变化特征·······················231

7.1.6　HBCDs 异构体在四间鱼与地图鱼中的代谢产物·················233

7.2　HBCDs 在水生食物链上的富集与食物链放大·······················235

7.2.1　样品采集与分析·······················235

7.2.2　HBCDs 的浓度及与生物营养级的关系·······················236

7.2.3　HBCDs 的异构体组成特征与手性分数·······················237

7.3　HBCDs 在鸟类中的富集与生物放大·······················239

7.3.1　样品采集与分析·······················240

7.3.2　鸟类肌肉组织的稳定碳、氮同位素组成特征·······················241

7.3.3　鸟类肌肉组织中 HBCDs 的浓度及非对映异构体组成特征·············241

7.3.4　HBCDs 的手性异构体组成特征·······················246

7.3.5　HBCDs 在鸟体内中的生物放大·······················247

参考文献·······················249

第8章　得克隆的生物富集与放大 ················· 254

本章导读 ··· 254

8.1　DP 生物富集的室内暴露研究 ················· 256

　　8.1.1　DP 及其脱氯产物通过饮食暴露在鲤鱼体中的富集、清除和
　　　　　组织分配 ································· 257

　　8.1.2　DP 及其脱氯产物在 SD 大鼠和鹌鹑中的立体选择性富集 ····· 266

8.2　DP 生物富集的野外调查 ····················· 275

　　8.2.1　DP 在清远电子垃圾污染池塘水生生物中的富集及食物链传递 ····· 275

　　8.2.2　DP 在清远电子垃圾区水鸟和广东雀鸟中的富集及食物链传递 ····· 278

　　8.2.3　贵屿电子垃圾区两个站点鸡蛋和鹅蛋中的 DP 富集特征 ········· 283

8.3　DP 在电子垃圾回收区人群中的暴露与富集 ······ 286

　　8.3.1　室内灰尘样品、人头发和血清样品的采集 ········ 287

　　8.3.2　样品的处理与仪器分析 ················· 288

　　8.3.3　DP 在人群头发和室内灰尘中浓度及组成 ········· 289

　　8.3.4　头发和灰尘中 DP 的相关性 ·············· 292

　　8.3.5　人体血清中 DP 的浓度及组成特征 ··········· 294

　　8.3.6　血清中 DP 浓度及组成的性别差异 ·········· 296

参考文献 ··· 298

第9章　短链氯化石蜡在电子垃圾回收区水生与陆生生物中的富集 ······· 301

本章导读 ··· 301

9.1　氯化石蜡简介 ······························· 301

9.2　SCCPs 在电子垃圾污染池塘水生生物中的富集 ···· 304

　　9.2.1　样品的采集与前处理 ··················· 304

　　9.2.2　CPs 的仪器分析 ······················ 306

　　9.2.3　生物样品中的稳定碳、氮同位素组成特征 ········ 306

　　9.2.4　SCCPs 的浓度与组成 ·················· 308

　　9.2.5　SCCPs 的生物富集因子与生物–沉积物富集因子 ······ 310

　　9.2.6　SCCPs 在两种鱼体内的组织分布特征 ·········· 312

　　9.2.7　SCCPs 的食物链迁移 ·················· 315

9.3　SCCPs 在电子垃圾回收区陆生雀鸟中的富集 ······ 318

　　9.3.1　样品的采集、前处理与仪器分析 ············ 318

　　9.3.2　鸟体内 SCCPs 浓度及影响浓度的因素 ········· 319

　　9.3.3　SCCPs 的组成特征 ··················· 324

参考文献 ··· 326

索引 ··· 330

第1章　持久性有机污染物的生物富集概论

本章导读

- 首先介绍了持久性有机污染物生物富集相关的概念，包括生物富集、生物浓缩、生物放大、食物链放大、生长稀释与生理放大等。阐述了这些概念之间的相互联系与区别。
- 从研究对象、研究方法两个方面集中介绍了持久性有机污染物生物富集有关的研究内容。
- 介绍了当前有关持久性有机污染物生物富集评价指标和基准值。介绍了目前常用的评价指标体系如生物富集因子、分子体积参数指标及其缺陷和替代评价框架。
- 回顾了有关生物富集的历史和现状，提出了持久性有机污染物生物富集进一步研究的重点和难点领域。

环境污染、资源短缺和生态破坏是当今人类面临的全球性三大危机。环境污染是指自然地或人为地向环境中添加某种物质超过了环境的自净能力而产生危害的行为。严格意义上说，人类活动所引起的环境问题自人类诞生以来就开始了。但在工业革命以前，人类引起的环境污染问题主要是由于对资源的过度开发，造成局部的生态环境恶化。但这种破坏大多都是局部的、暂时的，并未影响生态系统的修复能力和正常功能。工业革命后，特别是20世纪前半叶，两次世界大战的爆发极大地刺激了科学与工业的发展。随着电力、石油、化工、汽车、造船及飞机制造业等需要消耗大量原材料和能源的重工业的迅速发展，人类对自然资源的开发与污染物排放也达到了空前的规模。20世纪60年代后，化学工业迅速发展，合成并投入使用大量自然界中不存在的化学物质。这些物质被有意或无意释放到环境中，进一步加剧了环境质量的恶化。

1962年，美国海洋生态学家Rachel Carson出版了《寂静的春天》一书。该书以科普的形式系统地描述了杀虫剂滴滴涕（dichloro diphenyl trichloroethane，DDT）的滥用对野生生物引起的种种有害生物效应。首次将滥用有机氯农药对野生生物和人类自身的生存与健康的威胁系统地揭示在公众面前，引发了一场历时数年之久的杀虫剂论战。《寂静的春天》的出版是一个里程碑式的事件，它标志着人们环境保护意识的觉醒。对合成化学品可能造成的危害引起了人们的广泛关注。1996 年，Rheo Colborn 出版了《失窃的未来》一书。该书揭示了 DDT、多氯联苯（poly chlorinated biphenyls，PCBs）、二噁英（dioxin）等环境内分泌干扰物对生物及人体健康的影响。这两本书的面世，引起了人们对一类有别于常规污染物（如重金属、SO_2、粉尘）的痕量有机污染物的环境健康风险的极大关注。这类有机污染物因通常具有环境浓度低、残留时间长、可生物富集、能长距离迁移、对生物及人体健康产生毒害作用等特点，被称为持久性有机污染物（persistent organic pollutants，POPs）。这类污染物不同于常规污染物仅局限于某时某地，而是具有长时间、全球性的影响。2001 年，全球 100 多个国家和地区的政府组织在瑞典签署了《关于持久性有机污染物的斯德哥尔摩公约》（以下简称《斯德哥尔摩公约》）。公约规定了首批需要消减和控制的包括有机氯农药、多氯联苯、二噁英在内的 12 类化学物质。2009 年，又有全氟辛烷磺酸类（perfluorooctane sulfonate，PFOS）、十氯酮、多溴联苯醚（polybrominated diphenyl ethers，PBDEs）及六氯环己烷等 9 类化合物增列入持久性有机污染物名录。《斯德哥尔摩公约》中的持久性有机污染物有一个开放的名单。只要一个化合物满足环境持久性、生物可富集性、对生物具有毒害作用，则必须对该化合物进行相应的风险评估。

《斯德哥尔摩公约》要求在全球范围内清除或消减具有环境持久性、生物放大特性和对生物及人体具有健康危害的化学品。针对这一要求，包括美国、欧盟、加拿大等国家和组织的环境管理部门都发展和建立了相应的商用化学品的评价及分类管理体系。这些评价与分类管理体系基本上都沿袭了《斯德哥尔摩公约》中化学品评价框架与体系，即首先要求对化学品的环境持久性（persistent，P）、生物可富集性（bioaccumulation，B）和毒性（toxicity，T）进行评估。凡是满足以上三个条件的化学物质都归属为 PBT 物质。对于 PBT 物质，必须要进行进一步的风险评估，评估其是否会引起人体健康或环境影响方面显著的负面效应。而不满足以上三个条件的，除非有其他证据表明该化合物有相应的环境健康风险，否则无需进行进一步的风险评估。

生物富集评估在化学品两个阶段的评估（PBT 认证与风险评价）中都起到重要作用。在 PBT 评估阶段，生物可富集性评价是评价化学品本身是否能够被生物所富集，它反映的是化学品本身所具有的性质，与环境中是否存在该化学品及环境中该化学品的浓度高低没有关系。而在风险评估阶段，生物富集评价则需要考虑外源化合物通过生物富集到何种程度会造成生物的负面影响。这一阶段，不仅需要评价化合物的生物可富集性，还需要了解该化合物在生物体内产生毒性的终点浓度、环境介质中该化合物的浓度、生物可给性、暴露途径、暴露量等，最后综合各种因素，制订一个环境中该化合物的安全标准值。在本章中，我们将主要阐述有关生物富集的基本概念、研究内容、研究历史、现状及趋势。

1.1　生物富集及相关术语

生物富集（bioaccumulation），也称生物蓄积或生物累积，是指生命有机体在其生命周期内吸收外源污染物的速率超出其清除速率，造成生物体内外源物质的净累积现象。生物通过水、空气、土壤、食物等途径从环境中吸收外源化学物质进入体内；然后通过血液及体液循环，根据外源物质与各器官、组织、细胞器的亲和力的差别，在不同部位沉积。同时，部分进入体内的外源化学物质又通过呼吸、体液、排泄物、体内代谢的方式从体内清除。当某一个化学物质由于其特殊的理化性质，如对某些组织和器官具有较高的亲和力，或与内源物质具有较强的结合能力，且不易被生物体所代谢时，该化合物则可能较长时期地存留在机体内，在一定时间内不断积累，导致生物体内外源物质的浓度远高于其周边环境中的浓度，从而产生了生物富集现象。

与生物富集相关且易混淆的术语有生物浓缩（bioconcentration）和生物放大（biomagnification）。生物浓缩特指生物机体通过呼吸系统和表皮接触从环境介质中吸收并积累外源物质的现象。对于水生生物（如鱼）而言，主要是指通过鳃和表皮吸收水中的溶解态外源物质；对于人和陆生生物则是指通过呼吸道及皮肤接触吸收的空气及其他固体介质中的外源化合物。生物浓缩的程度可以应用生物浓缩因子（bioconcentration factor，BCF）来描述。生物浓缩因子只能在实验室内通过严格的控制实验得到，通常获得的是水生生物（主要是鱼）的生物浓缩因子。关于生物浓缩因子的室内实验，国际上已有了标准的操作流程，只有严格按照该标准进行操作所获得的生物浓缩因子才具有可靠性及可对比性。对于生物浓缩过程中生物吸收与生物清除之间的关系可以通过如下的数学公式进行表达：

$$\frac{dC_B}{dt} = K_1 C_{WD} - (K_2 + K_E + K_M + K_G)C_B \tag{1-1}$$

式中，C_B 指生物体中外源化合物的浓度（g/kg）；t 指时间（d），K_1 指通过呼吸道及表皮从水中吸收外源化合物的速率常数[L/(kg·d)]；C_{WD} 指水中外源化合物的自由溶解态浓度（g/L）；K_2、K_E、K_M、K_G 分别指化合物通过呼吸道及表皮、排泄物、生物代谢及生长稀释的速率常数。当吸收与清除达到平衡时，生物体内浓度及水体中浓度都不再变化，此时，$dC_B / dt = 0$，则等式（1-1）可以用来计算生物浓缩因子：

$$\mathrm{BCF} = \frac{C_\mathrm{B}}{C_\mathrm{WD}} = \frac{K_1}{K_2 + K_\mathrm{E} + K_\mathrm{M} + K_\mathrm{G}} \qquad (1\text{-}2)$$

生物放大过程特指生物通过取食过程，造成生物体内外源化合物浓度高于其食物中化合物浓度的现象。该过程主要在生物体消化道中完成。与生物放大紧密相关的一个名词为食物链放大（trophic magnification），该术语特指外源化合物的浓度沿着食物链生物营养等级增加而增加的现象，用食物链放大因子（trophic magnification factor，TMF）来表征。仅存在两个营养级的食物链放大就是生物放大。生物放大可用生物放大因子（biomagnification factor，BMF）来描述，其数学表达式为平衡状态下，生物与其食物中化合物的浓度比（BMF = $C_\mathrm{B}/C_\mathrm{D}$）。更精确的描述是用化合物的逸度比值（$f_\mathrm{B}/f_\mathrm{D}$）。对于亲脂性的有机污染物，通常用脂肪归一化的浓度来替代逸度；而对于一些与蛋白质有较强亲和力的物质（如全氟辛烷磺酸类化合物），则常利用蛋白质归一化的浓度来代替。BMF 可以从严格控制的室内实验获得，也可从野外样品中获得。在室内条件下获得的 BMF 可以排除生物浓缩作用的影响，而野外获得的 BMF 实际上也包含了生物浓缩的作用。

生物富集过程包含了生物浓缩与生物放大过程，是二者的综合作用结果。因此，生物富集过程的数学表达为

$$\frac{\mathrm{d}C_\mathrm{B}}{\mathrm{d}t} = K_1 C_\mathrm{WD} + K_\mathrm{food} C_\mathrm{food} - (K_2 + K_\mathrm{E} + K_\mathrm{M} + K_\mathrm{G})C_\mathrm{B} \qquad (1\text{-}3)$$

式中，K_food 与 C_food 分别指生物通过食物吸收化合物的速率常数[kg/(kg·d)]及食物中化合物的浓度（g/kg）。当化合物在生物及其环境介质中达到平衡时，通过式（1-3）就可以获得生物富集因子（bioaccumulation factor，BAF）：

$$\mathrm{BAF} = \frac{C_\mathrm{B}}{C_\mathrm{WD}} = (K_1 + K_\mathrm{food} \frac{C_\mathrm{food}}{C_\mathrm{WD}})/(K_2 + K_\mathrm{E} + K_\mathrm{M} + K_\mathrm{G}) \qquad (1\text{-}4)$$

与生物富集相反的是生物稀释（biodilution），既生物体中浓度与其环境介质中浓度相比有降低的现象。造成这种现象的原因是，生物体对化合物的清除速率大于吸收速率。生物稀释中有一种稀释是由生物的生长造成的，污染物的绝对量并没有降低，化合物并没有从生物体内被真正清除。因此，由于生长稀释造成的污染物在生物体内的浓度下降是一种伪清除现象。此时，化合物并不能排除具有生物可富集的潜力。与生长稀释相对应的一个名词为生理放大（bioamplification），其指的是在生物的生命周期内，由于外界和内部的各种压力，如饥饿、寒冷、疾病、受伤、长途迁徙等情况，使体内营养物质和能量大量消耗，造成身体消瘦，原来储存于各组织器官中的外源化合物浓度增加的现象。这种放大化合物的绝对量并没有增加，但其相对浓度增加，当浓度增加到相应程度也会引起各种毒副作用。因此，生物体内这一阶段污染物的转移、再平衡过程也需要引起足够的重视。

1.2　生物富集的研究内容

生物富集的研究内容从研究对象可以分为三个方面（图 1-1）。一是生物与环境，这里的环境指狭义的水、土、气等非生物介质。其研究内容涉及生物体从水体、空气、土壤/沉积物及其他固体介质中获得外源物质的过程。对于水生生物来说，污染物在水体与生物体之间的分配交换过程及其规律是相关研究的重点；对于陆生肺呼吸的生物，污染物在大气与生物体之间的分配交换过程是研究的重点；对于水生底栖生物及陆生穴居生物（如蚯蚓）和植物，污染物在土壤/沉积物和生物机体之间的分配交换过程是研究的重点。用于表征这一过程的术语是 BCF。

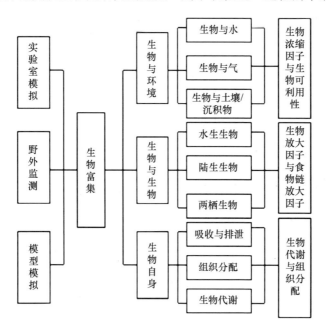

图 1-1　生物富集研究内容图示

目前，绝大部分的研究都集中于化合物在水体环境中的 BCF，相关的研究已经形成一套系统的理论和方法。对于水生生物，污染物生物浓缩的理论基础是被动渗透扩散基础上的相平衡分配理论，即把生物体看作一个相，把水体看作一个相，由于生物体对化合物具有较高的亲和力，在未达到分配平衡前，化合物在生物体内的逸度比在水体中的逸度低，化合物从高逸度的水体中向低逸度的生物体内渗透扩散。当两者逸度达到一致时，化合物在两相间达到平衡。由于只有真正的溶解态才能自由扩散渗透进入生物体，而水中真正溶解态的化合物浓度在实际的应用中是很难被直接测定出来的。颗粒物、溶解有机质、温度等众多参数都会导致自由溶解态化合物浓度的变化。由此，引出了另外一个重要的研究内容，即研究化合物的生物可利用性（bioavailability）。

生物通过土壤/沉积物吸收污染物实际上是通过化合物溶解于间隙水后再进入生物体的过程。其本质仍是水体与生物体间的相分配过程，但这个过程由两相变成了土壤/沉积物–水–生物三相的过程。任何影响物质在这三相间分配转移的因素都能影响化合物最终在生物体中的富集。

目前，关于陆生生物的生物浓缩过程还少有研究。但从呼吸过程的本质属性看，生物体通过呼吸作用及表皮接触吸入化合物的过程仍可看作是化合物在生物体与空气及生物体与所接触的固体物质间的相分配过程。除了相平衡分配过程，在肺泡表面上的吸附/解吸过程同样也应当适用于生物体通过呼吸作用吸入化合物的过程。因此，相关气–固或气–液相间的吸附/解吸及分配平衡理论也应是陆生生物的生物浓缩相关化合物的理论基础。

生物富集研究的第二个方面即生物与生物。主要研究通过取食关系造成的污染物在不同营养级生物间的传递及富集过程。初级生产力（植物）通过与环境介质（水、土、气）之间进行物质和能量的交换，初步富集污染物。然后，初级消费者（昆虫、植食动物等）通过取食植物，实现污染物的第一步转移和富集；随着生物营养等级的提高，污染物最终在高等级生物和人体内实现高度的富集。BMF和TMF是用来表征这一过程的两个重要参数。按照食物链所处的生态系统的差异，相关的食物链放大过程有水生食物链、陆生食物链及两栖食物链放大过程。由于不同食物链所处的生态环境、污染物的暴露途径、清除途径存在明显的不同，因此，污染物在不同食物链上的传递及富集规律存在明显的差异。目前研究较多的是以鱼为核心的水生食物链过程，而对污染物在陆生食物链和两栖食物链上的传递规律研究得还非常不充分。

生物富集研究的第三个方面是污染物在生物体内发生的一系列过程，包括吸收、排泄、组织与器官间运移与分配、体内代谢过程等。其中以组织分配和体内代谢过程最为人们所关注。之所以关注组织分配，是因为外源物质进入生物体后，并非在生物体内各个部位均匀分布。某些器官或组织对某种外源物质有特殊的亲和力（如脂肪组织对高疏水性有机污染物有较强的亲和力，蛋白质组分对全氟化合物有特殊的亲和力，甲状腺对碘有特殊亲和力）。这使得外源物质在生物体内的蓄积部位出现非均质化。找到外源物质的富集部位及靶器官对了解外源物质可能毒副作用具有重要意义。而生物代谢过程是污染物在生物体内清除的重要途径。有时，污染物的代谢产物比其母体具有更高的生物富集潜力和毒害性。因此，了解污染物的生物代谢过程是污染物生物富集及毒性评价必不可少的内容。在生物的不同生理时期，污染物在组织器官间的转移、再分配过程也是相关生物富集研究的重要内容。如在生长稀释及生理放大条件下，已在体内达到平衡分配的污染物如何在各组织器官间进行运移、这种运移会对生物生长和发育造成何种影响、污染物如何从母体向子代进行传递与转移等都是本方面非常重要的研究内容。

从研究方法看，生物富集的研究可以分为三个方面。一是实验室内的模拟研究。这方面的研究工作主要通过生物体体内及体外污染物暴露实验，在可控的条件下，模拟外源污染物质从环境中向生物体内的富集、组织分配及代谢。这一方法是获得 BCF、BMF 及了解污染物在体内代谢的重要方法。通过实验室内模拟，还能具体确定污染物在生物体内的代谢途径、参与代谢的主要酶类型等，在污染物的生物富集研究中具有重要作用。野外监测是了解污染物生物富集不可缺少的重要环节。通过野外监测，能够了解污染物在真实环境中的富集情况，弥补室内模拟实验的不足。而模型模拟则可以根据已有的研究结果，通过半经验的或纯理论的推导出发，从已有的已知条件着手，推理出相应的未知参数。现今已发展出了多种污染物的生物富集模型，如水生食物链的生物富集模型、陆生食物链的生物富集模型、以逸度为基础的生物富集模型等。模型模拟可以大量减少相关的室内和室外的研究工作。不断提高模拟结果的可靠性及与真实环境条件下的吻合度，是模型模拟工作方面的主要任务。

1.3　生物富集的评判指标与基准值

虽然关于生物富集的概念是非常明晰的，但究竟采用什么样的具体指标来指示化合物的生物可富集性迄今为止仍然存在一定的争议性。量化生物富集程度的定量指标包括 BCF、BAF、BMF 和 TMF 等。相关概念在 1.2 节已有涉及，这里仅做小结见表 1-1。

表 1-1　生物浓缩因子、生物放大因子、生物富集因子、营养级/食物链放大因子的定义

概念	定义	数学表达式
生物浓缩因子（BCF，L/kg 湿重）	实验室暴露条件下（不包含食物暴露），化学物质在达到稳态平衡时，在生物体内的浓度（C_B，g/kg）与水中的浓度（C_{WD}，g/L）之比	$BCF = C_B/C_{WD}$
生物富集因子（BAF，L/kg 湿重）	野外暴露条件下，化学物质达到稳态平衡时，在生物体内的浓度（C_B，g/kg）与水中浓度（C_{WD}，g/L）之比	$BAF = C_B/C_{WD}$
基于室内实验的生物放大因子（BMF）	在室内控制条件下（水和气中无相关污染物），通过喂食实验，化学物质达到平衡时，在生物体中的浓度（C_B，g/kg）与其食物中的浓度（C_{food}，g/kg）之比	$BMF = C_B/C_{food}$
基于野外的生物放大因子（BMF）	野外条件下（包括水、气和食物的暴露），化学物质达到稳态平衡时，在生物体中的浓度（C_B，g/kg）与其食物中的浓度（C_{food}，g/kg）之比	$BMF = C_B/C_{food}$
营养级或食物链放大因子（TMF）	在食物链上，营养级每增加一级，归一化学品浓度放大的系数。TMF 由对数转化后的浓度与营养级进行回归分析后的斜率（m）计算得到	$TMF = 10^m$

在《斯德哥尔摩公约》中，将 BCF 或 BMF 大于 5000，或者相关数据缺乏时，其辛醇/水分配系数（octanol-water partition coefficient，K_{OW}）大于 100 000 的化合物定义为具有潜在生物富集性的物质。在此规定的基础上，公约同时指出，如果存在其他需要关注的缘由，如在特定生物中有高的生物累积、高的毒性或者生物监测数据表明该化合物的生物富集潜力需要引起关注时，也可将相应化合物作为可生物富集化合物。目前，世界上主要的环境保护部门基本上都采用了大致相同的生物富集评价指标和基准值，各个管理机构存在一定差别。表 1-2 列出了世界主要环境管理机构关于化合物生物富集性的评价指标及基准值。

表 1-2　世界主要环境管理机构关于化合物生物富集性的评价指标及基准值

管理机构	评价指标	基准值	相关法规
加拿大环境部	K_{OW}	≥100 000	CEPA，1999
	BCF	≥5000	
	BAF	≥5000	
欧盟（生物可富集物质）	BCF	≥2000	REACH
欧盟（高度生物富集物质）	BCF	≥5000	
美国（生物可富集物质）	BCF	1000～5000	TSCA TRI
美国（高度生物富集物质）	BCF	≥5000	
联合国环境保护署	K_{OW}	≥100 000	《斯德哥尔摩公约》
	BCF	≥5000	

CEPA：《加拿大环境保护法案》（*Canadian Environmental Protection Act*），1999；REACH：欧盟《化学品注册、评估、授权和限制制度》（*Registration，Evaluation and Authorization of Chemicals*，REACH），Annex XIII（European Commission 2007）；TSCA TRI：美国环境保护署《有毒物质控制》和《有毒物质排放清单》（*Toxic Substances Control Act and Toxic Release Inventory Programs*）

除了上述直接反映生物富集能力的定量指标以外，根据这些指标推导出的其他一些参数也被推荐用于评价化合物的生物可富集潜力评价。其中研究最多的是分子本身的参数指标，如分子体积、分子量等参数（表 1-3）。欧洲化学品管理局（European Chemical Agency）2014 年发布的《化学品安全评估信息需求指南》中提出分子参数可作为生物可富集潜力的评价指标。该指南中指出，分子平均最大直径（average maximum diameter，$D_{maxaver}$）大于 1.7 nm 的化合物其 BCF 低于 5000；分子量大于 700 的化合物的 BCF 低于 5000，分子量大于 1100 的化合物的 BCF 将小于 2000。利用分子体积参数来评判一个化合物是否具有生物可富集潜力早在 20 世纪 80 年代就有学者提出来。Opperhuizen 等（1985）基于他们自己的实验数据及其他三篇文献相关数据的分析，提出分子有效截面直径（effective cross-sectional diameter，D_{eff}）大于 0.95 nm 的化合物不能有效透过鱼鳃的细胞膜，因此，不具有生物可富集潜力。此后，相关研究者也提出了包括分子最大直径、分子量、溶解度在内的各种评价参数及其相应的基准值（表 1-3）。上述相关分子参数的获得大多是基于现有化合物的 BCF 与相关分子参数之间关系的拟合与分析。

表 1-3　相关判定生物富集潜力的分子参数及其基准

指标及基准值	依据或建议	参考文献
D_{eff} >0.95 nm	不能渗透细胞膜	（Opperhuizen et al.，1985）
C_s^w <0.1 mg/L 和 C_s^o <10 mg/L [a]	对染料类不需进行生物富集评价	（Anliker et al.，1988）
D_{max} > 1.47 nm	log BCF<3.5	（Dimitrov et al.，2003）
$D_{maxaver}$ = 1.7 nm，	过细胞膜的可能性为 50%	（Dimitrov et al.，2005）
>2.5nm	过细胞膜的可能性为 0	
S_o < 0.2 mg/L [b]，或 log K_{OW} < 4，或 D_{eff} > 1.05 nm 或 D_{max} >1.5 nm	有机染料类及表面活性剂类没有生物富集潜力	（Horrocks et al.，2006）
MW >500 g/mol [c]，D_{max}>2.0 nm 且 D_{eff}>0.95 nm	BCF< 5000	（Sakutatani et al.，2008）
MW > 500 g/mol，D_{max} > 2.9 nm 且 D_{eff}>1.4 nm	BCF< 1000	
D_{max} >1.7 nm	BCF < 5000	
MW >700 g/mol，>1100 g/mol	BCF < 5000	（EC，2014）
	BCF < 2000	

a C_s^w 和 C_s^o 分别为固态物质在水和辛醇中的溶解度；b S_o 为在辛醇中的溶解度；c MW 为分子量

对于分子本身的参数指标是否能够用于评判一个化合物具有生物可富集性，目前仍具有争议。化合物要想进入生物体内，需要穿过一系列的生物膜结构。当分子体积大到一定程度，穿透相关生物膜的能力会受到限制，从而降低该化合物的生物可富集性。因此，从化合物的吸收机理出发，假定存在着一个相应的阈值，当化合物的相关参数大于该阈值时，该化合物将不具有生物富集潜力，这一假定应该是合理的。但 Arnot 等（2010）对现有的基于分子体积的评价参数进行了分析，结合最新的一些化合物的生物富集研究结果，认为现有的分子体积参数及其基准值都不适用于化合物的生物富集能力评价。分子体积参数基准值的获得大多是基于已有化合物的 BCF（主要从以鱼作代表的水生生物中获得）。生物不同的上皮细胞膜的可渗透性是不同的。跨细胞上皮电阻(transepithelial electrical resistance，TEER，$\Omega \cdot cm^2$）是一个可以表征上皮细胞的致密程度的指标。上皮细胞的 TEER 在 10～50 $\Omega \cdot cm^2$ 之间，可以认为该细胞具有较高的可渗透性（致密程度低），而 TEER 大于1000 $\Omega \cdot cm^2$ 则该细胞具有较低的可渗透性(致密程度高)。鱼鳃的 TEER 值为 3500 $\Omega \cdot cm^2$，比鱼肠道（25～50 $\Omega \cdot cm^2$）、哺乳动物和人的肠道细胞（20～100 $\Omega \cdot cm^2$）的 TEER 值要高 1～2 个数量级。因此，不易透过鱼鳃的化合物质可较容易地通过肠道来吸收。由于 BCF 值大多都是关于鱼的富集数据，可能对其他生物不具有普适性，且不易通过生物浓缩而富集的物质还可通过肠道来吸收。因此，使用 BCF 值去推导相关的分子参数基准值是存在问题的。第二个原因是即使使用 BCF 值推导相关参数，但由于对 BCF 值本身的可靠性缺乏评价，也会导致错误的推导结论。Arnot 和 Gobas（2006）对已有的 770 种化合物，4323 个 BCF 值进行评估时发现，至少 42% 的 BCF 数据存在一个或多个误差来源。这些可能的来源包括对于使用放射性同位素标记方法进行 BCF 值测定的，大多没有进行母体化合物信号的校正；通过水暴露的室内实验，通常都假定整个实验期间水中浓度是恒定的；假定达到了稳定状态；水相中的浓度超过了其在水中的溶解度等。这些误差来源都可能导致所获得的 BCF 值偏离真实的 BCF 值。在此基础上推导的分子体积参数也会相应产生偏差。随着分析技术的改进，更多化合物的生物富集数据的获得，相关的分子参数基准值呈现逐渐增加的趋势。生物可利用性及生物代谢转化也是导致一些化合物被认为不能生物富集的原因。Gobas 和 Morrison（2000）认为，尽管分子体积大小能够限制其膜渗透力，但并不存在一个确定的阈值，这个阈值可能存在一个很宽的范围。

上述被广泛采用的评判指标及基准值都是以化合物的 BCF 为基准的。BCF 值作为基准存在较多缺陷。首先，一些化合物 BCF 指标并不能正确判定化合物的生物可富集性，如全氟辛烷磺酸类物质、林丹等 BCF 都小于 5000，但都是《斯德哥尔摩公约》中规定的 POP 类物质；其次，BCF 是描述生物浓缩过程的一个指标，并不能反映化合物的生物放大潜力；最后，BCF 值更多适用于水生生物，对于哺乳动物而言，呼吸吸收与清除更多是通过大气而不是水体。因此，BCF 对化合物在陆生生物上的富集潜力的评判可能存在误判。此外，生物浓缩因子的测定是一项耗时耗力的工作，对于高辛醇/水分配系数的物质，其准确测定存在相当的困难。

基于上述原因，有关科学、产业和管理层一直在寻求一个能受到广泛认同的正确评价生物富集的相关程序及指标。2008 年，环境毒理与化学学会组织了一个关于"PBT 和 POP 认定和评价的科学指南及框架"的研讨会。有关生物富集的研究小组在对现在生物富集评价的标准进行全面回顾的基础上，提出了新的有关生物富集评价的框架和指标建议（Gobas et al.，2009）。该建议首先界定了什么是生物可富集物质，提出生物可富集物质应该是那些能够在食物链中放大的化学物质。从这个定义出发，有证据证明该化合物能够沿食物链放大的化合物就是可生物富集的化合物。因此，首要的评判标准应是 TMF 是否大于 1。满足该条件即可判定为生物可富集物质，即满足"B"的条件；TMF 没有的情况下，考虑其 BMF，如果 BMF>1，则可判定为极有可能为生物可富集物质。如果 BMF 因子也没有时，这时考虑其 BCF，利用现有标准值进行评估，若满足现有标准，则有可能是生物可富集物质。在上述参数都缺少的情况下，可从化合物的本身参数 $\log K_{OW}$ 和 $\log K_{OA}$（辛醇/空气分配系数，octanol-air partition coefficient，K_{OA}）及生物富集模型推导的相关参数进行评价。$\log K_{OW}<4$，一般认为在水生生物中不存在生物放大现象；$\log K_{OA}<5$，在陆生生物中不存在生物放大现象。

　　该框架体系既考虑了实验室内的一些评价工作，也更突出了野外监测数据的重要性。但目前关于化合物的 TMF 数据远少于 BCF 数据，TMF 数据的获得需要更多的野外监测，并且对于食物链的选择也没有标准化的方案。故该框架体系还未被管理部门广泛采用，仍处于研究阶段。

1.4　生物富集研究历史与现状

　　对于外源污染物的生物富集的研究最早起源于 20 世纪 60 年代。Woodwell（1967）通过对长岛咸水沼泽地生物中 DDT 的研究发现，DDT 在浮游生物中的浓度为 0.04 μg/g，到了米诺鱼中浓度增加到 1 μg/g，而在肉食性鸟类环喙鸥鸟中 DDT 的浓度则达到了 75 μg/g，与浮游生物相比，浓缩超过 1000 倍。由此，Woodwell 提出人造化学物质的浓度会在生态循环过程中随生物的营养级的增加而增加，达到可能对人和动物造成危害的程度。其浓缩机理被认为是生物量和污染物的同化效率差异所致。Hamilink 等（1971）对自然池塘及人工水池中 DDT 在生物中的富集研究发现，DDT 在生物中的累积主要是通过 DDT 在生物脂肪与血、血与水的一系列交换过程来实现的。鱼的脂肪含量决定了相关污染物在体内的负荷，而污染物在鱼体内的放大是与化合物的溶解度呈负相关的。他们认为生物富集是由溶解度控制的水–生物交换所决定的。后来定义这一过程为生物浓缩。Neely 等（1974）随后在室内进行了多种污染物的鳟鱼暴露实验，实验结果证实对于疏水性有机污染物，$\log BCF$ 与化合物的 $\log K_{OW}$ 存在着非常好的线性正相关关系。这一发现使得化合物的生物富集潜力可以通过化合物的自身性质进行预测。这就形成了当今通过辛醇/水分配系数方法判定一化合物是否是生物可富集化合物的理论基础。

　　按照脂/水平衡分配理论，不论是何种营养级别的生物，当化学物质在生物与环境中的分配达到平衡时，其逸度都应当相等。但 20 世纪 80 年代及 90 年代早期北美五大湖地区对 DDT、多氯联苯（PCBs）及其他一些卤代持久性有机污染物的生物富集研究发现，不论是湿重浓度还是脂肪归一化后的浓度，生物中污染物的浓度都要高于脂/水分配模型的预期值，并且随着营养等级的升高而增加（Connolly et al.，1988；Clark et al.，1988）。这些结果表明，单一的脂/水分配过程不足以解释食物链中污染物浓度的变化，在食物链过程中应该存在着一个污染物从低逸度的被取食者向高逸度的取食者中迁移的一个过程。这一过程被称为生物放大。生物放大过程与生物浓缩过程是完全不同的。生物浓缩过程中，污染物是从高逸度向低逸度扩散渗透直至平衡的过程，而生物放大过程是一个逆热力学过程。Gobas 等（1993；1999）通过野外和室内实验证实，这种逆热力学过程是在捕食者肠道过程中实现的。野外条件下，捕食者体内污染物的浓度（或逸度）是高于被捕食者体内污染物浓度的。按一般的热力学原理，污染物是不可能从被捕食者体内向捕食者体内富集的。但肠道中的消化吸收过程改变了这一切。食物中蛋白质、脂肪等在肠道内被消化吸收，原来食物中的污染物被浓缩，使得污染物在肠道中的浓度高于被捕食者体内的浓度，形成一个正的浓度梯度，污染物从被捕食者向捕食者体内富集，造成生物放大。由此，人们认识到，化合物在生物体内的富集是由生物浓缩过程（生物与外界环境的交换过程）和生物放大过程（通过食物吸收造成的化合物浓度的增加）共同决定的。

早期有关生物富集的研究主要集中在水生生态系统。根据脂/水分配理论，只有具有了一定疏水性的物质才可能在生物体内富集。而肠道内也只有具有较高疏水性的化合物（log K_{OW}>6）才能出现逸度增加现象（Gobas et al.，1993）。因此，才形成了现在普遍被采纳的生物可富集性的评价指标（BCF > 5000 或 log K_{OW}>5）。近 20 年来，人们开始关注化学物质在陆生生态系统中的富集。一系列的研究结果使得人们对化学物质的生物可富集性有了新的认识。Kelly 和 Gobas（2001）通过对极地地衣—驯鹿—狼陆生食物链中持久性有机污染物的生物放大的研究发现，一些具有较低辛醇/水分配系数的化合物（log K_{OW} < 5）如四氯苯、林丹等在该陆生食物链上存在明显的生物放大现象。此外，全氟辛烷磺酸类如 PFOS 等辛醇/水分配系数小于 10 000，在室内鱼暴露实验中未表现出生物放大现象（Martin et al.，2003；2004），但在鸟类及哺乳动物中则呈现出明显的生物放大（Tomy et al，2004；Houde et al.，2006）。这些结果表明，并不是仅有高辛醇/水分配系数的化合物表现出生物富集潜力。基于水生生态系统获得的一些结果并不能推广至陆生生态环境。因此，在原有的辛醇/水分配系数的基础上，又引入了辛醇/空气分配系数这一指标。Kelly 等（2007）的研究指出，由于水生和陆生生物在清除污染物速率方面的差异，导致水生、陆生生物在对污染物的富集上存在完全不同的特点。对于水生生物而言，当 K_{OW}>10^5 时，通过呼吸作用（鳃）排除污染物的速率大大下降，导致化合物在水生生物中放大；K_{OW}>10^8 时，生物吸收速率降低，导致生物放大潜力下降。对于陆生生物，当 K_{OW}>10^5 时，通过饮食摄入导致的生物放大效应开始起作用，使 K_{OW}>10^5 的物质仍然在陆生生物上发生生物放大现象。这一点与水生生物表现一致。当 K_{OW}<10^2 时，通过脲及含氮废物形式的排除速率过快使其不易发生生物累积，但对于 K_{OW}>10^2，且 K_{OA}>10^6 的化合物，通过呼吸作用和脲途径排除的速率均较低，使其在陆生生物上出现生物放大现象。这一研究结果将可能具有生物富集潜力的物质大大地扩充了（在原有 K_{OW} 位于 10^5 和 10^8 之间增加到了 K_{OW} 位于 10^2 和 10^5 之间，同时 K_{OA} 大于 10^6 的化学物质）。

最近，对于新型污染物卤系阻燃剂的生物富集研究又将人们对化学物质的生物富集潜力的认识向前推进了一步。对多溴联苯醚（Burreau et al.，2006；Kelly et al.，2008；Wu et al.，2009；Yu et al.，2011）、十溴二苯乙烷（Law et al.，2006；Hu et al.，2008；Luo et al.，2009；He et al.，2012）、得克隆（Gauthier et al.，2007；Tomy，et al.，2007；Wu et al.，2010；Sun et al.，2012）等具有高 K_{OW} 值的化合物的生物富集研究发现，一些 $K_{OW}>10^8$ 的化学物质如六至十溴联苯醚、得克隆仍在水生及陆生生物上表现出生物放大或食物链放大现象，并且水生、陆生食物链表现出完全不同的富集和放大特征。如对于水生食物链，出现食物链放大的多溴联苯醚主要是 BDE47、BDE100 和 BDE154 等化合物，而在陆生食物链上，往往是 BDE153 具有较大的生物放大潜力，并且像十溴联苯醚、十溴二苯乙烷等在陆生生物上的富集能力明显强于水生生物。以上这些发现表明，以往认为的高 K_{OW}（>10^8）物质因为其大的分子量和分子体积而不能被生物所富集的观点可能是存在问题的。在水生生物的富集过程中，高 K_{OW} 物质的生物富集潜力确实表现得比较低，但这可能并不是因为这些物质不能生物富集，而是其他一些因素影响了这些化合物在水生生物上的富集，比如水中的溶解有机碳。当化合物的 K_{OW} 不太高时，溶解有机质对化合物的生物富集影响不明显，但当化合物的 K_{OW} 增加到一定程度后，溶解有机质的影响不能忽视，使得高 K_{OW} 物质不易富集到水生生物上（罗孝俊等，2016）。而对于陆生生物，溶解有机质的影响并不存在，因而可能会对高 K_{OW} 物质具有富集作用。

现有的一些新型持久性有机污染物的研究结果表明，适用于水生生物的一套评价生物富集潜力的方法和指标并不能完全适用于陆生生态系统。而现有相关陆生生态系统中污染物的研究还非常匮乏。比如陆生生态系统中生物浓缩的过程与机制、占总暴露的贡献都缺乏有效的评价方法。最近的一些研究结果表明，通过皮肤接触造成的污染物富集在一些特定环境下不容忽视（Wu et al.，2016；Abdallah et al.，2016），而有关皮肤渗透过程的研究最近才有少量报道（Abdallah et al.，2015；Frederiksen et al.，2016）。新型污染物的灰尘暴露途径相比于传统持久性有机污染物具有更重要的作用（Jones-Otazo et al.，2005），而肺部与大气中污染物的分配交换过程还少见报道。

目前有关生物富集的研究都忽视了现今世界上最大的生物群体——昆虫。昆虫是地球上生物种类和数量最大的动物群体，其栖息环境、生活习性都具有一定的特殊性，如水陆两栖、存在变态发育过程等。并且昆虫是污染物从生产者向消费者转移的最重要环节，污染物在昆虫体内发生的各种变化过程都直接影响后续高等级生物对污染物的富集。但目前有关昆虫对污染物富集及传递影响的研究还非常有限。最近 Gaylor 等（2012）的研究表明，一些昆虫如蟋蟀能直接取食商品中的塑料颗粒，从而将其中的污染物带入生物圈。而昆虫变态发育过程中污染物的变化会直接导致水生和陆生食物链上高等级生物富集不同性质的污染物（Kraus et al.，2014）。Chételat 等（2008）对加拿大极地湖泊的研究发现，决定湖泊中鱼类甲基汞含量的并不是湖泊中总汞的输入量，而是摇蚊变态发育的过程。这些初步的结果都表明，昆虫在污染物的生物富集中起到了至关重要的作用。加强污染物在昆虫中富集规律的研究应是今后的一个重要研究方向。

生物代谢是影响污染物富集的一个重要机制。由于生物代谢的复杂性，准确评价污染物的生物代谢目前仍然是相关生物富集研究中的一个难点。

参 考 文 献

罗孝俊, 何明靖, 曾艳红, 吴江平, 陈社军, 麦碧娴. 2016. 溶解有机碳对生物富集因子计算的影响: 以东江鱼体中多溴联苯醚的生物富集为例. 生态毒理学报, 11(2): 188-193.

Abdallah M A E, Pawar G, Harrad S. 2015. Evaluation of 3D-human skin equivalents for assessment of human dermal absorption of some brominated flame retardants. Environment International, 84: 64-70.

Abdallah M A E, Pawar G, Harrad S. 2016. Human dermal absorption of chlorinated organophosphate flame retardants; implications for human exposure. Toxicology and Applied Pharmacology, 291: 28-37.

Anliker R, Moser P, Poppinger D. 1988. Bioaccumulation of dyestuffs and organic pigments in fish Relationships to hydrophobicity and steric factors. Chemosphere, 17: 1631-1644.

Arnot J A, Arnot M I, Mackay D, Couillard Y, MacDonald D, Bonnell M, Doyle P. 2010. Molecular size cutoff criteria for screening bioaccumulation potential: Fact or fiction? Integrated Environmental Assessment and Management, 6: 210-224.

Arnot J A, Gobas F A P C. 2006. A review of bioconcentration factor (BCF) and bioaccumulation factor (BAF) assessments for organic chemicals in aquatic organisms. Environmental Review, 14: 257-297.

Burreau S, Zebuhr Y, Broman D, Ishaq R. 2006. Biomagnification of PBDEs and PCBs in food webs from the Baltic Sea and the northern Atlantic ocean. Science of the Total Environment, 366: 659-672.

Chételat J, Amyot M, Cloutier L, Poulain A. 2008. Metamorphosis in chironomids, more than mercury supply, controls methylmercury transfer to fish in high arctic lakes. Environmental Science and Technology, 42: 9110-9115.

Clark T, Clark K, Paterson S, Mackay D, Norstrom R J. 1988. Wildlife monitoring, modeling, and fugacity. Environmental Science and Technology, 22: 120-127.

Connplly J P, Pedersen C J. 1988. A thermodynamic-based evaluation of organic chemical accumulation in aquatic organisms. Environmental Science and Technology, 22: 99-103.

Dimitrov S, Dimitrova N, Parkerton T F, Comber M, Bonnell M, Mekenyan O. 2005. Base-line model for identifying the bioaccumulation potential of chemicals. SAR QSAR Environmental Research, 16: 531-554.

Dimitrov S D, Dimitrova N C, Walker J D, Veith G D, Mekenyan O G. 2003. Bioconcentration potential predictions based on molecular attributes—An early warning approach for chemicals found in humans, birds, fish and wildlife. QSAR Combinatorial Science, 22: 58-68.

European Chemicals Agency (EC). 2014. Guidance on information requirements and chemical safety assessment. Chapter R.11: PBT/vPvB assessment Version 2.0, November 2014.

Frederiksen M, Vorkamp K, Jensen N M, Sørensen J A, Knudsen L E, Sørensen L S, Webster T F, Nielsen J B. 2016. Dermal uptake and percutaneous penetration of ten flame retardants in a human skin *ex vivo* model. Chemosphere, 162: 308-316.

Gauthier L T, Hebert C E, Weseloh D V, Letcher R J. 2007. Current-use flame retardants in the eggs of herring gulls (*Larus argentatus*) from the Laurentian Great Lakes. Environmental Science and Technology, 41: 4561-4567.

Gaylor M O, Harvey E, Hale R C. 2012. House crickets can accumulate polybrominated diphenyl ethers (PBDEs) directly from polyurethane foam common in consumer products. Chemosphere, 86: 500-505.

Gobas F A P C, de Wolf W, Burkhard L P, Verbruggen E, Plotzke K. 2009. Revisting bioaccumulation criteria for POPs and PBT assessments. Integrated Environmental Assessment and Management, 5: 624-637.

Gobas F A P C, Morridon H A. 2000. Bioconcentration and biomagnification in the aquatic environment. *In*: Boethling R S, Mackay D, editors. Handbook of property estimation methods for chemicals: Environmental and health sciences. Boca Raton (FL): CRC.

Gobas F A P C, Wilcockson J B, Russell R W, Haffner G D. 1999. Mechanism of biomagnification in fish under laboratory and field conditions. Environmental Science and Technology, 33: 133-141.

Gobas F A P C, Zhang X, Wells R. 1993. Gastrointestinal magnification: The mechanism of biomagnification and food chain accumulation of organic chemicals. Environmental Science and Technology, 27: 2855-2863.

Hamilink J L, Waybrant R C, Ball R C. 1971. A proposal: Exchange equilibria control the degree chlorinated hydrocarbon are biologically magnified in lentic environments.Transactions of the American Fisheries Society, 100: 207-214.

He M J, Luo X J, Chen M Y, Sun Y X, Chen S J, Mai B X. 2012. Bioaccumulation of polybrominated diphenyl ethers and decabromodiphenyl ethane in fish from a river system in a highly industrialized area, South China. Science of The Total Environment, 419: 109-115.

Horrocks S, Kirton J, Cartwright C, Robertson S, Farrar N, Motschi H. 2006. Categorisation of organic pigments. Final Report, Advisory Committee on Hazardous Substances. Atkins Environment. UK Environment Agency, ETAD. 44.

Houde M, Bujas T A D, Small J, Wells R S, Fair P A, Bossart G D, Solomon K R, Muir D C G. 2006. Biomagnification of perfluoroalkyl compounds in the bottlenose dolphin (*Tursiops truncatus*) food web. Environmental Science and Technology, 40: 4138-4144.

Hu G C, Luo X J, Dai J Y, Zhang X L, Wu H, Zhang C L, Guo W, Xu M Q, Mai B X, Wei F W. 2008. Brominated flame retardants, polychlorinated biphenyls, and organochlorine pesticides in captive giant panda (*Ailuropoda melanoleuca*) and red panda (*Ailurus fulgens*) from China. Environmental Science and Technology, 42: 4704-4709.

Jones-Otazo H A, Clarke J P, Diamond M L, Archbold J A, Ferguson G, Harner T, Richardson G M,

Ryan J J, Wilford B. 2005. Is house dust the missing exposure pathway for PBDEs？An analysis of the urban fate and human exposure to PBDEs. Environmental Science and Technology, 39(14): 5121-5130.

Kelly B C, Ikonomou M G, Blair J D, Gobas F A P C. 2008. Bioaccumulation behaviour of polybrominated diphenyl ethers (PBDEs) in a Canadian Arctic marine food web. Science of Total Environment, 401: 60-72.

Kelly B C, Ikonomou M G, Blair J D, Morin A E, Gobas F A P C. 2007. Food web–specific biomagnification of persistent organic pollutants. Science, 317: 236-239.

Kelly B C, Gobas F A P C. 2001. Bioaccumulation of persistent organic pollutants in lichen-caribou-wolf food chain of Canada's central and western arctic. Environmental Science and Technology, 35: 325-334.

Kraus J M, Walters D M, Wesner J S, Stricker C A, Schmidt T S, Zuellig R E. 2014. Metamorphosis alters contaminants and chemical tracers in insects: Implications for food webs. Environmental Science and Technology, 48, 10957-10965.

Law K, Halldorson T, Danell R, Stern G, Gewurtz S, Alaee M, Marvin C, Whittle M, Tomy G. 2006. Bioaccumulation and trophic transfer of some brominated flame retardants in a Lake Winnipeg (Canada) food web. Environmental Toxicology and Chemistry, 25: 2177-2186.

Luo X J, Zhang X L, Liu J, Wu J P, Luo Y, Chen S J, Mai B X, Yang Z Y. 2009. Persistent halogenated compounds in waterbirds from an e-waste recycling region in South China. Environmental Science and Technology, 43: 306-311.

Martin J W, Mabury S A, Solomon K R, Muir D C G. 2003. Bioconcentration and tissue distribution of perfluorinated acids in rainbow trout (Oncorhynchus mykiss). Environmental Toxicology and Chemistry, 22: 196-204.

Martin J W, Whittle D M, Muir D C G, Mabury S A. 2004. Perfluoroalkyl contaminants in a food web from Lake Ontario. Environmental Science and Technology , 38: 5379-5385.

Neely W B, Branson D R, Blau G E. 1974. Partition coefficient to measure bioconcentration potential of organic chemicals in fish. Environmental Science and Technology, 8: 1113-1115.

Opperhuizen A, van der Velde E W, Gobas F A P C, Liem D A K, van der Steen J M D, Hutzinger O. 1985. Relationship between bioconcentration in fish and steric factors of hydrophobic chemicals. Chemosphere, 14: 1871-1896.

Sakuratani Y, Noguchi Y, Kobayashi K, Yamada J, Nishihara T. 2008. Molecular size as a limiting characteristic for bioconcentration in fish. Journal of Environmental Biology, 29: 89-92.

Sun Y X, Luo X J, Wu J P, Mo L, Chen S J, Zhang Q, Zou F S, Mai B X. 2012. Species- and tissue-specific accumulation of dechlorane plus in three terrestrial passerine bird species from the Pearl River Delta, South China. Chemosphere, 89: 445-451.

Tomy G T, Budakowski W, Halldorson T, Helm P A, Stern G A, Friesen K, Pepper K, Tittlemier S A, Fisk A T. 2004. Fluorinated organic compounds in an eastern Arctic marine food web. Environmental Science and Technology, 38: 5379-5385.

Tomy G T, Pleskach K, Ismail N, Whittle D M, Helm P A, Sverko E, Zaruk D, Marvin C H. 2007. Isomers of dechlorane plus in Lake Winnipeg and Lake Ontario food webs. Environmental Science and Technology, 41: 2249-2254.

Woodwell G M. 1967. Toxic substances and ecological cycles. Scientific American, 216: 24-32.

Wu C C, Bao L J, Tao S, Zeng E Y. 2016. Dermal uptake from airborne organics as an important route of human exposure to e-waste combustion fumes. Environmental Science and Technology, 50:

6599-6605.

Wu J P, Zhang Y, Luo X J, Wang J, Chen S J, Guan Y T, Mai B X. 2010. Isomer-specific bioaccumulation and trophic transfer of dechlorane plus in the freshwater food web from a highly contaminated site, South China. Environmental Science and Technology, 44: 606-611.

Wu J P, Luo X J, Zhang Y, Yu M, Chen S J, Mai B X, Yang Z Y. 2009. Biomagnification of polybrominated diphenyl ethers (PBDEs) and polychlorinated biphenyls in a highly contaminated freshwater food web from South China. Environmental Pollution, 157: 904-909.

Yu L H, Luo X J, Wu J P, Liu L Y, Song J, Sun Q H, Zhang X L, Chen D, Mai B X. 2011. Biomagnification of higher brominated PBDE congeners in an urban terrestrial food web from North China based on a field observation of prey deliveries Environmental Science and Technology, 45: 5125-5131.

第 2 章　生物富集的基本理论与方法

本章导读

- 先简要回顾和介绍了污染物生物富集的生理基础，包括吸收与排泄、体内运输与组织分布和生物代谢三个方面的基本理论与概念。
- 集中介绍了生物浓缩作用与生物放大作用的理论基础，详细介绍了经济合作与发展组织（OCED）推荐的有关生物浓缩因子及生物放大因子的室内实验测定方法、食物链放大因子的测量方法。
- 从经验模型（结构与活性关系模拟）和机理模型两个方面概括性地介绍了生物富集模型在有机污染物的生物富集中的应用及今后发展方向。

2.1　生物富集的生理过程

持久性有机污染物生物富集的生理基础与生物对药物的吸收和排泄并没有本质差别。因此，有关药物的吸收、分布、排泄和代谢的相关理论及基础都适用于持久性有机污染物的生物富集。这些理论与基础在毒理学和药学教材中都有详细的介绍，本章参考了部分教材的内容（熊治廷，2001；孔繁翔等，2000），对相关知识要点进行了扼要的介绍，以期使在这方面缺乏了解的环境科学研究者获得一些基础的认识。具体内容可参考相关的参考书或教材。

2.1.1　吸收与排泄

环境污染物通过各种途径与生物机体接触后，可以通过不同的方式被生物体吸收，然后经循环系统或输导组织输送到机体的各个器官、组织及细胞，然后在酶的作用下发生生物转化，其转化产物及未代谢的母体化合物再通过不同途径排出体外。污染物在生物体内的这一过程称为污染物在生物体内的归宿。

污染物透过生物机体的生物膜进入生物体液的过程称为生物吸收。不同生物物种之间由于暴露途径的差异、生物特征上的差异，其吸收途径与方式存在很大的差别。但由于不同生物的生物膜的基本结构是一致的，因此，污染物的跨膜转运过程也大致相同。关于生物膜的模型以流动镶嵌模型最为人们所接受。该模型把生物膜看成是由脂质双分子层中镶嵌着的球蛋白分子按二维排列组成的结构。膜中的类脂分子能迅速在膜平面进行侧向移动，膜中的蛋白质分子能在膜的垂直方向作上下运动。

污染物的跨膜转运主要包括两种方式：被动转运和特殊转运。被动转运分为简单扩散和滤过两种方式。简单扩散是指物质从浓度较高的一侧透过生物膜向浓度较低的一侧扩散的过程。利用简单的扩散方程可以描述这一过程。简单扩散的影响因素有化合物的性质，包括脂水分配系数、物质的解离度、与膜上蛋白质的亲和力、分子体积大小等。滤过是指水或水溶性物质在生物膜两侧存在流体静压或渗透压差的条件下，经亲水性膜孔顺压透过生物膜的过程。这些孔道的直径决定了多大的化合物可以以滤过的方式进行吸收。

特殊转运又可分为易化扩散、主动转运、吞噬作用和胞饮作用四种。易化扩散指的是非脂溶性物质在载体作用下由浓度高的一侧向浓度低一侧移动的过程。其主要特点是需要载体、不消耗能量、有一定的主动选择性，只能由高浓度向低浓度一侧转运，因此，具有扩散的属性。主动转运是指化合物伴随着能量的消耗，利用载体转运以透过生物膜的过程。其与易化扩散的主要区别是需要能量消耗、化合物可逆浓度梯度转运。易化扩散和主运转运的载体都具有一定选择性和容量，当存在相似结构的物质时，会发生竞争性抑制作用。吞噬作用和胞饮作用属于两种内吞作用。当外来物质是较大的分子或者颗粒，甚至大到整个细胞时，由于体积太大，不能以上述各种方式完成跨膜转运，这时可借助内吞作用完成。内吞作用指固体颗粒或液滴与细胞膜上的蛋白质具有特殊亲和力，可改变细胞的表面张力，引起外包和内凹，将外源物包围进入细胞。外源物为固体时，称为吞噬；外源物为液体时，称为胞饮。

对于持久性有机物而言，由于大部分POPs都是亲脂性的中性有机污染物，其透过膜的方式主要是简单扩散。这一点可通过广泛存在的持久性有机污染物浓度（湿重归一化浓度）与组织或器官之间的脂肪含量存在显著性相关性得到证实。全氟化合物如全氟辛烷磺酸和全氟辛酸既具有疏水性，又具有疏脂性。其透过膜的机制可能与一般疏水性 POPs 的机制存在一定差异。由于这两类化合物对蛋白质具有较高的亲和力，因此，蛋白质在该类物质的转运过程中可能存在一定作用。

生物吸收污染物的途径主要有以下三种方式：消化道、呼吸道和皮肤。以人为例，消化道由口腔、食道、胃、肠道组成。由于污染物在口腔和食道中的留存时间过短，一般认为通过这两处的吸收极少。吸收主要发生在胃部和肠道部位。胃部由于较高的酸度，碱性物质在酸性条件下高度电离，一般不易吸收，而酸性物质则易于通过扩散作用在胃部被吸收。肠道由于 pH 一般呈中性，且具有大量绒毛和微绒毛，使其表面积大大增加，因而一般是有机污染物的主要吸收场所。消化道对持久性有机污染物的吸收特性的研究主要通过体外胃肠道模拟实验进行。其影响因素有食物的种类与组成、化合物的物理化学性质、消化道内酶的种类和菌群数量与种类、消化道内的存留时间等。

呼吸道主要吸收气体及微小颗粒物中的外源污染物。对于水生生物而言，呼吸道吸收主要指通过鳃的吸收。对于通过肺呼吸的陆生生物，由于呼吸道各个部分的组织结构不同，对污染物的吸收状况也不同。外源物质越是进入呼吸道深部，其接触面积越大、停留时间越长，其吸收的量也越大。一般而言，由于肺泡具有较大的比表面积，同时周围遍布血管，是污染物的主要吸收部位。气态物质主要通过简单扩散的方式进行吸收。影响吸收的因素包括：肺泡和血浆中化合物的分压差、化合物的血/气的分配比、化合物的溶解度与分子量、肺的通气量与血液的流量等。对于颗粒态物质，主要受控于颗粒粒径的大小。大于 10 μm 的颗粒，主要沉积在上呼吸道；5～10 μm 的颗粒主要阻留在气管和支气管；1～5 μm 的颗粒物可到达呼吸道深部，部分达到肺泡；<1 μm 的颗粒，主要在肺泡内沉积。沉积在肺泡的颗粒物因水溶性不同而存在不同的归宿：易溶于水的先溶解在肺泡表面的液体内，然后通过简单扩散方式被吸收；难溶于水的往往通过吞噬作用被吸收。关于持久性有机污染物通过呼吸道的吸收规律的研究，目前还少见报道。

皮肤是保护机体的有效屏障。但体外污染物仍然可能透过皮肤的表皮细胞、汗腺细胞、皮脂细胞及毛囊而被机体吸收。其中大部分物质是通过表皮细胞吸收的，因为表皮细胞构成了皮肤表面的绝大部分。至于汗腺和毛囊，虽然全身皆有分布，但其全部横截面仅占皮肤表面的 0.1%～0.2%，所以吸收量较少。影响皮肤吸收的因素，包括皮肤角质层厚度、化合物分子的大小、脂水分配系数、角质层是否受到损伤、生物种类。此外，高温加速血液和间质液的流动，也会加速污染物的吸收。一般而言，相对分子量大于 300 的物质较难通过角质层，脂水分配系数在 1 左右的化合物易被皮肤吸收。最近出现了少量关于皮肤对持久性有机污染物吸收的报道（Abdallah et al.，2015；2016；Frederiksen，et al.，2016；Wu et al.，2016）。这些报道表明，皮肤吸收是持久性有机污染物暴露的一条不可忽视的途径。

外源化合物及其代谢产物向体外运输的过程称为排泄。就动物而言，排泄主要途径有通过肾脏以尿液形式排出，随同胆汁混入粪便排出，通过其他腺体分泌液如唾液、乳汁、泪液、汗液及胃肠道分泌物等排出。肾脏排出有肾小球滤过和肾小管主动转运两种方式。肾小球滤过的脂水分配系数较高的物质会被重新吸收，而易电离或离子型物质将被排入尿液。肾小管主动转运通过两种不同的系统，一种主动转运有机阴离子化合物；另一种主动转运有机阳离子化合物。与蛋白质相结合的外源化合物可通过主动转运的方式进入尿液。

肝胆系统也是外源物质排泄的主要途径。经胃肠道吸收的化合物首先随血液进入肝脏，在肝脏内进行生物转化。外源化合物及其代谢产物被肝细胞排入胆汁并进入小肠。此后，存在两种途径。一是不易被吸收的物质随同胆汁混入粪便，随粪便排出体外。二是在小肠中被重新吸收，经门静脉再次返回到肝脏，然后又随同胆汁进入小肠，形成所谓的肝肠循环。肝肠循环使外源物质在体内的停留时间延长，对肝脏的毒性增加。从肝细胞进入胆汁的主要转运方式为主动转运，也有少量化合物通过简单扩散的方式进入，但一般不是主要方式。肝脏中至少存在三种转运系统：一种负责转运有机酸、一种负责转运有机碱、一种负责转运中性有机化合物。可能还存在转运和排泄金属的转运系统。

经呼吸道进入体内的物质也可通过呼吸道排出体外。不同形态的外来物排出的方式存在不同。气态和易挥发的液态物质主要通过简单的扩散方式由肺部排出；非可溶性颗粒物则通过支气管分泌的液体，在肺细胞分泌的蛋白质表面活性剂层以及巨噬细胞作用下，并在气管表面纤毛的推动下以痰的形式从肺部排出。

其他的途径包括随唾液、乳汁、汗液、头发、指甲及月经等形式排出。由于持久性有机污染物大多都是亲脂性化合物，因此，随乳汁排出是一条重要的排泄途径。对哺乳期的婴儿而言，则是一条主要的暴露途径。持久性有机污染物随头发、指甲的排泄方式使头发、指甲成为比较理想的进行人体持久性有机污染物暴露的非侵入性的生物监测指示物，被用于持久性有机污染物的人体暴露监测研究（Poon et al.，2014；Zheng et al.，2014；Liu et al.，2016）。

2.1.2　组织分布

分布是指外源化合物通过吸收进入血液或其他体液后，随着血液和淋巴液的流动分散到全身各组织细胞的过程。吸入血液中的化合物仅少量呈游离态，大部分与血浆蛋白结合，随着血液到达所有的组织和器官。其与血浆蛋白的结合一般是具有可逆性的。从远距离运输的角度，这一结合需要有一定的强度；但另一方面，这种结合又不能太强，否则不能发生解离，也就无法完成在组织细胞内的重新分配。其与血浆蛋白的结合主要有三种形式：一是离子结合，如弱酸性化合物中带负电荷基团与蛋白质氨基酸中的—NH_3^+结合，弱碱性化合物与蛋白质氨基酸中的羧基—COO^-结合。二是氢键，含有羟基、羧基、咪唑基、氨基甲酰基的蛋白质分子侧链皆可形成氢键结合。三是范德华力，由于血浆蛋白的结合部位有数量的限制，而这种结合的专一性不强，因此，若两种物质对同一部位均有亲和力，则易发生竞争现象。

外源物质的体内运输主要通过循环系统来实现。由于循环系统的不同结构特点，不同器官吸收进来的外源污染物的循环途径是不同的。经消化道吸收进来的化合物，首先进入肝门静脉，再被输送到肝脏进行生物转化。所以通过该途径进入的外源物质以原有形态产生生物作用的时间比较短。这对保护机体免遭过量毒害外源物质的损害具有重要作用。经呼吸道、皮肤及口腔和直肠吸收进入的外源物质不通过肝门静脉进入肝脏解毒，而是直接进入循环系统再分布到全身。由于没有经过肝脏的解毒过程，这些外源物质对生物体的作用时间相对较长。

外源物质在体内的分布受众多因素的影响。其中外源物质透过细胞膜的能力和与各组织的亲和力是主要的影响因素。细胞膜的通透性大小对于外源物质在组织中的分布具有重要的影响。外源物质进入肝脏是通过血窦而不是通过毛细血管。血窦是一种高度多孔性的膜，几乎任何小于蛋白质分子的离子或分子均能从血液中进入肝细胞外液。此外，肝实质细胞的质膜是一类脂质膜，虽然其孔比血窦稍小，但其通透性大于其他组织的质膜。因此，肝脏具有接纳大量外源物质的能力。而血脑屏障和胎盘屏障则由于较少的膜通透性，使外源物质进入脑组织和胎儿的能力大大降低，从而使脑组织和胎儿避免或减小受外源物质的毒害作用。血脑屏障是指脑毛细血管壁与神经胶质细胞形成的血浆与脑细胞之间的屏障和由脉络丛形成的血浆和脑脊液之间的屏障，这些屏障能够阻止某些物质（多半是有害的）由血液进入脑组织。胎盘屏障由插入胚胎与母体循环之间的几层细胞组成。胎盘细胞层数的多少对胎盘屏障作用有相当影响。

脂溶性是影响外源物质组织分布的另一个重要因素。对于持久性有机污染物而言，由于有较高的脂水分配系数，大多分布在脂肪组织或脂肪含量较高的组织和器官。因此，脂肪往往是持久性有机污染物的主要储存库。一般肥胖者由于有较高的脂肪含量，对脂溶性的外源毒物具有较高的耐受性。但如果外源物质的毒作用部位恰好为含脂肪较多的组织，则多脂肪者容易中毒。在生物的生理浓缩作用过程中，由于饥饿、伤病或其他原因，机体动用大量体脂，使得储存在脂肪中的外源物质大量释放出来，进入血液，导致污染物在体内再分布并可能导致中毒。血脑屏障往往对高亲脂性物质失去屏障作用。此外，外源物质对某一内源性化合物具有较高的亲和力会导致该化合物较多地富集在这种内源物质较多的组织中。

2.1.3　生物代谢

生物代谢是指污染物进入生物体后，在有关体内酶或分泌到体外酶的催化作用下的代谢变化过程。其可分为生物降解和生物活化两种转化过程。生物降解是指在酶的作用下，污染物转化为简单的有机物或无机物，即转变为低毒或无毒物的过程。生物活化指污染物转化为毒性更强的化合物的转化过程。

污染物在生物体内的代谢过程一般分为两个阶段，分别为 I 相反应和 II 相反应。I 相反应主要在外源物质中引入极性基团羟基（—OH）、氨基（—NH_2）或羧基（—COOH），或者使外源物质中的相关基团暴露出来。I 相反应包括氧化、还原和水解反应。其中氧化反应包括羟基化、环氧化、脱烷基化、脱氨基化、硫–氧化、脱卤、氧化脱硫、胺氧化及脱氢作用。还原反应包括偶氮还原、硝基还原和羰基还原。水解反应主要是酯类和酰胺类水解。I 相反应中所涉及的酶主要有细胞色素 P450 酶、黄素单加氧酶、环氧水解酶、酯酶和酰胺酶、单胺氧化酶、黄嘌呤酶、醇/醛脱氢酶等。其中最为重要的酶系为细胞色素 P450 酶系（cytochrome P450 enzyme system，CYP），细胞色素 P450 酶是一种以铁原子作为辅基的卟啉蛋白。铁原子可以在二价和三价之间来回变换。该酶能与一氧化碳结合，其复合物在波长 450 nm 处有特征吸收峰，故名细胞色素 P450。该系统有时又称为微粒体单加氧酶或混合功能氧化酶系统，主要存在于肝细胞的内质网中。其催化特异性很低，进入体内的各种环境污染物几乎都要经过这一反应过程。在该过程中，还需要还原型辅酶 II（烟酰胺腺嘌呤二核苷酸磷酸，NADPH）提供电子。细胞色素 P450 酶催化的反应方程式可由下式表示：

$$RH + NADPH + O_2 + H^+ \longrightarrow ROH + NADP^+ + H_2O$$

其中，RH 为反应底物，ROH 为代谢产物。

　　该系统可以催化大量的物质发生代谢转化。这与细胞色素 P450 酶存在许多同工酶有关。根据蛋白质中氨基酸顺序的同一性，所有来源的细胞色素 P450 蛋白的氨基酸若有 40%以上的同一性，则归于同一家族，并以阿拉伯数字来标示。亚家族酶由氨基酸顺序有 55%以上相似的酶组成，以大写字母标示，字母后面的阿拉伯数字表示不同的酶。对于人类来说最重要的家族有 3 类：CYP1、CYP2 和 CYP3。

　　II 相反应是外源化合物经过 I 相反应，已经具有羟基、羧基、氨基、环氧基等极性基团以后，与一些具有极性基团的内源化合物进一步发生生物结合的反应。结合反应主要发生在肝脏，其次是肾脏。在肺、肠道、脾、脑组织中也可以进行。根据结合反应的机理，总共可分为 6 种结合反应，分别为：葡糖醛酸结合、硫酸盐结合、甘氨酸结合、乙酰化、甲基化、谷胱甘肽结合。各种结合反应所需的酶、酶存在部位、反应的功能基团见表 2-1。

表 2-1　II 相反应所需反应官能团、酶及其定位

反应类型	所需酶	酶所在部位	反应官能团
葡糖醛酸结合	葡糖醛酸转移酶	微粒体	—OH，—COOH，—NH$_2$，—NH，—SH
硫酸盐结合	磺激酶、磺转移酶	胞液	芳族—OH，芳族—NH$_2$，醇
甘氨酸结合	转氨酶	线粒体、胞液	—COOH，芳族—NH$_2$
乙酰化	酰化酶	肝、肾的线粒体及透明质	芳族—NH$_2$，脂族—NH$_2$，肼，—SO$_2$NH$_2$
甲基化	甲基转移酶	部分肝微粒体，胞液	芳族—OH，—NH$_2$，NH，—SH
谷胱甘肽结合	S-芳基转移酶、谷胱甘肽-S-环氧化转移酶	胞液	环氧化物，有机卤化物

引自熊治廷（2001）

生物转化反应需要各种酶催化，所以酶的活性是影响反应能否正常进行的关键因素。酶的活性可受许多外源物质的影响，其作用包括酶的诱导或抑制。有些外源物质可使某些与代谢转化相关的酶系统活力增强或酶含量增加，并因此而促进其他外源物质的生物转化过程，此种现象称为酶的诱导效应。许多化学物质如苯巴比妥、氯化烃类杀虫剂、多氯联苯和芳香烃类化合物都具有酶诱导作用。一种外源物质的生物转化作用可受到另一种化合物的抑制。酶的抑制作用有竞争性抑制和非竞争性抑制两种。竞争性抑制中抑制剂与底物竞争和酶的同一活性中心结合，从而干扰了酶与底物的结合，使酶的催化活性降低。竞争性抑制的特点是：竞争性抑制剂往往是酶的底物类似物或反应产物；抑制剂与酶的结合部位和底物与酶的结合部位相同；抑制剂浓度越大，则抑制作用越大；但增加底物浓度可使抑制程度减小。非竞争性抑制是指抑制剂在酶的活性部位以外的部位与酶结合，不对底物与酶的活性产生竞争。如细胞色素 P450 酶活的抑制，可通过与血红素中 Fe^{3+} 发生作用（如甲吡酮）、与卟啉部位结合、与其蛋白部分共价结合或硫基烷基化而达到。利用酶的这种激活、抑制机制，人们可以通过不同的酶的激活和抑制的组合来确认某一化合物的代谢究竟是哪一类酶在主导。

外源物质的生物转化具有非常复杂的特点。这种复杂性表现在以下几个方面。一是物种的差异性，同一个外源物质，在不同的物种中会产生不同的代谢行为。如多溴联苯醚在鲤科鱼体内主要发生脱溴代谢，而在哺乳动物体内则主要以氧化代谢为主。二是同一物种、不同品系间存在差别，同一物质在同一种群内部也会产生差异性。最为著名的实例就是乙酰化作用的遗传多态性，其有两种表现形式：快乙酰化者和慢乙酰化者。在大多数欧洲国家，大约 40%是快乙酰化者，而在亚洲，快乙酰化者约达到 80%。三是代谢的性别差异性。四是年龄差异，尤其是幼年、成年和老年之间差异特别显著。由于生物代谢的这种复杂性，使得利用模型模拟外源物质的体内代谢存在非常大的不确定性。

2.2　生物富集的相关原理及实验测定方法

2.2.1　生物浓缩机理与实验测定方法

生物浓缩是指生物体通过呼吸系统（鳃、肺和皮肤）吸收环境中的外源污染物使其体内外源污染物的浓度超过环境中浓度的过程。一般的生物浓缩过程都是指水生生物，对陆生生物的生物浓缩作用及机理目前了解得还不多。因此，我们讨论的生物浓缩过程都局限在水生生物。对水生生物，生物浓缩是生物体通过鳃和表皮吸收水体外源污染物的速率与自身排泄污染物的速率达到平衡的结果。这里的排泄既包括表皮系统（鳃和表皮）的排泄、粪便的排泄、体内代谢，也包括由于其他途径如生长、产卵等行为造成的污染物稀释效应。

生物浓缩的基本理论是建立在被动扩散基础上的相平衡分配。考虑到持久性有机污染物大多是高疏水性的物质，因此，将生物体看作是一个脂质体。生物浓缩的实质过程可看作是污染物在水体及脂质体之间的分配。分配达到平衡时的分配系数即为生物浓缩因子。

生物体浓度（C_B）的单位有三种表达方式，分别是湿重浓度、干重浓度和脂肪归一化浓度。对于整条生物体，一般建议使用湿重浓度；如果使用的是生物体的某一组织，建议使用脂肪归一化浓度。对于水体的浓度（C_W），一般规定是自由溶解态的浓度。自由溶解态的浓度测量比较困难，现在还没有规范化和标准化的测量方法。因此，在实际的使用过程中仍主要是以表观溶解态浓度代替自由溶解态浓度。自由溶解态浓度可以根据相关方法间接获得。一般方法测定得到的表观溶解态浓度由自由溶解态浓度、细小颗粒物中含有的浓度和溶解有机质中含有的浓度三方面组成。颗粒物对水体浓度的影响一般采用过滤的方法去除。颗粒物影响的大小与所用滤纸的过滤孔径有关，过滤孔径越小，颗粒物的影响就越小；但孔径过小，过滤耗时越长。对于水中溶解有机质的影响，一般通过如下方法进行校正：

$$C_W = C_{dis} + C_{dis\text{-}DOC} \tag{2-1}$$

式中，C_{dis} 和 $C_{dis\text{-}DOC}$ 分别为自由溶解态浓度和包含在溶解有机质中的浓度。

自由溶解态浓度占水相中总浓度的分数为

$$f_{dis} = \frac{C_{dis}}{C_{dis} + C_{dis\text{-}DOC}} = \frac{1}{1 + K_{DOC}C_{DOC}} \tag{2-2}$$

式中，C_{DOC} 为水相中溶解有机质的含量；K_{DOC} 为化学物质在水相与溶解有机质间的分配系数，一般认为该分配系数为辛醇/水分配系数的 8%（Burkhard，2000），则式（2-2）可变为

$$f_{dis} = \frac{1}{1 + 0.08 K_{OW}C_{DOC}} \tag{2-3}$$

因此，只要测出水体中污染物的总浓度及水体中溶解有机质的浓度，就可以根据式（2-3）求出自由溶解态的浓度。

从上面对生物浓缩因子的定义可以看出，生物浓缩因子只能在实验室内通过室内暴露实验获得。在实际的测定过程中，为避免由于实验条件的不同、结果的表达方式不同造成的数据可比性差，经济合作与发展组织（Organisation for Economic Co-operation and Development，OECD）于 1996 年发布了生物浓缩因子

测定的标准方法。2012 年，根据最新的研究进展，又对该方法进行了更新（OECD TG 305）。该方法详细规定了测量化合物的 BCF 所需要了解的注意事项、适用范围、鱼种选择、暴露条件与暴露浓度、暴露与清除时间长短、采样时间间隔及采样量、数据的获得与分析、结果的表达等。关于该方法的详细操作步骤、注意事项这里不作赘述，读者可参见 OECD 的相关文件。此处仅就数据的分析与处理作简单说明。

生物浓缩因子的计算一般要求在稳态情况下，由生物体浓度与水体浓度比值直接获得。但由于各种条件限制，稳态条件一般较难达到。因此，室内实验一般通过动力学参数得到生物浓缩因子。生物富集动力学方程可用式（2-4）表示：

$$\frac{\mathrm{d}C_B}{\mathrm{d}t} = K_1 C_W - (K_2 + K_E + K_M + K_G) C_B \tag{2-4}$$

式中，K_1 为吸收速率常数，K_2 为通过呼吸系统的清除速率常数，K_G 为生长稀释速率常数，K_M 为代谢速率常数，K_E 为通过粪便排除速率常数；C_B 和 C_W 分别为生物体及水体中污染物浓度。在实际的测量过程中，往往测定的是鱼体内污染物浓度随时间的变化，所测得的清除速率常数（K_2）实际上是各种清除途径的综合结果。由于生长稀释本质上并不是化合物量的减少，因此，生长作用明显时，还需要进行生长稀释的校正。污染物的生物代谢过程则会使体内污染物浓度降低，使获得的生物浓缩因子被低估。如果代谢速率常数已知，也可进行代谢速率的校正。当吸收与清除达到平衡时，有

$$\mathrm{BCF} = \frac{C_B}{C_W} = \frac{K_1}{K_2} \tag{2-5}$$

只要求出 K_1 和 K_2 就可求出生物浓缩因子。假定吸收速率和清除速率都符合一级动力学方程，则清除速率常数和吸收速率常数可通过序贯法或者同时法求得。

对于序贯法，首先根据清除期的数据，求得清除速率常数（K_2）。由于清除时一般都符合一级动力学方程，则清除期浓度数据进行对数转化后与清除时间之间存在线性相关性。如图 2-1 为我们通过室内食物暴露后，清除期 PCB138 浓度与时间的关系图。

该线性回归方程的斜率即为化合物的 K_2。如果只有任意两个点的数据，则可以根据公式（2-6）求算：

$$K_2 = \frac{\ln(C_{t_1}) - \ln(C_{t_2})}{t_2 - t_1} \tag{2-6}$$

在求得清除期的速率常数 K_2 后，再利用吸收期间的浓度数据按公式（2-7）进行求解吸收速率常数 K_1：

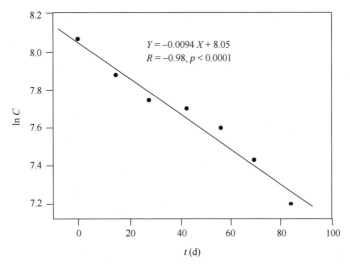

图 2-1   清除期鲤鱼体内 PCB138 浓度随时间变化图
（数据引自 Tang et al.，2017）

$$C_B(t) = C_W(t) \cdot \frac{K_1}{K_2} \cdot (1 - \mathrm{e}^{-K_2 t}) \tag{2-7}$$

式中，K_2 为已求得的清除速率常数，t 为时间，C_B 和 C_W 分别为 t 时刻生物体与水体中污染物的浓度。

如果拟合的结果与实际的吸收曲线吻合度比较高，则由 K_1 和 K_2 就可直接计算得到 BCF。如果拟合的结果与实际的吸收曲线吻合度较差，则需要采用同时法计算 K_1 和 K_2。利用同时法，吸收期与清除期的计算方法如下：

$$C_B = C_W \cdot \frac{K_1}{K_2} \cdot (1 - \mathrm{e}^{-K_2 t}) \tag{2-8}$$

$$C_B = C_W \cdot \frac{K_1}{K_2} \cdot (\mathrm{e}^{-K_2(t-t_0)} - \mathrm{e}^{-K_2 t}) \tag{2-9}$$

式中，t_0 为吸收结束，清除期开始的时间。

如果同时法得到的速率常数与实测的吸收曲线吻合度仍然比较差，则表明一级动力学模型不适合去描述该化合物的生物富集过程，需要采用更为复杂的模型。

对于生长稀释的校正有两种方法，一是先求出生长稀释常数。将鱼体重量或长度进行对数转化，然后与时间作图，求出的斜率就是生长稀释常数（K_G）。如果控制组、不同浓度暴露组的生长情况存在统计意义上的差别，则各组数据分别进行计算，如果各组数据之间没有显著性差别，可以将数据进行合并求 K_G。求出 K_G 后，在总的清除速率常数的基础上减去生长稀释常数即得到修正后的清除速率常数（K_2–K_G）。修正后的生物浓缩因子 $\mathrm{BCF_G} = K_1 / (K_2 - K_G)$。

另一种校正方法是用化合物总量而不是用浓度来表征化合物的变化情况。将浓度乘以生物体质量，得到每个个体中化合物的总量。将总量进行对数转化，然后与清除时间作图，得到清除速率常数。这个清除速率常数与生物个体是否生长没有关系。

为使不同实验室的数据具有可比性，OCED 305 方法还要求将所测得的生物浓缩因子进行脂肪归一化处理。进行归一化处理时，要求以脂肪含量 5%作为基准。即

$$\mathrm{BCF_L} = \frac{0.05}{L_B} \mathrm{BCF} \tag{2-10}$$

式中，L_B 为生物体的脂肪含量；$\mathrm{BCF_L}$ 为 5%脂肪归一化后的生物浓缩因子。

2.2.2 生物放大机理与实验测定方法

对于污染物浓度随生物营养等级增加而增加的现象，最早的理论解释是由 Woodwell（1967）提出来的。Woodwell 认为生物质与污染物在从被捕食者向捕食者迁移过程中的同化效率存在差别，生物质从低营养级向高营养级生物迁移转化过程中，只有一小部分被高营养级生物所利用形成新的生物质，其余大部分生物质被排泄或代谢转换为能量；污染物质在迁移过程中也存在同样的排泄和转换，但其最终同化到新的生物体中的相对量要高于生物质，这就造成污染物浓度在高营养级生物中不断累积增加。其具体的机理解释模型如图 2-2 所示。

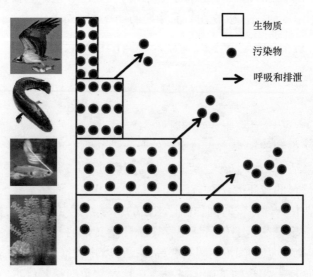

图 2-2　Woodwell 等提出的生物放大机理解释图

但是这个模型存在着一个与热力学理论相悖的问题。Connolly 和 Pedersen（1988）通过对安大略湖鱼类中多氯联苯（PCBs）的逸度和水中 PCBs 逸度的比较发现，鱼体内 PCBs 的逸度都要高于水中污染物逸度，并且随鱼的营养等级的增加，与水中逸度的比值增加。这表明随着生物营养等级的增加，PCBs 的逸度是逐级增加的，这与热力学的理论是相违背的。因为疏水性有机污染物在生物体内的吸收主要是通过被动扩散，并没有主动吸收的过程。对于被动扩散而言，化合物只会从高逸度的介质向低逸度的介质中转移。为此，他们提出了一个假设，即食物在消化和吸收过程中，由于食物与污染物的消化吸收效率不一致，导致在肠道内污染物的逸度升高，从而使得污染物能够被动扩散到高营养级生物体内。

为验证这一假设，Gobas 等（1999）通过一系列精巧的实验设计，测定了一系列氯苯、多氯联苯和灭蚁灵在两种鱼肠道内随着食物的消化和吸收过程在消化道内不同部位逸度的变化。实验结果发现，随着食物的消化吸收，污染物的逸度呈现增加的现象。通过食物的消化和吸收过程，可使鱼粪中污染物的逸度最高达到初始鱼食物中污染物逸度的 4.6 倍。逸度的增高主要发生在 $\log K_{OW} > 6$ 的高疏水性化合物上，且逸度增加的倍数随 $\log K_{OW}$ 的增加而增加。这一实验基本上确认了生物放大主要是通过肠道消化吸收过程来完成的。

污染物在肠道的消化和吸收过程中逸度的增加主要通过两个途径。一是食物的逸度容量的改变。食物可被认为由两部分组成：脂质物质和非脂质物质。对于一般的疏水性化合物如大多的 POPs 类污染物，污染物主要赋存在脂质物质中，因此，脂质物质是污染物的主要载体，具有较高的逸度容量；而非脂质物质具有较低的逸度容量。在食物的消化过程中，部分脂质物质被消化分解，变成了非脂质物质如脂肪酸和甘油醇。这些脂肪酸和甘油醇的逸度容量比脂肪的逸度容量低，从而导致整个食糜中污染物的逸度容量下降。极端情况，假定消化后形成物质的逸度容量为 0，当食物中脂肪被消化分解掉 75% 时，则食糜的逸度容量只是初始食物逸度容量的 1/4，这将导致污染物在食糜中的逸度是初始食物中的 4 倍。逸度容量的改变除了食物的组成由于消化发生变化外，食物体积的改变也会导致逸度容量的变化。食物被消化后，一部分物质通过小肠吸收进入生物体内，这使得食物的体积与最初相比发生了变化。而生物对食物不同组分的吸收效率是存在差别的。吸收过程更进一步地改变了食糜的逸度容量。同时，污染物与食物组分的吸收差别也会相对地改变食糜中污染物的浓度，如果对污染物的吸收速率高于对食物组分的吸收速率，则会降低食糜中污染物的浓度，反之亦然。因此，逸度容量的改变和污染物在食糜中浓度的变化导致肠道内污染物的逸度发生改变。对于 $\log K_{OW}$ 较高的污染物，由于吸收速率较慢，使得食糜中的逸度大大高于初始食物中的逸度，从而与生物体内形成了正向的逸度梯度，生物放大就形成了。

上述过程的简单数学推导如下（Mackay and Fraser，2000）：食物中脂质物质和非脂质物质的逸度容量分别为 Z_L 和 Z_N，脂质物质和非脂质物质的体积分数分别为 V_L 和 $(1-V_L)$，则食物的总逸度容量为

$$Z_L \times V_L + (1-V_L) \times Z_N \qquad (2\text{-}11)$$

在食物的消化过程中，部分脂质物质被水解并被吸收，设这一部分占脂质物质的分数为 F_L，同时，非脂质物质也有部分被消化和吸收（F_N），这一分数要低于脂质物质的分数。假定生物的进食速率为 G_A，则其排泄速率 G_E 为

$$G_E = G_A \left[V_L(1-F_L) + (1-V_L)(1-F_N) \right] \qquad (2\text{-}12)$$

排泄物中相应的逸度容量 Z_E 为

$$Z_E = \frac{V_L(1-F_L)Z_L + (1-V_L)(1-F_N)Z_N}{V_L(1-F_L) + (1-V_L)(1-F_N)} \qquad (2\text{-}13)$$

污染物的净排泄量 D_E 为 G_E、Z_E 和同化效率 E_A（吸收效率）之积：

$$D_E = G_A \left[V_L(1-F_L)Z_L + (1-V_L)(1-F_N)Z_N \right] E_A \qquad (2\text{-}14)$$

假定 Z_N 忽略不计，F_L 为 0.75，则 D_E 为 $0.25 G_A V_L Z_L E_A$，污染物的净输入量（D_A）为 $G_A V_L Z_L E_A$，平衡时，假定污染物在肠道中不发生吸收或代谢，

$$D_A \times f_A = D_E \times f_E \qquad (2\text{-}15)$$

则 f_E 为 f_A 的 4 倍，即肠道过程中发生了逸度增加的现象。

2012 年，经济合作与发展组织新修订标准方法中给出了通过食物暴露鱼的生物放大因子（BMF）的标准实验方法。该方法主要用于那些难以通过水体暴露测定生物浓缩因子的化合物，如化合物具有较低的溶解度（$\log K_{OW} > 5$）。这些化合物可能更多是通过食物暴露途径累积污染物。用该方法获得的 BMF 与野外实测的 BMF 不具有可比性，因为该方法尽量避免了水体暴露途径，而野外获得的 BMF 值包含水体暴露与食物暴露两种途径。有关该方法的具体步骤详见 OECD 305。该实验主要得出的生物富集参数为清除速率常数（K_2）、同化效率（α）、BMF 等。这里仅简要介绍如何利用所得数据得到以上各参数。

清除速率常数（K_2）的获得方法同水体暴露的方法一样，也是利用清除期生物体浓度的对数转化值与清除时间进行线性回归，回归方程的斜率为清除速率常数。获得清除速率常数后，采用式（2-16）进行同化效率的计算：

$$\alpha = \frac{C_{0.d} \cdot K_2}{I \cdot C_{food}} \cdot \frac{1}{1 - e^{-K_2 t}} \qquad (2\text{-}16)$$

式中，$C_{0.d}$ 为清除期间利用回归方程计算得到的清除期开始时的浓度；C_{food} 为食物中污染物的浓度；I 为食物的消化取食速率；t 为清除期的时间。如果在暴露期间，鱼生长得非常迅速，则 I 需要进行校正。校正方法如下所述。

首先，得出鱼的生长常数：

$$W_B = W_{B,0} \times e^{K_G t} \qquad (2\text{-}17)$$

式中，W_B 为暴露期 t 时刻鱼的体重；$W_{B,0}$ 为实验初始阶段鱼的重量。通过式（2-17），最少可以得到鱼在结束暴露时的体重。由于生长造成的取食速率可以由下面的公式进行校正：

$$I_B = \frac{I \times W_{B,0}}{W_{B,\text{end-of-uptake}}} \qquad (2\text{-}18)$$

获得了同化速率及取食速率后，BMF 由式（2-19）求出：

$$\text{BMF} = \frac{I \times \alpha}{K_2} \qquad (2\text{-}19)$$

清除期由于生长造成的生长稀释效应也可利用 2.2.1 节介绍的方法进行校正。

　　在以上计算过程中，要注意由回归曲线获得的清除期的初始浓度与实测初始浓度的差别。如果两者的差别不大，表明一级动力学模型能很好地描述该过程。如果回归方程模拟的初始浓度要远小于实测的浓度，则表明有部分食物未被完全消化吸收。这可通过将肠道与鱼体分别测定的方法来验证。否则，如果经统计分析表明，测定的初始浓度是一个异常值，则在回归分析时剔除初始点数据。剔除该值后，回归分析的不确定性大大降低，则表明该清除过程是符合一级动力学方程的。这时应采用回归得到 K_2 和初始浓度。如果浓度对数与时间之间表现为明显的曲线关系，则表明不符合一级动力学模型，此时，K_2 和初始浓度不可信，需要寻求其他的统计方法。如果模拟得来的值远大于初始测定的值，则表明该化合物存在快速的清除过程。

　　对于实际的野外样品，生物放大通常利用 BMF 和 TMF 来表示。BMF 即为存在捕食与被捕食者关系的两个生物体之间化合物的浓度比。一般要求是利用整个生物体浓度，但在实际的应用中，往往是利用生物的某一特定组织的浓度。对于持久性有机污染物，一般要求是脂肪归一化后的浓度。这主要是考虑疏水性有机化合物主要储存于脂肪组织中这一情况。如果只存在单一的取食关系，则 BMF 很容易获得，且得到的 BMF 准确可靠。但是，当生物存在多种食物来源时，任何只考虑一种食物来源计算得到的 BMF 都是不大可靠的。目前，对这一问题还没有很好的解决办法。食物源的贡献可以根据取食习惯、实际的观察、食物残渣和胃容物的分析等多种物理方法进行估算。目前，也有通过特定脂肪酸组成，利用统计方法进行各种食物来源的计算方法（Iverson，2009）。但这一方法必须要掌握尽可能多的食物的脂肪酸组成特点，脂肪酸在生物体内的转化、代谢情况等。

TMF 的计算首先要获得各个生物的营养等级，然后，将营养等级与生物中污染物的浓度进行回归分析，获得浓度随营养等级的变化规律。一般将植物的营养等级设定为 1 级，草食动物的等级设定为 2 级，食草食动物的肉食动物设定为 3 级，再往上的杂食性动物设定为 4 级或 5 级。动物的营养等级并不是一成不变的，而是随着其取食的变化，其营养等级会发生改变。当动物存在多种取食的情况时，其营养等级由其食物组成决定（Pauly and Palomares，2005），即

$$\text{TL}_i = 1 + \sum_j \text{TL}_j f_{ij} \qquad (2\text{-}20)$$

式中，TL_j 为第 j 种食物的营养等级；f_{ij} 为第 j 种食物占该生物中食物的比例。

如上所述，某一生物的食物来源及比例很难量化，因此，在实际的应用中更多是利用生物组织的稳定氮同位素组成来决定食物的营养等级。其基本原理是随着营养等级的增加，生物代谢过程中氮元素存在明显的稳定同位素分馏效应，导致营养等级越高的生物，其体内的重稳定同位素比例越高，每增加一个营养等级，则稳定氮同位素组成增加3‰~4‰（Szpak et al.，2012）。利用稳定氮同位素的组成确定生物的营养等级一般根据式（2-21）进行计算（Post，2002）：

$$\text{TL}_{\text{consumer}} = 2 + (\delta^{15}\text{N}_{\text{consumer}} - \delta^{15}\text{N}_{\text{primary consumer}})/\Delta\delta^{15}\text{N} \qquad (2\text{-}21)$$

式中，$\delta^{15}\text{N}_{\text{consumer}}$ 为生物的稳定氮同位素组成；$\delta^{15}\text{N}_{\text{primary consumer}}$ 为初级消费者（浮游动物或植食性动物）的稳定氮同位素组成；2 为初级消费者的营养等级；$\Delta\delta^{15}\text{N}$ 为营养级富集因子。如果食物链中有初级生产者的数据时，可将初级消费者的数据用初级生产者的数据替换，同时将式（2-21）中右边的常数项 2 改为 1。营养级富集因子存在多种取值，如 2.5‰（Vanderklift and Ponsard，2003），3.4‰（Szpak et al.，2012），2.9‰（vander Zanden and Rasmussen，2001）等。造成这种多样性的原因有很多，包括生物所属种群、食物类型、生活环境、所取的组织等。但该值的取舍只会影响 TMF 的绝对值，并不会对是否放大的判断造成影响。获得了生物的营养等级后，将生物的营养等级与对数转换后的浓度（常为脂肪归一化后的浓度）进行回归分析，得到回归方程，则有

$$\log C = a + b \times \text{TL} \qquad (2\text{-}22)$$

$$\text{TMF} = 10^b \qquad (2\text{-}23)$$

式中，a、b 为回归方程的截距和斜率。当回归方程在置信度 $p < 0.05$ 的情况下，所获得的 TMF 值才具有统计意义。在计算 TMF 值时，应注意生物之间要有确切的取食关系，并保证所测定生物应生活在同一生境，即保证稳定氮同位素的基线相同（Post，2002）。

2.3　生物富集模型

人造化合物种类繁多，对这些化合物一一进行室内实验和野外监测以评判其生物可富集潜力基本上是不可能的，也是不必要的。因此，利用模型模拟是一种较好的选择。生物富集的模拟基本上是从两个方面进行的，一是经验模型，二是机理模型。所谓经验模型是指将已有化合物的生物富集因子与化合物的一些理化参数或结构描述符，通过统计分析的方法如回归分析，建立起定量关系，也称为化合物的结构–活性关系模型（quantitative structure-activity relationship，QSAR）。通过这种定量关系，对未知化合物就可以通过化合物的理化性质或结构参数得到其可能的生物富集因子。机理模型是在考虑生物对污染物的各种吸收与清除机理之上，根据化合物的质量平衡建立起来的模型。经验模型和机理模型示意图如图 2-3 所示。

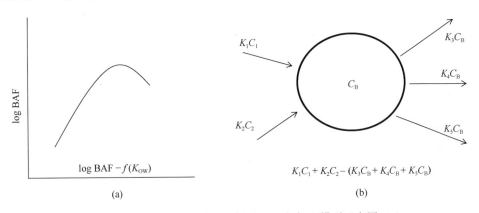

图 2-3　生物富集的经验模型示意图（a）与机理模型示意图（b）

2.3.1　生物富集的经验模型

最为人们熟知的经验模型是生物富集潜力与化合物辛醇/水分配系数（$\log K_{OW}$）之间的关系（疏水性模型）。对不同的生物所采用的生物富集评价指标不一样。如对于水生生物，更多是利用生物浓缩或富集因子（BCF 或 BAF）；对于植物，利用感兴趣的植物组织中化合物浓度与其对应的环境介质的浓度比值；对于底栖或穴居的无脊椎动物，利用生物–土壤（沉积物）富集因子（biota-sediment accumulation factor，BSAF）；对于鸟类和哺乳动物，则利用生物放大因子（BMF）。

对上述任何一种经验模型，都有大量文献报道。其中关于 $\log$ BCF-$\log K_{OW}$ 的模型研究最多。最早 Neely 等（1974）通过室内虹鳟鱼系列化合物的暴露实验，给出了 BCF 值与 K_{OW} 之间的回归方程：

$$\log BCF = 0.542 \log K_{OW} + 0.124 \qquad (2\text{-}24)$$

随后，Veith 等（1979）又将之扩充到更多化合物，获得关系式为

$$\log BCF = 0.85 \log K_{OW} - 0.70 \qquad (2\text{-}25)$$

这些线性模型能很好地预测 $\log K_{OW} < 6$ 的化合物的 BCF 值，但不适用于强疏水性的化合物。Bintein 等（1993）采用非线性方程来表达 $\log BCF$ 和 $\log K_{OW}$ 之间的关系：

$$\log BCF = 0.91 \log K_{OW} - 1.975 \log(6.8 \times 10^{-7} K_{OW} + 1) - 0.786 \qquad (2\text{-}26)$$

Meylan 等（1999）通过对 694 个非离子型化合物的 BCF 值和 K_{OW} 之间关系进行分析，并引入一套校正参数，得出 BCF 值与 K_{OW} 之间四段线性模型：

$$\log BCF = 0.50 \quad (\log K_{OW} < 1) \qquad (2\text{-}27)$$

$$\log BCF = 0.77 \log K_{OW} - 0.70 + \Sigma F_i \quad (1 < \log K_{OW} < 7) \qquad (2\text{-}28)$$

$$\log BCF = -1.37 \log K_{OW} + 14.4 + \Sigma F_i \quad (\log K_{OW} > 7) \qquad (2\text{-}29)$$

$$\log BCF = 0.50 \quad (\log K_{OW} > 10.5) \qquad (2\text{-}30)$$

上述式中，F_i 是与化合物结构相关的校正因子。

Arnot 和 Gobas（2006）通过对 842 个有机物在 219 个水生生物中的 5317 个 BCF 值和 1656 个 BAF 值的综合分析发现，应用一些具有代表性的 BCF 或 BAF 的经验模型在评价化合物的生物可富集性时，取决于所采用的模型得到"假阴性"的可能性最高可达到 70.6%。如第 1 章所讨论到的，BCF 值的可靠性在其中起到至关重要的影响。

植物根系吸收土壤中有机污染物最早且被广泛使用的经验模型为 Travis 和 Arms 等（1988）建立的模型：

$$\log BCF = 1.588 - 0.578 \log K_{OW} \qquad (2\text{-}31)$$

式中，BCF 为污染物植物地上部分浓度与土壤中浓度的比值。

植物叶片吸收最简单的经验公式是在 10 个 $\log K_{OW}$ 位于 1～7 之间的中性化合物的数据基础上发展出来的（Bacci et al.，1990），其回归方程为

$$\log BCF = -1.95 + 1.14 \log K_{OW} - \log K_{AW} \qquad (2\text{-}32)$$

其中，K_{AW} 是亨利常数。

对底栖的无脊椎动物、鸟类和哺乳动物，也存在一些关于生物富集因子与化合物性质间的经验描述公式。对于无脊椎动物，更多是运用蚯蚓作为模式生物。结果显示，$\log BCF$ 值（蚯蚓浓度与土壤间隙水浓度比值）与化合物的 $\log K_{OW}$ 之间存在线性关系（Connell and Markwell，1990），但 $\log BSAF$（蚯蚓浓度与土壤浓度比值）与 $\log K_{OW}$ 则不存在线性相关（Belfroid et al.，1995）。关于无脊椎动物的生物富集实验，经济合作与发展组织还建立了标准的方法（OECD 317）。关于哺

乳动物，在早期曾通过一些家养动物的喂饲实验，研究了 BMF 和 K_{OW} 之间的关系（Kenaga，1980；Garten and Trabalka，1983）。后来，则较少有开展 BMF 和 K_{OW} 之间关系的研究。

除了最常见的疏水性模型外，还有其他一些经验模型，如分子连接性指数法，片段常数法、量子化学描述符法、不同类型描述符的综合法等（秦红等，2009；丁洁等，2012）。分子连接性指数（molecular connective index，MCI）是根据分子中原子间的连接方式建立的表征分子结构性质的重要拓扑学参数。Sabljic 和 Protic（1982）研究了卤代烃的 BCF 与 MCI 之间的关系，发现二阶路径价连接指数与 log BCF 之间呈很好的抛物线关系。Lu 等（2000）建立了 239 个极性非电离有机物的 BCF 预测模型。该模型引入 8 个极性修正因子和 55 个分子连接性指数，利用非线性回归建立了 MCI 与 log BCF 的关系，并利用同批数据建立的 log BCF 与 log K_{OW} 模型和 MCI 与 log BCF 的模型进行比较，MCI 法预测准确度略高于 K_{OW} 法。Dowdy 和 McKone（1997）比较了 MCI 法和 K_{OW} 法在预测污染物从土壤到植物地上部分的富集潜力，发现 MCI 法比 K_{OW} 法具有更高的精密度，但两种方法在准确度上仍存在一定局限。

片段常数法（fragment constant method），也称基团贡献法。它先按照 Hansch 和 Leo（1979）及 Leo（1987a，1987b）建立的一系列结构拆分规则，将有机化合物进行拆分，得到一些特定结构的碎片和结构特征个数，然后通过多元线性回归得到各个碎片的结构特征的贡献值。线性方法公式如下：

$$\log BCF = \sum n_i f_i + \sum m_j F_j \tag{2-33}$$

式中，n_i 和 m_j 分别为第 i 个结构碎片和第 j 个结构特征的个数；f_i 为第 i 个结构碎片的回归系数；F_j 为第 j 个结构特征的结构校正因子。Tao 等（2000）和 Hu 等（2005）都利用该方法建立了相关的回归线性方程。片段常数法在机理解释上有很大的优势，可以确定不同亚结构对化合物的生物富集性能的贡献大小。

量子化学描述符（quantum chemical descriptors）近来也开始被用于化合物的生物富集潜力的预测上。Wei 等（2001）通过对 31 种多氯代有机物在虹鳟鱼体内生物富集系数与化学结构参数的分析，建立了利用分子最低未占据轨道能、分子最高占据轨道能和核–核排斥能来预测生物富集因子的模型。秦红等（2009）建立了 8 类化合物 BCF 预测的 QSAR 模型，发现分子表面积、平均分子极化率和分子量对 BCF 值的影响最为显著。

经验模型是对自然过程的一种简化表达，使用简单、方便，这是它的优点。但经验模型基本上都不包含外在环境影响因子，且都很少考虑化合物在生物体内的代谢过程，因此，很少能够提供化合物生物富集的相关机理。经验模型的应用也仅局限于该模型产生的应用域，受制于模型生成时所采用的生物种类、化合物类型、数据的获得方法、数据量的多少等众多因素，不能进行简单的外推，这是其局限性。提高经验模型预测的准确性和适用范围的广泛性是今后要发展的主要方向。随着 QSAR 方法体系在国内外的长足进展，QSAR 在化合物的风险评价中的应用将会越来越多、越来越重要。具体到化合物的生物富集评价方面，QSAR模型或经验模型需要在如下方面加强研究：

1）加强数据库的建设。一套准确、可靠的数据是建模的基础，也是模型能正确预测的前提。现存最多的化合物生物富集潜力的评价指标是生物浓缩（或富集）因子。在建模时，一方面要尽可能地搜集相关的数据，同时，也要对相关数据的可靠性、可比性进行评估。如第 1 章所述，现存一些化合物的生物浓缩因子或生物富集因子大多都不是利用标准方法获取的，可能存在一些误差。因此，获得更多、更可靠的生物富集因子数据是今后的重要任务。现存的生物富集因子数据绝大部分都是针对水生生物（以鱼为主）的。因此，急需陆生生物浓缩因子数据，这是建立定量描述陆生生物的生物浓缩过程的关键。另外，现有数据大部分都是针对疏水性的化合物，因此，扩充不同结构、不同性质化合物的生物富集因子数据也是今后需要开展的方向。

2）寻找更多的描述化合物性质的相关参数。目前的经验模型主要以辛醇/水分配系数为最主要的描述参数。这对于亲脂性的化合物是比较适宜的。但对于像既疏水又疏脂的全氟烷辛烷磺酸这类化合物可能需要寻求替代参数。随着量子化学和计算机科学的发展，更多新的描述符号可用于表征分子的结构。找到更能够代表生物富集潜力的分子结构描述参数也是将来发展的一个重要方向。

3）使用多种数据分析和建模方法。在建立模型过程中，需要对各种参数进行筛选。目前常用的方法有多元回归法、遗传算法、支持向量机、基于偏最小二乘（partial least squares，PLS）和变量投影重要性（variable importance in the project，VIP）指标的方法。建模过程中应综合应用多种数据分析和建模方法，综合分析，以达到更好的预算效果。最后还要加强对模型的拟合优度、稳健性及预测能力进行评价。

2.3.2 生物富集的机理模型

机理模型一般是通过对生物吸收和清除污染物过程的定量描述来预测污染物在生物体内的浓度（图 2-4）。生物对化合物的吸收途径总共有 3 种，分别是呼吸系统吸收（对水生生物而言，主要是通过鳃吸收水体中的污染物；对以肺呼吸为主的生物而言，主要是通过肺吸收大气中的污染物）、皮肤吸收和消化系统吸收（食物吸收）。清除过程包括呼吸系统清除、皮肤扩散清除、排泄物（粪、尿和汗液）

清除、代谢转化、生长稀释及代际传递（主要指母体通过产卵、产仔等行为使污染物转移到下一代的过程）。对于一特定生物，机理模型的建立首先是要确定与该生物有关的各个吸收和清除过程，然后再寻求对吸收和清除过程的速度进行量化，最后通过化合物的质量平衡建立起外部浓度输入与生物浓度输出之间的关系。

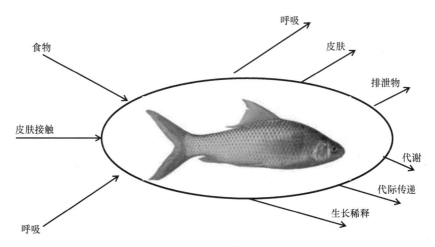

图 2-4　生物吸收和清除化学污染物的过程及机理

　　根据对生物的处理方式的不同，机理模型存在两种类型。一种是将生物当作一个整体，不考虑其内部的分配行为，一般称之为一室模型。在一室模型中需要注意对胃肠道和呼吸道的处理。因为胃肠道和呼吸道内的内容物一般不属于生物体。另一种是将生物看成是多种组织、器官的联合，称为多室模型。对于动物，血液传输是各组织间联系的纽带；对于植物，木质部或韧皮部的汁液是各器官的连接纽带。对于水生生物（鱼为主），一般采用一室模型；而对于人体和哺乳动物，一般采用多室模型。对于人体而言，多室模型实际上就是毒理学上广泛使用的生理毒代动力学模型（physiologically based toxicokinetic models，PBTK 模型）。

　　根据对化合物的描述方法，机理模型又可以分成两类。一类是速率常数模型，假设污染物的吸收和清除符合一级动力学方程。模型的主要着眼点即求出各个过程的速率常数。另一类为逸度模型。逸度是指物质脱离某一相的趋势，对于理想气体，逸度等同于气压或分压，其单位为帕（Pa），它与浓度间存在如下关系：$C = f \times Z$，式中，Z 表示逸度容量。在该模型中使用逸度代替污染物的浓度。当各相处于平衡时，逸度相等，则各相之间的浓度比等于其逸度容量的比，即

$$\frac{C_1}{C_2} = \frac{Z_1}{Z_2} = k_{12}$$

不同相的逸度容量取决于化合物的性质、温度以及相本身的性质。化合物在各相之间的迁移转化过程可用 D 值来表达，其单位为 mol/（Pa·h）。D 值相当于逸度速率常数，或传输系数或阻滞系数的倒数。化学物质进或出某一相的速率可用 D 和 f 的乘积得到（mol/h）。逸度模型的基本思想就是利用逸度（f）结合传输系数（D），推导出化学品在各介质之间的质量守恒方程式，根据系统方程组解出物质在各介质中的浓度分布，最后模拟化学品在环境中的归趋。

水生生物和陆生生物的生物富集都存在有较多的机理模型（Barber et al.，1991；Thomann et al.，1992；Clark et al.，1990；Gobas，1993；Campfens and Mackay，1997；Trapp and Matthies，1995，Hung and Mackay，1997；Trapp，2000；Kelly and Gobas，2003；Armitage and Gobas，2007）。这些模型既有速率常数模型也有逸度模型。Krishnan 和 Peyret（2009）则对 PBTK 模型在鱼、鸟、老鼠、牛对污染物的生物富集上的应用进行了详细的说明。本章以一个具体的模型的建立过程为例，说明其建模的基本思想、参数的选取及获得过程。

Gobas（1993）在基于速率常数的基础上建立了单一水生生物和简单水生食物链上污染物的稳态富集模型。该模型利用水体和沉积物中污染物的浓度数据，考虑污染物的生物可利用性，模拟了疏水性有机污染物在包括大型藻类、水生植物、底栖生物和鱼之间的富集与食物链传递过程。该模型将生物可利用性用自由溶解态浓度来表示。自由溶解态浓度占总水体中污染物浓度的分数（bioavailable solute fraction，BSF）公式为

$$BSF = \frac{1}{1 + K_{OW}C_{OM}d_{OM}} \qquad (2\text{-}34)$$

式中，C_{OM} 为有机质的含量，d_{OM} 为有机质的密度。其推导过程见式（2-2），只是 K_{DOC} 用 K_{OW} 和 d_{OM} 的乘积形式进行表示。

污染物在大型藻类与浮游动物上的富集可简单看成是污染物在水体及生物脂质上的一个分配过程。忽略藻类生长稀释的影响（生长稀释仅在一年中藻类大量生长时有较大影响），则藻类中污染物浓度（C_A）与水体中污染物的浓度（C_{WD}）比值（即 BCF）为

$$BCF = \frac{C_A}{C_{WD}} = \frac{K_1}{K_2} = L_A K_{OW} \qquad (2\text{-}35)$$

式中，K_1 为藻类吸收水中污染物的速率；K_2 为清除污染物的速率；L_A 为藻类的脂质含量。因为将藻类中污染物的富集看成是简单的相分配过程，所以用辛醇来替代脂质相，就有 $K_1/K_2 = L_A \times K_{OW}$。

底栖生物中污染物的富集可简单地看成是污染物在沉积物有机相、沉积间隙

水及生物脂质间的相平衡分配过程。则

$$C_B \times d_L / L_B = C_S \times d_S / C_{OC} = K_{LW} \times C_P \qquad (2\text{-}36)$$

式中，C_B 和 C_S 分别为污染物在底栖生物中的浓度（湿重归一化浓度）和沉积物中的浓度（干重）；d_L 和 d_S 分别为脂质及沉积物有机质的密度；C_P 为污染物在孔隙水中浓度；L_b 和 C_{OC} 为底栖生物的脂质含量和沉积物中有机碳含量；K_{LW} 为污染物在水体及脂质间的分配系数。脂质体密度与沉积物有机质密度大体相等，则底栖生物体中污染物的浓度与沉积物中污染物浓度的比可简化为脂质含量与有机碳含量的比。

对于鱼的富集，包括从水体吸收和从食物中富集两种途径。则有

$$\frac{dC_{fish}}{dt} = K_1 C_{WD} + K_{food} C_{food} - (K_2 + K_E + K_M + K_G) C_{fish} \qquad (2\text{-}37)$$

式中，C_{fish}、C_{WD} 和 C_{food} 分别为鱼、水体溶解相及食物中污染物的浓度；K_1、K_{food}、K_2、K_E、K_M 和 K_G 分别为从水体中吸收污染物的速率常数、从食物中吸收污染物的速率常数、通过鳃的清除速率常数、通过粪便的清除速率常数、代谢速率常数和生长稀释速率常数。稳态平衡时：

$$C_{fish} = (K_1 C_{WD} + K_{food} C_{food}) / (K_2 + K_E + K_M + K_G) \qquad (2\text{-}38)$$

求鱼中污染物的浓度就需要知道以上各个速率常数。

鳃吸收污染物的速率常数（K_1）与鳃滤水速率（G_V，L/d）和水体中污染物向鳃中的扩散速率有关（用鳃的吸收效率 E_W 表示）。则

$$K_1 = E_W \times G_V / W_{fish} \qquad (2\text{-}39)$$

式中，W_{fish} 为鱼的重量。多种鱼类 K_1 与 K_{OW} 及 E_W 与 K_{OW} 的相关性都发现，在 $\log K_{OW} < 4.5 \sim 5$ 时，两者间呈正相关，$\log K_{OW}$ 在 $5 \sim 7$，K_1 和 E_W 是常数，$\log K_{OW} > 7$ 时，K_1、E_W 和 K_{OW} 间呈负相关。基于此，提出鳃吸收的两相阻力模型。在 $\log K_{OW}$ 较小时，水相传输速度（Q_W，L/d）不是速率限制步骤（溶解度足够大），脂相传输速率是主导因素；在 $\log K_{OW}$ 较大时，脂相传输速率（Q_L，L/d）不是限制步骤，水相传输成为主要速率限制步骤。因此有

$$\frac{1}{K_1} = \frac{W_{fish}}{Q_W} + \frac{W_{fish}}{Q_L K_{OW}} \qquad (2\text{-}40)$$

这一关系能很好地描述中、低 K_{OW} 的化合物，但对强亲脂性的物质，K_1 随 K_{OW} 的增加而下降的关系则不能描述。对于强亲脂性物质的下降，一般认为不是传输速率的问题，而是其生物可利用性降低或由于水中溶解度测量误差所致。

Q_W 与鱼重量间存在如下关系（Gobas and Mackay，1987）：

$$Q_W = 88.3 \times W_{fish}^{0.6(\pm 0.2)} \qquad (2\text{-}41)$$

Q_L 和鱼重量间的确切关系还无法得到，但已有数据表明 Q_L 大致为 Q_W 的 1%（Gobas and Mackay，1987）。因此，得知了鱼的重量和化合物的 log K_{OW} 后，就可估算出 K_1。

对于鳃的清除速率常数（K_2），其与鳃的吸收速率是个可逆过程。K_1 与 K_2 的比值是化合物在鱼和水之间的分配系数，可用 $L_f \times K_{OW}$ 表示（L_f 为鱼的脂肪含量），所以

$$\frac{1}{K_2} = \frac{W_{lipid} K_{OW}}{Q_W} + \frac{W_{lipid}}{Q_L} \tag{2-42}$$

目前，关于代谢速率常数（K_M），人们了解得非常有限，相关数据非常少。对于持久性有机污染物，可以利用室内实验获得的半衰期估计。如果这一常数远小于鳃清除速率常数和粪清除速率常数，一般用 0 来代替，认为代谢速率可以忽略。

食物吸收速率常数（K_{food}）用进食速率（F_D，kg/d）和污染物扩散进入肠道的速率（一般用食物吸收效率，E_D）来表示。

$$K_{food} = E_D \times F_D / W_{fish} \tag{2-43}$$

E_D 对于 log K_{OW} 在 6～7 的化合物近似是一常数（50%），然后随着 K_{OW} 的增加而下降。因此，也可用一个二相阻力模型（穿过水相和穿过脂相）来描述（Gobas et al.，1988）：

$$\frac{1}{E_D} = A \times K_{OW} + B \tag{2-44}$$

式中，A、B 为常数。通过已有数据的非线性回归，得到 A 为 $(5.3 \pm 1.5) \times 10^{-8}$，$B$ 为 2.3 ± 1.5。

进食速率一般根据以下模型估算（Weininger，1978）：

$$F_D = 0.022 W_{fish}^{0.85} \exp(0.06 \times T) \tag{2-45}$$

式中，T 为温度。

粪便排泄速率常数（K_E）一般比进食吸收速率常数低 1/5～1/3（Gobas，1993），近似用 1/4 的进食吸收速率来表示，即

$$K_E = 0.25 \times K_{food} \tag{2-46}$$

对于生长稀释，一般应用如下两个公式进行计算（Thomann et al.，1992）：

$$K_G = 0.00251 \times W_{fish}^{-0.2} \quad （气温 25℃左右适用） \tag{2-47}$$

$$K_G = 0.000502 \times W_{fish}^{-0.2} \quad （气温 10℃左右适用） \tag{2-48}$$

有了上述速率常数后，就能计算出鱼体中污染物的浓度。

当考虑食物链（网）时，对于浮游动物、植物，忽略取食过程吸收的污染物，仍简化为简单的相分配过程。对于鱼和其他动物，则将取食部分吸收的污染物用各种食源的贡献分数来表示，即

$$C_{\text{fish}} = (K_1 C_{\text{WD}} + K_{\text{food}} \times \sum P_i C_{\text{food},i}) / (K_2 + K_{\text{E}} + K_{\text{M}} + K_{\text{G}}) \qquad (2\text{-}49)$$

式中，P_i 为第 i 种食物占该鱼总食物的分数。如果不能确切地知道各种食物的分数，可以用水体中不同食物的密度来代替。

以上我们介绍了一个简单的水生食物网上各单个生物及食物网上污染物建模的基本过程。其他机理模型的具体建模过程、需要的参数及参数的获取可参见具体的文献。

从上面的建模过程可以看出，模型预测的准确性在于是否将生物富集的各个过程考虑周详，各个参数是否具有稳定可靠的数据。相对来说，关于生物自身的一些生理参数的不确定性要小于化合物特异性的一些参数如分配系数、扩散速率、吸收速率和代谢速率的不确定性。现有模型基本上是建立在化合物主要通过被动扩散在脂质物质上富集这一基础上的。对于像个人护理品、药物等非脂质分配的化合物的生物富集模型非常缺乏。估算化合物的生物转化、食物同化效率的模型也是生物富集模型研究中需要重点发展的领域。

参 考 文 献

丁洁, 刘济宁, 石利利. 2002.有机化学品生物富集性——构效关系研究进展. 环境科学与技术, 35(s2): 161-165.

孔繁翔, 尹大强, 严国安. 2000. 环境生物学. 北京: 高等教育出版社.

秦红, 陈景文, 王莹, 王斌, 李雪花, 李斐, 王亚南. 2009. 有机污染物生物富集因子定量预测模型建立与评价. 科学通报, 54(1): 27-32.

熊治廷. 2001. 环境生物学. 武汉: 武汉大学出版社.

Abdallah M A E, Pawar G, Harrad S. 2015. Evaluation of 3D-human skin equivalents for assessment of human dermal absorption of some brominated flame retardants. Environment International, 84: 64-70.

Abdallah M A E, Pawar G, Harrad S. 2016. Human dermal absorption of chlorinated organophosphate flame retardants; implications for human exposure. Toxicology and Applied Pharmacology, 291: 28-37.

Armitage J M, Gobas F A P C. 2007. A terrestrial food-chain bioaccumulation model for POPs. Environmental Science and Technology, 41: 4019-4025.

Arnot J A, Gobas F A P C. 2006. A review of bioconcentration factor (BCF) and bioaccumulation factor (BAF) assessments for organic chemicals in aquatic organisms. Environmental Review, 14: 257-297.

Bacci E, Calamari D, Gaggi C, Vighi M. 1990. Bioconcentration of organic chemical vapors in plant-leaves—Expreiment measurements and correlation. Environmental Science and Technology,

24: 885-889.

Barber M C, Suárez L A, Lassiter R R. 1991. Modeling accumulation of organic pollutants in fish with an application to PCBs in Lake Ontario salmonids. Canadian Journal of Fisheries and Aquatic Sciences, 48: 318-337.

Belfroid A, van den Berg M, Seinen W, Hermens J, van Gestel K. 1995. Uptake, bioavailability and elimination of hydrophobic compounds in earthworms (*Eisenia andrei*) in field-contaminated soil. Environmental Toxicology and Chemistry, 14: 605-612.

Bintein S, Devillers J, Karcher W. 1993. Nonlinear dependence of fish bioconcentration on *n*-octanol/water partition coefficient. SAR and QSAR in Environmental Research, 1: 29-39.

Briggs G G, Bromilow R H, Evans A A. 1982. Relationship between lipophilicity and root uptake and translocation of non-ionized chemicals by barley. Pesticide Science, 13: 495-504.

Burkhard L P. 2000. Estimating dissolved organic carbon partition coefficients for nonionic organic chemicals. Environmental Science and Technology, 34: 4663-4668.

Campfens J, Mackay D. 1997. Fugacity-based model of PCB bioaccumulation in complex aquatic food webs. Environmental Science and Technology, 31(2): 577-583.

Clark K E, Gobas F A P C, Mackay D. 1990. Model of organic chemical uptake and clearance by fish from food and water. Environmental Science and Technology, 24(8): 1203-1213.

Connell D W, Markwell R D. 1990. Bioaccumulation in the soil to earthworm system. Chemosphere, 20: 91-100.

Connolly J P, Pedersen C J. 1988. A thermodynamic-based evaluation of organic chemical accumulation in aquatic organisms. Environmental Science and Technology, 22: 99-103.

Dowdy D L, McKone T E. 1997. Predicting plant uptake of organic chemicals from soil or air using octanol/water and octanol/air partition ratios and a molecular connectivity index. Environmental Toxicology Chemistry, 16(12): 2448-2456.

Frederiksen M, Vorkamp K, Jensen N M, Sørensen J A, Knudsen L E, Sørensen L S, Webster T F, Nielsen J B. 2016. Dermal uptake and percutaneous penetration of ten flame retardants in a human skin *ex vivo* model. Chemosphere, 162: 308-316.

Garten C T, Trabalka J R. 1983. Evaluation of models for predicting terrestrial food chain behavior of xenobiotics. Environmental Science and Technology, 17: 590-595.

Gobas F A P C. 1993. A mode for predicting the bioaccumulation of hydrophobic organic chemicals in aquatic food webs: Application to Lake Ontario. Ecological Modeling, 69: 1-17.

Gobas F A P C, Mackay D. 1987. Dynamic of hydrophobic organic chemical bioconcentration in fish. Environmental Toxicology and Chemistry, 6: 495-504.

Gobas F A P C, Muir D C G, Mackay D. 1988. Dynamic of dietary bioaccumulation and faecal elimination of hydrophobic organic chemical in fish. Chemosphere, 17: 943-962.

Gobas F A P C, Wilcockson J B, Russell R W, Haffner G D. 1999. Mechanism of biomagnification in fish under laboratory and field conditions. Environmental Science and Technology, 33: 133-141.

Hansch C, Leo A. 1979. Substitute constant correlation analysis in chemistry and biology. New York. Wiley.

Hu H, Xu F, Li B, Cao J, Dawson R, Tao S. 2005. Prediction of the bioconcentration factor of PCBs in fish using the molecular connectivity index and fragment constant models. Water Environment Research, 77(1): 87-97.

Hung H, Mackay D. 1997. A novel and simple model of the uptake of organic chemicals by vegetation from air and soil. Chemosphere, 35(5): 959-977.

Iverson S J. 2009. Tracing aquatic food webs using fatty acids: From qualitative indicators to quantitative determination. *In*: Arts M T, Brett M T, Kainz M J, editor. Lipids in aquatic ecosystems. Springer. 281-295.

Jager T. 1998. Mechanistic approach for estimating bioconcentration of organic chemicals in earthworms (oligochaeta). Environmental Toxicology and Chemistry, 17: 2080-2090.

Kelly B C, Gobas F A P C. 2003. An arctic terrestrial food-chain bioaccumulation medel for persistent organic pollutants. Environmental Science and Technology, 37: 2966-2974.

Kenaga E E. 1980. Correlation of bioconcentration factors of chemicals in aquatic and terrestrial organisms with their physical and chemical properties. Environmental Science and Technology, 14: 553-556.

Krishnan K, Peyret T. 2009. Physiologically based toxicokinetic (PBTK) modeling in ecotoxicology. *In:* Devillers J, editor. Ecotoxicology modeling. New York: Springer, 145-175.

Leo A. 1987a. Calculating log P_{oct} from structures. Chemical Reviews, 93: 1281-1306.

Leo A. 1987b. Some advantages of calculating octanol-water partition coefficients. Journal of Pharmaceutical Sciences, 76: 166-168.

Liu L Y, He K, Hites R A, Salamova A. 2016. Hair and nails as noninvasive biomarkers of human exposure to brominated and organophosphate flame retardants. Environmental Science and Technology, 50(6): 3065-3073.

Lu X X, Tao S, Hu H, Dawson R W. 2000. Estimation of bioconcentration factors of nonionic organic compounds in fish by molecular connectivity indices and polarity correction factors. Chemosphere, 41(10): 1675-1683.

Mackay D, Fraser A. 2000. Bioaccumulation of persistent organic chemicals: Mechanisms and models. Environmental Pollution, 110: 375-391.

Meylan W M, Howard P H, Boethling R S Aronson D, Printup H, Gouchie S. 1999. Improved method for estimating bioconcentration/bioaccumulation factor for octanol/water partition coefficient. Environmental Toxicology and Chemistry, 18: 664-672.

Neely W B, Branson D R, Blau G E. 1974. Partition coefficient to measure bioconcentration potential of organic chemicals in fish. Environmental Science and Technology, 8: 1113-1115.

OECD. 2010. Organisation for Economic Co-operation and development. OECD guideline for testing of chemicals 317. Bioaccumulation in terrestrial oligochaetes.

OECD. 2012. Organisation for Economic Co-operation and development. OECD guideline for testing of chemicals 305. Bioaccumulation in fish: Aqueous and dietary exposure.

Pauly D, Palomares M L. 2005. Fishing down marine food webs: It is far more pervasive than we thought. Bulletin of Marine Science, 76(2): 197-211.

Poon S, Wade M G, Aleksa K, Rawn D F K, Carnevale A, Gaertner D W, Sadler A, Breton F, Koren G, Ernest S R. 2014. Hair as a biomarker of systemic exposure to polybrominated diphenyl ethers. Environmental Science and Technology, 48: 14650-14658.

Post D M. 2002. Using stable isotopes to estimate trophic position: Models, methods, and assumptions. Ecology, 83: 703-718.

Sabljic A, Protic M. 1982. Molecular connectivity: A novel method for prediction of bioconcentration factor of hazardous chemicals. Chemico-Biological Interactions, 42: 301-310.

Szpak P, Orchard T J, McKechnie I, Gröcke D R. 2012.Historical ecology of late Holocene sea otters (*Enhydra lutris*) from Northern British Columbia: Isotopic and zooarchaeological perspectives. Journal of Archaeological Science, 39(5): 1553-1571.

Tang B, Luo X J, Zeng Y H, Mai B X. 2017. Tracing the biotransformation of PCBs and PBDEs in common carp (*Cyprinus carpio*) using compound-specific and enantiomer-specific stable carbon isotope analysis. Environmental Science and Technology, 51, 2705-2713.

Tao S, Hu H, Xu F, Dawson R W, Xu F. 2000. Fragment constant method for prediction of fish bioconcentration factors of non-polar chemicals. Chemosphere, 41(10): 1563-1568.

Thomann R V, Connolly J P, Parkerton T F. 1992. An equilibrium model of organic chemical accumulation in aquatic food webs with sediment interaction. Environmental Toxicology and Chemistry, 11: 615-629.

Thomann R V, Connolly J P, Parkerton T. 1992. Modelling accumulation of organic chemicals in aquatic food-webs. *In*: Gobas F A P C, McCorquodale J A, editors. Chemical dynamics in aquatic ecosystems. Chelsea, MI: Lewis Publishers, 153-186.

Trapp S, Matthies M. 1995. Generic one-compartment model for uptake of organic chemicals by foliar vegetation. Environmental Science and Technology, 29: 2333-2338.

Trapp S. 2000. Modelling uptake into roots and subsequent translocation of neutral and inoisable organic compounds. Pest Management Science, 56: 767-778.

Travis C C, Arms A D. 1988. Bioconcentration of organics in beef, milk, and vegetation. Environmental Science and Technology, 22, 271-274.

Vander Zanden M J, Rasmussen J B. 2001. Variation in δ^{15}N and δ^{13}C trophic fractionation: Implications for aquatic food web studies. Limnol Oceanogr, 46: 2061-2066.

Vanderklift M A, Ponsard S. 2003. Sources of variation in consumer-diet δ^{15}N enrichment: A meta-analysis. Oecologia, 136: 169-182.

Veith G D, Defoe D L, Bergstedt B V. 1979. Measuring and estimating the bioconcentration factor of chemicals in fish. Journal Fisheries Research Board of Canada, 36, 1040-1048.

Wei D, Zhang A, Wu C, Han S, Wang L. 2001.Progressive study and robustness test of QSAR model based on quantum chemical parameters for predicting BCF of selected polychlorinated organic compounds (PCOCs). Chemosphere, 44: 1421-1423.

Weininger D. 1978. Accumulation of PCBs by lake trout in lake Michigan. Madison, WI: PH.D. Thesis, University of Wisconsin.

Woodwell G M. 1967. Toxic substances and ecological cycles. Scientific American, 216: 24-32.

Wu C C, Bao L J, Tao S, Zeng E Y. 2016. Dermal uptake from airborne organics as an important route of human exposure to e-waste combustion fumes. Environmental Science and Technology, 50: 6599-6605.

Zheng J, Chen K H, Luo X J, Yan X, He C T, Yu Y J, Hu G, Peng X W, Ren M Z, Yang Z Y. 2014. Polybrominated diphenyl ethers (PBDEs) in paired human hair and serum from e-waste recycling workers: Source apportionment of hari PBDEs and relationship between hair and serum. Environmental Science and Technology, 48: 791-796.

第3章 典型卤代持久性有机污染物在电子垃圾回收区植物中的富集

本章导读

- 植物是大气中持久性有机污染物（POPs）的一个重要储存体，也是影响空气中污染物浓度的重要因素。更为重要的是，植物吸收是大气中污染物进入陆生生态系统食物链传递的重要环节。本章首先从叶面吸收和根吸收两个方面介绍了有关植物吸收POPs的机理。

- 报道了电子垃圾回收区和对照区大气及两种植物叶片（桉树叶与针叶）中典型卤代持久性有机污染物的浓度及月度变化规律，指出温度是影响电子垃圾回收区大气中卤代持久性有机污染物浓度最重要的因素。在电子垃圾回收区，由于有持续的源排放，空气中有足够的污染物，植物富集主要以平衡分配气沉降的模式为主；在对照区，由于缺乏持续的源排放，植物富集主要以动力学控制气沉降的模式为主。由于本研究中涵盖了 $\log K_{OW}$ 范围较广的污染物，我们进一步扩展了植物/大气分配系数与化合物辛醇/空气分配系数之间的关系，指出两者并不是简单的线性关系，而是随化合物的辛醇/空气分配系数的变化表现为分段性。这种分段性完全是由植物吸收污染物机制的变化所致。

- 通常认为对于持久性有机污染物，从植物根部吸收并向地上部分的运移可以忽略不计。通过对电子垃圾回收区不同污染程度土壤的水稻栽培实验，揭示了土壤到根际、根向茎及茎向叶传递的 $\log K_{OW}$ 控制机制。根富集因子对于低 $\log K_{OW}$ 物质而言主要由其亲脂性决定，对于高 $\log K_{OW}$ 物质则由其水中溶解度决定。根向茎的传递因子随 $\log K_{OW}$ 升高而增加。在高浓度暴露情况下，污染物从根到茎和叶的传递不可忽视。利用叶片与茎的浓度比值与化合物性质的相关性，可以推断叶片是以大气吸收机制为主还是以根茎运输机制为主。

3.1 植物富集的相关机理

植物是大气中 POPs 的一个重要储存体，可以作为大气有机污染的指示物。植物与大气中 POPs 的交换还会改变大气中污染物的浓度和组成，更重要的是植物吸收是大气中 POPs 进入陆生生态系统进而在生物链上传递的重要环节。因此，植物对大气中 POPs 的迁移、归宿和全球循环起着非常重要的作用。

土壤和大气是植物中 POPs 的主要来源，植物从土壤和大气中吸收 POPs 的途径如图 3-1 所示（Collins et al.，2006）。污染物从土壤到植物的传输主要通过植物根系从土壤中吸收 POPs，土壤中 POPs 以气相形式挥发到大气中或者附着在土壤颗粒上再悬浮到大气中进而被植物吸收。对于高疏水性有机污染物（$\log K_{OA} > 6$），植物根系从土壤中吸收的这个途径对植物中污染物的贡献很小，除非是在土壤受到严重污染的地区（Cousins and Mackay，2001；Zhang et al.，1999）或存在 POPs 与重金属的复合污染。重金属使植物的根部细胞受损，细胞离子通道被打开，高疏水性有机污染物可大量富集于植物根部并向植物地上部分迁移（Wang et al.，2016）。对高于土壤表面 1.5 m 的大气，土壤再挥发或再悬浮对大气中污染物的贡献几乎可以忽略（Krauss，2004；Robson and Harrad，2004）。因此，高大（> 1.5 m）植物吸收 $\log K_{OA} > 6$ 的 POPs 的主要途径不是土壤—(大气)—植物途径，而是从大气中吸收。

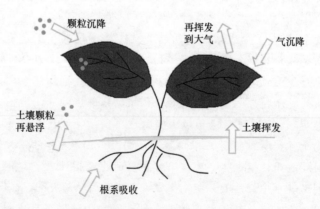

图 3-1 植物吸收 POPs 的主要途径

大气中的 POPs 首先与植物表皮（如树叶、树皮）接触，然后被植物吸收，这一接触过程被称为沉降作用。主要的沉降机制有气沉降、颗粒物沉降、溶解态的湿沉降（McLachlan，1999）。由于大多数 POPs 都是亲脂憎水的疏水性有机污染物，因此，溶解态形式的湿沉降一般可忽略不计。气沉降存在两种情形，一种情形是当污染物在植物/大气中的分配系数较小时，两相间分配可在较短时间内达到平衡。在这种情况下，气沉降表现为相间的热力学平衡分配过程，植物中污染物的浓度主要取决于污染物在气相中的浓度、周边温度及植物对污染物的存储能力。另一种情形是污染物在植物/大气中的分配系数较大，相分配平衡所需要的时间较长，有时终植物一生也难以达到平衡。此时，植物中污染物的浓度则主要受气沉降的动力学限制，大气污染物的浓度、植物生长时期、风速、大气的稳定性、树冠的结构、叶片表面的粗糙度等都会影响污染物在植物中的富集。对于颗粒沉降而言，大气中颗粒物的浓度、化合物在颗粒相中的粒径分布、沉降发生的频率、密度及量、植物叶面保留颗粒物的稳定性等都会影响污染物在颗粒相与植物间的交换。

3.1.1　植物叶面吸收机制

污染物从大气向植物中的富集经过一系列的过程。首先是污染物从大气向植物叶片附近空气的一个湍流传质过程，然后在靠近叶片区域，存在一个层流边界层的层流扩散传质过程；到达叶面后，污染物通过植物表皮的蜡质或气孔进入植物内部，通过扩散作用进入植物体内的细胞间空隙或分配到组织中的水相或脂肪中（Collins et al.，2006）。其中植物的角质层，即植物地面器官（茎、叶）表面分泌的一层脂肪质物质，是植物存储半挥发性有机污染物的主要载体。通过气孔表面吸收的污染物，通常认为可忽略不计。

植物对污染物的吸收一般采用"一室模型"或"多室模型"来描述。"一室模型"把植物叶片吸收和释放污染物整体看作是一个过程。"两室模型"把植物叶片分为对污染状况变化响应迅速的表层和响应缓慢的内部储存室两部分，污染物首先被分配到植物表层（如蜡质），这是一个相对较快达到平衡的过程（数天~数周），然后再逐渐扩散到内层细胞，这是一个受速度限制的非常缓慢达到平衡的过程（数月~数年），相应的释放过程也是这样。对于大多数植物的吸收过程而言，"一室模型"已足够去描述污染物在植物中的富集行为。为简化推导过程，以"一室模型"为基础，McLachlan（1999）通过理论推导阐述了植物叶片吸收 POPs 的途径。这里我们详细介绍一下相关的推导过程。

对于气沉降，其实质是由大气与植物间存在的化学势梯度驱动的一个相分配过程。由此，得到公式（3-1）：

$$\frac{\mathrm{d}(VC_{PG})}{\mathrm{d}t} = AV_G(C_G - C_{PG}/K_{PG}) \tag{3-1}$$

式中，V 为植物体积（m³）；C_{PG} 指通过气沉降而来的植物中污染物的浓度（mol/m³）；t 为时间（h）；A 为植物的表面积（m²）；V_G 是大气向植物表面的沉降速率或传质系数（m/h）；C_G 是污染物在气相中的浓度（mol/m³）；K_{PG} 是污染物在植物/大气中的分配系数。假定 V、A、V_G、K_{PG} 和 C_G 皆是常数，$t = 0$ 时，$C_{PG} = 0$，则式（3-1）可以积分为如下形式：

$$C_{PG} = K_{PG}C_G(1 - e^{-AV_Gt/VK_{PG}}) \tag{3-2}$$

其中气相传质系数可由两个过程决定：

$$V_G = \left(\frac{1}{V_{GG}} + \frac{1}{K_{PG}V_{GP}}\right)^{-1} \tag{3-3}$$

式中，V_{GG} 是指从大气本体到叶表面的传质系数，包括从大气本体向叶片附近空气中的湍流传质系数和在叶片表层层流边界层的层流扩散传质系数。这里将这两个过程当作一个整体考虑。V_{GP} 是污染物从叶片表面向叶片中污染物的储存体迁移的传质系数，它也包括两个平行的传质过程，一是通过角质层向储存层的迁移，二是通过气孔向储存层的迁移。通过气孔向储存层的迁移一般可忽略不计。

对于许多半挥发性的有机污染物，植物/大气平衡分配系数都可以通过辛醇/空气分配系数来描述：

$$K_{PG} = mK_{OA}{}^n \tag{3-4}$$

对于一个给定的植物而言，m 和 n 是一个常数。当 $n = 1$ 时，可以认为该植物的性质与辛醇一样，辛醇可以作为该植物的替代品。

将公式（3-3）和公式（3-4）代入公式（3-2）得到

$$C_{PG} = mK_{OA}{}^nC_G\left(1 - e^{-A\left(\frac{1}{V_{GG}} + \frac{1}{mK_{OA}{}^nV_{GP}}\right)^{-1}t/VmK_{OA}{}^n}\right) \tag{3-5}$$

对于颗粒相沉降，认为植物从颗粒相中富集的污染物是颗粒物中污染物向植物表面沉积与叶片表面颗粒相污染物的损耗之间的净差值。由此得到公式（3-6）：

$$\frac{\mathrm{d}(VC_{PP})}{\mathrm{d}t} = AV_PC_P - K_EVC_{PP} \tag{3-6}$$

式中，C_{PP} 是植物中颗粒物沉降所致的浓度（mol/m³）；V_P 是颗粒物向叶片上的沉积速率（m/h）；C_P 是大气颗粒物中污染物的浓度（归一化为 mol/m³）；K_E 是叶片表面颗粒物污染物损耗的一级反应速率常数（h⁻¹）。

颗粒物向植物表面的沉积速率受众多因素的控制，如污染物在颗粒物中的粒径分布、微气相条件、植物本身的性质等。叶片表面颗粒相污染物的损耗速率认为符合一级动力学过程。它也受众多因素的影响，如树冠上的大气湍流、沉降的频率及密度、植物本身性质等因素。同样假定 V、A、V_P、K_E 和 C_P 等参数恒定，对式（3-6）积分得到

$$C_{PP} = \frac{V_P A C_P}{V K_E}(1 - e^{-K_E t}) \tag{3-7}$$

对于颗粒相中的污染物浓度，可以通过气/固相分配系数，由公式（3-8）获得

$$C_P = B \times TSP \times K_{OA} \times C_G \tag{3-8}$$

B 是一个非常小的常数，约为 10^{-12} m³/μg。TSP 为大气中颗粒物的含量。将式（3-8）代入等式（3-7）中，得到

$$C_{PP} = \frac{V_P A \times B \times TSP \times K_{OA} \times C_G}{V K_E}(1 - e^{-K_E t}) \tag{3-9}$$

植物中污染物浓度为气沉降与颗粒沉降之和：

$$C_{plant} = m K_{OA}{}^n C_G \left(1 - e^{-A\left(\frac{1}{V_{GG}} + \frac{1}{m K_{OA}{}^n V_{GP}}\right)^{-1} t / V m K_{OA}{}^n} \right) + \frac{V_P A \times B \times TSP \times C_G \times K_{OA}}{V K_E}(1 - e^{-K_E t}) \tag{3-10}$$

污染物在植物与气相中的浓度比值为

$$\frac{C_{plant}}{C_G} = m K_{OA}{}^n \left(1 - e^{-A\left(\frac{1}{V_{GG}} + \frac{1}{m K_{OA}{}^n V_{GP}}\right)^{-1} t / V m K_{OA}{}^n} \right) + \frac{V_P A \times B \times TSP \times K_{OA}}{V K_E}\left(1 - e^{-K_E t}\right) \tag{3-11}$$

从式（3-11）可以看出，污染物在植物与气相中的分配是化合物的辛醇/空气分配系数以及表征大气及植物特性的参数的函数。

3.1.2　植物根系吸收机制

植物根部对污染物的吸收主要有被动和主动吸收两种方式。对于大部分有机污染物而言，被动吸收是主要的吸收方式，只对少量植物激素类物质如苯氧羧酸类除草剂，主动吸收才是主要形式（Bromilow et al.，1995）。根部吸收也存在从土壤气相中吸收和从土壤溶液中吸收两种机制。植物根部从土壤气相中吸收的机理未见有报道。一方面可能是因为根从土壤气相中的吸收对于大部分半挥发性的持久性有机污染物基本可以忽略；另一方面也可能是缺乏有效的手段去研究这一过程。因此根部的吸收一般关注的都是根从周边土壤溶液中吸收的过程和机理。这个吸收过程可以看作是有机污染物在土壤颗粒相–土壤间隙水相–植物水相–植物有机相间的一系列连续分配过程。首先，土壤颗粒物（有机质）吸附的有机污染物溶解于土壤间隙水中，完成土壤固相和土壤水之间的分配；其次，土壤间隙水中的有机污染物在蒸腾拉力作用下随水流进入植物体在土壤水与植物水之间分配；再次，植物水中的有机污染物溶解到植物脂肪物质中，在植物水和植物有机相之间分配。这些分配过程同时并存又相互影响，共同决定着有机污染物在土壤–植物系统中的迁移行为。显然，植物体根部对有机污染物的被动吸收受到污染物性质、土壤性质及植物组成等因素的影响。

　　土壤与土壤间隙水之间的分配显然与土壤的有机质含量（f_{OC}）及污染物的辛醇/水分配系数之间存在关系。一般利用有机碳归一化的分配系数（K_{OC}）来描述土壤与间隙水之间的分配行为。有一系列的工作描述了土壤有机碳分配系数与化合物 K_{OW} 之间的关系。回归方程与研究的化合物类别存在直接关系。适宜于所有化合物的最佳回归方程为（Collins et al.，2006）

$$\log K_{OC} = 0.989 \times \log K_{OW} - 0.346 f_{OC} \tag{3-12}$$

　　显然，随着土壤有机碳含量的增加，植物吸收污染物的潜力下降，最宜被吸收的化合物的 K_{OW} 值会发生相应的变化。而最近对土壤有机碳组分的研究表明（Chiou et al.，1998；Cooke et al.，2003），化合物在土壤与水间的分配随有机碳组分的不同而不同（如腐殖质与黑炭），存在着更为复杂的关系。

　　在土壤溶液相中的有机污染物与植物体内溶液相达到平衡后，植物溶液相中的有机污染物被吸附到植物根部的脂质部分。Briggs 等（1982）利用水培大麦吸收 O-氨基甲酸甲酯和卤代苯基脲类化合物的实验，最早建立起了根部富集因子（root concentration factor，RCF：根部中污染物浓度与水溶液中浓度的比值）与化合物辛醇/水分配系数间的关系：

$$\log RCF = 0.77 \log K_{OW} - 1.52 \tag{3-13}$$

两者中的关系显然受到众多因素的影响，如培植方式、植物种类、所使用的化合物类别等。

　　上述方程一般在水培体系下可直接测到。但土壤栽培下，土壤间隙水中污染物的浓度很难直接测定。因此，一般用土壤中污染物的浓度来代替土壤间隙水浓度。植物根部如果很细，与土壤间的交换则较容易达到平衡，如果根比较粗，交换不易达到平衡，则根部浓度受到动力学的控制。植物根部与非根部土壤之间的分配系数可用如下关系描述（Trapp and Matthies，1995）：

$$K_{RB} = K_{RW}/(\rho_B K_d + \theta) \tag{3-14}$$

式中，K_d 是化合物在土壤与水间的分配系数；ρ_B 是非根系土壤的密度；θ 为非根系土壤的含水体积分数；K_{RW} 为化合物在植物根部与水溶液中的分配系数。该系数（即RCF）可由式（3-15）求出：

$$K_{RW} = (W_P + L_P K_{OW}{}^b)\rho_P / \rho_W \tag{3-15}$$

式中，K_{RW} 为植物与土壤溶液中污染物的体积质量浓度比值（kg/m^3）；W_P 和 L_P 分别为植物中的水含量和脂质含量；ρ_P 和 ρ_W 分别为植物与水的密度。b 是表征植物脂质与辛醇差别的指数校正因子，也即式（3-13）中的回归方程的斜率。$b = 1$ 时，植物脂质可以认为与辛醇的性质一样。

　　从根部吸收的有机污染物在蒸腾作用下向植物其他组织输送，这一过程可用蒸腾流浓缩因子（transpiration stream concentration factor，TSCF）来描述。TSCF 是植物木质部汁液中的浓度与外部水溶液中的浓度比。木质部内传输的质量（kg/s）为

$$M_{xy} = Q \times C_W \times \text{TSCF} \tag{3-16}$$

式中，Q 为蒸腾速率（m^3/s）；C_W 为水溶液的浓度，可近似用土壤中浓度与分配系数之商（C_B/K_d）来表示；TSCF 也和化合物的辛醇/水分配系数间存在如下关系（Briggs et al.，1982）：

$$\text{TSCF} = 0.784e^{-(\log K_{OW} - 1.78)^2/2.44} \tag{3-17}$$

3.2　广东清远电子垃圾回收区两种植物对大气中典型卤代持久性有机污染物的富集及机制

为研究电子垃圾回收区中大气、植物中的卤代持久性有机污染物污染状况，了解植物叶片富集大气中的典型卤代持久性有机污染物的机制，我们以清远电子垃圾回收区（龙塘镇）和其地理位置近邻的非电子垃圾回收区（清远源塘，作为对照区）为研究区域（图 3-2），对两区域大气（气相、颗粒相）和植物叶片（桉树和松针）中的卤代持久性有机污染物进行了检测分析。分析的目标化合物包括多氯联苯（PCBs）、多溴联苯醚（PBDEs）、十溴二苯乙烷（DBDPE）、多溴联苯（PBB153 和 PBB209）、五溴甲苯（PBT）、六溴苯（HBB）、四溴对甲苯（pTBX）、五溴乙苯（PBEB）和 1,2-双（2,4,6-三溴苯氧基）乙烷（BTBPE）。

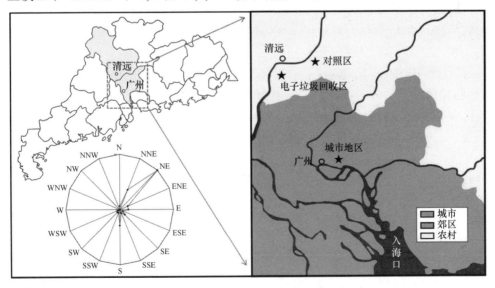

图 3-2　大气和植物叶片采样区域示意图

3.2.1　样品采集、处理及分析

　　大气样品的采集采用武汉天虹仪表有限责任公司生产的 TH-1000 天虹智能大容量空气总悬浮颗粒采样器（无碳刷型）。采样前先用校正仪进行流量校正，并且用有机溶剂清洗采样器的滤膜框架等部件，然后放置好 PUF 和滤膜。PUF 用于吸附大气中气态的半挥发性有机污染物，而滤膜用于收集大气中的颗粒物。采样时流量设定为 $0.25\ m^3/min$。电子垃圾回收区和对照区采样同时进行，采样时间为 2007 年 7 月至 2008 年 6 月（$n = 66$）以及 2008 年 10 月（$n = 8$）和 2009 年 1 月（$n = 8$）的每个月的下旬，每个采样点各共采集样品 82 对（大气气相和颗粒相）。一般情况下是每天（24 h）一对样，每个月连续采集 5 天。但在 2008 年 3 月、4 月、10 月及 2009 年 1 月，每个月采样的 5 天中有连续 3 天的采样分为白天和晚上各一对样，每对样为 12 h，以观察白天和晚上的差别。采样完后记录采样体积等信息，然后将滤膜用铝箔纸包好放入密实袋密封，置于恒温恒湿箱中，放置 24 h 后称重，然后置于 –20℃冰箱中保存。

　　桉树和松树是清远龙塘常见且分布非常广泛的两种常绿乔木。桉树（*Eucalyptus* spp.）是桃金娘科，桉属，常绿阔叶，成熟叶呈镰形或长圆形，叶片面积大，易捕获和滞留颗粒物。马尾松（*Pinus massoniana* Lamb.）是松科，松属，为常绿针叶，松针数量多，比表面积大。植物叶样品的采样点在大气样品采样点的周围，采集时间是在每个月（除 2007 年 12 月和 2008 年 5 月）采集大气样品的第 1、3、5 天，每次从 4～6 棵树上采集相似高度（>2 m）和年龄的植物叶样品合为 1 个。将植物叶用锡箔纸包好并用密实袋密封，立即运回实验室处理。

　　气相（PUF）和颗粒物样品加入回收率指示物（BDE77、181，^{13}C-BDE209、^{13}C-BDE141，CB30、65、204）后，用 200 mL 丙酮和正己烷混合溶液（1∶1，V/V）索氏抽提 48 h。将抽提液旋转蒸发至 1～2 mL，转换溶剂为正己烷，再旋转蒸发至 1～2 mL。浓缩液经多层硅胶柱（柱子规格为 40 cm × 1.0 cm i.d.，自下而上分别加入 6 cm 氧化铝、2 cm 中性硅胶、5 cm 碱性硅胶、2 cm 中性硅胶和 8 cm 酸性硅胶）用 80 mL 的二氯甲烷与正己烷混合溶液（1∶1，V/V）淋洗净化。淋洗液旋转蒸发至 1～2 mL。氮吹定容至 160 μL，密封并于 –20℃冰箱中储存。仪器分析前加入一定量的内标指示物（^{13}C-PCB208，BDE118、128 及 CB24、82 和 198）。

　　植物叶运回实验室后立即用纯净水将植物叶面附着的颗粒物洗脱。洗脱水用玻璃纤维滤膜（Whatman，GFFs，47mm）过滤，收集植物叶面的颗粒物。滤膜的处理过程与大气样品的颗粒相相同。洗净之后的植物叶冷冻干燥并粉碎后，称取约 10 g 样品与无水硫酸钠一起，索氏抽提，具体方法同上述。抽提液浓缩至约 15 mL

后加入 60 mL 浓硫酸（98%，*W/W*）用于除去色素。然后加入正己烷用聚四氟乙烯分液漏斗（NalgeNunc，Rochester，NY）进行液–液萃取（liquid-liquid extraction，LLE）。每次加入 40 mL 正己烷，共萃取 5 次。萃取液旋转蒸发至 1～2 mL 后，用多层复合硅胶柱净化，再氮吹定容，具体过程同大气样品。

另外，还测定了植物的脂肪含量和含水量。准确称取约 10 g 干重植物叶样品，用丙酮和正己烷混合溶剂（1∶1，*V/V*）索氏抽提 24 h。抽提液旋转蒸发浓缩至 1～2 mL，然后在 60℃ 烘箱中烘干至恒重，再称重。称取约 10 g 湿重新鲜植物叶样品，置于 105℃ 烘箱中烘干至恒重。

PCBs 的含量检测所用仪器为 Agilent 7890 GC/5975B MS。采用电子离解（EI），选择离子扫描（SIM），无分流进样模式进行分析。进样量为 1 μL。载气为高纯氦气。进样口、离子源温度和界面温度分别为 290℃、250℃ 和 290℃。柱流速为 1.50 mL/min。色谱柱为 DB-5MS（60 m × 0.25 mm i.d.，0.25 μm；J & WScientific，Folsom，CA）。升温程序：起始温度 120℃，6℃/min 升温至 180℃，1℃/min 升温至 240℃，然后 6℃/min 升温至 290℃ 并保留 17 min。

卤代阻燃剂（HFRs）均使用气相色谱–质谱（GC-MS），负化学电离源（NCI），单扫模式（SIM）进行分析。载气为高纯氦气，反应气为甲烷。离子源压力为 2.5×10^{-3} Pa，进样口温度为 290℃，离子源温度为 250℃，界面温度为 290℃。采用无分流进样，进样量为 1 μL。扫描离子质荷比：^{13}C-CB141 为 372、374；^{13}C-CB208 为 476、478；^{13}C-BDE209 为 486.7、488.7；其他 BDE 单体以及其他非多溴联苯醚类溴系阻燃剂为 79、81。

对于 2～7 溴代 PBDEs 单体和部分非多溴联苯醚类溴系阻燃剂（PBB153、pTBX、PBEB、PBT 和 HBB）使用 GC-MS（Agilent 7890 GC/5975B MS）及 DB-XLB 色谱柱（30 m × 250 μm i.d. × 0.25 μm，J & W Scientific）进行分离，柱流速为 1.00 mL/min。色谱柱初始温度为 110℃，停留 1 min 后，按 8℃/min 的升温速率升到 180℃，保持 1 min，再以 2℃/min 的升温速率升到 240℃，保持 5 min，再以 2℃/min 的升温速率升到 280℃，保持 15 min，再以 10℃/min 的升温速率升到最终温度 310℃，保持 5min。

对于 8～10 溴代 PBDEs 单体及部分非多溴联苯醚类溴系阻燃剂（PBB209、BTBPE 和 DBDPE），使用 GC-MS（Shimadzu GCMS-QP2010）及 DB-5HT 色谱柱（12.5m × 250 μm i.d. × 0.10 μm，Varian）进行分离，柱流速为 1.16 mL/min。色谱柱初始温度为 110℃，停留 5 min 后，按 20℃/min 的升温速率升到 200℃，保持 4.5 min，再以 10℃/min 升到 310℃，保持 15 min。

在两个采样点采样时进行了穿透实验。在该点采样时，在已有的 PUF 下再放置半块 PUF（2.5 cm 厚）。实验发现，后面半块 PUF 中污染物的含量小于前 PUF 中含量的 10%，结果表明前 PUF 有效地捕捉了气相中的污染物。野外空白样品的采集方式与大气样品相同，仅是没有采样器抽气产生的流量，其含量与流程空白没有显著差异。野外空白和流程空白中均有少量的 PBDEs（BDE28、47、99、206、207、208、209）和 PCBs（CB8、9、18、28、71、128），但含量均低于样品中的5%。样品分析结果已扣除相应空白。作为卤代阻燃剂（HFRs）的回收率指示物，BDE77的回收率为 94.3%±15.2%，BDE181 为 87.2%±11.3%，^{13}C-BDE209 为 107%±18.0%。作为 PCBs 的回收率指示物，CB30 的回收率为 78.0%±17.6%，CB65 为 91.4%±15.3%，CB204 为 129%±32.2%。对于 HFRs，基质（PUF 或 GFF）加标中目标化合物的回收率为 67.2%~122%（标准偏差<15.4%）；对于 PCBs 为 70.1%~139%（标准偏差<12.7%）。大气滤膜平行样的相对标准偏差为 1.12%~21.7%（HFRs）和0.73%~11.0%（PCBs）。样品含量未经回收校正。以大气体积 350 m^3 计算，各 HFRs 单体的方法检出限为 0.06~1.15 pg/m^3，各 PCBs 单体的方法检出限为 0.02~0.28 pg/m^3。

植物样品流程空白中有少量 PBDEs（BDE13、28、47、99、153、206、207、208、209）和 PCBs（CB8、9、18、28、71、128、180），含量均低于相应样品的3%。样品分析结果均已扣除空白。回收率指示物 BDE77 的回收率为 103%±24.6%、BDE181 为 62.5%±12.7%、^{13}C-BDE209 为 73.3%±13.1%；CB30 的回收率为91.1%±26.8%、CB65 为 89.5%±23.9%、CB204 为 109%±26.6%。加标空白中目标化合物 HFRs 的回收率为 62.5%~142%（标准偏差<15.1%）、PCBs 为70.1%~135%（标准偏差<7.74%）。植物平行样中化合物的相对标准偏差为 0.4%~16.2%（HFRs）及 0.34%~19.7%（PCBs）。以 10 g 干重植物叶样品计算，各 HFRs 的检出限为 0.03~0.40 ng/g，各 PCBs 的检出限为 0.01~0.20 ng/g。对于植物叶面颗粒物样品，以颗粒物平均质量 0.07 g 计算，各 HFRs 的检出限为 1.50~20.0 ng/g，各 PCBs 的检出限为 0.80~13.9 ng/g。

3.2.2 大气中的卤代持久性有机污染物及季节变化

两个区域大气中卤代持久性有机污染物的浓度见表 3-1。从表中可见，除 DBDPE外，电子垃圾回收区大气中卤代有机污染物的浓度比对照区相应化合物的浓度高 1~2个数量级。DBDPE 是作为十溴联苯醚的替代品最近才开始被大量使用的。因此，在以往的相关产品中，还较少用到 DBDPE，这是电子垃圾回收区与对照区 DBDPE 浓度相近的主要原因。

表3-1　清远电子垃圾回收区与对照区大气中卤代持久性有机污染物的浓度水平（中值及浓度范围）
（单位：PCBs 和 PBDEs 为 ng/m^3，其他化合物为 pg/m^3）

化合物	电子垃圾回收区			对照区		
	气相	颗粒相	气相+颗粒相	气相	颗粒相	气相+颗粒相
PCBs	21（7.39~75.5）	0.47（0.13~5.8）	20.9（7.83~76.3）	1.99（0.19~4.5）	0.11（0.06~0.22）	2.1（0.27~4.7）
PBDEs	0.42（0.02~6.1）	1.6（0.09~12.1）	2.0（0.1~17.9）	0.03（0.01~0.13）	0.12（0.03~0.89）	0.14（0.04~0.95）
DBDPE	nd	130（nd~2190）	127（nd~2190）	127（nd~2190）	100（3.9~1370）	100（4.0~1370）
PBT	9.9（nd~111）	0.96（nd~51）	11（nd~125）	0.65（nd~2.5）	0.16（nd~1.1）	0.96（0.22~3.6）
PBEB	13（nd~860）	0.81（nd~67）	14（0.24~867）	0.37（nd~4.7）	0.07（nd~0.97）	0.51（0.08~4.84）
HBB	65（0.87~480）	22（0.31~340）	104（4.47~559）	1.6（nd~13）	0.60（nd~121）	3.5（0.39~14）
BTBPE	nd（nd~108）	39（nd~350）	42（4.49~399）	nd（nd~7.4）	nd（nd~11）	1.6（nd~11）
PBBs	0.9（nd~43）	14（nd~460）	16（nd~467）	nd（nd~6.7）	0.31（nd~6.0）	0.41（nd~6.7）

　　PCBs 是该区域的主要污染物，其浓度水平高于处于第二位 PBDEs 的水平一个数量级。这与该区域以往有较多的电容器、变压器回收利用有关。电子垃圾回收区及对照区大气中 PCBs 均主要以低–中氯代单体（两个区域 di 至 hexa-CBs 合计占总 PCBs 的 97%左右）为主，高氯代（hepta 至 deca-CBs）含量很低。PBDEs 则主要以 BDE209 为主（电子垃圾回收区占总 PBDEs 的 43%，对照区占 66%），这与十溴联苯醚工业品是工业 PBDEs 中使用量最高的这一事实相吻合。与对照区相比，电子垃圾回收区大气中的五溴工业品主要组分（tetra 至 hex-BDEs）的占比明显增加（19% vs 7.8%），这表明电子垃圾给研究区域带来了大量的低溴联苯醚化学品。电子垃圾回收区内大气中的低溴代 PBDEs（di 和 tri-BDEs）的比例（23%）也比对照区（6.9%）显著增加，这一比例也显著地高于其他区域（Bossi et al.，2008；Cetin and Odabasi，2007；Hoh and Hites，2005；Lee et al.，2004）。这些 di 和 tri-BDEs 很可能是来源于拆解过程中的热降解，因为工业品中很少有这些低溴代相关组分（La Guardia et al.，2006）。

　　本区域大气中的 36 种 PBDEs 的总浓度低于贵屿电子垃圾回收区中报道的浓度（Chen et al.，2009；Deng et al.，2007）。这与两个电子垃圾回收区拆卸的电子垃圾类型及数量有关。本研究中这些电子垃圾回收区的浓度高于北美、欧洲及亚洲城市大气中 PBDEs 浓度（Cetin and Odabasi，2007；Hites，2004；Lee et al.，2004；Su et al.，2009；Venier and Hites，2008）。也有少数研究在国内城区中发现了更高浓度的 PBDEs（Chen et al.，2006；Qiu et al.，2010）。目前，关于大气中非 PBDE 类溴代阻燃剂的研究还很少。美国中东部农村地区大气中 BTBPE 的平均浓度与本研究相当（Hoh and Hites，2005；Venier and Hites，2008）。五大湖附近大气中 DBDPE 浓度低于本研究（Venier and Hites，2008）。PBEB 在五大湖附近大气中浓度则相对较高（Venier and Hites，2008）。

在电子垃圾回收区，溴系阻燃剂的气相和颗粒相浓度的季节变化基本一致。高浓度主要出现在 7 月、8 月、10 月、1 月和 3 月等月份。而在对照区，溴系阻燃剂的气相与颗粒相季节变化呈现不同的趋势。对于气相而言，较高挥发性的化合物包括 di、tri-BDEs，HBB，PBEB 和 PBT，最高浓度主要出现在 7 月份，然后浓度随月份逐渐降低直至第二年的 1 月，之后浓度有少量回升。对于中等挥发性化合物（tetra 至 hexa-BDEs）则没有明显的季节变化特征。对于颗粒相而言，不同的化合物并没有一致的季节分布特征，如对于较高挥发性的化合物，最高浓度出现在 2 月、3 月；对于中等挥发性化合物，较高浓度则出现在 3 月、5 月、8 月；而对低挥发性化合物（octa 至 deca-BDEs），最高浓度则出现在 3 月。

对于 PCBs，在电子垃圾回收区，气相 PCBs 最高浓度出现在 7 月，随后的月份中，出现一高一低间隔出现的现象。而颗粒相最高浓度出现在冬季的 1 月。在对照区，气相 PCBs 浓度出现 7 月、8 月、9 月和 2 月、3 月、4 月的双峰现象，而颗粒相仅在 2 月、3 月出现明显的一高浓度峰值。由于仅监测了 12 个月份，因此，还不能确认这种季度分布是否是普遍规律。

影响大气中污染物的浓度因素众多，包括气温、风向、风速、湿度等。对于电子垃圾回收区还包括拆卸活动强度、拆卸的电子垃圾物种、拆卸时使用的技术等。因此，很难对这种季节分布作出一个精准的解释。对于气相污染物，受温度影响更大，因此，我们利用克劳修斯–克拉珀龙（Clausius-Clapeyron）方程分析了温度对气相 BFRs 和 PCBs 的影响（表 3-2）。结果表明，对于电子垃圾回收区，高温（日均气温 19~30℃，对应当地的春、夏和秋季）和低温（8~19℃，对应当地冬季）呈现不同的规律。在高温条件下，大气气相中溴系阻燃剂（BFRs）和 PCBs 浓度（除 hepta-BDEs 和 di-CBs）与温度呈现显著的正相关性（$p < 0.001$）。表明气相中化合物主要来源于温度控制下的污染物从固相介质的挥发（Hoff et al.，1998；Wania et al.，1998），电子垃圾拆卸活动的强度等人为因素影响不大。但在低温条件下，气相中的浓度要么与温度没有相关性，要么呈负相关性。以往的研究主要认为产生这种现象的原因是气相中的污染物主要是长距离迁移，不是本地污染物挥发的结果。英国奇尔顿大气中 PBDEs 的 Clausius-Clapeyron（C-C）图分析结果也与本研究相似，出现负相关的原因被认为是与低温下的燃烧排放强度增加有关（Lee et al.，2004）。本地区低温下浓度与温度没有相关性，这可能与低温条件下拆卸活动强度影响增加有关。而在对照区，不存在高温和低温的差别，对照区仅 di、tri、tetra-BDEs，PBT，HBB 和 tri 至 hexa-CBs 与温度有显著相关性，其他 BFRs 及 PCBs 和温度的相关性很弱或与温度无相关性，且 C-C 图的斜率明显小于电子垃圾回收区（表 3-2）。有关 PCBs 的研究发现，越远离污染源，C-C 图的斜率越低（Wania et al.，1998）。斜率平缓或相关性低均说明采样点的污染物来源主要是大气的区域或者长距离迁移（Hoff et al.，1998；Wania et al.，1998）。这与在对照区附近无明显排放源一致。

表 3-2　电子垃圾回收和对照区大气气相中 BFRs 和 PCBs 的 Clausius-Clapeyron (C-C) 图的线性拟合结果①

BFRs	电子垃圾回收区（高温：春、夏、秋季）				电子垃圾回收区（低温：冬季）				对照区			
	m	b	r^2	p	m	b	r^2	p	m	b	r^2	p
di-BDEs	-20300 ± 3550	36.2 ± 11.9	0.47	<0.001		NS②			-10550 ± 1640	0.10 ± 5.6	0.42	<0.001
tri-BDEs	-22190 ± 3520	42.2 ± 11.8	0.52	<0.001	19100 ± 5700	-98.9 ± 19.9	0.506	0.006	-8550 ± 1280	-7.08 ± 4.4	0.45	<0.001
tetra-BDEs	-23520 ± 2520	46.1 ± 8.5	0.70	<0.001		NS			-8630 ± 1390	-7.55 ± 4.7	0.42	<0.001
penta-BDEs	-26340 ± 2230	54.3 ± 7.5	0.78	<0.001		NS				NS		
hexa-BDEs	-17450 ± 2120	22.7 ± 7.2	0.61	<0.001		NS				NS		
hepta-BDEs		NS				NS				NS		
PBT	-16120 ± 3270	19.3 ± 10.9	0.46	<0.001	13590 ± 5210	-82.5 ± 18.2	0.377	0.024	-5460 ± 1060	-19.4 ± 3.6	0.36	<0.001
PBEB	-20110 ± 3420	33.0 ± 11.5	0.55	<0.001	14970 ± 4740	-87.3 ± 16.6	0.476	0.009	-3680 ± 1530	-25.8 ± 5.2	0.11	0.020
HBB	-20660 ± 3850	35.7 ± 12.9	0.44	<0.001	11130 ± 4810	-72.3 ± 16.8	0.327	0.041	-6230 ± 1510	-15.9 ± 5.1	0.25	<0.001
di-CBs		NS				NS				NS		
tri-CBs	-11722 ± 1620	11.4 ± 5.5	0.51	<0.001		NS			-6909 ± 2252	-7.56 ± 7.6	0.14	0.003
tetra-CBs	-13037 ± 1918	15.3 ± 6.5	0.48	<0.001		NS			-13921 ± 2750	15.4 ± 9.3	0.32	<0.001
penta-CBs	-12929 ± 2285	14.3 ± 7.7	0.39	<0.001		NS			-10679 ± 2762	3.62 ± 9.3	0.24	<0.001
hexa-CBs	-12709 ± 2544	12.5 ± 8.6	0.33	<0.001		NS			-7811 ± 1822	-7.23 ± 6.2	0.25	<0.001
hepta-CBs	-17094 ± 3872	25.1 ± 13.0	0.29	<0.001		NS						

① 对于 BFRs 的分析，剔除了一些浓度明显异常高或异常低的数据：电子垃圾回收区 2007 年 9 月的所有数据及 2008 年 2 月的一个数据；对照区的一些数据，包括 tetra-BDEs ($n=3$)、penta-BDEs ($n=1$)、hexa-BDEs ($n=1$)、PBT ($n=3$)、PBEB ($n=2$) 和 HBB ($n=3$).

② 不显著

3.2.3　卤代持久性有机污染物在大气中的气粒分配

分别研究两地大气中 BFRs 和 PCBs 在不同月份的 log K_P 与经温度校正后的 log P_L^o 之间的关系，拟合结果见表 3-3（由于对照区颗粒相中 PCBs 检出率太低，没有分析 log K_P 与 log P_L^o 之间的关系）。电子垃圾回收区 log K_P 与 log P_L^o 线性回归线的斜率变化范围较大。对于 BFRs，其斜率与温度正相关（$p = 0.04$）而与相对湿度无关。BFRs 的斜率与温度的这种相关性可能是由于采样误差造成的。当野外温度升高时，更多的高蒸气压的 BFRs 会从采样器中的 PUF 挥发进入大气，进而吸附或吸收到颗粒物上，从而使线性回归图的斜率更小（Su et al.，2006）。这一结果暗示化合物在大气中的气固分配可能是非线性的。但是对于 PCBs，其斜率与温度及相对湿度均无关，这可能是因为 PCBs 绝大部分存在于气相中，因此，温度的这种影响很小。对于 BFRs 温度也仅能解释约 36% 的斜率变化。斜率偏离−1 的另一个原因可能是，大气颗粒物由于其来源不同而导致其吸附性质不同。该地颗粒物可能来源于电子垃圾的粉碎或焚烧、土壤或灰尘的再悬浮或在大气中形成的二次气溶胶。

以往的研究发现，在特定条件下，斜率和截距均可以用于指示吸收和吸附机制中哪种机制决定性地影响半挥发性有机物（SOCs）在大气气固间的分配：当斜率 $m > -1$ 时，分配以吸附机制为主；当 $m < -0.6$ 时，以吸收机制为主；而当 m 在 $-0.6 \sim -1$ 之间时，则不能指示分配以两种机制中何种为主，而对于截距，其值在 $-7.3 \sim -8.9$ 之间时，则指示了以吸收机制为主导的分配（Goss and Schwarzenbach，1998；Pankow，1994）。本研究中电子垃圾拆卸地 log K_P 与 log P_L^o 图的斜率不能指示出是吸收或者吸附机制主导 BFRs 的气固分配（Goss and Schwarzenbach，1998），而截距 b 指示出影响 BFRs 及 PCBs 在两相间分配的主要机制为吸附机制（表 3-3）。在对照区，log K_P 与 log P_L^o 回归图的斜率明显偏离−1，说明在该地 BFRs 在大气中的气固分配很可能没有达到平衡，另外 BFRs 在两相之间的分配主要是吸收机制主导（Goss and Schwarzenbach，1998）。与电子垃圾回收区结果不同，该地 log K_P 与 log P_L^o 回归图的斜率随温度升高而降低，虽然相关性并不显著。随着温度的升高，挥发性较强的 BFRs 更易从颗粒相挥发入气相，从而导致斜率变陡。以上结果说明，两地区大气中颗粒物的物理化学性质可能很不一样，也暗示颗粒物的来源的差异性。

3.2.4　植物中的卤代持久性有机污染物浓度、组成与季节变化

电子垃圾回收区与对照区卤代持久性有机污染物（HOPs）在两类植物及叶面颗粒物中的浓度见表 3-4，电子垃圾回收区植物中 HOPs 浓度高于对照区，但是不

表 3-3　电子垃圾回收区大气中 BFRs 和 PCBs 及对照区大气中 BFRs 的 $\log K_P$ 与 $\log P_L^{\circ}$ 关系图的线性拟合结果[①]

	BFRs								PCBs			
	电子垃圾回收区				对照区				电子垃圾回收区			
	$m\pm SD$[②]	$b\pm SD$	r^2	p	$m\pm SD$	$b\pm SD$	r^2	p	$m\pm SD$	$b\pm SD$	r^2	p
2007 年 7 月	-0.83 ± 0.05	-5.80 ± 0.15	0.82	<0.001	-0.59 ± 0.08	-4.80 ± 0.30	0.66	<0.001	-0.64 ± 0.04	-5.73 ± 0.12	0.64	<0.001
2007 年 8 月	-0.94 ± 0.07	-6.21 ± 0.21	0.75	<0.001	-0.80 ± 0.08	-5.44 ± 0.26	0.72	<0.001	-0.58 ± 0.04	-5.53 ± 0.13	0.63	<0.001
2007 年 9 月	-0.74 ± 0.09	-4.44 ± 0.37	0.69	<0.001		NS[③]			-0.70 ± 0.09	-4.47 ± 0.24	0.74	<0.001
2007 年 10 月	-0.98 ± 0.06	-6.10 ± 0.20	0.77	<0.001	-0.37 ± 0.04	-4.16 ± 0.14	0.60	<0.001	-0.62 ± 0.06	-5.51 ± 0.16	0.62	<0.001
2007 年 11 月	-1.21 ± 0.07	-6.87 ± 0.25	0.80	<0.001	-0.23 ± 0.08	-3.03 ± 0.29	0.23	0.04	-0.56 ± 0.05	-4.42 ± 0.15	0.49	<0.001
2007 年 12 月	-1.09 ± 0.05	-6.62 ± 0.18	0.89	<0.001	-0.37 ± 0.07	-3.96 ± 0.28	0.43	<0.001	-0.47 ± 0.07	-4.17 ± 0.20	0.39	<0.001
2008 年 1 月	-1.29 ± 0.07	-7.72 ± 0.29	0.83	<0.001	-0.35 ± 0.11	-3.44 ± 0.45	0.33	0.03	-0.80 ± 0.07	-4.84 ± 0.19	0.51	<0.001
2008 年 2 月	-1.02 ± 0.07	-6.11 ± 0.27	0.78	<0.001	-0.36 ± 0.10	-3.46 ± 0.41	0.27	<0.001	-0.54 ± 0.11	-4.56 ± 0.33	0.42	<0.001
2008 年 3 月	-0.93 ± 0.05	-5.31 ± 0.17	0.83	<0.001		NS			-0.74 ± 0.04	-5.30 ± 0.13	0.46	<0.001
2008 年 4 月	-0.59 ± 0.08	-4.41 ± 0.31	0.66	<0.001	-0.24 ± 0.09	-3.36 ± 0.36	0.28	0.13	-0.76 ± 0.06	-5.17 ± 0.17	0.52	<0.001
2008 年 5 月	-0.92 ± 0.07	-5.74 ± 0.24	0.75	<0.001	-0.39 ± 0.05	-3.82 ± 0.18	0.53	<0.001	-0.54 ± 0.11	-6.07 ± 0.30	0.53	<0.001
2008 年 6 月	-1.06 ± 0.06	-6.58 ± 0.17	0.84	<0.001		NS			-0.71 ± 0.11	-5.70 ± 0.36	0.44	<0.001

①仅分析了在大气气相及颗粒相中浓度均高于检出限的 BFRs 和 PCBs，PBDEs 及 PCBs 的 $\log P_L^{\circ}$ 的值分别来源于（Wong et al., 2001）和（Fischer et al., 1992）。

②标准偏差 m 为斜率，b 为截距。

③不显著

表3-4　电子垃圾回收区和对照区植物（ng/g）及植物叶面颗粒物（ng/g）中卤代持久性有机污染物浓度水平（中值及浓度范围）

项目	电子垃圾回收区				对照区			
	桉树叶	松针	桉树叶面颗粒	松针表面颗粒	桉树叶	松针	桉树叶面颗粒	松针表面颗粒
PCBs	429 (88.0~1227)	784 (337~1993)	2260(287~14820)	2184 (1187~7906)	138 (25.4~775)	460 (90.0~596)	2163 (279~7957)	897 (219~4641)
PBDEs	66 (19~103)	145 (27.9~383)			23.0 (8.95~205)	43.5 (15.5~145)	3.34 (0.21~21.5)	1.38 (0.29~6.65)
PBT	1.03 (0.03~3.73)	2.03 (0.08~20.1)	5.28 (1.64~18.6)	2.75 (1.15~5.84)	0.16 (0.05~1.85)	0.26 (0.07~0.86)	0.41 (0.04~1.65)	0.89 (0.07~5.16)
PBEB	1.47 (0.04~8.04)	3.40 (0.08~42.1)	1.83 (0.57~16.2)	3.65 (0.43~5.78)	0.15 (0.01~2.58)	0.41 (0.04~1.65)	1.19 (0.48~8.18)	1.07 (n.d.~11.9)
HBB	4.98 (0.19~9.94)	11.5 (0.44~53.5)	21.8 (8.38~108)	39.9 (13.7~69.8)	0.50 (0.28~10.8)	1.19 (0.48~8.18)	7.34 (0.55~49.2)	16.6 (2.71~681)
BTBPE	0.51 (0.09~1.09)	1.47 (0.10~4.81)	14.4 (3.36~616)	21.4 (5.79~57.0)	0.07 (0.01~4.73)	0.24 (0.04~0.73)	6.75 (1.55~21.2)	2.64 (1.30~80.8)
DBDPE	25.2 (9.14~35.6)	27.8 (11.2~42.3)	988 (64.4~8433)	686 (493~4885)	18.3 (5.40~34.7)	21.5 (7.32~40.9)	1218 (13.3~9386)	758 (82.8~4493)
PBBs	0.68 (0.13~1.90)	1.79 (0.54~7.94)	3.44 (n.d.~119)	16.5 (1.15~44.8)	0.25 (0.02~1.57)	0.67 (0.02~2.50)	1.35 (0.02~2.50)	2.52 (0.13~64.2)

同于两地大气中浓度 1~2 数量级差别，植物中 HOPs 的浓度在两地相差小于 3 倍。这可能是因为在电子垃圾回收区植物叶的吸收已经接近于饱和。无论是电子垃圾回收区还是对照区，植物叶中 HOPs 的浓度高于许多其他地区植物中浓度（St-Amand et al.，2008；St-Amand et al.，2007；Cipro et al.，2011；Gouin et al.，2002；Salamova and Hites，2010；Qiu and Hites，2008）。这些结果说明电子垃圾回收区陆生植物受到的 BFRs 污染已经非常严重，并且暗示摄食水果和蔬菜会造成当地居民对这些化合物的暴露风险。并且这些污染物会通过大气的区域传输从电子垃圾回收区及城市地区迁移到对照区，从而造成对照区的污染。

对照区污染物浓度在两植物之间没有显著的差别；而在电子垃圾回收区，松树叶中浓度显著高于桉树叶。脂肪含量往往被认为是影响叶片富集有机污染物的重要因素之一，但在本研究中，脂肪含量可能不是主要因素，因为两种植物叶片的脂肪含量无显著的差别（桉树叶为 77 mg/g，松针为 82 mg/g）。叶片的比表面积可能是影响两者污染物含量的重要因素。因为松针的比表面积（17.2 m^2/kg）大约是桉树叶（5.80 m^2/kg）的 3 倍（Diao et al.，2010；李轩然等，2007），而比表面积可以反映单位质量的植物叶可供用于接触并吸收大气中半挥发性有机污染物的面积（Nizzetto et al.，2008）。

PCBs 在植物叶面颗粒物中没有检出，BFRs 在电子垃圾回收区桉树和松树叶面颗粒物中浓度小于大气颗粒物，可能主要是由于 BFRs 在颗粒物不同粒径的分布差异。BFRs 与其他 SOCs 一样可能主要分布在细颗粒上，而更容易沉降到植物叶表面的则是粒径较大的颗粒（Kaupp and McLachlan，1999；Mandalakis et al.，2009），比如有研究就发现植物叶面的高氯代 PCDD/Fs 就主要分布在粒径大于 2.9 μm 的大颗粒上（Welschpausch et al.，1995）。造成叶面颗粒物中 BFRs 浓度低于大气颗粒物的另外一个可能的原因是这些化合物会被植物吸收而进入植物体，从而降低了叶面颗粒物中 BFRs 的浓度。在对照区，桉树叶面颗粒物中 BFRs 的浓度高于松针叶面颗粒物，与该地大气颗粒物中 BFRs 的浓度相当。

植物中 HOPs 无明显的季节差异，且时间变化趋势因不同地区不同植物种类而不同，说明其受到的影响因素较为复杂。总体而言，电子垃圾回收区松针中 HOPs 浓度在秋冬季节较高（图 3-3），且松针 BFRs 与其表面颗粒物中浓度时间变化趋势相反。桉树叶中 BFRs 呈现随时间上升的趋势，和 PCBs 时间变化趋势不同，可能因为 PCBs 的挥发性较强，在大气植物之间的交换更为迅速。对照区植物中 HOPs 浓度水平在夏季（7~8 月）较高。植物中 HOPs 时间变化趋势与大气中不同，说明植物叶不适合用于指示大气中半挥发性有机物污染水平的时间变化。

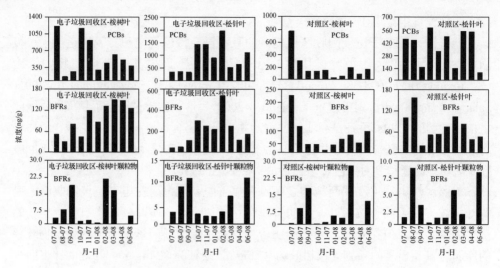

图 3-3　电子垃圾回收区和对照区桉树叶及松针中 PCBs 与 BFRs 的时间变化趋势，
以及植物表面颗粒物中 BFRs 的时间变化趋势

　　植物叶中，PCBs 以 tri 至 hexa-CBs 为主，BFRs 以 DBDPE 和 BDE 209 为主。松针中挥发性较强的 HOPs（包括 tri、hexa-CBs，di、tri-BDEs，PBT，PBEB，HBB 及 tetra、penta、hexa-BDEs）在所有 HOPs 中所占比重显著高于相同地区的桉树叶。而挥发性较低的 HOPs（包括 hepta、deca-CBs，hepta、octa、nona-BDEs，BTBPE，deca-BDE 和 DBDPE）在桉树叶中所占比重则显著高于相同地区的松树叶。这种现象反映了阔叶和针叶从大气中吸收 HOPs 的种间差异。松针相对较大的比表面积有利于从大气气相中吸收 HOPs，而桉树叶较大的叶表面积则有利于其通过颗粒沉降的途径吸收 HOPs（Bohme et al.，1999）。

　　在电子垃圾回收区，桉树叶和松针中 PBDEs 的组成总的来说非常相似。植物叶中低溴代（di 至 hexa-BDEs）PBDEs 的组成与大气气相中相似，而高溴代（hepta 至 deca-BDEs）PBDEs 的组成则与其表面颗粒物相似。此结果可能说明高低溴代的 PBDEs 有着不同的吸收途径：低溴代以气沉降为主，高溴代以颗粒沉降为主。对照区与电子垃圾回收区不同的是，该地植物叶中低溴代 BDEs（di 至 hexa-BDEs）的组成与植物叶面颗粒物相似而不是与大气气相相似。产生这种现象的原因可能是植物叶从大气中吸收的 BFRs 会在叶表皮及其表面颗粒物之间可逆地分配。这种可逆分配过程也可能是造成叶面颗粒物中高挥发性 BFRs 所占比例高于大气颗粒物中的原因之一。

3.2.5　植物中卤代持久性有机污染物与大气中卤代持久性有机污染物及气象条件间关系

　　植物叶片中污染物的浓度主要受控于污染物在大气和植物叶片间的分配。这种分配行为受众多环境因素如风速、温度及湿度等因素的影响（Barber et al.，2004）。因此，我们分析了植物叶中各 HOPs 浓度与大气气相、大气颗粒相及其叶面颗粒物中浓度及气象因素间的关系（表 3-5）。

电子垃圾回收区植物叶中 HOPs 与大气颗粒中 HOPs 没有显著的相关性（表 3-5）。与植物叶面颗粒物中的相关性分析发现，植物叶中许多 BFRs 与其植物叶面颗粒中浓度正相关，虽然相关性仅对于电子垃圾回收区的松针中部分高挥发性 BFRs 显著。对于高溴代 BFRs（nona、deca-BDEs，BTBPE 和 DBDPE），其相关性比低溴代 BFRs 差。McLachlan 的模型预测高 K_{OA} 的化合物的植物吸收途径主要是颗粒沉降（McLachlan，1999）。因此，高溴代 BFRs 在植物与其叶面颗粒物中浓度的这种弱相关可能是由于植物对其叶面颗粒物中高溴代 BFRs 的吸收。已有研究发现，植物表皮的渗透性随着污染物的 K_{OA} 的增加而增加（Barber et al.，2004）。本研究中发现较高挥发性的 BFRs 在松针中的浓度与叶面颗粒物中浓度正相关表明即使是低溴代 BFRs，其颗粒沉降途径也不可忽视。在对照区，除了松针中 BTBPE，植物中 BFRs 与其叶面颗粒物的相关性很弱，植物中所有 HOPs 与大气颗粒相均不相关。

电子垃圾回收区植物叶中大多数 HOPs（特别是低溴代）和气相中 HOPs 负相关（表 3-5）。这是化合物在大气与植物之间相互交换的结果：植物从大气中吸收 HOPs 会减少其在大气中的浓度，而 HOPs 从植物中挥发会增加其在大气中的浓度。植物中许多 PCBs 及低溴代 BFRs 浓度与温度负相关进一步证明了这一点。以上结果也说明，植物吸收可以有效地减少大气中的 HOPs，暗示森林过滤效应可以显著地降低大气中半挥发性有机污染物（特别是对于高 K_{OA} 的化合物）的浓度（Horstmann and McLachlan，1998；McLachlan and Horstmann，1998；Wania and McLachlan，2001）。当然气相中 HOPs 的浓度不仅是大气与植物间交换的结果，如前面提到的，也同样受到大气与各种受污染介质（如土壤、野外堆放的电子垃圾及拆卸残渣等）交换的影响，这种交换同样受温度控制。在对照区，植物中多数 PCBs 及低溴代 BFRs（特别是 di、tri-BDEs）与气相正相关，说明植物主要从大气气相中吸收这些污染物。这种正相关性与电子垃圾回收区的结果相反。这种差异可能是由于两地影响植物大气间交换的主导因素不同。植物对半挥发性有机污染物的吸收或清除通常用两室模型来解释：植物叶可看作是由一个半挥发性有机污染物在植物叶和大气间快速交换的表面存储室和一个较大的响应缓慢（对周边变化的反响可能需要数月）的内部存储室（Hauk et al.，1994；Hung et al.，2001）组成。在对照区，由于该地大气中浓度较低，大气植物交换可能并未达到平衡，而是处于相对较快的大气和叶表皮快速交换的状态。而在电子垃圾回收区，植物与大气间的交换已经达到平衡，　因此温度成为影响植物大气交换进而影响

表 3-5　电子垃圾回收区（A区）及对照区（B区）植物中 BFRs 和 PCBs 浓度与大气颗粒相、气相及植物叶面颗粒物中浓度、温度及相对温度（$1/T$）、风速及相对湿度（RH）之间的相关性

化合物	桉树·大气颗粒 A区	桉树·大气颗粒 B区	桉树·气相 A区	桉树·气相 B区	桉树·叶面颗粒 A区	桉树·叶面颗粒 B区	桉树·$1/T$ A区	桉树·$1/T$ B区	桉树·风速 A区	桉树·风速 B区	桉树·RH A区	桉树·RH B区	松针·大气颗粒 A区	松针·大气颗粒 B区	松针·气相 A区	松针·气相 B区	松针·叶面颗粒 A区	松针·叶面颗粒 B区	松针·$1/T$ A区	松针·$1/T$ B区	松针·风速 A区	松针·风速 B区	松针·RH A区	松针·RH B区
di-BDEs	-0.23	-0.24	-0.21	0.53	0.20	0.32	0.68*a	-0.66	0.02	-0.50	0.06	0.69	-0.16	-0.32	-0.23	0.64*	0.74*	0.41	0.71*	0.31	0.05	-0.06	-0.30	-0.22
tri-BDEs	-0.02	-0.09	-0.45	0.47	0.66	-0.33	0.56	-0.14	-0.20	-0.28	0.13	0.65	0.09	-0.19	-0.41	0.81*	0.88*	0.10	0.69*	0.60	-0.03	0.27	-0.24	-0.19
tetra-BDEs	-0.15	-0.03	-0.69*	-0.10	0.61	-0.15	0.45	0.36	-0.09	-0.23	0.16	0.30	0.05	-0.23	-0.61	-0.11	0.91*	0.04	0.65*	0.17	-0.06	-0.30	-0.23	0.42
penta-BDEs	-0.28	-0.31	-0.68*	-0.25	0.53	0.02	0.47	-0.22	-0.10	-0.31	0.04	0.51	-0.18	-0.37	-0.77*	-0.40	0.81*	0.09	0.65*	-0.05	-0.06	0.14	-0.28	-0.25
hexa-BDEs	-0.15	0.18	-0.38	0.62	0.41	0.05	-0.05	-0.30	-0.43	-0.27	0.20	0.10	-0.03	-0.09	-0.66*	-0.01	0.40	-0.02	0.60	0.08	0.02	0.39	-0.43	-0.48
hepta-BDEs	-0.21	-0.12	-0.33	0.55	0.47	0.05	-0.06	-0.44	-0.48	-0.20	0.36	0.27	-0.04	0.17	0.21	0.09	0.16	-0.02	0.62	-0.02	0.01	0.11	-0.360	-0.39
octa-BDEs	0.04	0.10	-0.79*	-0.17	-0.27	0.09	0.04	-0.70	-0.21	-0.70	0.30	0.75	-0.15	0.27	-0.22	-0.17	0.52	0.06	0.57	0.31	-0.22	0.52	-0.04	-0.41
nona-BDEs	0.05	-0.06	NA^b	NA	NA	-0.10	-0.23	-0.35	0.08	0.05	0.70	0.71	0.14	0.33	NA	NA	-0.22	-0.34	0.52	0.30	-0.35	0.13	-0.05	-0.33
deca-BDEs	-0.67*	-0.13	NA	NA	-0.15	-0.08	-0.19	0.04	0.01	-0.58	-0.09	0.90*	-0.11	-0.20	NA	NA	-0.07	0.49	0.70*	0.67	-0.29	0.07	0.07	-0.11
PBT	0.25	-0.14	-0.48	0.37	0.16	-0.15	0.71*	-0.49	0.05	-0.66	-0.66	0.91*	0.08	-0.29	-0.48	0.09	0.81*	0.02	0.66*	0.39	-0.07	0.20	-0.20	-0.15
PBEB	-0.22	-0.24	-0.45	-0.07	0.39	-0.04	0.76*	-0.48	0.12	-0.65	-0.65	0.92*	-0.31	-0.05	-0.59	0.09	0.81*	0.22	0.64*	0.30	-0.09	0.23	-0.19	-0.28
HBB	0.22	-0.27	-0.54	-0.14	0.58	-0.07	0.51	-0.35	-0.20	-0.38	-0.38	0.63	0.31	-0.38	-0.33	-0.06	0.90*	-0.12	0.67*	0.48	-0.02	0.32	-0.27	-0.19
BTBPE	-0.45	0.18	0.39	0.23	0.49	-0.25	-0.75*	-0.58	-0.09	-0.58	-0.58	0.76*	-0.36	0.60	0.36	-0.23	0.34	0.69*	0.71*	0.23	0.03	0.52	-0.30	-0.60
DBDPE	0.36	0.52	NA	NA	0.10	0.55	0.06	0.55	0.08	-0.45	-0.45	0.85*	0.61	0.34	NA	NA	0.37	0.49	0.70*	0.67	-0.29	0.07	0.07	-0.11
ΣBFRs	-0.45	-0.03	-0.52	0.50	0.36	-0.08	-0.19	-0.58	0.01	-0.58	-0.58	0.90*	-0.11	-0.20	-0.33	0.55	-0.07	0.49	0.70*	0.72*	-0.09	0.01	-0.25	-0.21

续表

化合物	桉树中 BFRs												松针中 BFRs											
	大气颗粒		气相		叶面颗粒		1/T		风速		RH		大气颗粒		气相		叶面颗粒		1/T		风速		RH	
	A区	B区	A区	B区	A区	B区	A区	B区	A区	B区	A区	B区	A区	B区	A区	B区	A区	B区	A区	B区	A区	B区	A区	B区
di-CBs	0.40	−0.03	0.52	−0.01			0.65*	−0.33	0.25	0.09	−0.14	0.50	0.58	−0.13	0.37	−0.14			0.49	−0.35	0.22	−0.23	−0.66	0.13
tri-CBs	−0.11	0.07	0.20	0.12			−0.17	−0.82*	−0.08	−0.42	−0.62	0.19	0.16	−0.40	−0.43	−0.17			0.50	0.11	0.10	0.01	−0.63	−0.27
tetra-CBs	0.05	−0.16	−0.23	0.91*			0.43	−0.65*	−0.12	−0.40	−0.34	0.28	−0.33	−0.39	−0.55	0.44			0.62	0.09	0.11	0.52	−0.48	−0.37
penta-CBs	−0.11	−0.09	0.86*	0.93*			−0.42	−0.74*	0.00	−0.29	−0.07	0.14	−0.19	−0.01	−0.10	−0.09			0.08	−0.07	−0.26	0.17	0.32	−0.25
hexa-CBs	−0.14	−0.29	−0.50	0.70*			0.21	−0.78*	−0.39	−0.34	0.34	−0.05	0.05	−0.50	−0.45	−0.03			0.64*	0.19	0.02	0.58	−0.29	−0.33
hepta-CBs	−0.06	−0.15	−0.14	0.38			0.06	−0.62	−0.53	−0.42	0.42	0.33	0.03	−0.08	−0.63	0.41			0.64*	−0.23	0.07	−0.33	−0.37	0.11
octa-CBs	−0.02	NA	−0.52	−0.06			0.33	−0.67	−0.18	0.26	0.13	0.30	−0.14	NA	−0.63	−0.04			0.65*	−0.45	0.08	0.04	−0.37	0.069
nona-CBs	−0.10	−0.26	−0.37	−0.19			0.09	−0.87	−0.37	−0.08	0.62	0.16	−0.22	−0.40	0.10	−0.31			0.62	−0.87*	0.05	−0.09	−0.28	0.110
deca-CBs	−0.31	0.10	−0.40	0.38			0.45	−0.54	−0.12	−0.11	0.20	0.20	−0.10	0.34	−0.44	0.16			0.65*	−0.71*	0.11	−0.43	−0.26	−0.054
∑PCBs	−0.21	−0.27	0.42	0.36			−0.08	−0.89*	−0.12	−0.44	−0.39	0.19	−0.06	−0.01	−0.45	0.16			0.59	0.02	−0.01	0.03	−0.35	−0.264

a *表示相关性具有统计意义 ($p < 0.05$); b 未作分析。

注: 剔除了明显受风向影响而导致的高浓度的 2007 年 7 月、8 月的数据

植物中 BFRs 浓度变化的一个重要因素。

气象条件是影响半挥发性有机污染物大气–植物交换的重要因素。电子垃圾回收区植物叶中 HOPs 浓度与风速和相对湿度均无关。在对照区，风向是影响该地 HOPs 浓度的一个重要因素，因为该地 HOPs 主要来自区域的迁移。该地植物中 HOPs 浓度在主导风向为偏南风的夏季较高，进一步证明了了这一点，也因此，前两个月的数据未用于植物中 HOPs 浓度与其他环境因素的相关性分析中。对照区植物中 HOPs 浓度总的来说与风速弱相关。然而，桉树中 BFRs 浓度与风速倾向于负相关而松针则倾向于正相关。风速对于植物吸收半挥发性有机污染物的影响比较复杂。高风速会增加大气中可供植物吸收的污染物的量，也会增加可供植物捕获的颗粒物的数量，然而高风速同样也会增强树叶的摇晃而导致叶面颗粒物及叶表皮组织的脱落（Barber et al.，2004）。本研究中的相关性结果说明，松针比桉树叶在高风速下从大气中吸收 HOPs 更有优势，这很可能是因为松针的比表面积较大导致其从大气气相中吸收污染物的效率更高（Bohme et al.，1999）。桉树叶中多数 HOPs 浓度与相对湿度正相关，而松针中 HOPs 则与相对湿度不相关或弱相关。干燥的天气会导致气孔闭合从而降低植物渗透性以保存植物中的水分，而潮湿的天气则会增加气孔张开的数量及程度，从而增强半挥发性有机污染物在植物与大气气相间的交换及植物叶对叶面颗粒物的吸收（Barber et al.，2002；Barber et al.，2004；Smith and Jones，2000）。植物中 HOPs 的浓度与相对湿度的相关性结果说明，气孔吸收途径对于桉树叶比松针更为重要。电子垃圾回收区桉树叶中低溴代 BFRs 和松针中 PCBs 及 BFRs 与温度呈现较好的负相关性，这与以前的研究一致（Simonich and Hites，1994；Thomas et al.，1998）。然而在对照区，两种植物中多数 HOPs 与温度都缺乏相关性，这种弱相关性可能说明该地 HOPs 的植物大气交换还没有达到平衡。

3.2.6 植物叶面从大气中吸收 PBDEs 及 PCBs 的机制

应用 McLachlan 的预测模型对本研究中植物吸收 PBDEs 和 PCBs 的主要机制进行了识别（McLachlan，1999）。其预测模型的推导详见 3.1 节。应用植物中污染物浓度（C_V）与气相中浓度（C_G）比值的对数值（log C_V/C_G）与辛醇/空气分配系数的对数值（log K_{OA}）作图，可以得到植物中污染物的吸收途径和来源。整个识别图如图 3-4 所示。

对图 3-4 的具体推导过程简介如下，根据公式（3-10），有

$$C_V = mK_{OA}{}^n C_G \left(1 - e^{-A\left(\frac{1}{V_{GG}} + \frac{1}{mK_{OA}{}^n V_{GP}}\right)^{-1} t/VmK_{OA}{}^n} \right) + \frac{V_P A \times B \times \text{TSP} \times C_G \times K_{OA}}{VK_E}(1 - e^{-K_E t})$$

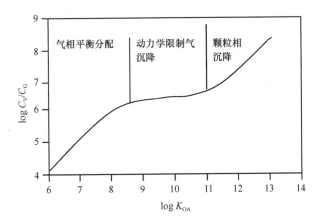

图 3-4　McLachlan（1999）预测模型植物吸收污染物途径识别图（1）

等式右边第一项为气相沉降，第二项为颗粒相沉降。

当 K_{OA} 较小时，颗粒相沉降可忽略，等式第一项的指数项趋近于 0，于是有

$$\frac{C_V}{C_G} = mK_{OA}^n \tag{3-18}$$

此时，$\log C_V/C_G$ 与 $\log K_{OA}$ 正相关，斜率为 n，n 为与植物相关的常数。当 $n=1$ 时，可以认为植物等效于辛醇。

当 K_{OA} 为中等程度时，此时，颗粒相沉降仍然可忽略。但由于 K_{OA} 的增加，气相与植物间的分配不能快速达到平衡，此时气相沉降的动力学控制成了植物中浓度的限制因素。因而，有

$$\frac{C_V}{C_G} = A\left(\frac{1}{V_{GG}} + \frac{1}{mK_{OA}^n V_{GP}}\right)^{-1} t \Big/ (VmK_{OA}^n) \tag{3-19}$$

假定传质阻力主要出现在气相这一边，$\dfrac{1}{V_{GG}} \gg \dfrac{1}{mK_{OA}^n V_{GP}}$，则有

$$C_V/C_G = A\,V_{GG}\,t/V \tag{3-20}$$

此时，C_V/C_G 与 K_{OA} 无关。

当 K_{OA} 进一步增大时，颗粒相沉降成为主要机制，因此有

$$\frac{C_V}{C_G} = \frac{V_P A \times B \times TSP \times K_{OA}}{VK_E}(1-e^{-K_E t}) \tag{3-21}$$

当 $K_E t$ 比较大时（此为常见情形，因为颗粒物在植物上的消减半衰期一般为 2 周），

$$C_V/C_G = V_P \times A \times B \times TSP \times K_{OA}/(VK_E) \tag{3-22}$$

此时 C_V/C_G 与 K_{OA} 又出现正相关关系。

在本研究中，电子垃圾回收区卤代持久性有机污染物的分析结果显示（图 3-5 和图 3-6）：无论是 PCBs 还是 PBDEs，当 $7<\log K_{OA}<12$ 时，两种植物中 $\log C_V/C_G$ 与卤代持久性有机污染物的 $\log K_{OA}$ 都为线性正相关，说明植物从大气中吸收的主要途径是气相的平衡分配［图 3-5（a）和（b）］；当 $\log K_{OA}$ 为 $12\sim13$ 时，$\log C_V/C_G$ 与 $\log K_{OA}$ 无关，指示植物的气相沉降动力学限制吸收途径，其后，由于气相中高溴代 PBDEs 的检出率太低，没有在图中观察到模型中的颗粒相沉降阶段。对照区卤代持久性有机污染物的 $\log C_V/C_G$ 与 $\log K_{OA}$ 先是呈正相关趋势［图 3-6（a）和（b）］，在 $\log K_{OA}$ 大于约 9.5 之后两者关系变弱，说明在 $\log K_{OA}$ 小于 9.5 时，植物吸收途径以气相平衡分配为主，之后植物吸收这些化合物的途径都是动力学限制的气相沉降。

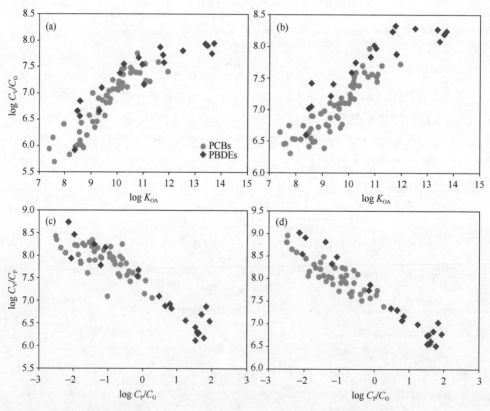

图 3-5　电子垃圾回收区桉树（a，c）及松针（b，d）中 PCBs 和 PBDEs 的 $\log C_V/C_G$ 与 $\log K_{OA}$ 图和 $\log C_V/C_P$ 与 $\log C_P/C_G$ 图

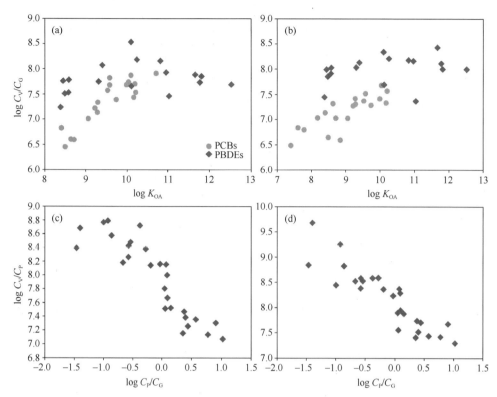

图 3-6　对照区桉树（a，c）及松针（b，d）中 PCBs 和 PBDEs 的 log C_V/C_G 与 log K_{OA} 图和 log C_V/C_P 与 log C_P/C_G 图

对比电子垃圾回收区与对照区从气相平衡分配到气相动力学控制吸收的转折点可以看出，电子垃圾回收区发生转折的 log K_{OA} 值（12）要明显地高于对照区（9.5）。而预测模型和前期野外的研究结果都发现 log K_{OA} 为 9 及 11 时为沉降途径的转折点（Bohme et al.，1999；McLachlan，1999；Poon et al.，2005），这与对照区的转折点基本相似。电子垃圾回收区转折点较高的原因主要是其本身就是污染源的排放区，各类污染物的气相浓度较高，因而有足够的气相卤代持久性有机污染物供植物叶吸收，从而使转折点出现 K_{OA} 值增加。而以往的研究由于远离污染源，气相浓度供应不足，而使转折点 K_{OA} 值前移。

在以颗粒物沉降为主的阶段，由于气相中的浓度基本上不可测，因此，很难得到 C_P/C_G 的比值。因此，引入植物（C_V）与大气颗粒物（C_P）之间浓度的比值来描述植物的三个不同吸收途径。

C_P 与 C_G 的关系如式（3-8），将式（3-8）代入颗粒相沉降为主时的关系式（3-22），得到

$$C_V/C_P = V_P \times A / (V K_E)$$ (3-23)

同理，将式（3-8）代入气相动力学沉降为主阶段的关系式（3-20），得到

$$\frac{C_V}{C_P} = A \times V_{GG} \times t \times \frac{C_G}{C_P}$$ (3-24)

将式（3-8）代入气相平衡分配阶段的关系式（3-18），得到

$$\frac{C_V}{C_P} = m K_{OA}^n \frac{C_G}{C_P}$$ (3-25)

以上三个关系式分别描述了以颗粒物沉降为主、气相动力学沉降为主和气相平衡分配为主时 C_V/C_P 与 C_P/C_G 的关系式。对于气相分配平衡阶段，K_{OA} 是正比于 C_P/C_G 的。因此，气相平衡分配阶段，$\log C_V/C_P$ 与 $\log C_P/C_G$ 的回归方程斜率应为 $(n-1)$。在气相沉降动力学控制阶段，回归方程的斜率应为 -1，而在颗粒物沉降阶段，回归方程应是一条斜率为 0 的直线。也即 C_V/C_P 与 C_P/C_G 的植物吸收途径判别图应为图 3-7 形式。

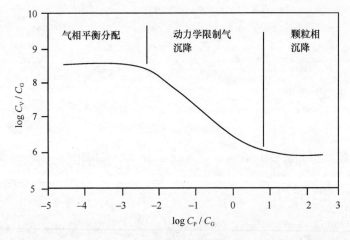

图 3-7　McLachlan（1999）预测模型植物吸收污染物途径识别图（2）

本研究在对照区两种植物中 $\log C_V/C_P$ 与 $\log C_P/C_G$ 的回归图如图 3-6（c）和（d）所示。桉树与松针均表现为负相关，且其斜率分别为 -0.8 和 -0.9，接近于 -1。按模型预测，植物吸收途径为动力学限制的气相沉降时，$\log C_V/C_P$ 与 $\log C_P/C_G$ 图的斜率为 -1。在以前关于 PCBs 和 PCDD/Fs 的野外研究（斜率均接近 -1）也证实了这一点（Bohme et al.，1999；McLachlan，1999）。因此，在对照区污染物的富集应较多由气相沉降的动力学控制。而在电子垃圾回收区，$\log C_V/C_P$ 与 $\log C_P/C_G$ [图 3-5（c）和（d）] 先出现线性负相关而后又出现正相关的趋势。但这里的负相关并不指示为气相沉降的动力学控制。因为两种植物的回归方程的斜率与 -1 偏离较

大，分别为–0.60 和–0.35。按照上述理论模型的计算，在气相平衡分配阶段，回归直线的斜率应为 $n–1$，一般认为 n 是接近于 1 的，因此，在气相平衡分配阶段，应该表现为平缓的线性负相关。本研究中斜率值较大，可能是因为两种植物的 n 值偏离 1 较多的缘故。与 $\log C_V/C_G$ 和 $\log K_{OA}$ 回归方程指示出的植物吸收途径相似，电子垃圾回收区更多是受气相平衡分配的影响，而对照区更多受气相沉降动力学控制。出现这种差别的原因是由于电子垃圾回收区大气中污染物浓度高，使得气相沉降动力学控制的范围大大缩小了。

电子垃圾回收区两种植物的 $\log C_V/C_P$ 与 $\log C_P/C_G$ 图形中表示的颗粒相沉降途径与 McLachlan 模型不同，不是一条斜率为 0 的直线，而表现出一定的正线性相关趋势。这可能与 PBDEs 同系物存在粒径分布的不均一性有关。在理论模型中，假定了不同化合物的颗粒相沉降速率（V_P）和消损速率常数（K_E）均为常数。实际上，由于 PBDEs 各化合物在颗粒物中存在粒径分布的不均一性，会造成同系物间颗粒相沉降速率及消损时间的差别，从而使斜率随化合物性质的变化而变化。这一点需要更多研究去验证。

3.2.7　植物/大气分配系数与化合物辛醇/空气分配系数的关系

植物大气分配系数（$\log K_{PA}$）为植物中污染物浓度（C_V）与大气中污染物浓度（C_A，包括气相与颗粒相）的比值：

$$\log K_{PA} = \log C_V/C_A \tag{3-26}$$

C_V 计算方法为单位质量植物叶中污染物浓度（ng/g）乘以植物叶密度（桉树叶和松针密度分别为 0.88×10^6 g/m³ 和 0.86×10^6 g/m³）。

电子垃圾回收区桉树叶和松针中总 BFRs 的植物/大气分配系数（$\log K_{PA}$）分别为 6.9 ± 0.5 和 7.1 ± 0.5，对于 PCBs 分别为 6.58 ± 0.45 和 6.76 ± 0.77。对照区桉树和松针中总 BFRs 的 $\log K_{PA}$ 分别为 7.6 ± 0.4 和 7.7 ± 0.4，PCBs 的 $\log K_{PA}$ 分别为 7.59 ± 0.42 和 7.70 ± 0.59，高于电子垃圾回收区。这主要是因为该地大气中 HOPs 的浓度较低。对于电子垃圾回收区的 PCBs 和低溴代 BFRs，$\log K_{PA}$ 是温度的函数，这说明此地大气植物交换已经达到平衡，这与当地植物中的富集途径更多受气相平衡分配的结果是一致的。而对照区松针中 HOPs 的 $\log K_{PA}$ 与温度呈中度相关，桉树叶中 HOPs 的 $\log K_{PA}$ 则与温度相关性较弱，这可能是因为相比于松针，颗粒物沉降途径对桉树中的贡献比例更高（Simonich and Hites，1994）。

以前许多野外和室内研究均发现 $\log K_{PA}$ 与 $\log K_{OA}$ 呈正线性相关（Barber et al.，2002；Kömp and McLachlan，1997）。然而本研究的结果显然与以前的研究结果都不同（图 3-8）。本研究中两种植物中 HOPs 的 $\log K_{OA}$ 值与 $\log K_{PA}$ 值的关系均表现出分段性：当 $\log K_{OA} < 11$ 时，两者正线性相关（$p<0.03$）；$11 < \log K_{OA} < 13$

时，两者负相关（$p<0.03$）；$\log K_{OA}>13$ 时，两者呈正线性相关（$p<0.06$）。分析发现 $\log K_{OA}$ 值与 $\log K_{PA}$ 值的关系发生转折时的 $\log K_{OA}$ 与植物吸收途径改变时的 $\log K_{OA}$ 值相近，这说明化合物植物吸收途径差异可能是造成这种结果的主要原因。运用 McLachlan 的预测模型可简单推导如下。

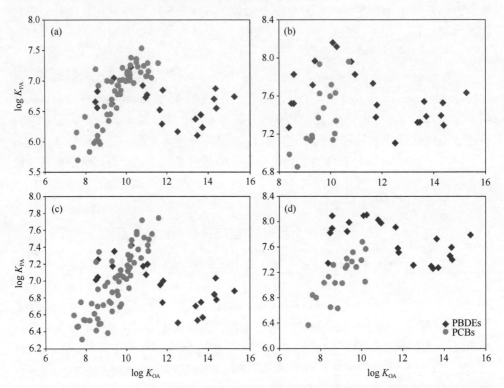

图 3-8　电子垃圾回收区（a，桉树叶；b，松针）及对照区（c，桉树叶；d，松针）植物中 PCBs 和 PBDEs 的 $\log K_{PA}$ 与 $\log K_{OA}$ 图

如上所述，气相平衡分配为主时，有公式（3-18）：$C_V = mK_{OA}^n \times C_G$

而

$$C_A = C_G + C_P = C_G(1 + B \times TSP \times K_{OA}) \tag{3-27}$$

B 是一个常数，通常很小，约为 10^{-12} m^3/μg；TSP 是大气中总悬浮颗粒物浓度（μg/m^3）（Finizio et al.，1997）。所以

$$\frac{C_V}{C_A} = \frac{C_V}{C_G + C_P} = \frac{mK_{OA}^n}{1 + B \times TSP \times K_{OA}} \tag{3-28}$$

因为 $B \times TSP$ 的数量级一般在 10^{-11}，而半挥发性有机物的植物吸收途径为气相平衡分配时，$\log K_{OA}$ 一般小于 10，$B \times TSP \times K_{OA}$ 远小于 1，因此

$$\frac{C_V}{C_A} = mK_{OA}^n \tag{3-29}$$

$\log K_{PA}$ 与 $\log K_{OA}$ 为正相关。

对于处于动力学限制气相沉降的化合物，如果制约植物通过气相沉降途径吸收半挥发性有机物的因素主要是大气限制，则由公式（3-20）：$C_V/C_G = A V_{GG} t/V$，得

$$\frac{C_V}{C_A} = \frac{C_V}{C_G + C_P} = \frac{C_V/C_G}{1 + B \times TSP \times K_{OA}} = \frac{A V_{GG} t/V}{1 + B \times TSP \times K_{OA}} \tag{3-30}$$

K_{PA} 与 K_{OA} 为负相关。然而，对于 $\log K_{OA} < 11$ 的化合物，这种负相关关系可能并不明显，因为 $B \times TSP$ 的数量级一般在 10^{-11}。本研究中 $B \times TSP$ 约为 10^{-10}（图 3-9）。

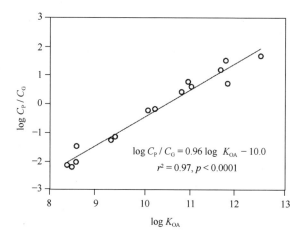

图 3-9　电子垃圾回收区大气中 PBDEs 的 $\log C_P/C_G$ 与 $\log K_{OA}$ 拟合图

所以当 $\log K_{OA} \geqslant 11$ 时，$B \times TSP \times K_{OA}$ 远大于 1，故公式（3-30）简化为

$$\frac{C_V}{C_A} = \frac{C_V}{C_G + C_P} = \frac{C_V/C_G}{1 + B \times TSP \times K_{OA}} = \frac{A V_{GG} t}{B \times TSP \times K_{OA} \times V} \tag{3-31}$$

即 $\log K_{PA}$ 与 $\log K_{OA}$ 呈负线性相关。

如果植物限制是植物通过气相沉降吸收半挥发性有机物的主要限制因素，则

$$\frac{C_V}{C_G} = A V_{GV} m K_{OA}^n t/V \tag{3-32}$$

式中，V_{GV} 是污染物从植物表面传输入植物内部储存室的传质系数（m/h）。所以

$$\frac{C_V}{C_A} = \frac{C_V}{C_G + C_P} = \frac{C_V/C_G}{1 + B \times TSP \times K_{OA}} = \frac{A V_{GV} m K_{OA}^n t/V}{1 + B \times TSP \times K_{OA}} \tag{3-33}$$

当 $\log K_{OA} \geqslant 11$ 时，$B \times TSP \times K_{OA}$ 远大于 1，故公式（3-33）简化为

$$\frac{C_V}{C_A} = \frac{AV_{GV}mK_{OA}^{n-1}t}{B \times TSP \times V} \tag{3-34}$$

由于 n 一般 $\leqslant 1$，因此如果 V_{GV} 对于所研究的化合物为常数，则 $\log K_{PA}$ 与 $\log K_{OA}$ 为负线性相关。

对于主要是颗粒相沉降的化合物，由公式（3-22）：$C_V/C_G = V_P \times A \times B \times TSP \times K_{OA}/(VK_E)$，得

$$\frac{C_V}{C_A} = \frac{C_V}{C_G + C_P} = \frac{C_V/C_G}{1 + B \times TSP \times K_{OA}} = \frac{V_P AB \times TSP \times K_{OA}/(VK_E)}{1 + B \times TSP \times K_{OA}} \tag{3-35}$$

当 $\log K_{OA} \geqslant 11$ 时，公式（3-35）简化为

$$\frac{C_V}{C_A} = V_P A/(VK_E) \tag{3-36}$$

如果 V_P 及 K_E 对所有化合物均为常数，则此时 $\log K_{PA}$ 与 $\log K_{OA}$ 的图为一平直的线。然而在前面关于植物吸收途径的讨论中，我们提到两者的比值可能是随着 $\log K_{OA}$ 的升高而升高的，因此 $\log K_{PA}$ 与 $\log K_{OA}$ 也表现出正相关趋势。

从以上的推导可以发现，化合物植物吸收途径差异是造成 $\log K_{PA}$ 与 $\log K_{OA}$ 关系成阶段性的主要原因。而造成本研究与以前的研究中 $\log K_{PA}$ 与 $\log K_{OA}$ 关系差异的原因主要是从前研究的化合物 $\log K_{OA}$ 较低（小于 13），且 $B \times TSP$ 的值较小（约为 10^{-12}，而本研究中约为 10^{-10}）。

通过本研究，我们对比了电子垃圾回收区与对照区两种植物富集卤代持久性有机污染物的异同，结果发现，由于电子垃圾回收区大气中较高的污染物浓度，使得植物对污染物的富集更多受气相平衡分配的控制，而气相沉降的动力学控制阶段则受到了压缩。在对照区，由于较低的大气污染物浓度，植物对污染物的富集更多受气相沉降的动力学控制。由于本研究中的化合物涵盖有 $\log K_{OA}$ 较为宽泛的化合物（最高 $\log K_{OA}$ 接近 13），且研究区有较高的 $B \times TSP$，我们进一步扩展了植物/大气分配系数与化合物辛醇/空气分配系数之间的关系，并指出两者并不是简单的线性关系，而是随化合物的辛醇/空气分配系数的变化表现为分段性。这种分段性完全是由于植物吸收污染物途径的变化所致。我们的研究结果更进一步地深化了我们对植物叶片对大气污染物富集的认识。

3.3 电子垃圾污染土壤中典型卤代持久性有机污染物在水稻中的富集与传递

3.2 节我们主要讨论了清远电子垃圾回收区两种植物叶片与大气中典型卤代持

久性有机污染物（HOPs）的交换过程，阐述了相关的吸收富集机制。在本节，我们主要研究了电子垃圾污染土壤中的典型 HOPs 如何通过土壤向植物（水稻）中富集及在植物内部组织间进行迁移和分配的。之所以选取水稻作为研究物种，是因为在清远电子垃圾回收区，传统的农业种植仍在进行，而水稻是当地的主产农作物。在研究典型 HOPs 在水稻中的富集与传递的同时，我们也同时通过测定水稻生长过程中的植物形态和相关的生化指标，探讨了电子垃圾污染土壤对水稻生长的不良影响。

3.3.1　实验方案设计

三种类型的土壤：未受电子垃圾污染的稻田表层土（0～25 cm，下同）（对照组，CK）、周边是电子垃圾回收厂的水稻田土（低剂量处理组，Treament I）和电子垃圾倾倒地稻田表层土（高剂量处理组，Treatment II）分别于 2013 年 6 月采自清远市龙塘镇和新村。其中对照组土壤和低剂量组土壤直接用于水稻的种植，高剂量组因不适于植物生长而采用 20%的污染土和 80%的对照土混匀后用于水稻种植。土壤采集风干后，混匀过 2 mm 的筛，筛出大块的各种石块、塑料残片及植物残片。土壤进行 N、P、K 含量的测定，测定后添加相应的长效水稻专用复合肥料（湖北金峰肥业有限公司），使各处理组都具有大致相同的 N、P、K 含量并适于水稻的生长和发育。在正式进行水稻种植之前，测定三种类型土壤的 pH、总有机碳含量、总氮、总磷和总钾的含量。同时也检测了铅、镉、锌等重金属和砷含量。相关结果如表 3-6 所示。

表 3-6　实验用土的理化性质和重金属及砷含量

项目	对照组	低剂量组	高剂量组
pH	6.9	6.4	6.2
总有机碳含量（%）	2.82	2.57	2.68
总氮含量（g/kg）	2.41	2.42	2.37
可利用氮（mg/kg）	162	157	149
总磷含量（g/kg）	0.72	0.67	0.66
总钾含量（g/kg）	18.8	19.7	19.2
铅含量（μg/g）	12	65	550
镉含量（μg/g）	nd	nd	25
砷含量（μg/g）	18	45	80
锌含量（μg/g）	76	230	11

2013 年 7 月 10 号，取水稻种子进行育苗。育苗基质为 50%的对照土与 50%的蛭石，水稻品种为广东省农业科学院水稻研究所提供的籼稻亚种"五优 308"。7

月 30 号，将育好的秧苗移栽到实验用的盆中，每个处理共移栽 30 盆。盆内径长、宽和高分别为 68 cm、52 cm 和 39 cm，容土 0.11 m^3。每盆中移栽 5 棵秧苗。为防止污染物和营养元素流失，种植盆没有钻孔。所有盆放置在温室中，自然光照条件下生长。每日浇水，一周手动除一次草。移栽生长 40 天后（苗龄 60 天），将盆中的水稻连根拨出，收集根系上附着的泥土。用去离子水反复冲洗根上的泥土，至无肉眼可见泥土为止。将植物按根、茎和叶分别采集样品。每 3 盆的样品混合成一个混合样，共得到每个处理 10 个样品。取出部分样品用于植物生理参数的测量。其余样品则在–20℃下保存至分析。种植前的泥土分别取样，样品也于–20℃下保存至分析。

3.3.2　样品处理与分析

　　植物的形态特征如分蘗数量、根部形态在取样时进行记录。同时测定相关的生长发育的生理指标参数。取充分展开的叶片，从叶片上随机取下 10 个圆形叶片（0.159 cm^2），取样时避开叶脉和边缘，用称量纸包好后置于恒温箱中，在 105℃下杀青 15 min 后于 80℃下烘干至恒重，用精确度为 0.0001 g 的电子天平称量叶片干重，并计算出叶片单位面积质量比（leaf mass per unit leaf area，LMA）（Poorter et al.，2009）。采用氮蓝四唑（NBT）光化还原法测定叶片组织中的超氧化物歧化酶（SOD）活性；利用愈创木酚法测定过氧化物酶（POD）活性（Zhang et al.，2005）；根部活性利用 2,3,5-三苯基氯化四氮唑（TTC）法测定（Onanuga et al.，2012）。新鲜叶片中叶绿素和胡萝卜素含量利用 80%丙酮提取后，用光谱法测定（Khosravinejad et al.，2008）。

　　根据 Hrstka 等（2012）的方法提取水稻叶片中的核酮糖-1,5-二磷酸羧化/加氧酶（Rubisco）粗提液。具体方法如下：称取 0.1 g 新鲜叶片放入预冷的研钵中，加入 0.02 g 石英砂后用 5 mL 提取液［pH 8.0，内含 50 mmol/L 4-(2-羟乙基)-1-哌嗪乙磺酸（HEPES）、5 mmol/L 乙二胺四乙酸二钠（Na$_2$EDTA）、5 mmol/L 二硫苏糖醇（DTT）、1%聚乙烯吡咯烷酮（W/V）］充分研磨后，将提取液转入离心管中 4℃下 12 000 r/min 离心 3 min，所得上清液即为 Rubisco 酶粗提液。依据 Hrstka 等（2008）的方法用十二烷基硫酸钠–聚丙烯酰胺凝胶电泳法（SDS-PAGE）测定叶片中的 Rubisco 蛋白含量。分析凝胶含 10%丙烯酰胺（W/V）、0.27% N,N'-亚甲基-双-丙烯酰胺（W/V）、0.37 mol/L Tris-HCl 溶液、0.1%十二烷基硫酸钠（SDS）（W/V）、0.04%四甲基乙二胺（TEMED）（V/V）和 0.1%过硫酸铵（W/V）。浓缩凝胶含 5%丙烯酰胺（W/V）、0.13% N,N'-亚甲基-双-丙烯酰胺（W/V）、0.19 mol/L Tris-HCl 溶液、0.02%四甲基乙二胺（TEMED）（V/V）和 0.1%过硫酸铵（W/V）。依据 Nakano 等（2000）和 Hrstka 等（2005）的方法加以改进测定 Rubisco 的总活性。具体方法如下：将

20 μL 酶粗提液与 100 μL 活化溶液混匀，反应 15 min 后，加入 850 μL 分析溶液及 30 μL 核糖-5-磷酸，摇匀后用 UV 2550 紫外分光光度计在 25℃，340 nm 处记录 90 s 内反应溶液的吸光值变化，并计算出 Rubisco 的总活性。

可溶性总糖和淀粉含量采用蒽酮比色法测定（Hansen and Moller，1975），采用间苯二酚法测定蔗糖含量（王旭东等，2003）。叶片总氮含量在消化液中加入酒石酸钾钠溶液后，采用奈斯勒试剂测定（Makino and Osmond，1991）。硝酸还原酶（nitrate reductase，NR）的活性方法如下：先用 50 mmol/L HEPES/KOH 缓冲溶液（pH 7.5）提取叶片中的 NR，然后提取液与含 10 mmol/L KNO_3，0.3 mmol/L 烟酰胺腺嘌呤二核苷酸（NADH）和 10 mmol/L $MgCl_2$ 的反应液在 30℃下反应 5 min，反应产生的亚硝酸盐含量用比色法在 540 nm 下测定（Agüera et al.，1999）。

土壤和植物中卤代持久性有机污染物的提取方法简述如下。土壤样品和植物样品冷冻干燥、研磨混匀，对照组种植前与种植后的土壤，水稻根、茎、叶的取样量分别为 30 g、30 g、3 g、15 g 和 15 g，低剂量组种植前与种植后的土壤，水稻根、茎、叶的取样量分别为 30 g、30 g、2 g、10 g 和 8 g，高剂量组种植前与种植后的土壤，水稻根、茎、叶的取样量分别为 3 g、5 g、0.8 g、1.5 g 和 2 g，注入替代物内标（BDE77、181、205 和 ^{13}C-BDE209 作为 PBDE 和其他阻燃剂内标；CB30、65 和 204 作为 PCBs 的内标），然后用正己烷–丙酮（1∶1）混合溶液 200 mL 索氏抽提 48 h。植物样品抽提液用浓硫酸反复氧化至无色。然后，所有抽提液在多层复合硅胶柱（内径为 1 cm，从下到上充填物分别为 1 cm 无水硫酸钠、8 cm 44% 浓硫酸溶液酸化处理的硅胶、2 cm 中性硅胶、5 cm 1 mol/L NaOH 溶液碱化处理的硅胶、2 cm 中性硅胶和 6 cm 氧化铝）上进行净化。用 80 mL 二氯甲烷–正己烷（1∶1）混合溶液进行冲洗，淋洗液经旋转蒸发及氮吹后，最终定容为 600 μL，内含 120 μL 在进样前加入的仪器内标（20 ng BDE118 和 128 作为 PBDEs 和其他卤代阻燃剂内标，100 ng CB24、82 和 198 作为 PCBs 内标）。

八至十溴联苯醚单体（BDE196，197，202，203，206，207，208 和 209）、十溴二苯乙烷（DBDPE）和 1,2-二（2,4,6-三溴苯氧基）乙烷（BTBPE）利用岛津气相色谱–质谱联用仪（QP2010）采用负化学离子源在选择离子监测模式下进行定量。色谱柱为 DB-5HT column（15 m × 0.25 mm × 0.10 μm；J & W Scientific）。三至七溴联苯醚单体（BDE28，47，66，85，100，99，153，154 和 183）、顺式和反式得克隆（*syn*-DP，*anti*-DP）采用安捷伦 6890 GC-5975 MS 在负化学电离源选择离子模式下进行定量，使用色谱柱为 DB-XLB column（30 m × 0.25 mm × 0.25 μm；J & W Scientific）。多氯联苯采用安捷伦 6890 GC-5975B MS 在电离离子源选择离子监测模式下进行定量，使用色谱柱为 A DB-5 MS column（60 m × 0.25 mm × 0.25 μm；J & W Scientific）。相关柱升温程序及监测离子在 3.2.1 节已有具体描述，这里

从略。

相关的质量控制与质量保证措施包括：方法空白、空白加标、替代内标、样品平行样等。方法空白中检测到痕量目标化合物（BDE47、206、207、208 以及CB28/31、118、128、153 和 180/193），但其浓度水平低于分析样品的 1%，BDE77、181、205，^{13}C-BDE209，CB30、65 和 204 的回收率分别为 102%±12%、93%±20%、89%±16%、86%±19%、81%±16%、90%±16%和 88%±15%。加标空白（10 个PBDEs 单体：BDE28、47、66、85、99、100、153、154、183、209 和 20 个 PCBs单体）的回收率对 PBDEs 单体和 PCBs 单体分别为 76%～93% 和 96%～101%。样品平行样的标准偏差对大部分目标化合物小于 15%。方法检测限定义为空白样品的 3 倍标准差，对于空白中未检出的化合物，以 10 倍信噪比作为方法检出限。目标化合物的方法检测限位于 0.01～0.43 ng/g dw。

3.3.3 电子垃圾污染土壤对植物生长发育过程中形态及生理参数的影响

三种处理在样品采集时形态上存在明显差别（图 3-10）。分蘖数是衡量水稻产量的一项重要农艺指标。LMA 是衡量植株生长状况的一个关键性指标。电子垃圾污染土壤中种植的水稻在分蘖数及 LMA 等指标上要显著地低于对照组。对照组水稻的分蘖数目在 11～15 个之间，显著高于低剂量组（5～8 个），而高剂量组中未观察到植株的分蘖，在采集时仍是单株。与对照组相比，低剂量组和高剂量组中的 LMA 分别下降了 14%和 35%（$p<0.01$）。与对照组相比，电子垃圾污染土壤中水稻根系发育明显不及对照组，表现为水稻根量少、根细、根短（图 3-10）。植株形态上的差异表明，在电子垃圾污染土壤中的水稻，其生长明显受到了抑制，

图 3-10　三种处理水稻形态上的差别

其吸收并积累营养物质的能力下降，并表现为剂量效应关系。

根部活性与对照组相比（图 3-11），高剂量组和低剂量组分别下降了 63%和 34%。SOD 和 POD 是植物体内重要的抗氧化酶。它们的浓度及组成随外界环境的压力而改变。三个处理组中 SOD 和 POD 的活性存在明显差别（图 3-11）。与对照组相比，高剂量组和低剂量组 SOD 的活性分别下降了 55% 和 34%；而 POD 的活性则上升了 110%和 49%。SOD 是目前为止发现的唯一能专一清除超氧阴离子自由基，防止氧自由基破坏细胞的组成、结构和功能，保护细胞免受氧化损伤，并能预防治疗由其引发的相关疾病的作用。SOD 活性的降低，表明植物预防氧化损伤的能力下降。POD 能使组织中所含的某些碳水化合物转化成木质素，增加木质化程度，而且发现早衰减产的水稻根系中 POD 的活性增加，所以 POD 可作为组织老化的一种生理指标。

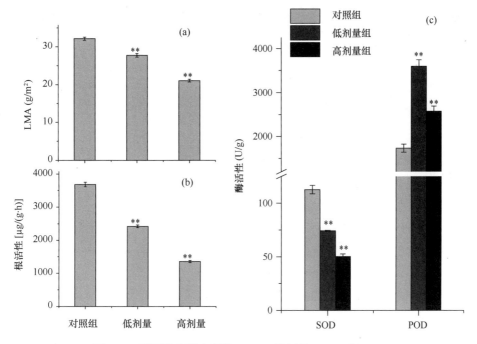

图 3-11　不同处理组水稻的 LMA、根活性、SOD 和 POD

**表示存在显著性差别（$p<0.01$）

叶绿素在植物的光合作用中起着关键性的作用。与对照组相比，低剂量组和高剂量组总叶绿素含量、叶绿素 a、叶绿素 b 和类胡萝卜素的含量分别下降了 26%、74%、24%、73%和 29%、79%、21%、64%（图 3-12）。叶绿素 a 与叶绿素 b 的相对含量也发生了明显的改变，叶绿素 a 的相对含量明显升高（$p<0.01$）。Rubisco

是光合作用中的关键酶，是叶片中丰度最高的蛋白质，是光合作用中决定碳同化速率的关键酶。Rubisco 的含量和活性在低剂量组和高剂量组中分别比对照组下降 13%，71% 和 17%，67%。叶绿素和 Rubisco 的变化反映电子垃圾污染土壤水稻的光合作用和碳的同化速率受到了抑制。

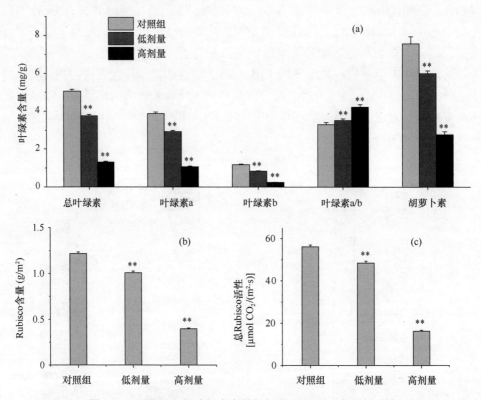

图 3-12　不同处理组叶绿素含量与组成及 Rubiso 含量与活性

**表示存在显著性差别（$p<0.01$）

　　叶片中碳水化合物含量是反映光合作用及碳的传输及代谢有效性的一个标志。N 代谢在植物的茎叶生长中扮演重要角色，在植物生长阶段，其主要积累在植物叶片中，而在种子发育阶段则转入到种子中。氮同化作用中的主要酶是硝酸还原酶。本研究中，叶片中可溶性糖、淀粉、蔗糖、总氮和硝酸还原酶活性在低剂量组与高剂量组中与对照组相比分别下降了 19%、72%、25%、68%、11% 和 54%、14%、46%、29%、72%（图 3-13，$p<0.01$）。该结果表明，在电子垃圾污染土壤中生长的水稻在碳水化合物的积累、氮的同化及氮在整个植株体内的分布都受到了影响。

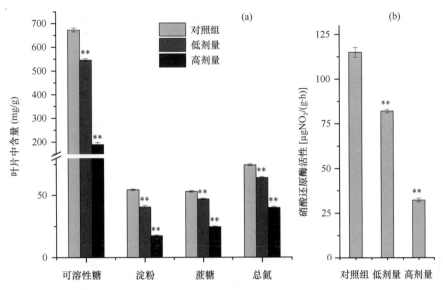

图 3-13　不同处理组碳水化合物含量、总氮和硝酸还原酶活性

**表示存在显著性差别（$p<0.01$）

　　从植物形态及植物生理参数的分析结果表明，电子垃圾污染土壤显著地影响了水稻的生长和发育。但究竟是哪一类污染物引起这种变化目前还无法确定。有研究表明，在重金属压力下，植物也会出现相类似的变化，如 SOD 下降，POD 上升。多环芳烃（PAHs）暴露、油类的暴露都会导致相关植物的活性受到抑制。最近也有实验证明，PBDEs 的暴露会导致植物根的形态发育，LMA、SOD 和 POD 的变化。显然，弄清楚是哪些因素导致植物的生长发育受到抑制和影响需要更多的研究。

3.3.4　种植前后土壤中卤代持久性有机污染物的变化

　　本次研究共检测有 71 个 PCBs 单体、17 个 PBDEs 单体、DBDPE、BTBPE、*syn*-DP 和 *anti*-DP。上述所有目标化合物中，有 13 个 PCBs 单体（CB28，52，87，95，99，110，118，128，138，149，153，170，180），10 个 PBDEs 单体（BDE 28，47，99，153，154，183，206，207，208，209），以及 DBDPE、BTBPE、*syn*-DP 和 *anti*-DP 在所有的土壤和植物样品中被检出，有些 PCB 或 PBDE 单体在电子垃圾土壤中被检出，但在对照组或植物相关组织中未检出。这些化合物由于无法计算相应的植物富集因子与传递因子，因而没有在本研究中进行讨论。高剂量组土中∑PCBs（13 个 PCBs 单体之和）、∑PBDEs（10 个 PBDEs 单体之和）、DBDPE、BTBPE 和∑DP（*syn*-DP 和 *anti*-DP 之和）的浓度比低剂量组和对照组相应的浓度高 1~3 个数量级（表 3-7）。She 等（2013）报道了研究区域水稻田土中卤代持久性有机污染物的浓度，其中∑PBDEs、DBDPE、BTBPE 和∑DP 的浓度分别为 40.5

ng/g dw、14.7 ng/g dw、0.03 ng/g dw 和 14.5 ng/g dw。在蔬菜地和撂荒地中∑PCBs 和∑PBDEs 浓度范围分别为 15.6～34.1 ng/g dw（Wang et al.，2011b）和 11～66 ng/g dw（Wang et al.，2011c）。这些浓度比本研究中高剂量组低 1～3 个数量级，但和低剂量组在同一个浓度范围，略低于低剂量组。

表 3-7　　种植前后土壤及水稻根茎叶中污染物含量　　　（单位：ng/g dw）

	化合物	种植前土	种植后土	根	茎	叶
高剂量组	∑PCBs [a]	1030±88	730 ±35	220±39	35±2.2	23 ±1.7
	∑PBDEs [b]	1900±210	1300±110	230 ±51	25±4.7	19±2.4
	DBDPE	640±70	380±57	74±16	18±4.8	6.2±1.6
	BTBPE	19±2.3	5.1±1.6	4.0±0.78	0.45±0.11	0.26±0.06
	∑DP [c]	220±24	160±5.1	21±5.5	4.6±1.1	4.4±1.0
低剂量组	∑PCBs	68 ±8.5	54±8.0	44±5.8	1.4±0.15	2.5±0.47
	∑PBDEs	130±9.0	120 ±7.3	25±1.7	2.2±0.42	2.6±0.35
	DBDPE	38±6.3	26±2.8	8.5±3.3	1.4±0.54	2.3 ±0.78
	BTBPE	3.9±0.15	3.2±0.20	0.86±0.30	0.11±0.03	0.14 ±0.04
	∑DP	36 ±0.36	27±4.2	7.7±0.91	1.2±0.2	1.9±0.2
对照组	∑PCBs	4.2±0.22	2.2±0.11	2.1±0.11	0.49±0.02	0.78±0.07
	∑PBDEs	3.3±0.17	2.0±0.09	0.73±0.13	0.28±0.03	0.36±0.04
	DBDPE	0.94±0.05	0.73±0.03	0.34±0.05	0.18±0.04	0.31±0.04
	BTBPE	0.20±0.03	0.04±0.00	0.09±0.01	0.03±0.01	0.08±0.03
	∑DP	0.23±0.03	0.16±0.01	0.17±0.12	0.02±0.00	0.04±0.00

a 13 种 PCBs 单体（CB28，52，87，95，99，110，118，128，138，149，153，170，180）之和。b 10 种 PBDEs 单体（BDE28，47，99，153，154，183，206，207，208，209）之和。c syn-DP 和 anti- DP 之和

经过 40 天栽培实验后，卤代持久性有机污染物的浓度在对照组、低剂量组和高剂量组中分别下降了 22%～80%、9%～31%和 28%～73%（表 3-7）。引起土壤中浓度下降的因素有植物吸收、向大气挥发（Tian et al.，2011；Zhang et al.，2012）、土壤微生物（Lee and He，2010；Hong et al.，2012；Ding et al.，2013）和植物根部位的降解（Liste and Alexander，2000）、光降解等过程（Wong and Wong，2006）。需要注意的是，为了便于计算卤代持久性有机污染物从土壤向植物根部的富集，我们收集的是根系周围的土壤，而不是土壤整体。因此，上述下降比例有可能高估了污染物浓度的整体下降水平。

三种处理土壤中 PCBs 和 PBDEs 的单体组成存在一定差别。在对照组，CB28 和 153 是丰度最高的两个单体，但在两个暴露组，CB28 和 118 是两个丰度最高的单体。对于 PBDEs 而言，BDE209 是三种土壤中丰度最高的单体，但是两个暴露

组 BDE209 的相对丰度（77%）要显著地低于对照组（85%），表明在电子垃圾污染土壤中，低溴代联苯醚工业品如五溴和八溴联苯醚工业品的相对量增加（图3-14）。经过栽培处理过后，低剂量组与高剂量组 PCB 和 PBDE 的单体组成特征没有发生明显的改变，这一结果与以前用植物提取土壤中 PCB、PBDE 和 DDT 的结果是一致的。以前的研究结果表明，只有经过多轮的植物种植后，才能检测到污染物组成的变化（Lunney et al.，2004；Zeeb et al.，2006；Vrkoslavová et al.，2010）。对于对照组而言，PCBs 和 PBDEs 在种植后其单体组成有了显著的变化，这可能是由于土壤中浓度过低，轻微的损失就能比较灵敏地反映出来。三种替代型卤系阻燃剂中，DBDPE 的浓度最高，其次是 DP 和 BTBPE，这和以前对当地水稻田土壤的检测结果是一致的（She et al.，2013）。三种类型土壤中得克隆的两个异构体组成[以 anti-DP 所占分数表式，$f_{anti} = anti/(syn + anti)$] 分别为 0.75（高剂量组）、0.67（低剂量组）和 0.68（对照组）。种植水稻过后，DP 的组成在 3 个实验组中都没有明显改变（0.75 vs 0.75；0.67 vs 0.66；0.68 vs 0.65）。

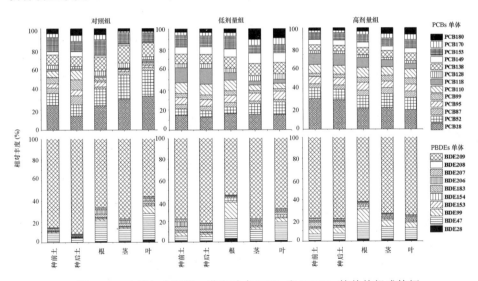

图 3-14　土壤与水稻根、茎和叶中 PCBs 和 PBDEs 的单体组成特征

3.3.5　水稻组织中卤代持久性有机污染物的浓度及污染物组成

三种处理水稻根、茎和叶中∑PCBs、∑PBDEs、DBDPE、BTBPE 和∑DP 的浓度见表 3-7。高剂量组各化合物的浓度比低剂量组高 1 个数量级，比对照组高 2～3 个数量级。在对照组和低剂量组，卤代持久性有机污染物的浓度在三个组织中的分布呈如下规律：根>叶>茎，然而，在高剂量暴露组中，其相对顺序变为：根>茎>叶（表 3-7）。植物吸收半挥发性有机物主要通过两种途径：从土壤中吸收和从

大气中吸收。对于土壤吸收，污染物先溶入土壤孔隙水，然后被根部吸收，进入木质部后达到植物的其他部位（Collins et al.，2006）。对于大气吸收，土壤中的污染物可能先从土壤挥发，然后被植物叶或表皮外表面的蜡质层所吸收（Desborough and Harrad，2011；Tian et al.，2012）。卤代持久性有机污染物叶的浓度高于茎，表明大气吸收是叶面积累污染物的主要途径。相反，如果叶面的浓度要低于茎部浓度，表明叶片吸收机理不再是叶面上污染物的主要来源。

与土壤相比，水稻组织中 PCBs 和 PBDEs 的单体组成特征存在显著的差别，并且这种差别存在着明显的浓度依赖性。在对照组，低氯代单体如 CB28、52 在水稻组织中的丰度比土壤显著增加，并且从根到叶显示出清晰的增加迹象。对于低剂量组，有相同的结果但趋势不如对照组明显。但在高剂量组，CB28 和 CB52 在水稻中的相对含量要低于土壤。对于 PBDEs 单体而言，水稻中低溴代单体（如 BDE47、99）的相对丰度在三个处理组中均高于土壤中相应丰度。对于低剂量组和对照组，茎中 PBDEs 的单体组成特征与根和叶存在着显著的差别，其 BDE209 的相对丰度均高于根和叶。而在高剂量组中，茎的 PBDEs 单体组成特征与叶中并无明显差异。对低剂量组和高剂量组，地上组织中 BDE209 的丰度增加，这与以前植物吸收污泥及电子垃圾回收区土壤中 PBDEs 的研究结果是一致的（Vrkoslavová et al.，2010；Yang et al.，2008；Huang et al.，2011；Wang et al.，2011c；She et al.，2013）。这些高溴代单体从土壤中吸收进来后，被保留在植物组织的脂质组分中（Zeeb et al.，2006；Collins et al.，2006）。水稻中得克隆的异构体组成特征与土壤相比发生了具有统计意义的变化（图 3-15，$p<0.05$）。从土壤到根再到茎叶，f_{anti} 呈逐渐降低的趋势，尽管根、茎和叶中 f_{anti} 之间的差异无统计显著性，但它们的 f_{anti}

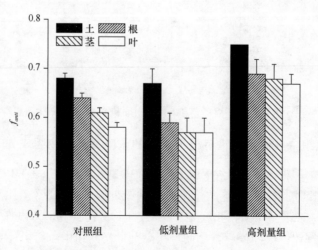

图 3-15　土及水稻根、茎和叶中 DP 的组成特征

都显著地低于土壤。这一结果表明，*syn*-DP 比 *anti*-DP 更易在植物组织中富集。这一结果与 DP 在水生生物中的富集结果类似（Xian et al.，2011）。

3.3.6　卤代持久性有机污染物从土壤到水稻根部的累积（土壤–根部富集因子，RCF）

为更进一步地了解植物根部对污染物的吸收，我们计算了各个化合物的土壤–根部富集因子（RCF）。RCF 值越高，表明该化合物越易在根部富集。三个处理组中 PCBs 各单体的 RCF 范围为 0.13～0.82，比 Zeeb 等（2006）获得的值低。PBDE 各单体的 RCF 值范围为 0.03～0.86，该值与黑麦草、南瓜和玉米对电子垃圾土壤中 PBDEs 吸收的 RCF 相当（Huang et al.，2011）。DBDPE 和 BTBPE 的 RCF 范围分别为 0.10～0.36 和 0.21～0.51。*syn*-DP 的 RCF 值均高于 *anti*-DP 的 RCF 值，进一步表明了水稻对 DP 的立体选择性富集。对照组和低剂量组的 RCF 值要高于高剂量暴露组。这可能是由土壤性质的差异或植物健康状况的影响造成的。高剂量组水稻生长受到了抑制，有可能降低了其吸收土壤中污染物的潜力。

对获得的 RCF 值与化合物的 $\log K_{OW}$ 进行相关性分析，发现对于 PCBs 而言，$\log$ RCF 值与 $\log K_{OW}$ 之间存在正相关关系（图 3-16）。对于对照组，这种正相关关系不具有统计意义（图 3-17），而对于两个电子垃圾污染土壤而言，这种相关性具有统计意义。对照组之所以未发现具有统计意义的相关性，主要是因为对照组污染物浓度低，测量结果的不确定度增加，导致其相关性下降。因此，在以后的相关讨论中都不包括对照组的结果。

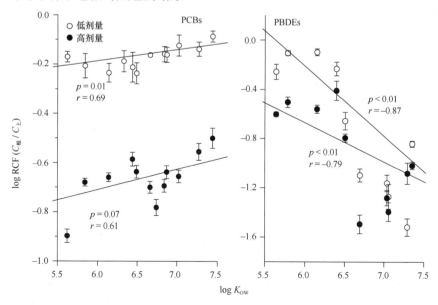

图 3-16　$\log$ RCF 与 $\log K_{OW}$ 的相关性

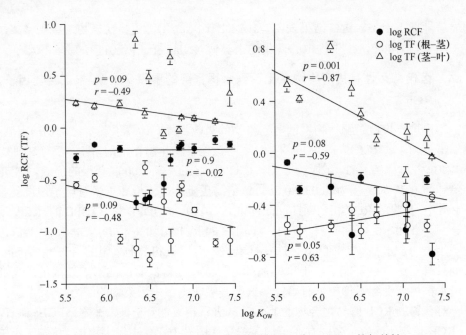

图 3-17　对照组 log RCF 或 TF（传递因子）与 log K_{OW} 的相关性

　　这种正相关关系在 Inui 等（2011）的研究中也有报道。高氯代单体有较高的 RCF 值可能是因为它们较高的亲脂性使其更有可能富集在根部的脂质物质中（Collins et al.，2006）。但是，对于 PBDEs 而言，log RCF 和 log K_{OW} 呈现出显著的负相关关系（图 3-16，$p < 0.01$）。这一结果与 Huang 等（2011）和 Wang 等（2014）对植物吸收电子垃圾回收区污染土壤中 PBDEs 的研究结果是一致的。PCBs 和 PBDEs 的 RCF 值与 log K_{OW} 之间截然相反的相关性表明，控制这两类物质在根部富集的因素是不同的。如前所述，化合物要进入植物根部，首先要溶入土壤间隙水，随着水的流动到达植物根部，通过分配作用进入根部的脂质。显然，化合物在水中的溶解性及与根部脂质组分的亲和力是决定化合物质在植物根部富集的两个决定性因素。对于 PCBs 而言，其 log K_{OW} 相对较小，水中的溶解度不是限速步骤，因此，与脂质的亲脂性越强，越容易在植物根部富集；而对于 PBDEs 而言，其 log K_{OW} 比较高，亲脂性不是决定性因素，而在水中的溶解性成了限制性因素。因此，随着 log K_{OW} 值的增加，其在根部的富集能力反而出现下降。我们的研究结果表明，植物根部对中等疏水程度的污染物有较高的富集能力，而高疏水性的有机物在植物根部的富集能力是非常低的。

3.3.7　卤代持久性有机污染物从根到茎及从茎到叶的传递

　　根部吸收的有机污染物也会随着传输到植物的地上部分，在根、茎、叶及果实中再分布。对于疏水性有机污染物，通常认为这种传输能力是非常有限的。为了了解卤代持久性有机污染物从根向茎及从茎向叶中的传递过程，我们分别计算了根–茎和茎–叶传递因子（translocation factors，TF）。PCBs 和 PBDEs 的 TF 分别为 0.02～0.43 和 0.01～0.46。PCBs 的 TF 与 Zeeb 等（2006）报道的生长在高污染土壤中植物对 PCBs 的 TF 类似，比玉米中 PCBs 和 PBDEs 的传递因子要高（Wang et al.，2011a）。DBDPE、BTBPE 和 DP 的根–茎传递因子分别为 0.18～0.45、0.11～0.33 和 0.14～0.22。

　　无论是对 PCBs 还是对 PBDEs 而言，log TF 和 log K_{OW} 值之间均显示出正相关的关系（图 3-18）。在低剂量和高剂量暴露组中，高氯代单体（CB170 和 CB180）均有最高的 TF 值，并且随着 log K_{OW} 值增加，TF 显示增加趋势，尽管这种增加趋势没有统计意义（$p = 0.08$）。这与 Inui 等（2011）的实验结果存在明显的差别。在 Inui 等的实验过程中，PCBs 的 TF 和 log K_{OW} 之间呈现负相关关系。Inui 等的实验中，他们是用地上部分与根的比值来计算 TF，地上部分未分茎和叶。叶部对污染物的吸收相当多来自于大气，如我们后面将要讨论到的，如果茎叶传输不是叶片污染物富集的主要途径，则 TF 与 log K_{OW} 呈负相关关系。另外，Inui 等的实验是水培实验，所用植物为西葫芦，培养介质和物种的差异也可能对结果造成影响。Inui 等（2013）的研究表明，木质部中一种胶乳状的蛋白质对污染物在木质部中

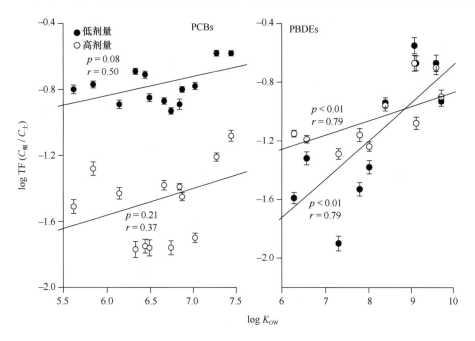

图 3-18　根–茎传递因子（log TF）和 log K_{OW} 之间的关系图

的传递起到主要作用。我们的结果表明，这种胶乳状蛋白质对污染物的亲和力随 $\log K_{OW}$ 的增加而增加。

叶片与茎相比，更容易从空气中吸收污染物。从空气中吸收污染物和从茎中传输污染物的规律应该存在明显的差异。为进一步弄清楚不同处理组水稻叶中卤代持久性有机污染物的富集机制，我们对茎–叶传递因子进行了计算（图 3-19）。对于低剂量组和对照组而言，PCBs 和 PBDEs 的 TF 范围分别为 0.88～7.47 和 0.70～6.71，而在高剂量组，TF 值分别为 0.53～0.79 和 0.57～1.13，明显低于低剂量组与对照组。DBDPE、BTBPE 和 DP 的 TF 范围分别为 0.35～1.83、0.58～2.82 和 0.96～1.58。

对低剂量组，无论是 PCBs 还是 PBDEs，茎–叶传递因子 $\log TF$ 和化合物 $\log K_{OW}$ 之间是显著的负相关关系，但对于高剂量组，PCBs 和 PBDEs 的茎–叶传递因子与化合物 $\log K_{OW}$ 之间呈显著的正相关关系（图 3-19）。这一结果表明，不同浓度组叶片中污染物的主要吸收途径存在差别。Desborough 和 Harrad（2011）对草地中 PCBs 的研究表明，草主要通过叶片吸收土壤中挥发出来的 PCBs，因此，草上低氯代 PCBs 单体的相对含量（30%～50%）要高于土壤（5%～15%）。Tian 等（2012）也报道植物叶片更易从空气中吸收低溴代的 PBDEs 单体。因此，当从空气中吸收是叶片积累污染物的主要途径时，低卤代的单体更易在叶片中累积。相反，当茎–叶

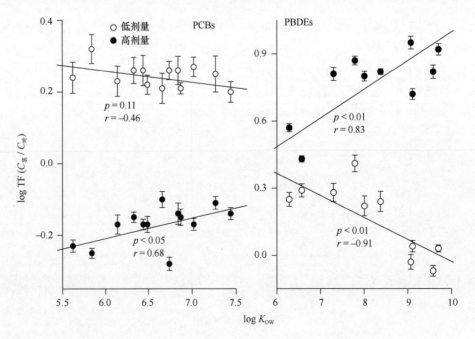

图 3-19　茎–叶传递因子（$\log TF$）和 $\log K_{OW}$ 之间的关系图

传输是叶片中污染物的主要来源时，从前述污染物在根–茎中的内部传输机制可见，高 K_{OW} 的化合物更易在植物内部传递。从上述分析可以看出，在低剂量组，叶片中的污染物应该主要是来自于大气污染，而在高剂量组，则污染物应主要来自于茎部的传输。我们的研究结果表明，对于疏水性化合物，尽管认为植物内部的传输不是主要的富集机制，但当环境中特别是土壤中浓度特别高的时候，从根向茎和叶的传输是不能忽视的。当然，在高浓度组中存在较高浓度的重金属，重金属会对植物的根造成破坏，提高污染物的输送强度，这也会导致体内传输的重要性相对增加（Yadav，2010）。除此之外，其他一些因素也可能影响叶片中污染物的累积。Huang 等（2013）曾报道植物降解高溴代 PBDEs 单体的速率要高于低溴代单体。高剂量组由于生长发育受抑制，也可能导致其代谢外源化合物的能力降低，从而增加其高卤代持久性污染物的相对含量。

　　我们的实验结果清晰地表明了电子垃圾污染的土壤对水稻的生长发育造成了严重的抑制。污染物从土壤向水稻根际的富集对于不同的化合物其制约的关键因素不同。对于中低疏水性有机污染物，与根际的亲和力是主控因素；对于像 PBDEs 这类高疏水性有机污染物，则溶解度成为主要控制因素。有机污染物从根向茎中的传递潜力随化合物的疏水性增加而增加。叶面富集卤代持久性有机污染物的机制受土壤中污染物浓度制约，在低浓度时，从大气中吸收是主要途径，但当土壤中浓度增加到足够高时，根茎的传输则起到主导作用。至于这种转折发生在何种浓度，可能更多受土壤性质、植物特性的影响，需要开展更进一步的研究。

参 考 文 献

李轩然，刘琪璟，蔡哲，马泽清. 2007.千烟洲针叶林的比叶面积及叶面积指数. 植物生态学报，93-101.

王旭东，于振文，王东. 2003. 钾对小麦旗叶蔗糖和籽粒淀粉积累的影响. 植物生态学报，27: 196-201.

Agüera E, Poblete L, de la Haba P, Maldonado J M. 1999. Light modulation and *in vitro* effects of adenine nucleotides on leaf nitrate reductase activity in cucumber (*Cucumis sativus*). Physiologia Plantarum, 105: 218-223.

Barber J L, Thomas G O, Kerstiens G, Jones K C. 2002. Air-side and plant-side resistances influence the uptake of airborne PCBs by evergreen plants. Environmental Science and Technology, 36: 3224-3229.

Barber J L, Thomas G O, Kerstiens G, Jones K C. 2004. Current issues and uncertainties in the measurement and modelling of air-vegetation exchange and within-plant processing of POPs. Environmental Pollution, 128: 99-138.

Bohme F, Welsch-Pausch K, McLachlan M S. 1999. Uptake of airborne semivolatile organic compounds in agricultural plants: Field measurements of interspecies variability. Environmental Science and Technology, 33: 1805-1813.

Bossi R, Skov H, Vorkamp K, Christensen J, Rastogi S C, Egelov A, Petersen D. 2008. Atmospheric concentrations of organochlorine pesticides, polybrominated diphenyl ethers and polychloron-aphthalenes in Nuuk, south-west greenland. Atmospheric Environment, 42: 7293-7303.

Briggs G G, Bromilow R H, Evans A A. 1982. Relationships between lipophilicity and root uptake and translocation of non-ionised chemicals by Barley. Pesticide Science, 13: 495-504.

Bromilow R H, Chamberlain K. 1995. Principles governing uptake and transport of chemicals. In: Trapp S, McFarlane J C, eds. Plant contamination: Modelling and simulation of organic process. London: Lews Publishers, 38-64.

Cetin B, Odabasi M. 2007. Air-water exchange and dry deposition of polybrominated diphenyl ethers at a coastal site in Izmir Bay, Turkey. Environmental Science and Technology, 41: 785-791.

Chen D, Bi X, Zhao J, Chen L, Tan J, Mai B, Sheng G Y, Fu J M, Wong M H. 2009. Pollution characterization and diurnal variation of PBDEs in the atmosphere of an e-waste dismantling region. Environmental Pollution, 157: 1051-1057.

Chen L G, Mai B X, Bi X H, Chen S J, Wang X M, Ran Y, Luo X J, Fu J M, Zeng E D.2006. Concentration levels, compositional profiles, and gas-particle partitioning of polybrominated diphenyl ethers in the atmosphere of an urban city in South China. Environmental Science and Technology, 40: 1190-1196.

Chiou C T, McGroddy S E, Kile D E. 1998. Partition characteristics of polycyclic aromatic hydrocarbons on soils and sediments. Environmental Science and Technology, 32: 264-269.

Cipro C V Z, Yogui G T, Bustamante P, Taniguchi S, Sericano J L, Montone R C. 2011. Organic pollutants and their correlation with stable isotopes in vegetation from King George Island, Antarctica. Chemosphere, 85: 393-398.

Collins C, Fryer M, Grosso A. 2006. Plant uptake of non-ionic organic chemicals. Environmental Science and Technology, 40: 45-52.

Cooke C M, Bailey N J, Shaw G, Lester J N, Collins C D. 2003. Interaction of formaldehyde with soil humic substances: Separation by GFC and characterization by H-1-NMR Spectroscopy. Bulletin of Environmental Contamination and Toxicology, 70: 761-768.

Cousins I T, Mackay D. 2001. Strategies for including vegetation compartments in multimedia models. Chemosphere, 44: 643-654.

Deng W J, Zheng J S, Bi X H, Fu J M, Wong M H. 2007. Distribution of PBDEs in air particles from an electronic waste recycling site compared with Guangzhou and Hong Kong, South China. Environment International, 33: 1063-1069.

Desborough J, Harrad S. 2011. Chiral signatures show volatilization from soil contributes to polychlorinated biphenyls in grass. Environmental Science and Technology, 45: 7354-7357.

Diao J, Lei X D, Hong L X, Rong J T, Shi Q. 2010. Single leaf area estimation models based on leaf weight of eucalyptus in southern China. Journal of Forestry Research, 21: 73-76.

Ding C, Chow W L, He J Z. 2013. Isolation of *Acetobacterium* sp. strain AG, which reductively debrominates octa- and pentabrominated diphenyl ether technical mixtures. Apply Environmental Microbiology, 79: 1110-1117.

Fischer R C, Wittlinger R, Ballschmiter K. 1992.Retention-index based vapor pressure estimation for polychlorobiphenyl (PCB) by gas chromatography. Fresenius Journal of Analytical Chemistry,

342(4-5): 421-425.

Finizio A, Mackay D, Bidleman T, Harner T. 1997. Octanol-air partition coefficient as a predictor of partitioning of semi-volatile organic chemicals to aerosols. Atmospheric Environment, 31(15): 2289-2296.

Goss K-U, Schwarzenbach R P. 1998. Gas/solid and gas/liquid partitioning of organic compounds: critical evaluation of the interpretation of equilibrium constants. Environmental Science and Technology, 32: 2025-2032.

Gouin T, Thomas G O, Cousins I, Barber J, Mackay D, Jones K C. 2002. Air-surface exchange of polybrominated diphenyl ethers and polychlorinated biphenyls. Environmental Science and Technology, 36: 1426-1434.

Hansen J, Moller I. 1975. Percolation of starch and soluble carbohydrates from plant tissue for quantitative determination with anthrone. Analytical Biochemistry, 68: 87-94.

Hauk H, Umlauf G, Mclachlan M S. 1994. Uptake of gaseous dde in spruce needles. Environmental Science and Technology, 28: 2372-2379.

Hites R A. 2004. Polybrominated diphenyl ethers in the environment and in people: A meta-analysis of concentrations. Environmental Science and Technology, 38: 945-956.

Hoff R M, Brice K A, Halsall C J. 1998. Nonlinearity in the slopes of clausius-clapeyron plots for SVOCs. Environmental Science and Technology, 32: 1793-1798.

Hoh E, Hites R A. 2005. Brominated flame retardants in the atmosphere of the East-Central United States. Environmental Science and Technology, 39: 7794-7802.

Hong C Y, Gwak K S, Lee S Y, Kim S H, Lee S M, Kwon M, Choi I G. 2012. Biodegradation of PCB congeners by white rot fungus, *Ceriporia* sp. ZLY-2010, and analysis of metabolites. Journal of Environmental Science and Health, Part A, 47: 1878-1888.

Horstmann M, McLachlan M S. 1998. Atmospheric deposition of semivolatile organic compounds to two forest canopies. Atmospheric Environment, 32: 1799-1809.

Hrstka M, Urban O, Babak L. 2012. Seasonal changes of Rubisco content and activity in *Fagus sylvatica* and *Picea abies* affected by elevated CO_2 concentration. Chemical Papers, 66: 836-841.

Hrstka M, Urban O, Marek M V. 2005. Long-term effect of elevated CO_2 on spatial differentiation of ribulose-1, 5-bisphosphate carboxylase/oxygenase activity in Norway spruce canopy. Photosynthetica, 43: 211-216.

Hrstka M, Zachová L, Urban O, Košvancová M. 2008. Seasonal changes of Rubisco activity and its content in Norway spruce exposed to ambient and elevated CO_2 concentrations. Chemické Listy, 102: s657-s659.

Huang H L, Zhang S Z, Christie P. 2011. Plant uptake and dissipation of PBDEs in the soils of electronic waste recycling sites. Environmental Pollution, 159: 238-243.

Huang H L, Zhang S Z, Wang S, Lv J T. 2013. *In vitro* biotransformation of PBDEs by root crude enzyme extracts: Potential role of nitrate reductase (NaR) and glutathione S-transferase (GST) in their debromation. Chemosphere, 90: 1885-1892.

Hung H, Thomas G O, Jones K C, Mackay D. 2001. Grass-air exchange of polychlorinated biphenyls. Environmental Science and Technology, 35: 4066-4073.

Inui H, Sawada M, Goto J, Yamazaki K, Kodama N, Tsuruta H, Eun H. 2013. A major latex-like protein is a key factor in crop contamination by persistent organic pollutants. Plant Physiology, 161: 2128-2135.

Inui H, Wakai T, Gion K, Kim Y S, Eun H. 2008. Differential uptake for dioxin-like compounds by zucchini subspecies. Chemosphere, 73: 1602-1607.

Inui H, Wakai T, Gion K, Yamazaki K, Kim Y S, Eun H. 2011. Congener specificity in the accumulation of dioxins and dioxin-like compounds in zucchini plants grown hydroponically. Bioscience Biotechnology and Biochemistry, 75: 705-710.

Kömp P, McLachlan M S. 1997. Interspecies variability of the plant/air partitioning of polychlorinated biphenyls. Environmental Science and Technology, 31: 2944-2948.

Kaupp H, McLachlan M S. 1999. Atmospheric particle size distributions of polychlorinated dibenzo-p-dioxins and dibenzofurans (PCDDs/Fs) and polycyclic aromatic hydrocarbons (PAHs) and their implications for wet and dry deposition. Atmospheric Environment , 33: 85-95.

Khosravinejad F, Heydari R, Farboodnia T. 2008. Effects of salinity on photosynthetic pigments, respiration, and water content in two barley varieties. Pakistan Journal of Biological Sciences, 11: 2438-2442.

Krauss M, Moering J, Amelung W, Kaupenjohann M. 2004. Does the soil air plant pathway contribute to the PCB contamination of apples from allotment gardens. Organohalogen Compounds, 66: 2345-2351.

La Guardia M J, Hale R C, Harvey E. 2006. Detailed polybrominated diphenyl ether (PBDE) congener composition of the widely used penta-, octa-, and deca-PBDE technical flame-retardant mixtures. Environmental Science and Technology, 40: 6247-6254.

Lee L K, He J, 2010. Reductive debromination of polybrominated diphenyl ethers by anaerobic bacteria from soils and sediments. Applied and Environmental Microbiology, 76: 794-802.

Lee R G M, Thomas G O, Jones K C. 2004. PBDEs in the atmosphere of three locations in Western Europe. Environmental Science and Technology, 38: 699-706.

Liste H H, Alexander M. 2000. Plant-promoted pyrene degradation in soil. Chemosphere, 40: 7-10.

Lunney A I, Zeeb B A, Reimer K J. 2004. Uptake of weathered DDT in vascular plants: Potential for phytoremediation. Environmental Science and Technology, 38: 6147-6154.

Makino A, Osmond B. 1991. Effects of nitrogen nutrition on nitrogen partitioning between chloroplasts and mitochondria in pea and wheat. Plant Physiology, 96: 355-362.

Mandalakis M, Besis A, Stephanou E G. 2009. Particle-size distribution and gas/particle partitioning of atmospheric polybrominated diphenyl ethers in urban areas of Greece. Environmental Pollution, 157: 1227-1233.

McLachlan M S. 1999. Framework for the interpretation of measurements of SOCs in plants. Environmental Science and Technology, 33: 1799-1804.

McLachlan M S, Horstmann M. 1998. Forests as filters of airborne organic pollutants: A model. Environmental Science and Technology, 32: 413-420.

Nakano H, Muramatsu S, Makino A, Mae T. 2000. Relationship between the suppression of photosynthesis and starch accumulation in the pod-removed bean. Australian Journal of Plant Physiology, 27: 167-173.

Nizzetto L, Pastore C, Liu X, Camporini P, Stroppiana D, Herbert B, Boschetti M, Zhang G, Brivio P A, Jones K C, Di Guardo A. 2008. Accumulation parameters and seasonal trends for PCBs in temperate and boreal forest plant species. Environmental Science and Technology, 42: 5911-5916.

Onanuga A O, Jiang P A, Adl S. 2012. Effect of phytohormones, phosphorus and potassium on cotton varieties (*Gossypium hirsutum*) root growth and root activity grown in hydroponic nutrient solution. Journal of Agricultural Science, 4: 93-110.

Pankow J F. 1994. An absorption-model of gas-particle partitioning of organic-compounds in the atmosphere. Atmospheric Environment, 28: 185-188.

Poon C, Gregory-Eaves I, Connell L A, Guillore G, Mayer P M, Ridal J, Blais J M. 2005. Air-vegetation partitioning of polychlorinated biphenyls near a point source. Environmental Toxicology and Chemistry, 24: 3153-3158.

Poorter H, Niinemets U, Poorter L, Wright I J, Villar R. 2009. Causes and consequences of variation in leaf mass per area (LMA): A meta-analysis. New Phytologist, 182: 565-588.

Qiu X H, Hites R A. 2008. Dechlorane plus and other flame retardants in tree bark from the Northeastern United States. Environmental Science and Technology, 42(1): 31-36.

Qiu X H, Zhu T, Hu J X. 2010. Polybrominated diphenyl ethers (PBDEs) and other flame retardants in the atmosphere and water from taihu lake, East China. Chemosphere, 80: 1207-1212.

Robson M, Harrad S. 2004. Chiral PCB signatures in air and soil: Implications for atmospheric source apportionment. Environmental Science and Technology, 38(6): 1662-1666.

Salamova A, Hites R A. 2010. Evaluation of tree bark as a passive atmospheric sampler for flame retardants, PCBs, and organochlorine pesticides. Environmental Science and Technology, 44(16): 6196-6201.

She Y Z, Wu J P, Zhang Y, Peng Y, Mo L, Luo X J, Mai B X. 2013. Bioaccumulation of polybrominated diphenyl ethers and several alternative halogenated flame retardants in a small herbivorous food chain. Environmental Pollution, 174: 164-170.

Simonich S L, Hites R A. 1994.Vegetation-atmosphere partitioning of polycyclic aromatic hydrocarbons. Environmental Science and Technology, 28: 939-943.

Smith K E C, Jones K C. 2000. Particles and vegetation: Implications for the transfer of particle-bound organic contaminants to vegetation. Science of the Total Environment, 246: 207-236.

St-Amand A D, Mayer P M, Blais J M. 2008. Seasonal trends in vegetation and atmospheric concentrations of PAHs and PBDEs near a sanitary landfill. Atmospheric Environment, 42: 2948-2958.

St-Amand A D, Mayer P M, Blais J M. 2007. Modeling atmospheric vegetation uptake of PBDEs using field measurements. Environmental Science and Technology, 41: 4234-4239.

Su Y S, Hung H, Brice K A, Su K, Alexandrou N, Blanchard P, Chan E, Sverko Er, Fellin P. 2009. Air concentrations of polybrominated diphenyl ethers (PBDEs) in 2002~2004 at a rural site in the great lakes. Atmospheric Environment, 43: 6230-6237.

Su Y S, Lei Y D, Wania F, Shoeib M, Harner T. 2006. Regressing gas/particle partitioning data for polycyclic aromatic hydrocarbons. Environmental Science and Technology, 40: 3558–3564.

Thomas G, Sweetman A J, Ockenden W A, Mackay D, Jones K C. 1998. Air-pasture transfer of PCBs. Environmental Science and Technology, 32: 936-942.

Tian M, Chen S J, Wang J, Luo Y, Luo X J, Mai B X. 2012. Plant uptake of atmospheric brominated flame retardants at an e-waste site in southern china. Environmental Science and Technology, 46: 2708-2714.

Tian M, Chen S J, Wang J, Zheng X B, Luo X J, Mai B X. 2011. Brominated flame retardants in the atmosphere of e-waste and rural sites in southern China: Seasonal variation, temperature dependence, and gas-particle partitioning. Environmental Science and Technology, 45: 8819-8825.

Trapp S, Matthies M. 1995. Generic one compartment model for uptake of organic chemicals by foliar vegetation. Environmental Science and Technology, 29: 2333-2338.

Venier M, Hites R A. 2008. Flame retardants in the atmosphere near the great lakes. Environmental Science and Technology, 42: 4745-4751.

Vrkoslavová J, Demnerová K, Macková M, Zemanová T, Macek T, Hajšlová J, Pulkrabová J, Hradková P, Stiborová H. 2010. Absorption and translocation of polybrominated diphenyl ethers (PBDEs) by plants from contaminated sewage sludge. Chemosphere, 81: 381-386.

Wania F, Haugen J E, Lei Y D, Mackay D. 1998. Temperature dependence of atmospheric concentrations of semivolatile organic compounds. Environmental Science and Technology, 32: 1013-1021.

Wania F, McLachlan M S. 2001. Estimating the influence of forests on the overall fate of semivolatile organic compounds using a multimedia fate model. Environmental Science and Technology, 35: 582-590.

Wang S, Wang Y, Luo C, Jiang L, Song M, Zhang D, Wang Y, Zhang G. 2016. Could uptake and acropetal translocation of PBDEs by corn be enhanced following Cu exposure? Evidence from a root damage experiment. Environmental Science and Technology, 50(2): 856-863.

Wang S, Zhang S Z, Huang H L, Niu Z C, Han W. 2014. Characterization of polybrominated diphenyl ethers (PBDEs) and hydroxylated and methoxylated PBDEs in soils and plants from an e-waste area, China. Environmental Pollution, 184: 405-413.

Wang S, Zhang S Z, Huang H L, Zhao M M, Lv J T. 2011a. Uptake, translocation and metabolism of polybrominated diphenyl ethers (PBDEs) and polychlorinated biphenyls (PCBs) in maize (*Zea mays* L.). Chemosphere, 85: 379-385.

Wang Y, Luo C L, Li J, Yin H, Li X D, Zhang G. 2011b. Characterization and risk assessment of polychlorinated biphenyls in soils and vegetations near an electronic waste recycling site, South China. Chemosphere, 85: 344-350.

Wang Y, Luo C L, Li J, Yin H, Li X D, Zhang G. 2011c. Characterization of PBDEs in soils and vegetations near an e-waste recycling site in South China. Environmental Pollution, 159: 2443-2448.

Welschpausch K, Mclachlan M S, Umlauf G. 1995. Determination of the principal pathways of polychlorinated dibenzo-*p*-dioxins and dibenzofurans to lolium-multiflorum (welsh ray grass). Environmental Science and Technology, 29: 1090-1098.

Wong A, Lei Y D, Alaee M, Wania F. 2001. Vapor pressures of the polybrominated diphenyl ethers. Journal of Chemical and Engineering Data, 46(2): 239-242.

Wong K H, Wong P K, 2006. Degradation of polychlorinated biphenyls by UV-catalyzed photolysis. Human and Ecological Risk Assessment, 12: 259-269.

Xian Q M, Siddique S, Li T, Feng Y L, Takser L, Zhu JP. 2011. Sources and environmental behavior of dechlorane plus—A review. Environment International, 37: 1273-1284.

Yadav S K. 2010. Heavy metals toxicity in plants: An overview on the role of glutathione and phytochelatins in heavy metal stress tolerance of plants. South African Journal of Botany, 76: 167-179.

Yang Z Z, Zhao X R, Zhao Q, Qin Z F, Qin X F, Xu X B, Jin Z X, Xu C X. 2008. Polybrominated diphenyl ethers in leaves and soil from typical electronic waste polluted area in South China. Bulletin of Environmental Contamination and Toxicology, 80: 340-344.

Zeeb B A, Amphlett J S, Rutter A, Reimer K J. 2006. Potential for phytoremediation of polychlorinated biphenyl (PCB) contaminated soil. International. Journal of Phytoremediation, 8: 199-221.

Zhang H Y, Jiang Y N, He Z Y, Ma M. 2005. Cadmium accumulation and oxidative burst in garlic (*Allium sativum*). Journal of Plant Physiology, 162: 977-984.

Zhang T, Huang Y R, Chen S J, Liu A M, Xu P J, Li N, Qi L, Ren Y, Zhou Z G, Mai B X. 2012. PCDD/Fs, PBDD/Fs, and PBDEs in the air of an e-waste recycling area (Taizhou) in China: Current levels, composition profiles, and potential cancer risks. Journal of Environmental Monitoring, 14: 3156-3163.

Zhang X M, Schramm K W, Henkelmann B, Klimm C, Kaune A, Kettrup A, Lu P. 1999. A method to estimate the octanol-air partition coefficient of semivolatile organic compounds. Analytical Chemistry, 71: 3834-3838.

第 4 章　多溴联苯醚生物富集及转化的室内模拟研究

本章导读

- 多溴联苯醚（PBDEs）是一类广受关注的卤代有机阻燃剂。PBDEs 的化学性质与结构类似多氯联苯，但其生物富集特征比 PCBs 显示出更多的多样性。

- 利用鲤鱼为模式生物，通过三种 PBDEs 工业品对鲤鱼的暴露实验，发现 PBDEs 各单体在鱼肠道中的吸收随取代溴原子个数的增加而降低，并且肠道内存在脱溴代谢过程。三种工业品在鲤鱼体内的单体组成与工业品组成的比对表明，双相邻的间位和对位溴原子最易通过脱溴代谢途径被去除。在鲤鱼血清中检测到了羟基化代谢产物，但与脱溴代谢相比，羟基化代谢是一个相对次要的代谢途径。单体稳定同位素很好地示踪了 BDE99 向 BDE47 的脱溴代谢过程，利用单体稳定同位素的变化能定量表征脱溴代谢过程。

- 室内模拟了五溴联苯醚工业品在两条食物链上（食物—四间鱼—地图鱼和食物—四间鱼—红尾鲶）的富集与传递过程。在富集过程中，肝脏、鳃和脂肪最先与血清中的污染物达到平衡，而肌肉组织仍具有较大的富集潜力。三种鱼中四间鱼和地图鱼与鲤鱼有一致的脱溴代谢途径，但红尾鲶没有观察到脱溴代谢过程。表观生物放大因子的大小完全取决于 PBDEs 单体在不同鱼种中的脱溴代谢过程。三种鱼中的脱溴代谢过程也由单体稳定碳同位素组成结果得到了确认。

- 利用体外肝微粒体实验，进一步确认了 PBDEs 在鲤科鱼脱溴过程中的结构–活性关系。双相邻的间、对位溴原子总是优先被脱除。对于单相邻的溴原子，间位的脱除潜力大于对位，邻位最小。苯环上的 2,4,6 取代结构特别不利于单相邻溴原子的脱溴。与鱼相比，鸡和猫的肝微粒体代谢实验中没有观察到脱溴代谢途径，但观察到了羟基化代谢过程并且羟基化代谢途径存在物种差异性。

多溴联苯醚（polybrominated diphenyl ethers，PBDEs）是人工合成的一类最重要的卤系有机阻燃剂。PBDEs 的分子式为 $C_{12}H_{10-x-y}Br_{x+y}O$，其中 $x + y \leqslant 10$，PBDEs 的结构式如图 4-1 所示。PBDEs 根据溴原子的取代数目及其在苯环上的取代位置的不同，理论上有 209 种单体，根据取代溴原子的个数被分成十组（一至十溴联苯醚）（图 4-1）。其结构和命名规律都与 PCBs 相似。PBDEs 沸点在 310～425℃之间，具有比 PCBs 更强的亲脂性，常温下蒸气压较低（Alaee et al.，2003；Braekevelt et al.，2003；Darnerud et al.，2001）。

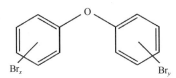

图 4-1　PBDEs 的化学结构式

PBDEs 具有阻燃效率高、耐热性好、水解性低、添加量少、对材料性能影响小以及价格低廉等特点，被广泛用于电子电器、化工、交通、建材和纺织业等领域（Rahman et al.，2001）。商用 PBDEs 主要有五溴联苯醚（penta-BDE）、八溴联苯醚（octa-BDE）和十溴联苯醚（deca-BDE）三种，它们分别由不同溴代程度（tri 至 deca-BDE）的联苯醚组成。这三种工业品的物理化学性质见表 4-1。penta-BDE 主要由 BDE99、47、100、154、153 和 85 组成。deca-BDE 主要由 BDE209 组成。两种型号的 octa-BDE 工业品组成存在较大差别，一种以 BDE183 为主，其次分别为 197、196、207 和 153；另一种以 BDE209 为主，其次分别为 183、207 和 197（La Guardia et al.，2006）。penta-BDE 工业品主要用于环氧树脂、酚类树脂、聚酯、聚氨酯泡沫和纺织品中；octa-BDE 主要用于丙烯腈丁二烯苯乙烯树脂（ABS 树脂）、聚碳酸酯和热固塑料中；deca-BDE 主要用于电路板聚酯（电视、电脑等电子产品）、家具和纺织中（Alaee et al.，2003；de Wit，2002）。其中，deca-BDE 工业品是目前全球使用最广泛的 PBDEs，主要在美洲和亚洲市场使用。据统计，1990 年全世界 PBDEs 总产量为 40 000 t，其中 deca-BDE、octa-BDE 和 penta-BDE 分别为 30 000 t、6000 t 和 4000 t；到 2001 全世界 PBDEs 的需求量增加到 67 000 t（Hites，2004）。

表 4-1　penta-BDE、octa-BDE 和 deca-BDE 工业品的理化性质

性能	penta-BDE	octa-BDE	deca-BDE
分子量	混合物	混合物	959.22
颜色	琥珀色至淡黄色	白色	白色
物理状态	高黏性液体	粉末	粉末
熔点	−7～−3℃（商品）	85～89℃（商品）	290～306℃

续表

性能	penta-BDE	octa-BDE	deca-BDE
沸点	>300℃（200℃以上分解）	>300℃开始分解（商品）	>300℃，>400℃和>425℃开始分解
密度（g/mL）	2.28（25℃）	2.76，2.8（商品）	3.0，3.25
水（溶解度）	13.3 μg/L（商品） 2.4 μg/L（五溴单体） 10.9 μg/L（四溴单体）	<1 μg/L（25℃商品） 1.98 μg/L（七溴单体）	<0.2μg/L
有机溶剂（溶解度）	10g/kg（甲醇） 与甲苯互溶	丙酮（20 g/L，25℃） 甲苯（200 g/L，25℃） 甲醇（2 g/L，25℃）	丙酮（0.05%），甲苯（0.48%），二溴甲烷（0.42%），二甲苯（0.87%），甲苯（0.2%）
log K_{OW}	6.67（BDE47）～8.01（BDE153）	8.01（BDE153）～9.10（BDE207）[a]	9.70[a]
蒸气压	2.2×10^{-7}～5.5×10^{-7} mmHg（25℃）	9.0×10^{-10}～1.7×10^{-9} mmHg（25℃） 4.9×10^{-8} mmHg（21℃）	3.2×10^{-8} mmHg； 3.47×10^{-8} mmHg
亨利常数（atm·m³/mol）	1.2×10^{-5}，1.2×10^{-6}，3.5×10^{-6}	7.5×10^{-8}，2.6×10^{-7}	1.62×10^{-6}，1.93×10^{-8}，1.2×10^{-8}，4.4×10^{-8}
自燃温度	>200℃时降解	>330℃时降解	不适用

注：除 log K_{OW} 外，所有数据引自 U.S. Department of Health and Human Services（2004）。a log K_{OW} 数据引自 Debruyn 等（2009）

　　作为一种添加型的阻燃剂，由于缺乏化学键的束缚作用，添加于产品中的多溴联苯醚很容易通过挥发、渗出等方式进入环境，并随着大气、水体的迁移造成大气、水体、沉积物、土壤及生物圈的广泛污染。PBDEs 对生物及人体具有许多潜在的毒性，包括发育毒性、内分泌干扰、生殖毒性及可能的致癌效应（Darnerud，2003）。PBDEs 也具有长距离迁移能力，在远离排放源的极地地区，PBDEs 在环境介质及生物中被广泛检出。PBDEs 的一些单体具有生物富集能力，其浓度能够随着食物链营养等级的增加而增加。鉴于以上的这些特点，PBDEs 的两类工业品（五溴和八溴联苯醚工业品）在 2009 年被列入了《关于持久性有机污染物斯德哥尔摩公约》的 POPs 名单，被全球禁止生产和使用（UNEP，2009）。另一类 PBDEs 工业品（十溴联苯醚工业品）虽然没有列入名单，但是由于其潜在的降解行为，可能使其转化为更容易被生物吸收且毒性更高的 PBDEs 单体。因此，欧盟颁布的《关于在电子电器设备中限制使用某些有害物质指令》（RoHS 指令）中规定，从 2008 年 4 月起禁止在电子电器产品中使用 deca-BDE（EBFRIP，2008）。美国环境保护署（USEPA）也提出在 2013 年底之前自愿停止生产和使用 deca-BDE 的建议（EPA，2009）。我国于 2007 年 3 月正式实施《电子信息产品污染控制管理办法》（又称"中国 RoHS 指令"），其中提出了 PBDEs 在电子产品中的使用限量（<1000 μg/g），但是并未对 deca-BDE 的生产和销售做出任何限制。

　　PBDEs 与 PCBs 在结构上非常相似，但 PBDEs 在生物中的富集特征与 PCBs

的生物富集特征存在非常明显的差别。尽管 PCBs 工业品品种多，每种工业品的组成差异巨大，但在生物体类，PCBs 大致表现为较为一致的单体组成特征，主要以 CB153、CB138、CB180、CB118 等单体为主，并且七个指示性 PCBs 单体浓度与总 PCBs 的浓度一般都存在非常良好的线性关系。尽管 PBDEs 工业品种少，每个工业品种的主要组成单体也较少，但在生物体内，随采样的区域、物种的不同，PBDEs 在生物体内的单体组成模式往往存在较大的差别。有些生物以 BDE47 为主，有些以 BDE153 为主，有些以 BDE209 为主，有些生物中 BDE99 是主要的单体，而有些生物 BDE99 完全检测不到。显然，两类化合物在元素组成及结构上的细小差别导致了其完全不同的生物富集行为。

为了更好地了解 PBDEs 在生物中的富集、放大及代谢特征，了解 PBDEs 在不同生态系统中的富集、食物链传递差异，我们从 2004 年开始，从室内暴露喂养和野外监测两个方面入手，对 PBDEs 在以鱼为核心的水生生物和以鸟为核心的陆生生物中的富集、放大和代谢情况进行了深入研究，对 PBDEs 在室内食物暴露情况下的吸收、代谢及食物链传递；淡水和海水水生食物链上的生物富集与传递以及陆生食物链上的富集与传递行为进行了调查。本章我们主要阐述了 PBDEs 的生物富集与转化的室内研究结果。

4.1　食物暴露条件下 PBDEs 在鲤鱼中的富集、代谢及转化的稳定碳同位素示踪

4.1.1　三种 PBDEs 工业品的鲤鱼暴露实验

鲤鱼是进行生物富集实验推荐的鱼种之一。同时，关于 PBDEs 代谢的很多实验都是利用鲤鱼。因此，我们将暴露鱼种选定为鲤鱼。2010 年 2 月 28 日于广东省广州市花地湾花鸟鱼虫市场购买 100 条鲤鱼（*Cryprinus carpiod*），每条长约 12 cm。将鲤鱼随机分配于玻璃材质鱼缸中（80 cm×35 cm×50 cm），通过金属棒加热维持鱼缸中水温恒定在 22℃ ± 1℃。两个鱼缸喂养添加 TBDE-71X（Wellington Laboratories）的鱼食（15 条鱼/缸，共 30 条）；两个鱼缸喂养添加 TBDE-79X（Wellington Laboratories）的鱼食（15 条鱼/缸，共 30 条）；两个鱼缸喂养添加 TBDE-83RX（Wellington Laboratories）的鱼食（15 条鱼/缸，共 30 条）；一个鱼缸（10 条鲤鱼）喂养没有添加 PBDEs 工业品的鱼食作为实验过程的质量控制与对照组（图 4-2）。鱼食为花地湾市场购买的颗粒状悬浮性鱼食，粗蛋白含量>40%，粗脂肪含量>3%。鱼缸中的水通过潜水泵以 1.5 L/min 的速率不断循环。

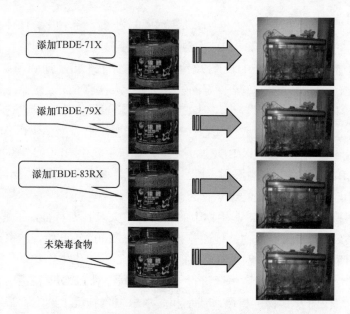

图 4-2 鲤鱼 PBDEs 暴露喂养示意图

在暴露喂养前，所有鱼缸中的鱼用未添加 PBDEs 工业品食物喂养 10 天，然后从每个鱼缸中随机取出一条鱼用于背景值分析。喂养期间，每天食物的喂养量按照鲤鱼体重的 1%左右投放。TBDE-71X、TBDE-79X 和 TBDE-83RX 的暴露剂量分别为每条鱼每天 100 μg ± 10 μg、120 μg ± 10 μg 和 150 μg ± 10 μg。在暴露喂养实验开始（第 1 天）、中间（第 10 天）和结束（第 20 天）时收集鱼食和鱼粪。连续暴露 20 天后，将鱼取出，解剖，分离出内脏。四或五条鱼（除去了内脏和鳃）合并为一个样品，得到 TBDE-71X、TBDE-79X 和 TBDE-83RX 暴露的混合样品各六个。这些样品主要进行 PBDEs 定量分析和进一步的单体稳定碳同位素特征分析。用注射器从背部大动脉抽取鲤鱼血液样品，并转移至 5 mL 的 Teflon 管。合并的血样（TBDE-71X 暴露鲤鱼有 2 份混合样，TBDE-83RX 暴露鲤鱼有 1 份混合样，TBDE-79X 暴露样未取到血样）以 3040 r/min 的转速离心 15 min，离心得到的血清样品主要用于 PBDEs 和 PBDEs 代谢产物（MeO-BDEs 和 OH-BDEs）的分析。

4.1.2 PBDEs 的提取与定量分析

鱼体组织样品冷冻干燥研磨，加入回收率指示物 BDE77、BDE181 和 ^{13}C-BDE209 各 200 ng、200 ng 和 500 ng。用正己烷（Hex）：丙酮（Ace）（1：1，V/V）混合溶剂索氏抽提 48 h。将抽提液浓缩并转换溶剂为 Hex，准确定容至 10 mL，取 1.0 mL 用于脂肪含量测定（重量法），另 9 mL 用作目标化合物的含量检测。将样品通过 GPC 柱（填料为 Bio-Beads SX-3，40 g，柱内径 2.5 cm），用 DCM∶Hex 混合溶剂（1∶1，V/V）洗脱，收集 90～280 mL 组分，至此脂肪已基本除去。将 GPC 洗脱液浓缩至 1 mL 左右，经硅胶固相萃取柱（Isolute® SI，填料 2 g，瑞典 Biotage 公司）进一步分离、净化：先用 3.5 mL Hex 淋洗但不收集；然后依次用 6.5 mL Hex∶DCM 混合溶剂（6∶4，V/V）及 7 mL DCM 淋洗且合并收集（含 PBDEs 和 MeO-BDEs）。浓缩后转移至 1.5 mL 的细胞瓶，柔和高纯氮气流下定容至 1 mL，对 PBDEs 和 MeO-BDEs 采用气相色谱–质谱联用仪（GC-MS）进行分析，上仪器前加入进样内标物混标（BDE118 和 BDE128 各 200 ng）。

称取 2.5 g 血清样品，加入回收率指示物标准 BDE77、BDE181 和 4′-HO-PCB159 各 20 ng，^{13}C-BDE 209 50 ng，6-MeO-BDE87 10 ng。然后加入 1 mL HCl（6 mol/L）和 3 mL 异丙醇充分混匀，再依次用 6 mL 和 3 mL 甲基叔丁基醚∶Hex（1∶1，V/V）混合溶剂萃取两次。合并有机相，用 3 mL KCl 溶液（1%，W/W）洗涤。再将萃取液经氮吹转换溶剂为 Hex。用 KOH 溶液（0.5 mol/L，50%乙醇）分离碱性组分（含 OH-BDEs）和中性组分（含 PBDEs 和 MeO-BDEs）。中性组分中加入 2 mL 浓硫酸以除去脂肪，然后过酸性硅胶柱（i.d.=1.0 cm；8∶8 44%酸性硅胶和中性硅胶）净化，用 30 mL DCM∶Hex（1∶1，V/V）洗脱。最后，在温和氮气下浓缩后用异辛烷定容至 100 μL。进 GC-MS 仪器分析前加内标物：BDE118 和 BDE128 各 20 ng；6-MeO-BED85 10 ng。碱性组分用 HCl 酸化并调 pH < 2，然后依次用 6 mL 和 3 mL Hex∶甲基叔丁基醚（1∶1，V/V）萃取两次，并用无水 Na$_2$SO$_4$ 除去水分。加入重氮甲烷衍生化反应过夜（使羟基甲基化）。衍生化后的样品过酸性硅胶柱（同上）净化，用 30 mL DCM∶Hex（1∶1，V/V）洗脱。净化后的样品在温和氮气下浓缩后用异辛烷定容至 100 μL。进 GC-MS 仪器分析前加入内标物（6-MeO-BED85 10 ng）。

鱼食鱼粪样品先冷冻干燥并研磨粉碎，加入回收率指示物标准溶液（同鱼组织样品），Hex∶Ace（1∶1，V/V）混合溶剂索氏抽提 48 h。抽提液转换溶剂为 Hex 并浓缩至 1～2 mL，再过酸性硅胶柱（i.d. = 1.0 cm；44%酸性硅胶柱与中性硅胶柱长度之比为 16∶8），用 80 mL DCM∶Hex 混合溶液（1∶1，V/V）洗脱并收集，净化后的样品在温和氮气下浓缩后用异辛烷定容至 1 mL。进 GC-MS 仪器分析前，上仪器前加入内标物混标。

由于 OH-BDEs 在进样前已转化为 MeO-BDEs，所以 PBDEs、OH-BDEs 和 MeO-BDEs 的分析均采用气相色谱–质谱联用仪（Agilent 6890N GC/ 5975B MS 和 Shimadzu QP2010 GC-MS），在负化学电离（ECNI）的选择离子监测模式（SIM）下完成。载气为高纯氮气，反应气为甲烷。离子源压力为 2.5×10^{-3} Pa，离子源温度为 250℃，界面（质谱连接线）温度 280℃。采用无分流进样，进样量为 1 μL，进样口温度 290℃。

其中，低溴代 PBDEs（溴取代个数低于 8）采用 DB-XLB 色谱柱（30 m × 0.25 mm i.d. × 0.25 μm，Agilent）分离，柱流速为 1.0 mL/min。色谱柱初始温度为 110℃，停留 1 min 后，按 8℃/min 的升温速率升到 180℃，保持 1 min，再以 2℃/min 的升温速率升到 240℃，保持 5 min 后，以 2℃/min 的升温速率升到 280℃，保持 15 min，最后以 10℃/min 的升温速率升到最终温度 310℃，保持 10 min。高溴代 PBDEs（8～10 溴取代单体）使用 DB-5HT 色谱柱（15 m × 0.25 mm i.d. × 0.10 μm，Agilent）进行分离，柱流速为 1.50 mL/min。色谱柱初始温度为 110℃，停留 5min 后，按 20℃/min 的升温速率升到 200℃，保持 4.5 min，再以 10℃/min 升到 310℃，保持 15 min。

扫描离子荷质比（m/z）：PBDEs 及代谢产物（除 BDE209 外）为 79 和 81；BDE209 为 486.7 和 488.7；[13]C-BDE209 为 494.7 和 496.7。其中前一扫描离子作为定量使用。目标化合物采用内标法定量。其中低溴代 PBDEs 单体的浓度梯度为 0.2～200 ng/mL，高溴代 PBDEs 单体（除 BDE209 外）的浓度梯度为 20～500 ng/mL，BDE209 的浓度梯度为 20～5000 ng/mL，MeO-BDEs 的浓度梯度为 0.5～100 ng/mL。本次研究较全面地分析了血清样品中包括内标和回收率在内的 19 种 OH-BDEs 及其 MeO-BDEs。

4.1.3 鱼体中 PBDEs 单体稳定碳同位素分析

为避免肠道组织中未消化的食物和鳃组织表面吸附的 PBDEs 的影响，仅鱼肉组织样品用于单体稳定碳同位素分析（compound-specific isotope analysis，CSIA）。合并鱼肉样品再冷冻干燥、研磨后称重，然后用 350 mL Ace：Hex（1：1，V/V）索氏萃取 48 h。抽提液的 1/10 用来做 PBDEs 的定量分析（见前述）。剩余抽提液经浓缩、替换溶剂为 Hex（90 mL）后，每次用 10 mL 浓硫酸除脂肪，共三次。随后，提取液中加入硫酸钠溶液（5%，W/W）去除提取液中残存的硫酸至水溶液为中性。将提取液浓缩至 1 mL，过复合酸性硅胶柱（8 cm：8 cm）净化，用 35 mL Hex：DCM（1：1，V/V）洗脱。洗脱液浓缩至 1 mL，进一步过硅胶氧化铝复合柱（12 cm：6 cm）纯化。样品先用 22 mL Hex 淋洗（该组分弃），随后再用 5 mL Hex 和 15 mL DCM：Hex（1：1，V/V）溶剂淋洗。后面的两个组分收集合并，经氮气浓缩后用异辛烷定容至 400 μL 进仪器分析。

在进行 CSIA 分析之前，样品先通过 Agilent 7890A GC/5975C MS 联用仪采用电子撞击离子源在全扫模式下检测样品的纯度。TBDE-71X 被用作 PBDEs 定量的标准物质。PBDEs 单体的鉴定通过与标准物质中相应化合物的质谱图和保留时间来比对进行。纯化后的样品采用气相色谱–同位素质谱联用仪（Agilent 6890 GC-GV Isoprime IRMS）进行单体稳定碳同位素组成分析。样品于 290℃下采用分流/无分流进样器在无分流模式下进样（1 min 后开始分流）。PBDEs 的分离采用型号 DB-5ms（30 m × 0.25 mm i.d × 0.25 μm 膜厚）的色谱柱。色谱柱的升温程序为：110℃（停留 1 min），以 8℃/min 升温至 200℃（停留 1 min），以 3℃/min 升温至 240℃（停留 2 min），再以 5 ℃/min 升温至 280℃（停留 10 min），最后以 10℃/min 升温至 310℃（停留 10 min）。氦气作为载气以 1.3 mL/min 的速率分离 PBDEs。燃烧炉的温度保持在 940℃。

4.1.4　质量保证与质量控制

完整的质量保证与质量控制（QA/QC）贯穿样品的采集、保存、化学前处理及仪器分析全过程。实验室暴露过程中设置了空白对照组，未染毒鱼食喂养对照组。实验过程中 QA/QC 措施则主要包括在每个样品中添加回收率指示物，在批量处理样品（每 11 个）时，添加程序空白样品等保证分析方法准确性和可靠性。在进行仪器分析时，每天进一个固定浓度的日校正标样，确保仪器运行的稳定。回收率指示物 BDE77、BDE181、^{13}C-BDE-209 和 6-MeO-BDE87 在所有样品中的回收率分别为 75%～120%、78%～108%、81%～110%和 85%～93%。方法检出限定义为 10 倍信噪比，OH-BDEs 的方法检出限范围为 0.14～0.49 ng/g，MeO-BDEs 的方法检出限范围为 0.52～0.74 ng/g。

鲤鱼暴露喂养组的鱼体样品（对照和背景样品）和血清样品（对照和背景样品），无论是实验的开始还是结束，都没有 OH-BDEs 和 MeO-BDEs 的检出，表明几乎没有来自水或食物的 OH-BDEs 和 MeO-BDEs 的吸收。在实验对照组样品中有 BDE47、BDE100 和 BDE154 检出，其实验开始前的检出浓度（脂肪归一化浓度）分别为 2.02 ng/g ± 0.60 ng/g，0.26 ng/g ± 0.11 ng/g 和 0.78 ng/g ± 0.14 ng/g；实验结束时的浓度分别为 3.70 ng/g ± 2.10 ng/g，0.77 ng/g± 0.70 ng/g 和 1.36 ng/g ± 1.41 ng/g。与暴露鱼体中 PBDEs 含量比较，背景鱼中 PBDEs 的含量可以忽略，因为暴露鱼中 PBDEs 的浓度要比对照鱼中 PBDEs 浓度要高出 5～6 个数量级。

CSIA 分析过程的 QA/QC 同样包括样品前处理过程以及仪器分析过程。为确保处理过程中未引起稳定碳同位素组成的变化，我们进行了空白和基质加标的实验。与标准品相比，基质加标实验中各单体稳定碳同位素比值的变化极小。另外，因 GC-C-IRMS 的燃烧炉对溴原子很敏感，本研究还重点探讨了不同浓度下 GC-C-IRMS 分析数据的变化规律，找出了最适宜分析的浓度范围。在仪器进样分析方面，通过添加内标化合物 PCB30 来控制整个数据的可靠性。PCB30 购于美国罗德岛州，北金斯敦的 Ultra Scientific。内标 PCB30 的 δ^{13}C 值先通过离线的元素分析仪–稳定同位素比率质谱仪系统 EA-IRMS（Flash 2000 EA-DELTA V PLUS IRMS，Thermo-Fisher）测定。样品中添加的 PCB30 内标通过在线仪器（GC-C-IRMS）分析测定的 δ^{13}C 值（−29.17‰～−29.03‰）与离线分析仪器（EA-IRMS）测定的 δ^{13}C 值（−28.80‰）偏差小于 0.5‰，表明仪器的稳定性较好，所得数据具有可靠性。另外，实验每天通过测试 TBDE-71X 和 PCBs 标样中单体的 δ^{13}C 值来检测 GC-C-IRMS 稳定性。每个样品平行进样 3 次，只有 3 次进样的结果差异小于 0.5‰时，才被采用。

4.1.5   PBDEs 在鲤鱼肠道中的吸收与转化

染毒鱼食与鱼粪中 PBDEs 组成及浓度的变化可以反映 PBDEs 的肠道吸收过程。染毒鱼食与鱼粪中 PBDEs 组成见图 4-3。与鱼食相比，相应鱼粪中 PBDEs 的主要单体没有发生明显变化，但是 PBDEs 的单体百分组成存在一定差异。一是部分鱼食中没有的 PBDEs 单体在鱼粪中被检出，如 TBDE-79X 暴露组中的 BDE155 及其他低溴单体；TBDE-83RX 暴露组中 BDE201、183 及其他低溴代单体。二是 PBDEs 主要单体的百分含量有一定变化，如 TBDE-71X 暴露组，鱼粪中 BDE47、BDE154 和 BDE153 的百分含量增加，而 BDE99 和 BDE85 的百分含量下降；TBDE-79X 暴露组中 BDE149 和 BDE154 的百分含量增加，而 BDE183 的百分含量明显下降等。粪便中新的单体的检出表明在肠道中发生了脱溴转化过程，而 PBDEs 单体组成的变化则可能是这种脱溴转化的结果或肠道选择性吸收的结果。

为进一步探讨 PBDEs 在肠道中的吸收与转化过程，我们对 PBDEs 各单体在鱼食与鱼粪中的浓度比进行了分析。该比值与食物的吸收和排泄紧密相关。如果鱼体对 PBDEs 的吸收效率低于对食物的吸收效率，则肠道吸收将会导致粪便中 PBDEs 的浓度增加，反之亦然。也就是说鱼粪和鱼食中 PBDEs 单体浓度比值越高，说明该单体的吸收效率越低。另外，脱溴代谢过程也可能造成相关单体鱼食/鱼粪浓度比的变化。由于 PBDEs 普遍具有较高的 $\log K_{OW}$（>6），因此，PBDEs 从鱼食、鱼粪向水中的扩散损失可忽略。三个暴露组鱼粪与鱼食中 PBDEs 单体的浓度比值（$C_{鱼粪}/C_{鱼食}$）见表 4-2。总体来说，五溴联苯醚工业品（TBDE-71X）的吸收效率高于八溴和十溴联苯醚工业品（TBDE-79X和TBDE-83RX）的吸收效率。

PBDEs单体的溴原子取代个数与$C_{鱼粪}/C_{鱼食}$值之间整体呈现正相关性（$p< 0.05$，个别单体出现例外情况，如BDE154、BDE197）。这表明PBDEs各单体在肠道中的吸收效率随溴原子的取代数目的增加而降低。分子体积增加导致的穿透生物膜的速率的降低可能是主要原因。九溴和十溴取代的单体所反映的表观肠道吸收效率并不比七溴和八溴取代单体的吸收效率低（图 4-4），造成这种现象的原因可能与高溴单体

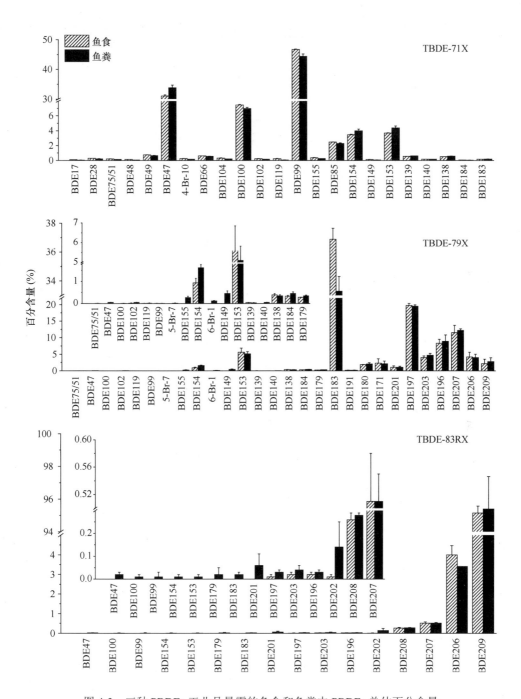

图4-3 三种 PBDEs 工业品暴露的鱼食和鱼粪中 PBDEs 单体百分含量

表 4-2　三种 **PBDEs** 工业品暴露组鱼粪与鱼食中 **PBDEs** 的含量比值

化合物	溴原子数	TBDE-71X	TBDE-79X	TBDE-83RX
BDE28	3	1.4		
BDE47	4	1.9		
BDE66	4	1.5		
BDE100	5	1.5		
BDE99	5	1.6	1.7	
BDE85	5	1.4		
BDE154	6	1.8	5.1	
BDE153	6	1.7	2.4	
BDE138	6	1.6	2.3	
BDE183	7	2.6	2.2	
BDE197	8		2.5	6.5
BDE203	8		3.1	2.8
BDE196	8		2.7	2.6
BDE208	9			2.4
BDE207	9		2.4	2.3
BDE206	9		2.2	1.9
BDE209	10		2.8	2.2
ΣPBDEs		1.7	2.5	2.3

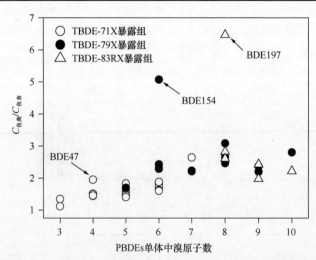

图 4-4　暴露鱼粪和鱼食中 PBDEs 浓度比值与 PBDEs 单体溴原子数的关系

在肠道内的脱溴代谢过程有关。TBDE-71X 暴露组中 BDE47 的 $C_{鱼粪}/C_{鱼食}$ 值其他取代单体的显著增加，显示出较低的表面肠道吸收效率。TBDE-79X 暴露组中

BDE154 和TBDE-83RX暴露组中的BDE197 也表现出同样的现象。显然，分子体积的大小不能解释这种异常现象。Benedict等（2007）发现鲤鱼的肠道微粒体能有效催化BDE99 脱溴代谢生成BDE47，他们还证实这种脱溴转化并不是肠道微生物的作用。考虑到BDE183 脱溴生成BDE154 及BDE209 脱溴生成BDE197 是鲤鱼体内常见的代谢途径（Roberts et al.，2011）；肠道内既然存在BDE99 向BDE47 的脱溴代谢过程，上述两种脱溴代谢途径在肠道中存在应该是合理的推测。BDE154 和BDE197 在不同暴露组中的$C_{鱼粪}/C_{鱼食}$值差异更进一步为上述猜想提供了证据。在TBDE-71X暴露组中BDE154 的$C_{鱼粪}/C_{鱼食}$值（1.8）与BDE153（1.7）的没有明显差别，但在TBDE-79X暴露组中其值明显升高（BDE154：5.1；BDE153：2.4）。类似的，TBDE-79X暴露组中BDE197 的$C_{鱼粪}/C_{鱼食}$的值（2.5）要明显低于TBDE-83RX暴露组中相应的值（6.5）。造成以上现象的原因是在TBDE-79X暴露组和TBDE-83RX暴露组中分别存在BDE154 和BDE197 的前体BDE183 和BDE209，BDE183 向BDE154 以及BDE209 向BDE197 的转化是导致其值上升的主要原因。鱼粪中检出的鱼食中没有的PBDEs单体也是由于这种脱溴转化过程所致。

4.1.6　PBDEs 在鲤鱼体内的单体组成模式及其脱溴代谢

利用单一化合物研究 PBDEs 在鲤鱼体内的代谢已有不少报道，如 BDE99 脱溴生成 BDE47、BDE183 脱溴生成 BDE154 和 BDE209 脱溴生成 BDE197（Roberts et al.，2011；Stapleton et al.，2006；Stapleton et al.，2004a；Stapleton et al.，2004b）。利用单一化合物进行代谢研究，反应物和产物的关系非常明确，但由于化合物个数的限制，不能充分地了解化合物分子结构与代谢活性的关系。本研究中鲤鱼并不是暴露于特定的 PBDEs 单体，而是暴露于 PBDEs 混合物，所以不能就某一脱溴单体给出具体的代谢途径。但是众多的反应物和产物之间的比较，便于寻找到 PBDEs 单体脱溴代谢的结构与活性关系。

三组暴露实验中鱼食与鲤鱼肌肉组织中 PBDEs 单体组成见图 4-5。从图看见，TBDE-71X 暴露组鱼食中所有 PBDEs 单体皆在鱼体内检出，但单体的组成存在明显变化。BDE47 的百分含量从食物中的 30%增加到鱼体中的 85%；BDE99、BDE85、BDE154 和 BDE153 的百分含量分别从 47%、2.8%、3.8%和 4.4%降到 0.47%、0.002%、1.96%和 1.36%；BDE100 的相对含量则没有明显变化（8.2% vs 8.4%）。单体喂养实验证实 BDE99 可以通过脱掉间位上的溴原子生成 BDE47（Stapleton et al.，2004a）。BDE85（2,2′,3,4,4′）与 BDE99（2,2′,4,4′,5）有相似的结构，均有两个邻位、两个对位和一个间位取代的溴原子。因此，BDE85 也可能脱掉间位上的溴原子生成 BDE47（2,2′,4,4′）。由于从肠道吸收的角度，BDE99 和 BDE85 与其他单体并没有明显差别，因此，其相对含量的降低只能归因于生物转化过程。鱼

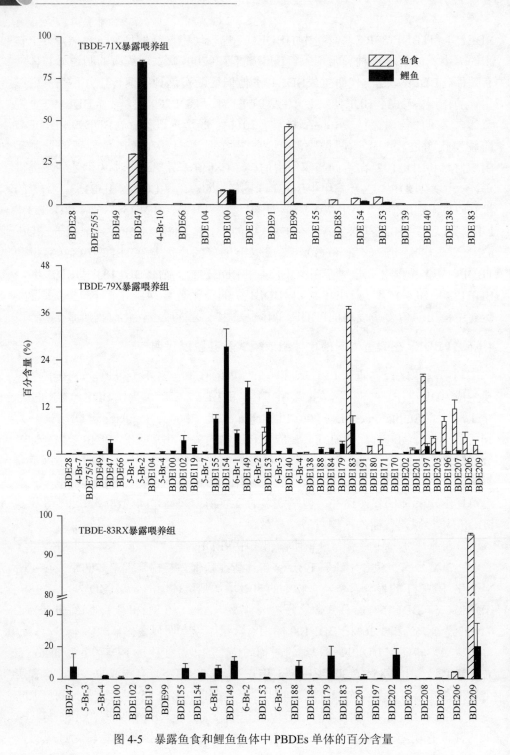

图 4-5 暴露鱼食和鲤鱼鱼体中 PBDEs 单体的百分含量

体内 BDE47 百分含量的急剧增加是因为 BDE47 是主要的脱溴产物。di-～tri-BDE 单体百分含量增加有限，说明 BDE47（BDE47 是 tetra-BDE 单体）的进一步脱溴代谢可以忽略。较低的吸收速率和可能的脱溴代谢是导致鱼体中 BDE153 和 BDE154 丰度降低的原因（Stapleton et al.，2002）。Roberts 等（2011）进行的鱼体外暴露实验证实 BDE154 不容易代谢脱溴，而 BDE153 可以脱溴生成 BDE101 和 BDE47，这可能是工业品中 BDE153 的相对含量高于 BDE154，但在鱼体中 BDE154 要高于 BDE153 的原因。鱼体内 BDE100 的相对含量无明显变化，表明了 BDE100（2,2′,4,4′,6,6′）不容易代谢脱溴，这与 Roberts 等（2011）的研究结果是一致的。

TBDE-79X 暴露组在鱼体内检出了 20 种鱼食中未检出的 PBDEs 单体。这些单体大多数是 tri-BDE、tetra-BDE 和 penta-BDE 单体。鱼食中主要的 PBDEs 单体是 hepta-BDEs 和 octa-BDEs（BDE183、BDE197、BDE207、BDE196 和 BDE203），而鱼体中主要单体是 hexa-BDEs（BDE154、BDE155、BDE149 和 BDE153）和一个未鉴定的 hexa-BDE 单体。已有报道表明，BDE154（2,2′,4,4′,5′,6）是 BDE183（2,2′,3,4,4′,5′,6）在鲤鱼和其他鱼体内的主要代谢物（Roberts et al.，2011；Stapleton et al.，2004a）。在假设脱溴反应过程中溴原子没有发生重排的情况下，鱼体内的 BDE155（2,2′,4,4′,6,6′）很可能来源于 BDE197（2,2′,3,3′,4,4′,6,6′）和 BDE207（2,2′,3,3′,4,4′,5,6,6′）脱去间位上的溴原子。BDE206（2,2′,3,3′,4,4′,5,5′,6）、BDE196（2,2′,3,3′,4,4′,5,6）、BDE203（2,2′,3,4,4′,5,5′,6）和 BDE183（2,2′,3,4,4′,5′,6）均可以脱去间位或对位上的溴原子生成 BDE149（2,2′,3,4′,5′,6）。所以可以初步认为 BDE154、BDE155、BDE149 和一个未鉴定的 hexa-BDE 是 TBDE-79X 实验组鱼体中 PBDEs 的主要脱溴产物。

TBDE-83RX 暴露组中，鱼食中 BDE209 占 ΣPBDEs 比例超过 95%，而鲤鱼体中 BDE209 仅占 ΣPBDEs 的 20%，这意味着大量的 BDE209 通过脱溴生成了其他低溴代单体。文献报道 BDE179（2,2′,3,3′,5,6,6′）和 BDE188（2,2′,3,4′,5,6,6′）是 BDE208（2,2′,3,3′,4,5,5′,6,6′）在鲤鱼体内生成的低溴代的代谢产物（Roberts et al.，2011）。BDE208 还可以脱去一个对位溴原子生成 BDE202（2,2′,3,3′,5,5′,6,6′）（Munschy et al.，2011）。因此，由 BDE209 脱溴生成的 BDE208 是 BDE179、BDE188 和 BDE202 的前体。其他单体如 BDE155、BDE149、BDE154 则应与 TBDE-79X 暴露组的脱溴代谢途径相同。

Roberts 等（2011）总结几种 PBDEs 单体代谢实验发现，PBDEs 单体在鱼体中脱溴代谢活性与单体结构存在如下关系，即 PBDEs 单体发生脱溴反应时单体必须至少有一个间位溴原子，而没有间位溴原子的单体如 BDE28（2,4,4′）、BDE47

（2,2′，4,4′）和 BDE100（2,2′,4,4′,6,6′）则不容易发生脱溴代谢。BDE47、BDE100 和 BDE155（2,2′,4,4′,6,6′）并没有间位溴原子，因此该类单体在鲤鱼体中较高的百分含量与其上述结构与代谢活性关系预期结论是一致的。BDE154（2,2′,4,4′,5′,6）、BDE149（2,2′,3,4′,5′,6）、BDE179（2,2′,3,3′,5,6,6′）、BDE188（2,2′,3,4′,5,6,6′）和 BDE202（2,2′,3,3′,5,5′,6,6′）分别有一个、两个、三个、两个和四个间位溴原子存在，根据以上结构与活性关系的推测，以上单体中的间位溴原子应该存在较高的被脱溴代谢的可能性。但本研究的结果并不支持这一点（图 4-6）。因此，仅从是否存在间位溴取代来推断 PBDEs 的结构与脱溴代谢活性可能并不全面。为进一步研究 PBDEs 在鲤鱼体内脱溴代谢的结构–活性关系，我们对三个暴露组中反应物和脱溴产物的结构进行了分析，结果发现，凡是在鱼体内以较高丰度存在的单体，其结构上均不存在双相邻取代的对位或间位溴原子。与鱼食比较，鱼体中 PBDEs 被大量脱溴的单体如：BDE85（2,2′,3,4,4′）、BDE183（2,2′,3,4,4′,5′,6）、BDE196（2,2′,3,3′,4,4′,5,6′）、BDE197（2,2′,3,3′,4,4′,6,6′）、BDE203（2,2′,3,4,4′,5,5′,6）、BDE206（2,2′,3,3′,4,4′,5,5′,6）、BDE207（2,2′,3,3′,4,4′,5,6,6′）、BDE208（2,2′,3,3′,4,5,5′,6,6′）和 BDE209（2,2′,3,3′,4,4′,5,5′,6,6′）在苯环上至少存在一个双相邻取代的间位或对位溴原子。而一旦这种双相邻结构的间位或对位的溴原子取代结构消失，则不论是处在对位还是间位的溴原子都不易进一步地发生脱溴代谢。这种脱溴规律和厌氧微生物对 PBDEs 的脱溴代谢途径规律一致（Robrock et al.，2008）。但 BDE99 则不能用上面的规律进行解释。因为 BDE99（2,2′,4,4′,5）不存在双相邻的间位或对位溴取代结构。现有研究结果证实 BDE99 脱溴生成 BDE47 并不是生物体内普遍存在的脱溴代谢途径，这一脱溴途径与体内甲状腺素的脱碘途径类似，并与脱碘酶的类型有关。因此，可能是一类受特定酶控制的特异性脱溴途径。从上述分析可以将鲤鱼体内 PBDEs 的脱溴代谢途径归纳为三个主要类型（图 4-6）：第一条途径是 PBDEs 脱溴除去双相邻取代的间位溴原子；第二条途径是 PBDEs 脱溴除去双相邻取代的对位溴原子；第三条途径是以 BDE99 脱溴降解生成以 BDE47 为代表的反应途径。其中脱除双相邻的间、对位溴原子可能是脱溴反应的第一步。至于缺少了这种结构的单体是否会进一步脱溴，以及不同结构的脱溴速率是否存在差异则在 4.3 节具体讨论。

4.1.7 鲤鱼血清中 MeO-BDEs 和 OH-BDEs

在扣除背景干扰后，17 种 MeO-BDEs 在暴露组鲤鱼血清中没有检出，表明鲤鱼体内 PBDEs 的甲氧基化过程可以忽略。Munschy 等（2011）报道 PBDEs 暴露

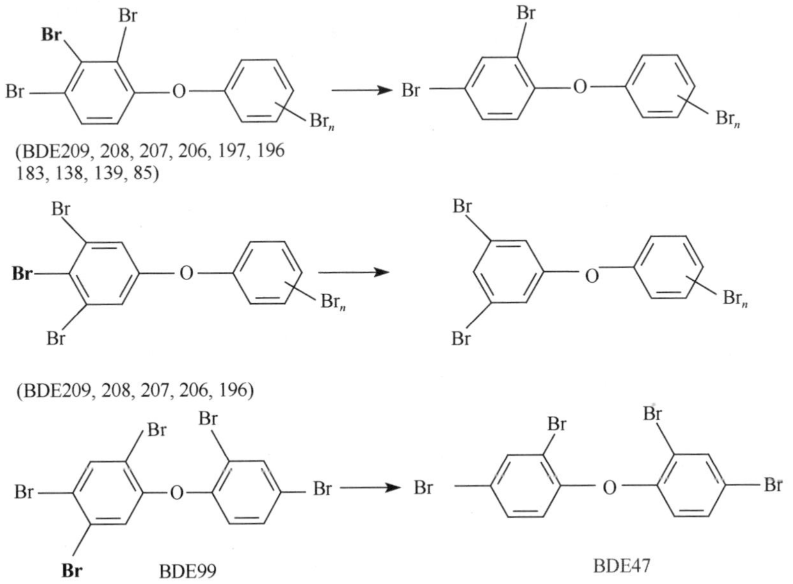

(BDE209, 208, 207, 206, 197, 196
183, 138, 139, 85)

(BDE209, 208, 207, 206, 196)

BDE99

BDE47

图 4-6　鲤鱼鱼体中 PBDEs 单体的代谢途径

喂养的比目鱼血浆中检出三种 MeO-BDEs 单体（6-MeO-BDE47、2-MeO-BDE68 和一种未鉴定的 MeO-BDEs 单体）。但 6-MeO-BDE47 和 2-MeO-BDE68 已被证实是海水中天然存在的 MeO-BDEs。Wan 等（2009）通过体外实验发现 MeO-BDEs 可以转化为 OH-BDEs，但 OH-BDEs 不能够转化为 MeO-BDEs，证实了 OH-BDEs 在鱼体内发生甲基化反应的可能性较低。这些结果均表明，甲氧基化代谢过程可能不存在鲤鱼体内，即使存在也可能是一条微不足道的代谢途径。

　　TBDE-71X 暴露组鲤鱼血清中检出了 11 种已知结构的 OH-BDEs 单体：2′-OH-BDE28、3′-OH-BDE28、6-OH-BDE47、3-OH-BDE47、5-OH-BDE47、4′-OH-BDE49、4-OH-BDE42、6′-OH-BDE99、5′-OH-BDE99/4-OH-BDE90、3-OH-BDE154 和 6-OH-BDE140（图 4-7）和几种疑似 OH-BDEs 的化合物，由于没有相应的标样，这些疑似化合物无法进行准确鉴定。3-OH-BDE154 和 6-OH- BDE140 是首次在鱼体中被检出。已有研究认为邻位—OH 取代的 OH-BDEs，如 6-OH-BDE47 和 2′-OH-BDE28 是自然产物（Marsh et al.，2003；Teuten et al.，2005）。同时，PBDEs 暴露喂养比目鱼实验也发现 6-OH-BDE47 并不是 PBDEs 的代谢产物（Munschy et al.，2010）。但也有研究报道 6-OH-BDE47 在人和动物体内是 PBDEs 的代谢产物（Malmberg et al.，2005；Qiu et al.，2009）。本研究中，鱼食和对照鱼样中并没有 6-OH-BDE47 和几种邻位—OH 取代的 OH-BDEs 的检出，所以本研究中检测到的 OH-BDEs 应该都来源于 PBDEs 的体内代谢。

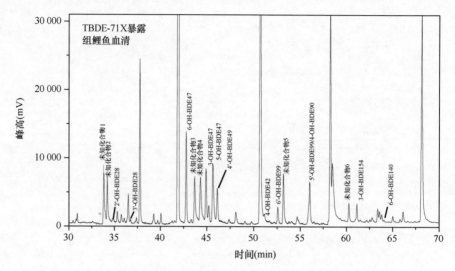

图 4-7 TBDE-71X 工业品暴露鲤鱼血清的碱性组分单扫色谱图

Malmberg 等（2005）用 PBDEs 暴露大鼠后发现，大鼠血清样品中有 BDE47 的三个 OH-BDE47 代谢产物，但是这三个代谢产物是以间位和对位羟基取代为主，而邻位取代较少。在本实验中，6-OH-BDE47、3-OH-BDE47 和 5-OH-BDE47 的浓度彼此接近（均值分别为 16.7 ng/g、14.6 ng/g 和 16.3 ng/g 湿重归一化浓度，wet weight，ww），说明苯环上—OH 的取代位没有显著的选择性。这与大鼠暴露的结果不同，种间 PBDEs 代谢能力的差异可能是主要原因。另外，5′-OH-BDE99 的浓度（均值 7.1 ng/g ww）是 6′-OH-BDE99 浓度（均值 3.8 ng/g ww）的两倍，可能是因为 4-OH-BDE90 和 5′-OH-BDE99 共溢的缘故（图 4-7）。

OH-BDEs 可以由母体 PBDEs 通过直接插入—OH 或经过一次邻位重排（1,2-迁移或者 NIH 迁移）生成（Malmberg et al.，2005）。因此，BDE28、BDE47、BDE49、BDE99、BDE154 和 BDE140 可能是鲤鱼血清中检出的 OH-BDEs 的前体。计算鱼体内 ΣOH-BDEs（共 11 种检出的 OH-BDEs）与前体 ΣPBDEs 的浓度比值后发现，TBDE-71X 暴露组的两个血清样品中，该比值分别为 0.7%和 0.5%，与已有的关于鱼类和海洋生物的研究报道结果相似（Munschy et al.，2010）。较低的比值说明了 PBDEs 的羟基化并不是鱼体内 PBDEs 的主要代谢过程。

TBDE-83RX 暴露组血清样品中，没有 OH-BDEs 的检出。TBDE-83RX 暴露组鱼体中 ΣPBDEs 的浓度（81 ng/g ww）仅为 TBDE-71X 暴露组鱼体中 ΣPBDEs 湿重归一化浓度的 0.6%。因此，TBDE-83RX 暴露组血清样品中较低的母体 PBDEs 浓度可能是导致该暴露组血清样品中 OH-BDEs 浓度低于检出限的原因。

4.1.8　单体稳定碳同位素示踪 PBDEs 单体在鲤鱼中的脱溴代谢

由于我们采用的是工业混合物进行暴露实验，只能通过 PBDEs 组成的相对变化来了解相关 PBDEs 的脱溴代谢过程。尽管脱溴反应能很好地解释观察到的结果，但相关结论还存在其他的解读。如相关单体相对含量的升降除了脱溴反应外，还可能由其他原因造成如不同单体的吸收效率差异性、其他代谢途径如羟化代谢途径的差异性。在野外条件下，相关不确定性因素就更多，如食物来源的多样性、不同单体的生物可利用性差别等。为了更进一步地确认相关结果，也为野外监测中辨别相关单体究竟是来源于环境吸收还是体内代谢，我们引入了单体稳定碳同位素分析技术对 PBDEs 在鱼体内代谢转化过程进行了示踪。

前期预实验表明，现有仪器条件和方法无法实现对八溴联苯醚工业品和十溴联苯醚工业品中的单体的稳定碳同位素分析，主要原因有进样和柱分离过程中的降解以及卤代程度增加导致的燃烧炉中燃烧不完全。因此本研究中只对五溴联苯醚工业品（TBDE-71X）暴露组样品中 PBDEs 单体进行了稳定碳同位素组成的测定。在 PBDEs 的合成过程中，由于同位素分馏效应的存在，高溴代 PBDEs 单体比低溴代 PBDEs 具有更低的 $\delta^{13}C$ 值。此外，在脱溴过程中，$^{12}C—Br$ 键比 $^{13}C—Br$ 键容易发生断裂，意味着高溴代单体的脱溴产物将出现 ^{13}C 的亏损。脱溴降解产物会比原来存在的单体的 $\delta^{13}C$ 值低。因此，可以通过比较相关单体暴露前后 $\delta^{13}C$ 值的变化来探讨 PBDEs 在鲤鱼中的转化过程。

TBDE-71X 标样与鲤鱼样品中主要 PBDEs 单体的 GC-C-IRMS 谱图和主要 PBDEs 单体的 $\delta^{13}C$ 值见图 4-8 和图 4-9。从图 4-8（b）中可以发现，鲤鱼样品中仅 BDE28、BDE49、BDE47 和 BDE100 可以进行稳定碳同位素比值分析。这 4 种 PBDEs 单体的稳定碳同位素分析结果见图 4-9。与 TBDE-71X 标样比较，鲤鱼样品中 BDE47 的 ^{13}C（$\delta^{13}C$：$-27.1‰$）亏损了 $1.4‰$，BDE28 的 $\delta^{13}C$ 值也略有降低，而标样和鲤鱼中 BDE100 的 $\delta^{13}C$ 值基本一致。鲤鱼样品中 BDE47 的 $\delta^{13}C$ 值的显著降低显然是由于鱼体中部分 BDE47 继承了高溴代 PBDEs 单体（BDE99）较低的 $\delta^{13}C$ 值的结果，即 BDE47 是高溴代单体代谢脱溴的产物。而 BDE100 的 $\delta^{13}C$ 值与原始标样保持相对恒定，则表明 BDE100 主要是鲤鱼从鱼食中富集而来，这与之前从 PBDEs 单体结构和脱溴代谢关系分析认为 BDE100 在鱼体中不易发生代谢过程的结论是一致的。

结合 PBDEs 单体的 $\delta^{13}C$ 值及单体的百分组成，可以进一步了解 PBDEs 的富集和转化机制。鲤鱼相比鱼食中 BDE47 的百分含量从 30% 增加到 85%，而 BDE99 的百分含量从 47% 下降到 0.47%。BDE99 脱溴降解生成 BDE47 显然是这种变化

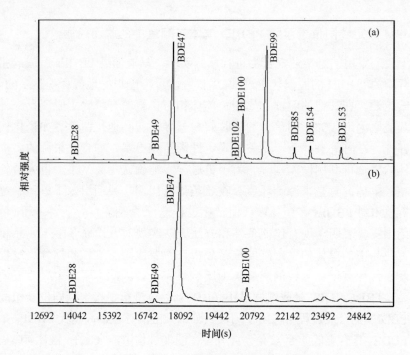

图 4-8　GC-C-IRMS 分析 PBDEs 谱图

（a）TBDE-71X；（b）暴露鲤鱼

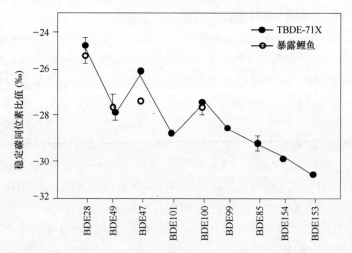

图 4-9　TBDE-71X 与鲤鱼中 PBDEs 单体稳定碳同位素组成

的主要原因。能否从同位素组成数据验证这一结论呢？假定脱溴降解过程中没有明显的同位素分馏（实际上由于 BDE99 基本转化完全，有无这种假定基本不影响最终结果），降解产物 BDE47 完全继承了 BDE99 的稳定碳同位素组成特征，则可以通过一个简单的二端元模型计算出最终鱼体内的 BDE47 有多少来自于 BDE99 的脱溴降解。计算结果表明，鲤鱼体内的 BDE47 约有 50%来自于 BDE99 的脱溴降解。这一比例与工业品 TBDE-71X 中 BDE99 和 BDE47 的摩尔比（53∶47）基本吻合。这一结果基本上验证了 BDE99 脱溴降解成 BDE47 的这一推论。鱼体内 BDE100 的含量（8.2%）与原始标样中 BDE100 的含量（8.4%）相近，而稳定碳同位素检测结果也发现 BDE100 的 $\delta^{13}C$ 值在标样和鱼体中基本一致（图 4-9）。因此，从理论上说，在得知具体的代谢途径的基础上，单体稳定碳同位素数据可以定量分清楚生物体内某一单体是来自于环境吸收还是来自于体内代谢。同时，结合组成变化数据，稳定碳同位素数据可以间接提供相关 PBDEs 单体脱溴降解的途径。

4.2　室内暴露条件下 PBDEs 在水生食物链上的富集、传递及代谢特征

4.2.1　TBDE-71X 工业品水生食物链暴露实验及样品分析

为模拟野外水生食物链，我们在室内人工建立了两条水生食物链，其组成分别为饲料→四间鱼→地图鱼，饲料→四间鱼→红尾鲶。四间鱼（tiger barb, *Barbus tetrazona*）又称为虎皮鱼，鲤科，体型较小，属于杂食性鱼类，能吃干饲料。可以代表野外的鲤科鱼类。地图鱼（oscar, *Astronotus ocellatus*）又称为图丽鱼，慈鲷科，图丽鱼属，体型较大，属于肉食性凶猛鱼类，能吃小鱼。该鱼与广东广泛分布的罗非鱼同属慈鲷科鱼。红尾鲶（red-tailed catfish, *Phractocephalus hemiliopterus*），油鲶科，属于肉食性鱼类，与野外的鲶鱼属同类。这三种鱼均是常见的室内观赏鱼种，具有容易饲养的特点，同时，所选鱼种也具有一定的野外代表性。

2010 年 11 月 16 日于广东省广州市花地湾花鸟鱼虫市场购买四间鱼（200 条/批，共 4 批），地图鱼（11 条）和红尾鲶（13 条）。其中四间鱼、地图鱼和红尾鲶的平均长度分别为 1.1 cm、19 cm 和 15 cm，平均体重分别是 1.3 g、82 g 和 70 g。这三种鱼分别喂养在不同的鱼缸（80 cm × 35 cm × 50 cm）中。每个鱼缸都配有加热棒来保持水温在 22℃ ± 1℃，用曝气泵保持鱼缸中水处于富氧状态。染毒暴露前，所有的鱼用未染毒的食物喂养 10 天，让鱼充分适应实验环境。10 天的适应阶段之后，分别取出 3 条红尾鲶，3 条地图鱼和 21 条四间鱼（7 条四间鱼合并成一个样品）进行污染物背景值分析。

第一批四间鱼（200 条）每天喂食 4 g（1 mg PBDEs/g 食物）食物，连续喂养 5 天。然后将所有鱼捞出，存放于冰箱，每天从这 200 条四间鱼中取出 40 条，其

中 16 条鱼喂养红尾鲶，16 条鱼喂养地图鱼（图 4-10），剩余 8 条四间鱼收集并冷冻保存。第一批四间鱼停止暴露喂养的同时，开始暴露喂养第二批四间鱼（200 条）。如此，先后共喂养四批四间鱼。四批四间鱼全部投放喂养地图鱼和红尾鲶之后，将红尾鲶、地图鱼捞出。实验共暴露喂养 800 条四间鱼。最终收集到 8 条地图鱼，10 条红尾鲶和 160 条四间鱼（根据需要样品最终合并后再进行 CSIA 分析）。

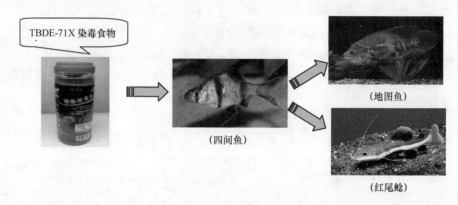

图 4-10　TBDE-71X 食物链暴露喂养示意图

　　通过背部主动脉抽血的方式收集地图鱼和红尾鲶血液样品并保存在 5 mL 的特氟龙管中。对于合并的血液样品（红尾鲶 2 个血液样品，地图鱼 1 个血液样品）在 3040 r/min 的速率下离心 15min 得到相应的血清样品。鱼体组织（肝脏、肾脏和肠道）以及鳃用钢制小镊子、剪刀和医用刀片小心从鱼体中分离收集，对于红尾鲶，还收集了内脏周围的脂肪组织。由于地图鱼的内脏周围没有发现脂肪组织，所以未收集相应样品。鳃和肝脏收集后小心用去离子水冲洗以除去表面的血液。血清样品用来进行 PBDEs 及 PBDEs 代谢产物（MeO-BDEs 和 OH-BDEs）分析。四间鱼、地图鱼和红尾鲶肌肉合并样品的十分之一和收集的鱼体内部组织样品被用来做 PBDEs 的定量分析，而剩余的肌肉则用来进行 PBDEs 的 CSIA 分析。

　　本实验进行了 PBDEs 在两种鱼内部不同组织之间的分布。所分析的组织包括肌肉、肝脏、肾脏、肠道、鳃和腹部脂肪。在地图鱼的腹腔中没有发现有足够量的脂肪组织，因此，地图鱼中的脂肪组织没有进行分析。各个组织及血液中 PBDEs 单体、OH-BDEs 和 MeO-BDEs 的提取与定量分析以及肌肉组织中各 PBDEs 单体的稳定碳同位素分析同上节。具体步骤不再赘述。

　　食物链传递暴露喂养实验中，所有对照和背景鱼样的血液样品中无 MeO-BDEs 和 OH-BDEs 的检出。空白或者对照样品中都有 PBDEs 的检出。四间鱼、红尾鲶和地图鱼的平均背景值脂肪归一化浓度依次是 10.4 ng/g ± 7.5 ng/g、77.0 ng/g ± 33.1 ng/g 和 8.2 ng/g ± 0.9 ng/g。背景样品中 PBDEs 的浓度比暴露样品中 PBDEs 浓度要低几个数量级，对后续相关计算的影响可以忽略。

4.2.2　PBDEs 在两捕食性鱼中的组织分配

红尾鲶与地图鱼不同组织间的湿重归一化浓度见图 4-11（a）。红尾鲶脂肪组织中 ΣPBDEs 浓度（4.8×10^5 ng/g ww）显著大于其他组织：肾脏（2.2×10^4 ng/g ww）、肝脏（1.99×10^4 ng /g ww）、鳃（1.2×10^4 ng/g ww）、肠（8.4×10^3 ng/g ww）、肌肉（8.1×10^3 ng/g ww）和血清（6.5×10^3 ng/g ww）。地图鱼中没有收集到脂肪组织，其他组织中 ΣPBDEs 浓度为肝脏（2.1×10^4 ng/g ww）> 鳃（9.7×10^3 ng/g ww）> 肠（5.7×10^3 ng/g ww）> 肌肉（5.6×10^3 ng/g ww）> 肾脏（1.0×10^3 ng/g ww）> 血清（0.9 μg/g ww）。

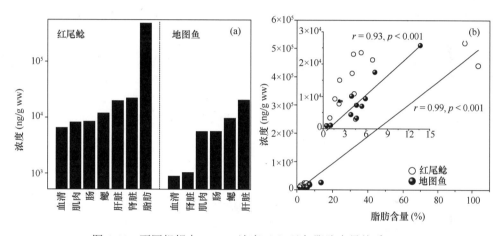

图 4-11　不同组织中 PBDEs 浓度（a）及与脂肪含量关系（b）

鱼体组织脂肪含量分析发现，红尾鲶组织中脂肪含量最低的是血清（1.3%），脂肪含量最高的是脂肪组织（99.5%）。红尾鲶中除脂肪组织外，肾脏的脂肪含量最高。地图鱼中的脂肪含量最低的是血清（0.5%），最高是肝脏（10.4%）。各组织中 ΣPBDEs 浓度（ww）与组织脂肪含量之间存在显著的正相关性[红尾鲶 $r = 0.99$，$p<0.001$ 和地图鱼 $r = 0.93$，$p < 0.001$，图 4-11(b)]。这一结果表明 PBDEs 在不同组织间的富集过程主要是一个被动运输转移 PBDEs 到含脂介质中的过程。

由于不同组织的组成成分有较大差别，浓度往往不能直接用于比较。而逸度（f, Pa）是表征化合物从一个组织中逃离的趋势，它与化合物浓度（C, mol/m^3）正相关，而与逸度容量[Z, mol/(Pa·m^3)]反相关。当化合物在不同组织间逸度一致时，化合物在组织间的分配达到平衡状态，否则，化合物会从逸度高的组织转移向逸度低的组织。因此，逸度的比较能真实反映某一状态下污染物在不同组织间的富集趋势。逸度值可通过浓度与逸度容量计算得到，三者之间的关系为 $C = fZ$。

此处浓度的单位为 mol/m³，为此，将相应浓度进行转化，脂肪组织的密度假定为其他组织的 0.8，而血清和其他组织的密度都定为 1000 kg/m³（Foster et al.，2011）。Z 是通过脂肪含量和化合物辛醇/水分配系数（K_{OW}）及亨利常数计算得到的（Foster et al.，2011）。其计算公式为

$$Z_X = L_X \times Z_0 \tag{4-1}$$

式中，L_X 是组织的脂肪含量；Z_0 是纯辛烷的逸度容量，$Z_0 = K_{OW} / H$，K_{OW} 是辛醇/水分配系数，H 是亨利常数（m³/mol）。化合物物理化学常数引自文献报道（Mackay et al.，2006；Tittlemier et al.，2002）。由于血液是联系各个组织间的主要纽带，各个组织间营养物质的交换大都通过血液来完成，因此，我们以血清为基准，分析了污染物在各个组织与血清之间逸度的差别。

鱼体不同组织中 $f_{\Sigma PBDEs}$ 如图 4-12（a）所示，两种鱼体肝脏、鳃、脂肪组织中 PBDEs 的逸度值与血液 PBDEs 的逸度值基本接近（$f_{组织}/f_{血清}$ 值接近 1），表明 PBDEs 在这几个组织与血清之间基本达到平衡分配，而肌肉、肠、肾脏的逸度则低于血清（$f_{肌肉}/f_{血清}$、$f_{肠}/f_{血清}$ 和 $f_{肾脏}/f_{血清}$ 小于 1），表明这些组织经过 20 天的暴露喂养之后并没有达到分配平衡，仍具有富集 PBDEs 的能力。另外，从图 4-12（a）可以发现，两种捕食鱼的肌肉组织中 $f_{肌肉}$ 较低，表明肌肉组织仍具有较大的 PBDEs 富集空间。

营养物质从肠胃吸收后，肝脏是第一个接收营养物质的器官。污染物通过血液运输进入生物体之后，它们首先通过被动运输或者主动运输富集在肝脏中。而鳃是鱼体内血液含量较高的组织，鳃中的含血量有时甚至比心脏的含血量还高，较高的含血量有可能使得污染物在鳃组织和血清中得到充分的分配（Kapoor and Khanna，2004）。同时，PBDEs 是高疏水性的化合物，因此它们对高脂肪含量的组织亲和力较强。由于以上原因，PBDEs 在肝脏和血清、鳃和血清以及脂肪组织和血清之间较快达到分配平衡。另外，肝脏是一个主要的解毒器官，因此肝脏中较高含量的 PBDEs 可能与肝代谢活动有关（Burreau et al.，2000）。在 ^{14}C-BDE47 暴露喂养梭子鱼的实验中，实验的第 9 天和第 18 天发现，梭子鱼的肝脏和脂肪组织的放射性最强，其次是肾脏，最弱的是肌肉（Burreau et al.，2000）。显然，该文献报道结果与本实验结果类似。

肌肉是鱼体内最大体积的组织且脂肪含量较低。肌肉较大的体积使得其相对血液灌注量较其他组织低。此外，暴露期间肌肉组织的生长也有可能稀释 PBDEs 浓度。这些因素可能是肌肉和血清之间未达到分配平衡的原因。肾脏是鱼体中一个重要的排泄和内分泌器官，这些特殊的功能有可能会影响 PBDEs 的富集，例如会导致 PBDEs 的代谢（Burreau et al.，2000）。

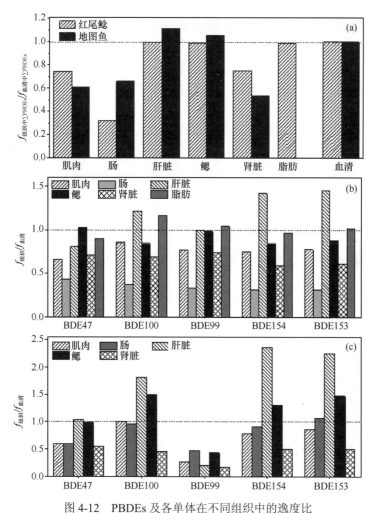

图 4-12　PBDEs 及各单体在不同组织中的逸度比

（a）ΣPBDEs 的 $f_{组织}/f_{血清}$；（b）红尾鲶中各单体的 $f_{组织}/f_{血清}$；（c）地图鱼中各单体的 $f_{组织}/f_{血清}$

在肠道中，被动扩散是疏水性物质的主要吸收和转运方式（Gobas et al., 1993）。因此，肠组织中 PBDEs 较低的 f 值有利于污染物从食物向肠道扩散，最终导致生物放大。然而，需要强调的是该现象或许仅仅在实验室中存在。因为在实验开始时捕食者体内污染物的浓度比食物低，接近未检出。但在环境中一般捕食者中污染物浓度比其食物高，导致食物吸收时出现较低的污染物吸收效率。

对于组织中不同的 PBDEs 单体（BDE47、BDE100、BDE99、BDE154 和 BDE153）来说，它们在血清和其他组织中的逸度比值并不一样 [图 4-12(b)]。通过比较肌肉、肝脏和脂肪组织中 PBDEs 单体的 f 值发现，BDE47 和 BDE99 的 $f_{肝脏}/f_{血清}$ 值比其他三个单体（BDE100、BDE154 和 BDE153）的相应比值低，尤其是地图鱼中 BDE99

的 $f_{组织}/f_{血清}$ 值更低 [图 4-12（c）]。BDE99 在地图鱼中脱溴生成了 BDE47（4.2.3 节将予以说明），是 BDE99 的 $f_{组织}/f_{血清}$ 值较低的原因。BDE99 降解生成 BDE47，则地图鱼中 BDE47 的 $f_{组织}/f_{血清}$ 值应该增加。然而，实验结果并非如此。以前的研究表明，在大鼠（Staskal et al.，2006）和美洲隼（Drouillard et al.，2007）中 BDE47 是 BDE47、BDE99、BDE100 和 BDE153 四个单体中体内清除速率最快的。实验研究也发现鳎目鱼中 BDE47 的清除速率是除 BDE99 和 BDE209 之外其他 PBDEs 单体中最快的（Munschy et al.，2011）。因此，地图鱼中 BDE47 较低的 $f_{组织}/f_{血清}$ 值可能与 BDE47 在组织中较快的排泄速率（包括母体形式的排泄及代谢转化清除）有关。

有关大鼠（Staskal et al.，2006）、美洲隼（Drouillard et al.，2007）和鳎目鱼（Munschy et al.，2011）暴露于 PBDEs 单体的实验发现，BDE153 的清除速率往往是所研究的 PBDEs 单体中最慢的。大鼠、美洲隼和鳎目鱼中 PBDEs 单体的清除速率一般呈现如下顺序：BDE47 > BDE99 > BDE100 > BDE153。因此实验中两种捕食鱼体内，尤其是地图鱼，肝脏中 BDE154 和 BDE153 较高的 $f_{组织}/f_{血清}$ 值，可能与该类单体在动物体内较低的排泄速率有关。另外，高溴代 PBDEs 的脱溴降解，如 BDE183（尽管 BDE183 在 TBDE-71X 中仅占很少部分）脱溴降解为 BDE154 也会使得 BDE154 的逸度增加。BDE153 和 BDE154 较高的逸度也可能是因为相关组织对这两个化合物有较高的逸度容量，也即对该化合物有较高的亲和力。

4.2.3　PBDEs 在三种鱼中的脱溴代谢与食物链迁移

为探讨 PBDEs 是否在不同鱼种间存在着差异性的富集及这种差异性富集对 PBDEs 食物链传递过程中的影响，本实验利用三种鱼（四间鱼：鲤科；地图鱼：慈鲷科；红尾鲶：油鲶科鱼）形成了两条食物链（添加 TBDE-71X 的鱼食→四间鱼→红尾鲶；添加 TBDE-71X 的鱼食→四间鱼→地图鱼）。三种鱼类样品和食物中 PBDEs 单体组成特征如图 4-13 所示（仅百分含量大于 0.1% 的单体列出）。对于工业品 TBDE-71X 中的 6 个主要 PBDEs 单体的含量顺序为 BDE99>BDE47>BDE100>BDE153>BDE154>BDE85；在四间鱼和红尾鲶中依次为 BDE47>BDE99>BDE100>BDE153>BDE154>BDE85；在地图鱼中为 BDE47>BDE100>BDE154>BDE99>BDE153>BDE85。

与鱼食相比，四间鱼中 BDE47 的百分含量升高了 13.9%，而 BDE99 的百分含量降低了 11.5%。由于四间鱼隶属于鲤科鱼，BDE99 向 BDE47 的转化应是造成这种变化的主要原因。从四间鱼到红尾鲶的传递过程中，PBDEs 的单体组成特征基本上维持原状，没有明显的变化，这表明 PBDEs 在红尾鲶体内应没有发生相应

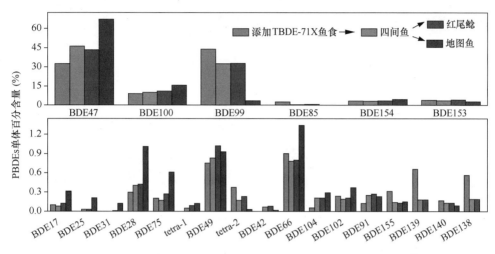

图 4-13　TBDE-71X、四间鱼、红尾鲶和地图鱼中 PBDEs 百分组成（%）

的脱溴转化，PBDEs 各单体在从四间鱼到红尾鲶这一食物链的传递过程中具有大致相同的生物富集能力。而从四间鱼到地图鱼的传递过程中，BDE99 的百分含量从 32.5%（四间鱼）继续下降到了 3.4%（地图鱼），而 BDE47 的百分含量从 46.1%（四间鱼）升高到了 67.2%（地图鱼）。对于一些低溴代的 PBDEs，如 BDE28、BDE17 及 BDE75 在地图鱼中的百分含量都明显高于其在四间鱼体内的百分组成（图 4-13）。结果表明，在四间鱼的基础上，PBDEs 在地图鱼中可能有进一步的脱溴代谢反应，PBDEs 在四间鱼和地图鱼体内的脱溴降解过程与鲤鱼脱溴降解 PBDEs 的过程类似，即在 TBDE-71X 暴露的情况下，BDE99 在鱼体中脱溴降解成 BDE47。

　　为进一步研究 PBDEs 在两条食物链上的富集和转化过程的差异，我们计算了 PBDEs 在两条食物链中的表观生物放大系数（BMF，由于实验未达平衡，该值并不能表示是否存在生物放大），其中几种主要单体的 BMF 值如图 4-14 所示。在食物链四间鱼→红尾鲶中，大部分 PBDEs 单体与总 PBDEs 的 BMF 值相似。表明大部分单体都有相同的食物链迁移潜力。这与野外观察到的 BMF 与化合物的 log K_{OW} 存在一定相关性的结果截然不同（Burreau et al.，2004；Kelly et al.，2008；Wu et al.，2009）。造成以上结果不一致的原因可能是由于实验室中 PBDEs 生物放大的机理与实际环境不同。在实验室条件下，捕食者体内的浓度在暴露初期（几乎为 0）非常低。而食物中的污染物浓度非常高，造成食物与捕食者之间的污染物存在较高的浓度梯度，使污染物迅速进入捕食者体内，而其他一些制约因素不起主要作用。然而在环境中，捕食者体内污染物浓度往往高于被捕食者（Gobas et al.，1999），导致污染物在肠道中的浓度梯度下降，一些其他因素，如穿透生物膜的相对速率起到了更为重要的作用。此外，暴露浓度、没有清除过程、没到达吸收平衡等因素都有可能导致室内结果与野外实际样品的结果存在差异。

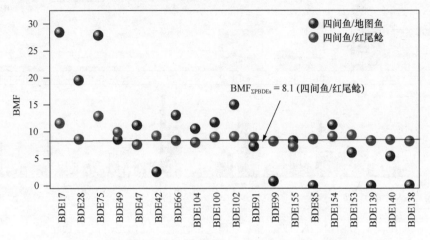

图 4-14　食物链四间鱼→地图鱼/红尾鲶中 PBDEs 单体的 BMF

　　四间鱼→地图鱼这条食物链中，PBDEs 单体的表观 BMF 值范围较大（从 0.01 到 89.3），各个单体之间 BMF 值也表现出较大的变异性。ΣPBDEs 的 BMF 为 3.5，仅是食物链四间鱼→红尾鲶中 ΣPBDEs 的 BMF 的一半。由于两条食物链喂养的是同一种暴露食物，因此造成以上 BMF 值差异的原因可能是地图鱼的脂肪含量比红尾鲶的脂肪含量高（46.06% vs 18.01%）。进行相应的脂肪含量校正后，四间鱼→地图鱼食物链中 ΣPBDEs 的 BMF 值（8.4）与四间鱼→红尾鲶食物链中 ΣPBDEs 的 BMF 值（8.1）相似（图 4-14）。因此，两条食物链上各单体的 BMF 可以直接进行对比。

　　以四间鱼→红尾鲶食物链为基准，如果四间鱼→地图鱼中食物链上某一单体的 BMF 比四间鱼→红尾鲶上该单体的 BMF 值大，则可以认为该单体部分是脱溴代谢的产物，反之，则不存在。比较两条食物链中 PBDEs 的 BMF 发现，在四间鱼→地图鱼食物链中部分单体如 BDE42、BDE85、BDE99、BDE138 及 BDE139 的 BMF 明显低于四间鱼→红尾鲶中相应单体的 BMF，表明地图鱼中这些单体可能发生了脱溴反应（图 4-14）。地图鱼中的一些单体，如 BDE49、BDE91、BDE100、BDE104、BDE154 及 BDE155 的 BMF 与其在红尾鲶中的 BMF 类似或者稍大，表明这些单体可以看成是直接从四间鱼富集而来。而对于地图鱼中的另一类单体如 BDE17、BDE28、BDE75、BDE47 及 BDE66 的 BMF 明显比其在红尾鲶中的 BMF 高，表明这些单体包括了从四间鱼富集来的部分，同时可能还有从高溴代 PBDEs 单体脱溴降解而来的部分。

4.2.4　捕食性鱼体中 MeO-BDEs 和 OH-BDEs

所检测的 17 种 MeO-BDEs 目标化合物在两种鱼血清样品中均未检出。该现象与鲤鱼暴露的实验结果一样，进一步证实鱼体内 PBDEs 的甲氧基化过程可以忽略。

红尾鲶中检出 7 种 OH-BDEs 单体：2′-OH-BDE28、6-OH-BDE47、5-OH-BDE47、4′-OH-BDE49、4-OH-BDE42、6′-OH-BDE99 和 5′-OH-BDE99/ 4-OH-BDE90。其中 4′-OH-BDE49 的含量最高（湿重归一化浓度为 23.8 ng/g），这与文献报道结果相似（Munschy et al.，2010）。2′-OH-BDE28、6-OH-BDE47、5-OH- BDE47、4-OH-BDE42、6′-OH-BDE99 和 5′-OH-BDE99/4-OH-BDE90 的湿重归一化浓度分别是 0.4 ng/g、0.7 ng/g、2.8 ng/g、3.7 ng/g、3.5 ng/g 和 0.4 ng/g。红尾鲶的两个血清样品中 ΣOH-BDEs 与 ΣPBDEs 的浓度比值分别为 0.61% 和 0.55%，与 PBDEs 喂养鲤鱼实验的结果（0.7% 和 0.5%）相似。

地图鱼血清中检出五种 OH-BDEs 单体：6-OH-BDE47、5-OH-BDE47、4′-OH-BDE49、4-OH-BDE42 和 6′-OH-BDE99，湿重归一化浓度依次为 0.2 ng/g、0.4 ng/g、5.3 ng/g、0.6 ng/g 和 0.2 ng/g。地图鱼中 ΣOH-BDEs 的浓度远低于红尾鲶中的 ΣOH-BDEs 的浓度，这可能是因为地图鱼中较低的母体 PBDEs 浓度（地图鱼血清中 ΣPBDEs 与红尾鲶中 ΣPBDEs 的浓度比值是 0.1）。地图鱼中 OH-BDEs 的组成与红尾鲶中 OH-BDEs 组成基本一致（图 4-15）。

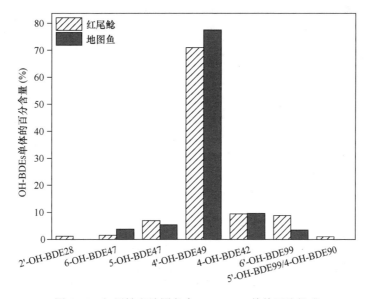

图 4-15　红尾鲶和地图鱼中 OH-BDEs 单体百分组成

4′-OH-BDE49 是相对含量最高的羟基化合物,占 ΣOH-BDEs 含量的 60%以上,然后依次为 4-OH-BDE42、6′-OH-BDE99 和 5-OH-BDE47。2′-OH-BDE28 和 5′-OH-BDE99 在红尾鲶中占 ΣOH-BDEs 的百分含量少于 2%,而这两类单体在地图鱼中未检出。地图鱼血清中的 ΣOH-BDEs 与 ΣPBDEs 的含量比值为 0.77%,表明地图鱼与红尾鲶中的羟基代谢程度相当。与鲤鱼相比较,OH-BDEs 的组成存在明显的差别,在鲤鱼血清中,6-OH-BDE47、3-OH-BDE47 和 5-OH-BDE47 是三种相对含量最高的羟基代谢产物。这表明 PBDEs 在鲤鱼中的羟化途径可能与地图鱼和红尾鲶不同,直接羟化是主要途径,而地图鱼和红尾鲶中 NIH 迁移是主要途径。

在小鼠暴露于五溴联苯醚工业品的实验中,Qiu 等发现 OH-BDEs 是 PBDEs 的主要代谢产物,ΣOH-BDEs 与 ΣPBDEs 的含量比值为 0.22 和 0.31(Qiu et al., 2007)。这个比值比我们分析的三种鱼中的比值(0.0055~0.0077)大两个数量级。实验室条件下,Stapleton 等在 PBDEs 暴露喂养的鲤鱼中未检出 OH-BDEs(Stapleton et al., 2004b)。然而,在人体肝细胞体外代谢实验中有 OH-BDEs 的检出,但没有检出 PBDEs 的脱溴降解产物(Stapleton et al., 2009)。上述结果说明,鱼体中 PBDEs 的代谢过程与其在哺乳动物体内的代谢过程是不同的。对于哺乳动物,PBDEs 的氧化代谢过程是主要途径,而在鱼体中 PBDEs 的脱溴降解是主要途径。

4.2.5　单体稳定碳同位素示踪 PBDEs 单体在食物链传递过程中的脱溴代谢

用于暴露实验的工业品 TBDE-71X 各单体的稳定碳同位素组成及四间鱼、地图鱼和红尾鲶体内各单体稳定碳同位素组成如图 4-16 所示。从图中可以看出,BDE100 的 $\delta^{13}C$ 值在 TBDE-71X(−27.77 ‰± 0.15‰)、四间鱼(−27.90‰ ± 0.11‰和−27.88 ‰ ± 0.25‰)、地图鱼(−27.83‰ ± 0.23‰和−27.78‰ ± 0.22‰)和红尾鲶(−27.82‰ ± 0.12‰和−27.83‰ ± 0.19‰)中基本相同,表明各类型鱼中的 BDE100 是继承了 TBDE-71X 中的同位素组成特征,不存在显著的代谢转化过程。这与文献报道(Roberts et al., 2011)及我们前面关于脱溴结构的分析结论是一致的。因此,同位素组成结果进一步验证了鱼体内 BDE100 不存在显著的代谢过程的结论。从前面我们提出的有关 PBDEs 的降解的结构和活性的关系可以发现,BDE139(2,2′,3,4,4′,6)可以脱去一个间位的溴原子降解为 BDE100(2,2′,4,4′,6)。由于 BDE139 在五溴工业品中的相对含量太低,BDE139 脱溴降解生成 BDE100 对 BDE100 的同位素比值不会造成显著的影响。BDE100 的 $\delta^{13}C$ 值的稳定性表明用 BDE100 的单体稳定碳组成示踪鱼体内 PBDEs 来源。

尽管前面的研究推测 BDE99 在四间鱼和地图鱼中发生了生物降解,但是地图鱼中 BDE99 的 $\delta^{13}C$ 值由于干扰化合物存在,没能准确测定,仅四间鱼体内的 BDE99

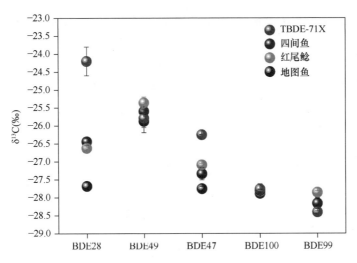

图 4-16　暴露鱼体和 TBDE-71X 中 PBDEs 单体的 $\delta^{13}C$ 值

的 $\delta^{13}C$ 值可以用来与工业品中的 $\delta^{13}C$ 值进行比较。从图 4-16 可以看出，四间鱼中 BDE99 的 $\delta^{13}C$ 值比 TBDE-71X 中的 BDE99 的 $\delta^{13}C$ 值稍高，但是偏差没有大于 0.5‰。没有观察到明显同位素分馏效应的原因可能有两种：第一，在四间鱼体内仅小部分的 BDE99 发生了脱溴降解，因此同位素分馏现象有可能被大部分没有降解的 BDE99 所掩盖；第二，BDE99 的脱溴降解仅发生在一个 C—Br 键上，一个 C—Br 键的分馏效应有可能被其他的 11 个没参加反应的 C—Br 键的碳同位素所稀释。同样的现象发生在其他多碳原子的有机污染物的代谢过程，如 PCBs（Drenzek et al.，2001）、长链烷烃（Mansuy et al.，1997）和多环芳烃（O'malley et al.，1994）。同样 BDE138 也可以通过脱去间位的溴原子而得到 BDE99。由于 BDE138 在 TBDE-71X 中的百分含量很低，此过程不会对结果造成很大影响。

部分 BDE47 从食物中直接吸收而来，另外很大一部分 BDE47 来自于高溴代 PBDEs 的脱溴降解。BDE47 的 $\delta^{13}C$ 值在 TBDE-71X 中为–26.25‰，再到四间鱼中为–27.33‰，最后到地图鱼中为–27.76‰。可以发现 BDE47 的 $\delta^{13}C$ 值随着营养级的升高而降低（图 4-16）。在 TBDE-71X 中，BDE99 和 BDE85 的 $\delta^{13}C$ 值都比 BDE47 的 $\delta^{13}C$ 值低，因此，当 BDE99 和 BDE85 脱溴降解成 BDE47 时，此时的脱溴产物 BDE47 因继承了 BDE99 或者 BDE85 本身较低的 $\delta^{13}C$ 值的特征而导致生物体中总的 BDE47 的 $\delta^{13}C$ 值降低。同时，BDE47 的定量分析结果发现，从 TBDE-71X→四间鱼→地图鱼的过程中 BDE47 的百分含依次升高，而 BDE99 和 BDE85 的百分含量依次降低（图 4-13），与鱼体中 BDE99 和 BDE85 脱溴降解生成 BDE47 的结论吻合。

综上所述，鱼体内 BDE99 和 BDE85 的脱溴降解生成 BDE47，是导致 BDE47 的 $\delta^{13}C$ 值降低的原因。文献报道，BDE47 在鱼体内几乎不存在脱溴降解（Stapleton et al.，2004b），同时 BDE47 的羟基代谢产物也很少（<1%）。所以，BDE47 的 $\delta^{13}C$ 值的降低与高溴代 PBDEs 脱溴代谢生成 BDE47 的过程直接相关。另外，假设鱼体内降解得到的 BDE47 主要来自 BDE99，则可以应用 $\delta^{13}C$ 值通过一个二元一次方程计算得到鱼体中由 BDE99 降解得到的 BDE47 的含量。计算结果发现四间鱼中有 50% 的 BDE47、地图鱼中有 66% 的 BDE47 是 BDE99 的脱溴降解产物。所以，PBDEs 单体的 $\delta^{13}C$ 值的变化还可以作为 PBDEs 的生物转化过程的定量指标。

从以上分析发现，PBDEs 单体的 $\delta^{13}C$ 值随着单体溴原子取代数目的增加而降低，因此如果存在 PBDEs 单体的脱溴降解过程，则会导致脱溴产物的 $\delta^{13}C$ 值降低且百分含量增加，而发生脱溴代谢单体的百分含量降低；如果单体既不存在显著的代谢过程也不是高溴代单体的脱溴产物，则其 $\delta^{13}C$ 值和百分含量不会发生显著变化。因此，在 TBDE-71X→四间鱼→地图鱼的过程中，BDE28 的 $\delta^{13}C$ 值随营养级的升高而降低（图 4-16）且 BDE28 百分含量随营养级的升高而升高（图 4-13），表明 BDE28 是鱼体中高溴代 PBDEs 单体脱溴代谢的产物。而对于 BDE49，在 TBDE-71X 和三种鱼体内，其 $\delta^{13}C$ 没有显著差异且其百分组成变化也不明显（图 4-16），表明这三种鱼中 BDE49 既没有显著的脱溴降解过程发生也不是高溴代 PBDEs 脱溴降解的主要产物。该现象与文献报道鲤鱼中不存在 BDE99 脱溴代谢产生 BDE49 的结论是一致的（Stapleton et al.，2004b）。

在红尾鲶中 BDE28 和 BDE47 的 $\delta^{13}C$ 值与其在四间鱼中的 $\delta^{13}C$ 并没有显著的差异，进一步证明了红尾鲶中 PBDEs 仅仅是从四间鱼中富集而来，而没有发生 PBDEs 的生物转化过程。

4.3 PBDEs 的体外肝微粒体代谢研究

4.3.1 PBDEs 在两种鱼体外肝微粒体代谢及脱溴代谢的结构–活性关系

通过鱼的室内暴露实验，我们发现了鲤科鱼对 PBDEs 有着明显的脱溴代谢过程，而鲶科鱼则未观察到 PBDEs 的脱溴代谢。双相邻的间、对位取代的溴原子被发现最容易发生脱溴代谢过程。而已有的 PBDEs 脱溴实验发现 PBDEs 的脱溴过程与体内脱碘酶的作用有关（Noyes et al.，2010）。为了进一步验证 PBDEs 脱溴代谢的物种差异性，了解脱溴代谢物种差异性的可能原因及鲤科鱼脱溴代谢过程中的结构–活性关系，我们利用肝微粒体体外代谢实验，调查了一系列 PBDEs 单体的体外代谢过程。

4.3.1.1　实验材料和方法

磷酸盐缓冲溶液（pH = 7.4）：准确称取 $K_2HPO_4 \cdot 3H_2O$ 11.41g 溶解于 1 L 水；另取一烧杯，称取 3.4 g KH_2PO_4 溶解于 500 mL 水，在搅拌中将 KH_2PO_4 溶液倒入 K_2HPO_4 溶液直至 pH=7.4。取 1 L 配制好的缓冲溶液，往其中加入 0.61 g $MgCl_2 \cdot 6H_2O$，搅拌溶解后保存于 4℃中。

重氮甲烷制备：称取 13.5 g 盐酸甲胺于 250 mL 平底烧瓶内，加入 67 g 水，40.2 g 脲，在 80℃回流 45 min，再在 100℃下回流 2 h。冷却至室温后，加入 20.2 g $NaNO_2$，并冷却至 0℃。向放入 80 g 冰的烧杯中滴加 7.5 mL 浓 H_2SO_4，在冰盐浴中边搅拌边加入甲基脲-$NaNO_2$。反应完毕后，抽滤得到 2-亚硝基-2-甲基脲，用少量冰水洗涤。抽干后，4℃以下密封保存。称取 1 g 2-亚硝基-2-甲基脲于 100 mL 的平底烧瓶内，加入 40 mL 乙醚，冰水浴中逐滴加入 1 mL NaOH（5 mol/L），每隔半小时重复一次共三次。反应完全后，将上层富集了重氮甲烷的乙醚溶液转移至 250 mL 平底烧瓶中，–20℃密封保存。

肝微粒体：10 条平均体重为 352.2 g ± 26.3 g、体长为 23.5 cm ± 0.5 cm 的鲫鱼，10 条平均体重为 605.5 g ± 39.2 g、体长为 34.8 cm ± 1.7 cm 的鲶鱼买自广州水产市场。将鱼杀死后，取出肝脏组织，用冰冷 0.9% NaCl 溶液冲洗，肝脏组织在 0.15 mol/L KCl-磷酸盐缓冲溶液中匀浆。按照标准方法（McKinney et al., 2004）分离制备肝微粒体。储存于–80℃冰箱。蛋白质含量按 Bradford（1976）提供的方法测定。肝微粒体的制备和细胞色素 P450 酶活性测定由武汉普莱特生物医药技术有限公司完成，脱碘酶活性采用上海瑶韵生物科技有限公司鱼脱碘酶 ELISA 试剂盒测定得到。

孵化所用 PBDEs 单体：用于物种差异性实验的 3 个 PBDEs 单体为 BDE85、BDE99 和 BDE123。选这三个单体的理由是 BDE85、BDE123 分别含有双相邻的间位和对位溴取代。体内代谢实验表明这种结构最易发生脱溴代谢。BDE99 是因为体内实验及野外研究都表明该化合物具有较高程度的脱溴代谢。用于结构–活性关系测试的 PBDEs 共有 24 个（具体见图 4-17）。选择 PBDEs 单体的标准：对四至六溴代单体，一个苯环上的结构固定为（2,4）或者（2,4,6）取代，另一个苯环所有可能的取代结构都被选取。对于大于七溴取代单体，选取工业品中或环境中常见的化合物。一个苯环上固定（2,4）或（2,4,6）结构是因为这种结构在已有的研究中发现不会发生脱溴代谢反应。

体外孵化实验：准备一批 2 mL 离心管，在冰浴中依次加入一定量的磷酸盐缓冲溶液（使最终的反应体系为 1 mL）、冻融的肝微粒体 20 μL、PBDEs 单体（50 μg/mL 的丙酮溶液，按各单体的不同加入不同体积，使其添加量为 1 nmol）。孵化体系在

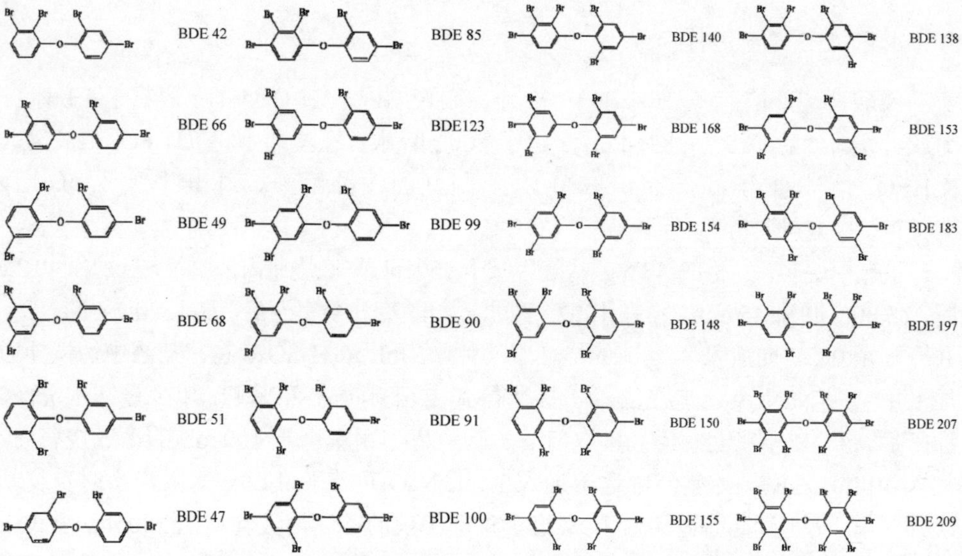

图 4-17　孵化实验所采用的 PBDEs 单体及其结构式

25℃水浴中振摇预孵化 5 min。加入 100 μL NADPH 和 DTT 的混合辅酶溶液（现配现用，体系中 NADPH 和 DTT 的浓度分别为 10 mmol/L 和 1mmol/L）启动反应。反应进行 4 h 后，加入已添加替代内标（60 ng BDE118 和 30 ng 6-OH-BDE85）的含 5%甲酸的冰甲醇溶液 0.1 mL 终止反应。

　　目标物提取与仪器分析：反应体系涡旋 30 s 后，用甲基叔丁基醚∶正己烷（1∶1，体积比）4 mL 和 2 mL 萃取两次，合并有机相，氮吹至近干。用 2 mL 正己烷复溶后，加入 0.5 mol/L 含 50%乙醇的 KOH 水溶液 2 mL。分离中性组分和碱性组分。中性组分加入 1 mL 浓硫酸去除脂肪后，过酸性硅胶柱[内径 0.8 cm，装有 3%去活化 1 cm 中性硅胶，7 cm 酸性硅胶（2∶1，质量比）]，然后用 20 mL 二氯甲烷∶正己烷（1∶1，体积比）洗脱；最后氮吹至近干，用异辛烷定容至 300 μL。碱性组分用 HCl 酸化至 pH<2，用甲基叔丁基醚∶正己烷（1∶1，体积比）4 mL 和 2 mL 萃取两次；然后加入新制备的重氮甲烷/乙醚溶液 6 mL 过夜，将样品甲基化。甲基化后，氮吹转化溶剂为正己烷，过酸性硅胶柱，用 15 mL 正己烷和 5 mL 二氯甲烷∶正己烷（1∶1，体积比）洗脱；最后氮吹至近干，用异辛烷定容至 300 μL。

　　PBDEs 和 OH-PBDE 的仪器分析详见 4.1.2 节。PBDEs 定量用的标准溶液含有 39 个 PBDEs 单体，定量时，包含于 39 个标样中的单体采用内标法准确定量，对于 39 个标样中没有的标样，定量时以保留时间最接近的标样作为定量内标。替代内标 BDE118 和 6-OH-BDE85 的回收率分别为 102 %±6%和 87%±5%。

4.3.1.2　两种鱼肝微粒体代谢 PBDEs 的差别

和预期的结果一致，三种单体在鲫鱼肝微粒体孵化实验中出现明显的脱溴代谢过程（具体讨论见 4.3.1.3 节），而在鲇鱼的肝微粒体孵化实验中没有发现脱溴代谢过程。这与室内食物暴露的结果是相吻合的。进一步证明了两种鱼在 PBDEs 脱溴代谢上的物种差异性。

已有的实验表明，细胞色素 P450 酶系没有参与到 PBDEs 的脱溴代谢过程而脱碘酶在其中起到了重要作用。我们的实验结果更进一步证实了已有的部分结论。在辅酶控制实验中（表 4-3），我们发现，添加或不添加 NADPH 辅酶因子，对 BDE99 脱溴生成 BDE47 的反应无明显的影响。但辅酶因子 DTT 的添加与否对脱溴代谢反应能否发生起决定性作用。无添加 DTT 时，BDE99 的脱溴代谢过程完全停止或大幅下降（未完全停止的原因可能是因为肝微粒体的制备过程中添加有少量的 DTT）。DTT 对体系中的还原酶具有保护作用。因此，还原酶应是 PBDEs 脱溴代谢起作用的关键酶。

表 4-3　不同孵化条件下 BDE99（1 nmol）在鲫鱼肝微粒体中的代谢（$n=3$）

孵化条件	代谢产物（pmol）	
	BDE47	BDE49
+NADPH　+DTT	241.8±35.5	22.0±3.1
+NADPH　−DTT	10.3±1.7	ND
−NADPH　+DTT	246.9±27.4	24.5±2.8
−NADPH　−DTT	ND	ND

为了了解脱碘酶所起的作用，我们用脱碘酶试剂盒测定了两种鱼肝微粒体中脱碘酶的活性。结果表明，三种脱碘酶（I 型、II 型和 III 型）的活性在鲫鱼肝微粒体中分别为 4.17 U/L ± 0.22 U/L，6.59 U/L ± 0.30 U/L 和 4.61 U/L ± 0.26 U/L。在鲇鱼肝微粒体中分别为 2.02 U/L ± 0.19 U/L，9.18 U/L± 0.35 U/L 和 3.90 U/L ± 0.28 U/L。两种鱼中总脱碘酶含量并没有明显的差别（15.58 U/L ± 0.57 U/L vs 15.33 U/L ± 0.48 U/L）。Noyes 等（2010）的研究表明，在鲤鱼的 PBDEs 脱溴代谢过程中，I 型脱碘酶起到更为重要的作用。本实验中鲫鱼的 I 型脱碘酶活性是鲇鱼 I 型脱碘酶活性的两倍。这在某种程度上似与 Noyes 等（2010）的研究结果相一致。但很难想象仅因为活性减少 50%，脱溴代谢过程就完全无法发生。

对这种差异性的代谢结果可能存在两种解释。一是脱碘酶仍是起主导作用的关键酶，但我们所用的方法测定的酶的活性并不能表征脱碘酶在 PBDEs 脱溴代谢过程中的活性。两种活性起作用的机制可能是不一样的。因此，目前测定的活性无法区分出这种差别。Mol 等（1998）研究不同鱼不同组织中各类脱碘酶活性时发现,鲶鱼肝脏没有观察到 rT3 向 T2 的转化反应（该反应主要由 I 型脱碘酶催化），而罗非鱼则存在这一转化过程。罗非鱼是一种慈鲷科鱼类,我们前面的室内暴露实验揭示慈鲷科鱼（地图鱼）有和鲤科鱼相似的脱溴代谢。而鲶鱼肝脏中主要发生 T4 向 T3 的转化反应（该反应主要由 II 型脱碘酶催化）。这与我们利用脱碘酶试剂盒测得鲶鱼 II 型脱碘酶的活性较高是一致的。另一种可能的解释是其他类型的酶在 PBDEs 的脱溴过程中起到了重要作用,两种鱼在这种酶的活性上存在差别。目前更倾向于第一种解释。今后设计不同脱碘酶的竞争性反应实验会更清楚地说明不同鱼存在脱溴反应的差异及确定各种脱溴途径可能的主要催化酶类型。

氧代代谢生成 OH-PBDEs 在我们的室内暴露实验以及野外的调查中都有观测到。但本实验过程中在两种鱼的肝微粒的孵化过程中都未检测到 OH-PBDEs。我们的室内实验中 OH-PBDEs 的量与母体相比非常少。Shen 等（2012）用肝微粒体代谢实验仅在 BDE15 中观测到了 OH-PBDEs 代谢产物,而未观测到 BDE47 的 OH-PBDEs 代谢产物。体内与体外实验的差异说明体外代谢的实验结果并不能完全地反映生物体内的代谢过程。

4.3.1.3　PBDEs 单体在鲫鱼肝微粒体孵化过程中的脱溴代谢

24 个用于肝微粒体孵化实验的 PBDEs 单体中,有 16 个单体观察到了脱溴反应。脱溴反应的反应物与产物的关系具体见表 4-4。代谢速率最快的单体是 BDE123,代谢转化速率为 199 pmol/(h·mg Protein)。其次为 BDE 99,代谢转化速度为 165 pmol/(h·mg Protein)。代谢转化速度最慢的是 BDE 209,为 4.7 pmol/(h·mg Protein)。总体上看,五溴单体的转化速度要高于其他溴代单体的转化速度,并且随着取代数目的增加,代谢转化速度下降（图 4-18）。对于 PBDEs 而言,溴取代数目增加,发生脱溴代谢的潜力增加,但当增加到一定程度后（五至六溴取代）,分子体积会相应增加,这将导致底物与相关酶的结合难度增加,从而导致其代谢速度下降。这可能是 PBDEs 脱溴代谢速度以五溴取代最高的原因。

在 6 个四溴取代的单体中,仅 BDE 42 和 BDE 66 发生脱溴代谢,分别生成 BDE 17、BDE 28 和 BDE 25。6 个五溴取代的 PBDEs 单体中,有 5 个发生了脱溴代谢生成一系列的四溴代产物。BDE100 没有观测到脱溴代谢过程。BDE123 的脱溴程度最高（319 pmol）,其主要产物是 BDE 68（对位脱溴）和 BDE 66（间位脱溴）。5 个五溴取代单体有脱溴反应,其脱溴程度依次为: BDE 123（319 pmol）>BDE 99（264 pmol）> BDE 85（214 pmol）> BDE 90（178 pmol）> BDE 91（155 pmol）。

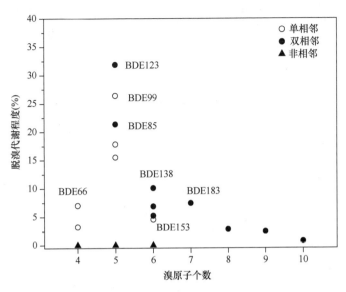

图 4-18　不同溴取代个数 PBDEs 单体在鲫鱼肝微粒体中代谢转化速率

表 4-4　孵化实验中各底物的代谢产物及代谢速率

反应底物	产物	脱溴位置	产量 （pmol）	产量占比 （%）	生成速率 ［pmol/(h·mg Protein)］
tetra-BDEs					
42	17	*m*	32.5±3.8	100.0	20.3
66	28	*m*	47.6±6.1	67.7	29.8
	25	*p*	22.7±4.7	32.3	14.2
68	ND	—	—	—	—
47	ND	—	—	—	—
49	ND	—	—	—	—
51	ND	—	—	—	—
penta-BDEs					
85	47	*m*	201.4±30.2	94.4	125.9
	42/66*	*p/o*	12.2±2.6	5.6	7.6
123	68	*p*	210.8±25.3	66.3	131.8
	66	*m*	108.0±17.6	33.7	67.5
99	47	*m*	241.8±35.5	91.7	151.1
	49	*p*	22.0±4.8	8.3	13.8
90	49/68*	*m/o*	178.3±26.4	100.0	111.4
91	51	*m*	135.8±15.6	87.5	84.9
	49	*o*	19.4±3.1	12.5	12.1
100	ND	—	—	—	—

续表

反应底物	产物	脱溴位置	产量（pmol）	产量占比（%）	生成速率 [pmol/(h·mg Protein)]
hexa-BDEs					
140	100	*m*	58.1±3.9	84.6	36.3
	119	*o*	10.6±1.5	15.4	6.6
168	121	*p*	34.2±2.1	65.3	21.4
	119	*m*	18.2±1.3	34.7	11.4
154	ND	—	—	—	—
148	ND	—	—	—	—
150	ND	—	—	—	—
155	ND	—	—	—	—
138	47	*m, m*	92.6±5.2	91.7	57.9
	99	*m*	5.7±0.6	5.6	3.2
	85	*m*	2.7±0.5	2.7	1.7
153	47	*m, m*	30.9±2.3	67.6	19.3
	101	*p*	12.7±1.7	27.8	7.9
	99	*m*	2.1±0.3	4.6	1.3
hepta-BDE					
183	154	*m*	62.2±7.7	83.6	38.9
	149	*p*	7.8±0.9	10.5	4.9
	153	*o*	4.4±0.2	5.9	2.8
octa-BDE					
197	184	*m*	24.9±1.3	87.4	15.6
	155	*m, m*	2.5±0.3	8.8	1.6
	176	*p*	1.1±0.1	3.9	0.7
nona-BDE					
207	197	*m*	9.7±0.8	39.4	6.1
	201	*p*	8.7±0.9	29.6	5.4
	203/200*	*p/o*	4.6±0.6	18.7	2.9
	204	*m*	1.0±0.4	4.1	0.6
	184	*m, m*	0.6±0.3	2.4	0.4
deca-BDE					
209	207	*m*	3.4±0.7	45.3	2.1
	208	*p*	1.7±0.5	22.7	1.1
	197	*m, m*	1.3±0.2	17.3	0.8
	203/200*	*m, p/m, o*	0.6±0.1	8.0	0.4
	201	*m, p*	0.5±0.1	6.7	0.3

*表示两种代谢产物存在共溢的情况。

注：ND 表示未检出

在 6 个六溴取代且结构中含有（2,4,6）取代的单体中，仅 BDE140 和 BDE168 发生了脱溴代谢，其主要产物为 BDE100、BDE121 和 BDE119。BDE138 的主要脱溴产物为 BDE47 和少量 BDE99 和 BDE85。BDE153 的主要脱溴产物是 BDE47。BDE101 是一个次要的脱溴产物。

其他高于七溴取代的单体，其脱溴产物与 Roberts 等（2011）的结果基本类似。具体结果见表 4-4。所有的代谢反应过程中，BDE99 脱溴生成 BDE47 的反应速率是最快的。这也与 Roberts 等（2011）的结果是一致的。这表明鲫鱼与鲤鱼具有相似的脱溴代谢过程。

4.3.1.4　鲫鱼 PBDEs 脱溴代谢的结构–活性关系

对发生脱溴代谢的 PBDEs 的结构进行分析，发现它们有一个共同的特点：即在同一个苯环上存在相邻的取代溴原子。相邻取代的溴原子存在两种类型：一是双相邻，另一是单相邻。我们的实验结果表明，具有双相邻的溴原子比单相邻的溴原子表现为更高的脱溴速率。如 BDE85 脱去双相邻间位溴原子生成 BDE47 的速率是脱去单相邻的对位或邻位生成 BDE42/66 的速率的 20 倍。BDE123 脱去双相邻的对位溴原子生成 BDE68 的速率是脱去单相邻间位溴原子生成 BDE66 的 4 倍（实测数据约为 2 倍，但存在 2 个对等的间位溴原子，故速率为 4 倍）。BDE138 可脱去双相邻的间位溴原子形成 BDE99，也可以脱去另一个苯环上的单相邻的间位溴原子形成 BDE85。尽管 BDE99 进一步生成 BDE47 的速率要快于 BDE85 脱溴生成 BDE47 的速率，但残留的 BDE99 的量仍然要高于 BDE85。这进一步证明了双相邻间位溴的脱溴转化速率要快于单相邻脱溴转化速率。其他像 BDE140、BDE183、BDE168 等既含有双相邻又含单相邻溴原子的单体的实验结果都支持双相邻溴原子的脱溴速率快于单相邻溴原子脱溴速率这一结论。双相邻的这种结构空间位阻比较大，生成焓比较高，脱去双相邻位置的取代溴原子从空间结构上来说利于化合物的稳定性，这应该是双相邻溴原子优先被脱除的主要原因。

对于单相邻的溴原子也存在两种类型：邻–间位相邻和间–对位相邻。不论是哪种结构，间位溴原子的脱溴速率都是最快的，其次是对位，最慢是邻位（图 4-19）。如 BDE66 脱去间位溴原子生成 BDE28 的速率是脱去对位溴原子生成 BDE25 速率的 2 倍；BDE91 脱去间位溴原子生成 BDE51 的速率是脱去邻位溴原子生成 BDE49 的速率的 7 倍。BDE42 和 BDE99 的脱溴情况也同样如此，BDE42 只发现了脱间位的产物，而 BDE99 脱间位的速率是脱对位速率的 10 倍。从表 4-4 中可以看出，脱间位溴是所有单相邻溴代结构单体脱溴代谢的主要方式。这与 Roberts 等（2011）利用鲤鱼肝微粒体体外代谢 PBDEs 的结果是一致的。但与光降解 PBDEs 的脱溴结果不同，在光降解脱溴过程中，邻位的溴原子最易被脱除（Zou et al., 2016,

Zeng et al.，2010）。

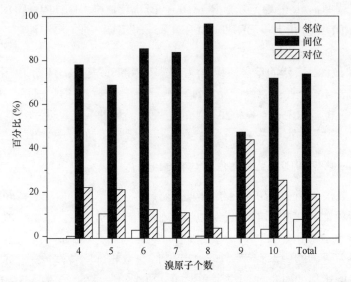

图 4-19　不同溴取代个数 PBDEs 单体脱邻、间和对位溴的比例

　　我们的实验结果也发现并不是所有具有相邻溴取代结构的 PBDEs 单体都观测到了脱溴反应。如 BDE148、BDE154 和 BDE150 这三个单体都具有单相邻溴取代结构，但都没有检测到相关的脱溴代谢产物。这表明具有相邻结构是必要的但非充分的条件。分析这三个单体的结构特征发现这三个单体与其他具有相邻溴取代结构单体的差别在于其另一个苯环上溴取代的类型为（2,4,6）对称取代。如 BDE153 和 BDE154，两个化合物在一个苯环上的取代位置完全相同，在另一个苯环上的位置分别为（2,4,5）和（2,4,6）。同样 BDE138 和 BDE140 的差别也是一个含（2,4,5）结构，一个含（2,4,6）结构。但 BDE138 的脱溴速度要高于 BDE140 的脱溴速度。（2,4,6）对称性结构可能起到了稳定 PBDEs 化合物的作用，使得 PBDEs 单体特别是单相邻溴取代结构单体抗脱溴代谢的能力增加。

　　通过体外肝微粒体实验，更进一步地验证了鲤科鱼和鲶科鱼在 PBDEs 脱溴代谢上的巨大差异，现有的结果还不足以证实这种差异是由脱碘酶的活性造成的。相邻的溴取代结构是鲫鱼中发生脱溴代谢的必要但非充分条件，双相邻的间位和对位溴原子总是被优先脱除。而单相邻的溴原子间位脱除速率最快，其次是对位，最慢为邻位。（2,4,6）的对称结构可能增加了 PBDEs 单体抵抗脱溴代谢的能力。

4.3.2　PBDEs 在鸡和猫肝微粒体中的代谢研究

　　为初步探索鸟类与哺乳动物对 PBDEs 代谢与水生生物的差别，我们以鸡和猫为模式生物，用 BDE47 和 BDE99 作为底物，分析了两个 PBDEs 单体在鸡和猫肝粒体中的代谢过程。鸡的代谢结果可以为鸟类的 PBDEs 代谢提供参考数据。猫不仅可以代表猫科动物，由于其生活环境和人类一致，也可以用来指示人的室内污染物暴露情况。

4.3.2.1　实验材料和方法

磷酸缓冲溶液同 4.3.1.1 节。PBDEs 化合物主要采用 BDE47 和 BDE99。

肝微粒体：鸡的肝微粒体由六周龄鸡（$n=20$）制备而成，蛋白质浓度 20 mg/mL；猫的肝微粒体由成年公猫（$n=3$）制备而成，蛋白质浓度 20 mg/mL。均购于 Sigma-Aldrich 公司（Belgium），−80℃保存。

肝微粒体代谢实验：准备一批 2 mL 离心管，在冰浴中依次加入 900 μL 磷酸盐缓冲溶液、冻融的肝微粒体（鸡或猫）50 μL（最终体系中蛋白质浓度 0.5 mg/mL）、PBDEs 或 HBCD 单标 10 μL（最终体系中标样浓度 30 μmol/L），总体积共 1 mL。将离心管放入已预热的 37℃恒温水浴摇床中，预孵化 5 min；加入辅酶因子 NADPH（粉剂溶解于缓冲溶液，现配先用），反应进行 90 min 后，用已加入内标化合物的冰甲醇终止反应；8000 r/min 离心 3 min；上清液使用 500 μL 的正己烷/甲基叔丁基醚=1/1（V/V）萃取 3 次，合并有机相，氮吹定容至 50 μL 的甲醇/水=7/3（V/V）中。对代谢产物采用 LC-MS/MS-ESI 进行分析。

代谢产物的分析：PBDEs 的羟基代谢产物采用液相色谱/串联质谱（LC-MS/MS）进行分析。使用的仪器为配置电喷雾电离源（ESI）的 Agilent 1290 超高效液相色谱-6460 三重四级杆串联质谱仪。BDE 47 代谢产物分析使用色谱柱为 Luna C18（150 mm × 3.0 mm，3 μm）（Agilent，USA）；BDE 99 代谢产物分析使用色谱柱为 BEH130 C18（150 mm × 2.1 mm，1.7 μm）（Waters，USA）。流动相为 A：水＋2 mmol/L 碳酸铵和 B：甲醇 ＋2 mmol/L 碳酸铵。

代谢产物的仪器分析参数如下：柱流速 0.2 mL/min，质谱干燥气温度 250℃，干燥气流量 5 L/min，雾化器压力 0.068 95 MPa，鞘流气温度 350℃，鞘流气流量 11 mL/min，毛细管电压 2500 V，喷嘴电压 1000 V。BDE 47 的代谢产物检测进样量 5 μL，梯度洗脱程序如下：A 相比例在 0～6 min 保持 60%，在 6～30 min 由 60% 降至 36%，然后在 30～30 min 上升至 60% 并保持至 35 min。BDE 99 的代谢产物检测进样量 10 μL，梯度洗脱程序如下：A 相比例在 0～5min 保持 33%，在 5～35 min 由 33% 降至 18%，然后在 35～35.1 min 上升至 30% 并保持至 45 min。四溴代一羟基化单体定性离子 498.8/502.8-79/81，定量离子 500.8-79/81；四溴代二羟基化单体定性离子 514.8/518.8-79/81，定量离子 516.8-79/81。五溴代一羟基化定性离子 576.7/580.7-79/81，定量离子 578.7-79/81；五溴代二羟基化定性离子 594.7/598.7-79/81，定量离子 596.7-79/81。

4.3.2.2 鸡和猫肝微粒体代谢结果

BDE47 和 BDE99 的羟基代谢产物均在 Agilent 1290 LC-6460 QQQ 仪器的 MRM 模式下根据代谢产物的母体化合物特征离子与碎片特征离子鉴定，并采用羟基化 PBDEs 标准品进行确认，再内标法定量。BDE47 可以被鸡和猫的肝微粒体 CYP 450 酶有效催化代谢，并在两类孵化体系中均检测到了六种羟基代谢产物。这六种羟基代谢物为 4-OH-BDE42、3-OH-BDE47、5-OH-BDE47、6-OH-BDE47、4′-OH-BDE49 和 2′-OH-BDE 66（图 4-20 和图 4-21），在对照实验（不加反应底物或肝微粒体或辅酶）中没有检测到这些代谢产物。BDE47 在鸡肝微粒体孵化体系中的主要代谢产物是 4′-OH-BDE 49（17 pmol，占代谢产物总量的 40%），说明 BDE47 在鸡的肝微粒体中倾向于通过 NIH 途径（1,2-H 迁移）生成羟基代谢产物。而在猫微粒体孵化体系内，BDE47 的主要代谢产物是 5-OH-BDE47（534 pmol，占代谢产物总量的 68%），说明 BDE47 在猫的肝微粒体代谢过程中倾向于直接的间位羟基化途径。在猫的肝微粒体孵化体系中同时也鉴定出一种双羟基代谢产物

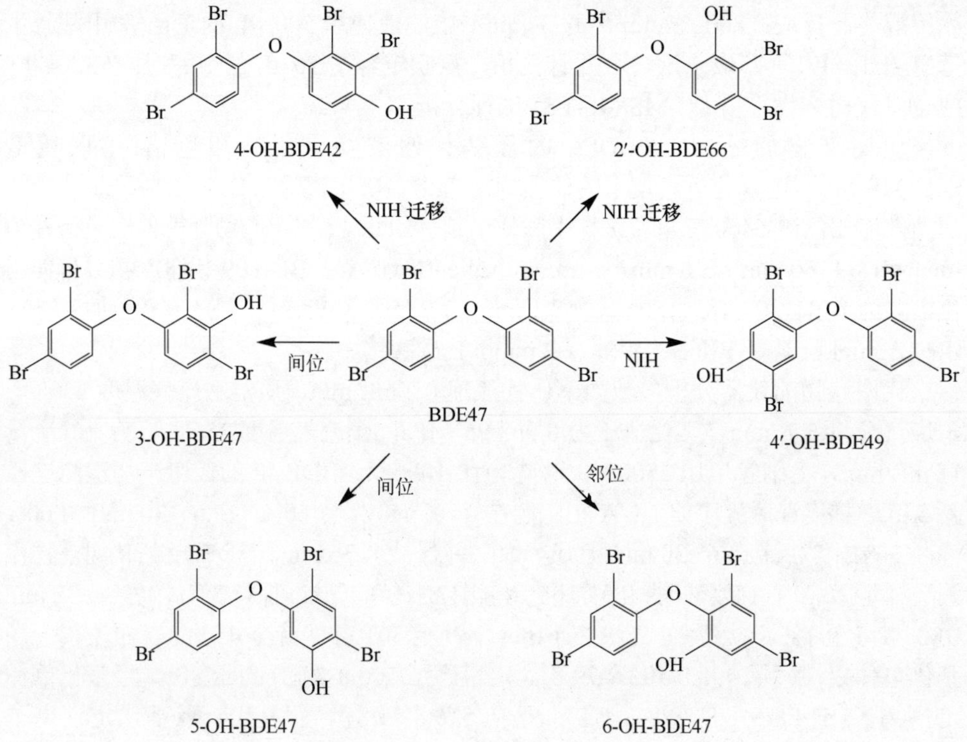

图 4-20 BDE47 的代谢产物结构式

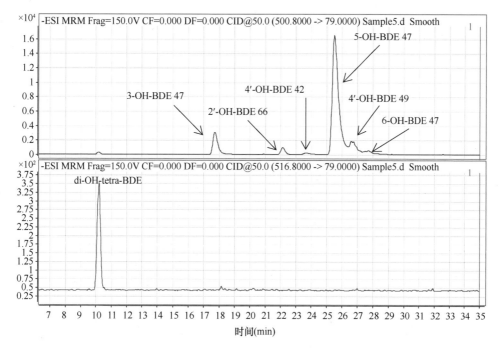

图 4-21　BDE47 的代谢产物 MRM 质谱图（猫肝微粒体代谢实验）

（di-OH-tetra-BDE）。但是在鸡和猫的代谢实验中都没有更低溴代的羟基化产物和二溴代苯酚检出。

在 BDE99 的鸡和猫的肝微粒体代谢实验中，分别检测到了 3 种和 4 种五溴 BDEs 的羟基代谢产物（鸡和猫微粒体实验都形成 5′-OH-BDE99，6′-OH-BDE99，4′-OH-BDE101；猫代谢实验还有 3′-OH-BDE99 生成）（图 4-22 和图 4-23），没有更低溴代的羟基化产物和二溴代苯酚、三溴代苯酚检出，在空白和对照实验中没有这类代谢产物检出。由于 BDE99 的羟基代谢产物生成量较少，大部分都低于检出限（10 倍信噪比），所以本研究中并没有深入讨论 BDE99 的代谢产物模式。

总体来说，BDE47 和 BDE99 这两种 PBDEs 单体都可以被鸡和猫的 CYP 450 酶催化代谢，并生成相应的羟基代谢产物。但是其被代谢的潜力和代谢产物模式都有所不同。BDE47 的代谢产物有 6 种，而且可以被定量。但 BDE99 的代谢产物只有 3～4 种，且低于检测限。可见五溴代化合物 BDE99 的代谢潜力明显低于四溴代化合物 BDE 47。在 PBDEs 的加羟基代谢研究中，目前只有 BDE28、47 和 99 这些相对低溴代的单体可以被代谢为 OH-BDEs（Erratico et al.，2011；McKinney et al.，2006；Wan et al.，2009，2010）。对于 BDE183 和 BDE209 来说，不管是人类、大鼠还是鱼类的微粒体代谢实验都没有任何代谢产物检出（Erratico et al.，

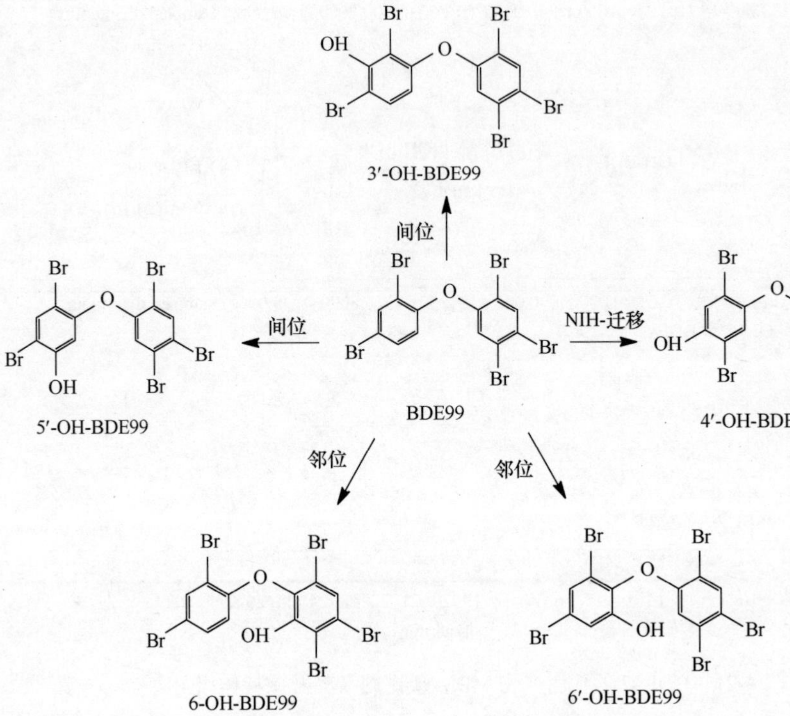

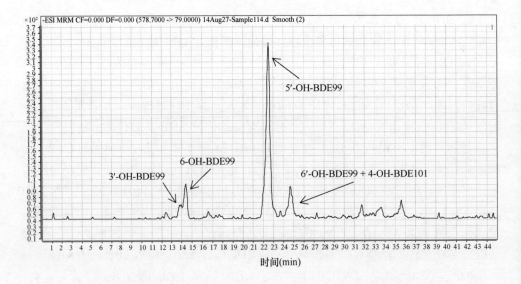

图 4-22　BDE99 的代谢产物结构式

图 4-23　BDE99 的代谢产物 MRM 质谱图（猫肝微粒体代谢实验）

2012，2013；Lupton et al.，2009；Stapleton et al.，2009）。这些研究都证明了低溴代的 PBDEs 单体更容易被 CYP 450 酶催化代谢。不过也曾有文献报道了 OH-BDE206 在电子垃圾回收区工人的血清中有检出（Yu et al.，2010），因此不能排除高溴代 PBDEs 仍被 CYP 450 酶催化代谢的可能性。

若将猫和鸡的代谢结果与其他生物，如鱼、大鼠、人等进行比较，发现这些物种的 PBDEs 代谢存在物种差异。首先是代谢产物类别的差异，例如，BDE47 和 BDE99 都可以被这些物种的肝微粒体催化代谢，但其主要代谢产物并不相同。本节所采用的鸡和猫肝微粒体实验，以及之前文献报道的人和大鼠（Erratico et al.，2012；2013）肝微粒体实验中都检测出了多种羟基化代谢产物，而鱼类肝微粒体的 PBDEs 代谢多为脱溴代谢，如 BDE99 被代谢为 BDE47（Stapleton et al.，2006）。而且这种脱溴代谢途径适用于四溴代 BDE47 直到十溴代 BDE 209 的多种 PBDEs 单体（Roberts et al.，2011；Stapleton et al.，2006；Wan et al.，2010；Zhang et al.，2010）。有研究表明，鱼类对于 PBDEs 的脱溴代谢取决于脱碘酶的催化，与 CYP 450 酶无关（Roberts et al.，2011；Stapleton et al.，2006）。目前还没有陆生生物的脱碘酶催化 PBDEs 的脱溴降解的报道。其次，对于 CYP 450 酶主导的 PBDEs 代谢对于不同生物也有不同的代谢途径。本节中猫的 BDE47 代谢所形成的主要代谢产物是—OH 在间位取代的 5-OH-BDE47。人类与鸡一样，生成的 BDE47 主要代谢产物是 4'-OH-BDE49，属于—OH 的 NIH 取代产物。而大鼠肝微粒体代谢生成的主要产物是 6-OH-BDE47，属于—OH 的邻位取代产物（Erratico et al.，2011；2012；2013）。这种代谢途径的差异，可能是由于不同种生物的 PBDEs 主要代谢酶从属于不同的 CYP 450 酶亚族。对于人类的 BDE47 和 BDE99 代谢来说，CYP 2B6 是最主要的代谢酶，其他 CYP 450 亚族酶几乎不催化代谢或形成少量羟基代谢产物。如 CYP 3A4 催化形成的 5-OH-BDE47 和 6-OH-BDE47 含量低于 CYP 2B6 生成量的 1%，CYP 3A4 催化形成的 4-OH-BDE90 和 2-OH-BDE 123 含量低于 CYP 2B6 生成量的 5%。而大鼠的 BDE47 代谢主要由 CYP 1A1 和 CYP 2A2 催化，BDE99 代谢主要由 CYP 3A1 催化。此外，BDE99 在鸡和猫的代谢实验中只生成了微量的 OH-penta- BDEs，但是人类和大鼠的肝微粒体代谢可以得到多种 OH-penta-BDEs、OH-tetra-BDEs 以及 TBP（Erratico et al.，2012；2013），鸡和猫代谢 PBDEs 的能力似乎弱于人和大鼠。这些研究也都说明了生物体内实际代谢情况的复杂性。由于不同文献中的肝微粒体代谢条件和仪器检测条件不同，这种比较的结果可能会有一定偏差。在未来的体外代谢研究中，不仅要使用更多的反应底物和物种，代谢条件的统一也十分重要。

4.3.2.3   与真实样品结果比较

目前在真实环境的鸡和猫血清样品中已有一些 OH-BDEs 检出的报道。2′-OH-BDE 68，6-OH-BDE 47 和 4-OH-BDE 49 在英国家猫的血清中被发现（Dirtu et al.，2013）。2,4-DBP，2,4,6-、2,4,5-和 2,3,4-TBP，2′-OH-BDE68，6-OH-BDE47，5-OH-BDE47 和 4′-OH-BDE49 也在瑞典家猫的血清中发现（Norrgran et al.，2012）。但是在上述研究中，6-OH-BDE47 都是最主要的 PBDEs，与本研究中 BDE47 的猫肝微粒体体外代谢结果不同。这种差异可能来自以下的原因：① OH-BDEs 可能来源于 PBDEs 和 MeO-BDEs 的生物代谢（Wan et al.，2009；2010）。海洋生物常富集了大量的自然来源 MeO-BDEs，已有研究证明青鳞鱼和海豚微粒体可以将 MeO-BDEs 转化为 OH-BDEs（Wan et al.，2009；2010）。6-OH-BDE47 是一种在环境和生物体中广泛存在的 OH-BDEs，有研究认为它是一种在海洋生物中自然合成的化合物，猫体内的 6-OH-BDE47 有可能是通过食物摄入的，而不是 PBDEs 的代谢作用（Norrgran et al.，2012）。② 生物体内不仅存在 CYP 450 酶的 I 相代谢，也存在很多 II 相代谢酶，如葡萄糖醛酸转移酶、硫代转移酶、谷胱甘肽硫转移酶等，猫体内的 OH-BDEs 可能会进一步参与 II 相代谢，并通过排泄物排出体外，造成体内代谢结果与体外实验不一致。在清远电子垃圾回收区的鸟类样品中，鸡的粪便中检出了 5 种 OH-tetra-BDEs 和 2 种 OH-tri-BDEs。2′-OH-BDE68 和 3-OH-BDE47 在 80%的野鸟血清中有所检出，4′-OH-BDE17、6-OH-BDE47 和 4′-OH-BDE49 只在少于 30%的样品中有检出，但是 2′-OH-BDE68 和 3-OH-BDE47 可能也来源于自然界已有的羟基化合物（Liu et al.，2010）。

参 考 文 献

Alaee M, Arias P, Sjödin A, Bergman Å. 2003. An overview of commercially used brominated flame retardants, their applications, their use patterns in different countries/regions and possible modes of release. Environment International, 29(6): 683-689.

Benedict R T, Stapleton H M, Letcher R J, Mitchelmore C L. 2007. Debromination of polybrominated diphenyl ether-99 (BDE-99) in carp (*Cyprinus carpio*) microflora and microsomes. Chemosphere, 69(6): 987-993.

Bradford M. 1976. A rapid method for the quantitation of microgram quantities of protein utilizing the principle of protein-dye binding. Analytical Biochemistry, 72: 248-254.

Braekevelt E, Tittlemier S A, Tomy G T. 2003. Direct measurement of octanol-water partition coefficients of some environmentally relevant brominated diphenyl ether congeners. Chemosphere, 51(7): 563-567.

Burreau S, Broman D, Örn U. 2000. Tissue distribution of 2,2′,4,4′-tetrabromo [^{14}C]-diphenyl ether ([^{14}C]-PBDE 47) in pike (*Esox lucius*) after dietary exposure—A time series study using whole body autoradiography. Chemosphere, 40(9-11): 977-985.

Burreau S, Zebuhr Y, Broman D, Ishaq R. 2004. Biomagnification of polychlorinated biphenyls (PCBs) and polybrominated diphenyl ethers (PBDEs) studied in pike (*Esox lucius*), perch (*Perca fluviatilis*) and roach (*Rutilus rutilus*) from the Baltic Sea. Chemosphere, 55(7): 1043-1052.

Darnerud P O. 2003. Toxic effects of brominated flame retardants in man and in wildlife. Environment International, 29(6): 841-853.

Darnerud P O, Eriksen G S, Jóhannesson T, Larsen P B, Viluksela M. 2001. Polybrominated diphenyl ethers: Occurrence, dietary exposure, and toxicology. Environmental Health Perspectives, 109 (Suppl 1): 49.

Dirtu A C, Niessen S J M, Jorens P G, Covaci A. 2013. Org. anohalogenated contaminants in domestic cats' plasma in relation to spontaneous acromegaly and tydpiea b2e tes mellitus: A clue for endocrine disruption in humans. Environment International, 57-58: 60-67.

de Wit C A. 2002. An overview of brominated flame retardants in the environment. Chemosphere, 46(5): 583-624.

Dirtu A C, Niessen S J M, Jorens P G, Covaci A. 2013. Org. anohalogenated contaminants in domestic cats' plasma in relation to spontaneous acromegaly and tydpiea b2e tes mellitus: A clue for endocrine disruption in humans. Environment International, 57-58: 60-67.

Drenzek N J, Eglinton T I, May J M, Wu Q Z, Sowers K R, Reddy C M. 2001. The absence and application of stable carbon isotopic fractionation during the reductive dechlorination of polychlorinated biphenyls. Environmental Science and Technology, 35(16): 3310-3313.

Drouillard K G, Fernie K J, Letcher R J, Shutt L J, Whitehead M, Gebink W, Bird D M. 2007. Bioaccumulation and biotransformation of 61 polychlorinated biphenyl and four polybrominated diphenyl ether congeners in juvenile american kestrels (*Falco sparverius*). Environmental Toxicology and Chemistry, 26(2): 313-324.

EBFRIP. 2008. The RoHS directive and Deca-BDE. European brominated flame retardant industry pane: http://www.ebfrip.org/main-nav/european-regulatory-centre/rohs-directive-restrictionof-the-use-of-certain-hazardous-substances-in-electrical-and-electronicequipment/the-rohs-directive-and-deca-bde.

EPA. 2001. List of lists. Consolidated list of chemicals subject to the Emergency Planning and Community Right-to-Know Act (EPCRA) and Section 112 (r) of the Clean Air Act. U.S. Environmental Protection Agency. Office of Solid Waste and Emergency Response. EPA550B98003.

EPA. 2009. DecaBDE phase-out initiative. U.S. Environmental Protection Agency. http://www.epa.gov/oppt/existingchemicals/pubs/actionplans/deccadbe.html.

Erratico C A, Moffatt S C, Bandiera S M. 2011. Comparative oxidative metabolism of BDE-47 and BDE-99 by rat hepatic microsomes. Toxicological Sciences, 123: 37-47.

Erratico C A, Szeitz A, Bandiera S M. 2013. Biotransformation of 2,2',4,4'-tetrabromodiphenyl ether (BDE-47) by human liver microsomes: Identification of cytochrome P450 2B6 as the major enzyme involved. Chemical Research in Toxicology, 26: 721-731.

Erratico C A, Szeitz A, Bandiera S M. 2012. Oxidative metabolism of BDE-99 by human liver microsomes: Predominant role of CYP2B6. Toxicological Sciences, 129: 280-292.

Foster K L, Mallory M L, Hill L, Blais J M. 2011. PCB and organochlorine pesticides in northern fulmars (*Fulmarus glacialis*) from a High Arctic colony: Chemical exposure, fate, and transfer to predators. Environmental Toxicology and Chemistry, 30(9): 2055-2064.

Gobas F A P C, Wilcockson J B, Russell R W, Haffner G D. 1999. Mechanism of biomagnification in fish under laboratory and field conditions. Environmental Science and Technology, 33(1): 133-141.

Gobas F A P C, Zhang X, Wells R. 1993. Gastrointestinal magnification: The mechanism of biomagnification and food chain accumulation of organic chemicals. Environmental Science and Technology, 27(13): 2855-2863.

Hites R A. 2004. Polybrominated diphenyl ethers in the environment and in people: A meta-analysis of concentration. Environmental Science and Technology, 38: 945-956.

Kapoor B G, Khanna B. 2004. Ichthyology handbook. Verlag Berlin and Heidelberg: Springer.

Kelly B C, Ikonomou M G, Blair J D, Gobas F. 2008. Bioaccumulation behaviour of polybrominated diphenyl ethers (PBDEs) in a Canadian Arctic marine food web. Science of the Total Environment, 401(1-3): 60-72.

La Guardia M J, Hale R C, Harvey E. 2006. Detailed polybrominated diphenyl ether (PBDE) congener composition of the widely used penta-, octa-, and deca-PBDE technical flame-retardant mixtures. Environmental Science and Technology, 40(20): 6247-6254.

Liu J, Luo X J, Yu L H, He M J, Chen S J, Mai BX. 2010. Polybrominated diphenyl ethers (PBDEs), polychlorinated biphenyls (PCBs), hydroxylated and methoxylated-PBDEs, and methylsulfonyl-PCBs in bird serum from South China. Archives of Environmental Contamination and Toxicology, 59(3): 492-501

Lupton S J, McGarrigle B P, Olson J R, Wood T D, Aga D S. 2009. Human liver microsome-mediated metabolism of brominated diphenyl ethers 47, 99, and 153 and identification of their major metabolites. Chemical Research in Toxicology, 22: 1802-1809.

Mackay D, Shiu W Y, Ma K C H, Lee S C. 2006. Handbook of physical chemical properties and environmental fate for organic chemicals: Introduction and hydrocarbons. Taylor & Francis: Vol. 1.

Malmberg T, Athanasiadou M, Marsh G, Brandt I, Bergman Å. 2005. Identification of hydroxylated polybrominated diphenyl ether metabolites in blood plasma from polybrominated diphenyl ether exposed rats. Environmental Science and Technology, 39(14): 5342-5348.

Mansuy L, Philp R P, Allen J. 1997. Source identification of oil spills based on the isotopic composition of individual components in weathered oil samples. Environmental Science and Technology, 31(12): 3417-3425.

Marsh G, Athanasiadou M, Bergman Å, Asplund L. 2004. Identification of hydroxylated and methoxylated polybrominated diphenyl ethers in Baltic Sea salmon (*Salmo salar*) blood. Environmental Science and Technology, 38(1): 10-18.

McKinney M A, Arukwe A, Guise S D, Martineau D, Béland P, Dallaire A, Lair S, Lebeuf M, Letcher R J. 2004.Characterization and profiling of hepatic cytochromes P450 and phase II xenobiotic-metabolizing enzymes in beluga whales (*Delphinapterus leucas*) from the St. Lawrence River Estuary and the Canadian Arctic. Aquatic Toxicology, 69: 35-49.

McKinney M A, de Guise S, Martineau D, Beland P, Arukwe A, Letcher R J. 2006. Biotransformation of polybrominated diphenyl ethers and polychlorinated biphenyls in beluga whale (*Delphinapterus leucas*) and rat mammalian model using an *in vitro* hepatic microsomal assay. Aquatic Toxicology, 77: 87-97.

Mol K A, Van der Geyten S, Burel C, Kuhn E R, Boujard T, Darras V M. 1998. Comparative study of iodothyronine outer ring and inner ring deiodinase actives in five teleostean fishes. Fish physiology and Biochemistry, 18: 253-266.

Munschy C, Héas-Moisan K, Tixier C, Olivier N, Gastineau O, Le Bayon N, Buchet V. 2011. Dietary exposure of juvenile common sole (*Solea solea* L.) to polybrominated diphenyl ethers (PBDEs): Part 1. Bioaccumulation and elimination kinetics of individual congeners and their debrominated metabolites. Environmental Pollution, 159: 229-237.

Munschy C, Héas-Moisan K, Tixier C, Pacepavicius G, Alaee M. 2010. Dietary exposure of juvenile common sole (*Solea solea* L.) to polybrominated diphenyl ethers (PBDEs): Part 2. Formation, bioaccumulation and elimination of hydroxylated metabolites. Environmental Pollution, 158: 3527-3533.

Norrgran J, Jones B, Lindquist N G, Bergman Å. 2012. Decabromobiphenyl, polybrominated diphenyl ethers, and brominated phenolic compounds in serum of cats diagnosed with the endocrine disease feline hyperthyroidism. Archives of Environmental Contamination and Toxicology, 63: 161-168.

Noyes P D, Kelly S M, Mitchelmore C L, Stapleton H M. 2010. Characterizing the *in vitro* hepatic biotransformation of the flame retardant BDE 99 by common carp. Aquatic Toxicology, 97: 142-150.

O'malley V, Abrajano Jr T, Hellou J. 1994. Determination of the $^{13}C/^{12}C$ ratios of individual PAH from environmental samples: Can PAH sources be apportioned? Organic Geochemistry, 21(6): 809-822.

Qiu X H, Bigsby R M, Hites R A. 2009. Hydroxylated metabolites of polybrominated diphenyl ethers in human blood samples from the United States. Environmental Health Perspectives, 117(1): 93-98.

Qiu X H, Mercado-Feliciano M, Bigsby R M, Hites R A. 2007. Measurement of polybrominated diphenyl ethers and metabolites in mouse plasma after exposure to a commercial pentabromodiphenyl ether mixture. Environmental Health Perspectives, 115(7): 1052-1058.

Rahman F, Langford K H, Scrimshaw M D, Lester J N. 2001. Polybrominated diphenyl ether (PBDE) flame retardants. Science of the Total Environment, 275(1): 1-17.

Roberts S C, Noyes P D, Gallagher E P, Stapleton H M. 2011. Species-specific differences and structure-activity relationships in the debromination of PBDE congeners in three fish species. Environmental Science and Technology, 45(5): 1999-2005.

Robrock K R, Korytár P, Alvarez-Cohen L. 2008. Pathways for the anaerobic microbial debromination of polybrominated diphenyl ethers. Environmental Science and Technology, 42(8): 2845-2852.

Shen M N, Cheng J, Wu R H, Zhang S H, Mao L, Gao S X. 2012. Metabolism of polybrominated diphenyl ethers and tetrabromobisphenol A by fish liver subcellular fractions *in vitro*. Aquatic Toxicology, 114-115: 73-79.

Stapleton H M, Brazil B, David Holbrook R, Mitchelmore C L, Benedict R, Konstantinov A, Potter D. 2006. *In vivo* and *in vitro* debromination of decabromodiphenyl ether (BDE 209) by juvenile rainbow trout and common carp. Environmental Science and Technology, 40(15): 4653-4658.

Stapleton H M, Kelly S M, Pei R, Letcher R J, Gunsch C. 2009, Metabolism of polybrominated diphenyl ethers (PBDEs) by human hepatocytes *in vitro*. Environmental Health Perspectives, 117(2): 197-202.

Stapleton H M, Letcher R J, Baker J E. 2002. Uptake, metabolism and depuration of polybromodiphenyl ethers (PBDEs) by the common Carp (*Cyprinus Carpio*). Organohalogen Compounds, 58: 201-204.

Stapleton H M, Letcher R J, Baker J E. 2004a. Debromination of polybrominated diphenyl ether congeners BDE 99 and BDE 183 in the intestinal tract of the common carp (*Cyprinus carpio*). Environmental Science and Technology, 38(4): 1054-1061.

Stapleton H M, Letcher R J, Li J, Baker J E. 2004b. Dietary accumulation and metabolism of polybrominated diphenyl ethers by juvenile carp (*Cyprinus carpio*). Environmental Toxicology and Chemistry, 23(8): 1939-1946.

Staskal D F, Hakk H, Bauer D, Diliberto J J, Birnbaum L S. 2006. Toxicokinetics of polybrominated diphenyl ether congeners 47, 99, 100, and 153 in mice. Toxicological Sciences, 94(1): 28-37

Teuten E L, Xu L, Reddy C M. 2005. Two abundant bioaccumulated halogenated compounds are natural products. Science, 307(5711): 917-920.

Tittlemier S A, Halldorson T, Stern G A, Tomy G T. 2002. Vapor pressures, aqueous solubilities, and Henry's law constants of some brominated flame retardants. Environmental Toxicology and Chemistry, 21 (9): 1804-1810.

UNEP. 2009. Conference of the Parties of the Stockholm Convention on Persistent Organic Pollutants on The Work of Its Fourth Meeting. POPS/COP4/38.

U.S. Department of Health and Human Services. 2004.Toxicological profile for polybrominated biphenyls and polybrominated diphenyl ethers. 362-363.

Wan Y, Liu F, Wiseman S, Zhang X, Chang H, Hecker M, Jones P, Lam M H, Giesy J P. 2010. Interconversion of hydroxylated and methoxylated polybrominated diphenyl ethers in Japanese Medaka. Environmental Science and Technology, 44: 8729-8735.

Wan Y, Wiseman S, Chang H, Zhang X, Jones P D, Hecker M, Kannan K, Tanabe S, Hu J, Lam M H W. 2009. Origin of hydroxylated brominated diphenyl ethers: Natural compounds or man-made flame retardants? Environmental Science and Technology, 43(19): 7536-7542.

Wu J P, Luo X J, Zhang Y, Yu M, Chen S J, Mai B X. 2009. Biomagnification of polybrominated diphenyl ethers (PBDEs) and polychlorinated biphenyls in a highly contaminated freshwater food web from South China. Environmental Pollution, 157, 904-909.

Yu Z, Zheng K, Ren G, Zheng Y, Ma S, Peng P, Wu M H, Sheng G Y, Fu J M. 2010. Identification of hydroxylated octa- and nona-bromodiphenyl ethers in human serum from electronic waste dismantling workers. Environmental Science and Technology, 44: 3979-3985.

Zeng X, Simonich S L M, Robrock K R, Korytár P, Alvarez-Cohen L, Barofsky D F. 2010. Application of a congener-specific debromination model to study photodebromination, anaerobic microbial debromination, and FE^0 reduction of polybrominated diphenyl ethers. Environmental Toxicology and Chemistry, 29: 770-778.

Zhang K, Wan Y, Giesy J P, Lam M H W, Wiseman S, Jones P D, Hu J. 2010. Tissue concentrations of polybrominated compounds in chinese sturgeon (*Acipenser sinensis*): Origin, hepatic sequestration, and maternal transfer. Environmental Science and Technology, 44: 5781-5786.

Zou Y, Christensen ER, Wei Z, Hua W, An L. 2014. Estimating stepwise debromination pathways of polybrominated diphenyl ethers with an analogue Markov Chain Monte Carlo algorithm. Chemosphere, 114: 187-194.

第5章 多溴联苯醚在水生生物中的富集与食物链传递

本章导读

- 在东江三角洲采集的 3 种鱼显示两种 PBDEs 组成模式，对 PBDEs 脱溴代谢的物种差异性是造成这种现象的主要原因。这一结果进一步验证了第 4 章室内暴露的结论。计算出的生物富集因子（BAF）如果不考虑水中溶解有机碳的影响，与化合物的 K_{OW} 呈抛物线关系，这与传统的经验模型是一致的。但当进行了溶解有机碳的校正后，两者仍为正线性相关，表明溶解有机质应是导致高 K_{OW} 物质表现出低 BAF 值的重要原因。

- 在清远电子垃圾区，污染水体和非污染水体中采集了两条食物链。尽管浓度存在区别，但 PBDEs 单体组成模式仍受物种间脱溴降解能力差别的控制。两个食物链计算得到的食物链放大因子（TMF）值接近。只有 BDE47、100 和 154 的 TMF 值显著地大于 1。

- 珠江河口海洋水生生物 2005~2007 年三年中 PBDEs 的浓度呈现下降趋势。与前期（2004 年）和后期（2013 年）的数据比对进一步证实了这种下降趋势。BDE99/BDE100 的比值可以从侧面反映不同物种对 PBDEs 脱溴代谢能力的差异。生物浓缩作用是 PBDEs 各单体富集的重要机制。也发现只有 BDE47、100 和 154 的 TMF 值显著地大于 1。

- 水生生物（主要指鱼类）不论其所处的生态环境如何，在 PBDEs 的富集与食物链放大上均反映出一些共同规律。也就是第 4 章所证实的主要脱溴产物和不易发生脱溴降解的单体表现出明显的生物放大特征。这表明 PBDEs 在鱼中的脱溴降解在很大程度上决定了 PBDEs 各单体的生物富集与放大行为。

5.1 东江三角洲流域水体中 PBDEs 的生物富集特征

5.1.1 样品采集与分析

东江是广东省重要的四大水系之一，发源于江西省寻乌县桠髻钵山，自东北向西南流入广东省境，经龙川、河源、紫金、惠阳、博罗、东莞等县市注入狮子洋。东江直接肩负着河源、惠州、东莞、广州、深圳以及香港近 4000 万人口的生产、生活、生态用水。在下游，东江流经东莞地区，形成复杂的东江三角洲水系。东莞地区是全球最大的制造业基地之一。制造业总产值占规模以上工业总产值的 90% 以上，形成以电子信息、电气机械、纺织服装、家具、玩具、造纸及纸制品业、食品饮料、化工等八大产业为支柱的现代化工业体系。东江流经东莞地区时，沿江两岸都有许多大型工厂，发达的制造业将大量污染物排入东江，对东江的水生环境造成严重的污染。早期对该河段沉积物的研究表明该区域河流沉积物中的 PBDEs 处于世界范围内的高值（Mai et al.，2005；Zhang et al.，2009）。

为研究本河段鱼体中 PBDEs 的富集情况，我们于 2009 年和 2010 年分别采集了东江下游流域表层沉积物样品 44 个，水样 5 个，鲮鱼（mud carp，*Cirrhina molitorella*）9 只，罗非鱼（tilapia，*Tilapia nilotica*）15 只，清道夫（plecostomus，*Hypostomus plecostomus*）10 只。具体的采样点分布情况见图 5-1，其中椭圆圈定区域为水样和鱼样采集区。巧合的是，本区域采集的三种鱼分属于鲤科（鲮鱼）、慈鲷科（罗非鱼）和鲶科鱼（清道夫）（图 5-2），与我们室内食物链暴露所用鱼的科属一致，这为我们验证室内不同种属鱼对 PBDEs 代谢的差异性提供了机会。

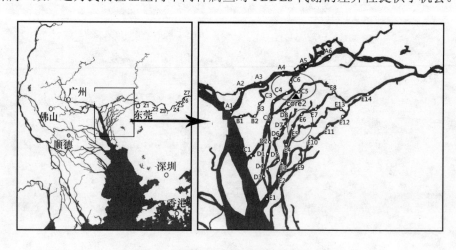

图 5-1 东江三角洲水域采样点示意图

鲮鱼　　　　　　　　　　　罗非鱼　　　　　　　　　　　清道夫

图 5-2　东江采集的鱼类样品

生物样品的提取与净化方法与 4.1.2 节相同，此处不再赘述。沉积物样品冷冻干燥，除去贝壳、沙石等杂物后，研磨过 100 目筛。准确称量 20 g 样品，加入 PBDEs 回收率指示物（^{13}C-PCB141、BDE77 和 BDE182）后用 200 mL 丙酮/正己烷混合溶剂（1∶1，V/V）于 60℃索氏抽提 24 h，抽提时加入活化好的铜片 6 g 除硫。提取液旋转蒸发浓缩至 2 mL，转换溶剂为正己烷 15 mL，浓缩后再过多层复合硅胶柱（同 4.1.2 节）纯化，用 50 mL 二氯甲烷/正己烷混合溶剂（1∶1，V/V）进行洗脱。洗脱液浓缩至 1 mL 左右，转换溶剂为正己烷，氮吹定容至 200 μL，加入 PBDEs 进样内标（BDE118 和 BDE128）。

水样运回实验室后，经玻璃纤维膜过滤，水样分为溶解相和颗粒相。溶解相用医用硅胶管引入 XAD 色谱柱。吸附有 PBDEs 等有机污染物的 XAD 混合树脂先用 25 mL 甲醇，再用 50 mL 的二氯甲烷洗脱。将 XAD 树脂转移至平底烧瓶，先用 50 mL 甲醇超声抽提 3 次，再用 25 mL 二氯甲烷超声抽提 3 次。把所有的洗出液和超声抽提液混合，转移至分液漏斗（Teflon 材质），加入 PBDEs 回收率指示物，然后加入 175 mL 饱和 NaCl 溶液，用 50 mL 的二氯甲烷反萃取 3 次。萃取液最后加入 10 mL 蒸馏水再萃取 3 次，去除剩余甲醇。合并所有的萃取液，用旋转蒸发仪（Zymak Turbo Vap 500）浓缩至 1 mL 左右，转换溶剂为正己烷，定容为 10 mL。浓缩，再经过多层复合硅胶柱纯化，并用 50 mL 二氯甲烷/正己烷混合溶剂（1∶1，V/V）进行洗脱。洗脱液浓缩至 1 mL 左右，分别转换溶剂为正己烷，氮吹定容至 200 μL，加入 PBDEs 内标。

滤膜（颗粒相）冷冻干燥、称重后，加入回收率指示物，用 200 mL 丙酮/正己烷混合溶剂（1∶1，V/V）于 60 ℃索氏抽提 24 h，提取液中加入活性铜片除硫。抽提液旋转浓缩。过柱纯化及定容同沉积物。PBDEs 的仪器定量分析同 4.1.2 节。

质量保证与质量控制措施包括方法空白、加标空白、基质加标和样品平行样。BDE47、BDE99 和 BDE209 在方法空白中有检出，在样品中进行了相应的空白扣除。加标空白（添加 BDE28、47、66、99、100、138、153、154、183、208、207、206 和 209）中 PBDEs 单体的平均回收率为 99%～114%。基质加标中相应单体的平均回收率为 102%～118%。回收率标样 ^{13}C-PCB141、BDE77 和 BDE181 的回收率分别为 95.2%±1.1%、107.8%±1.0%和 100.6%±1.7%。

5.1.2 沉积物和水体中的多溴联苯醚

检测了表层沉积物中 13 种 PBDEs 单体（BDE28、47、66、100、99、154、153、138、183、206、207、208 和 209）的浓度。东江河段表层沉积物中低溴代单体 ΣLPBDEs（BDE28、47、66、100、99、154、153、138 和 183，主要代表五溴和八溴联苯醚工业品）的浓度范围是 0.45~12 ng/g dw（干重），高溴代单体 ΣHPBDEs（BDE206、207、208 和 209，代表十溴联苯醚工业品）的浓度范围为 2.6~2500 ng/g dw。与 2002 年样品和 2006 样品的数据相比，ΣLPBDEs 的浓度与 2006 年的样品浓度（0.7~7.6 ng/g dw）相当（Zhang et al.，2009），但是明显低于 2002 年的样品（2.2~95 ng/g dw）（Mai et al.，2005）。BDE209 的浓度，2002 年为 21~7340 ng/g dw，2006 年为 22~5400 ng/g dw，2009 年为 1.3~2400 ng/g dw，呈现一定的降低趋势。采样点 E4~E6(ΣLPBDEs：4.1~5.1 ng/g dw；ΣHPBDEs：1200~2400 ng/g dw)；C2~C4,(ΣLPBDEs：4.2~12 ng/g dw；ΣHPBDEs：840~2100 ng/g dw) 污染水平较高，可能是由于这些点位周边聚集了大量的电子制造、塑料生产和制衣厂等企业，而卤代阻燃剂正是这些产业的主要原材料之一。位于东江三角洲上游的采样点（Z1~Z7）（图 5-1）污染水平较低（ΣLPBDEs：0.45~1.8 ng/g dw；ΣHPBDEs：1.3~240 ng/g dw），这一河段在东江三角洲上游，远离东莞工业生产区和城市生活区，缺少直接排放源。同时，该区域沉积物中的总有机质（TOC）含量与其他区域比处于偏低水平（平均 0.62% vs 平均 1.65%）。这些因素导致该区域较低的 PBDEs 污染。

沉积物中 PBDEs 的单体组成模式如图 5-3 所示，十溴联苯醚工业品是沉积物中 PBDEs 的主要贡献者，占总 PBDEs 的 99%，五溴和八溴工业品贡献低于 1%。十溴联苯醚工业品中各单体浓度由高至低依次为：BDE209 > BDE206 > BDE207> BDE208，其中 BDE209 所占比例高达 95%，这与前期对东江表层沉积物中 PBDEs 的监测结果是一致的（Mai et al.，2005；Zhang et al.，2009）。五溴工业品和八溴工业品所占份额不足 1%，其中 BDE99、BDE47 和 BDE183 是占前几位的主要单体，但各单体占总 PBDEs 的份额不足 0.5%。

水体中 PBDEs 的单体组成特征如图 5-4 所示，溶解相中除 BDE138 未检出外，其他单体的检出率为 100%。溶解相中 ΣLPBDEs 和 ΣHPBDEs 的浓度范围分别为 48~68 pg/L 和 58~99 pg/L。在颗粒相中，所有 PBDEs 单体均被检出，ΣLPBDEs 和 ΣHPBDEs 的浓度范围分别为 9.5~42 ng/g dw 和 64~200 ng/g dw。水体中 PBDEs 总含量（水相与颗粒相之和）ΣLPBDEs 和 ΣHPBDEs 的浓度范围分别为 243~451 pg/L 和 816~3325 pg/L。在颗粒相中，BDE209 是相对丰度最高的单体，

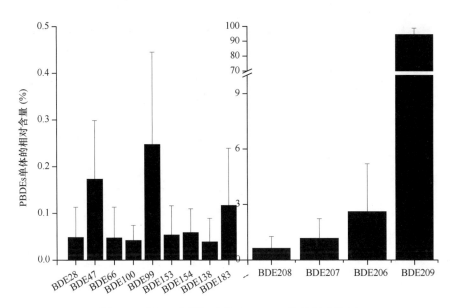

图 5-3　东江三角洲沉积物中 PBDEs 单体组成特征

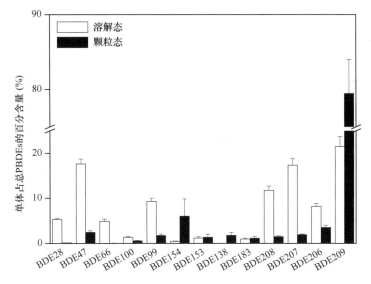

图 5-4　东江水体中 PBDEs 同系物组成特征

占总 PBDEs 的 75%以上。与沉积物中 BDE209 所占份额相比，降低了约 20%。可能的原因有悬浮颗粒物中存在大量浮游动植物，这些生物可能会对 BDE209 产生一定的降解作用；水体表面的光降解作用也会降低 BDE209 的相对含量。此外，悬浮颗粒物可能反映最近新输入的 PBDEs 的组成，可能与以往沉积物的组成存在一定差别。水体溶解相中 BDE209 仍是最主要单体，但相对丰度已降低到约 20%，与 BDE47 的相对丰度相当（约 17%）。BDE209 仍是主要单体。这可能与溶解相中的细颗粒物和水中的溶解有机碳的存在有关。溶解有机碳的存在会大大增加高 K_{OW} 化合物在水中的表观浓度（Chen et al.，2011）。

5.1.3　生物体内 PBDEs 的含量及组成

13 种 PBDEs 单体在所采集的 3 种鱼中均有检出。在低溴代 PBDEs 单体中，BDE138 的检出率为 68%，其他几种 PBDEs 单体检出率为 100%。∑LPBDEs 在鲮鱼、罗非鱼和清道夫三种鱼中的浓度范围分别为 42～210 ng/g lipid（脂重）、35～160 ng/g lipid 和 40～560 ng/g lipid，其浓度中值分别为 35 ng/g lipid、37 ng/g lipid 和 68 ng/g lipid。高溴代 PBDEs 单体的检出率明显低于低溴代单体的检出率。鲮鱼、罗非鱼和清道夫中九溴代（BDE208、207 和 206）单体的检出率分别为 40%、44% 和 30%。BDE209 在清道夫中检出率和浓度（100%，0.85～220 ng/g lipid）明显高于鲮鱼（78%，nd～5.0 ng/g lipid）和罗非鱼（67%，nd～23 ng/g lipid）。

鱼体内 PBDEs 已经有了大量文献报道，由于各报道∑PBDEs 所包含的单体不尽相同，因此本研究主要以鱼体中所占比例最高的单体 BDE47 进行比较。本研究中 BDE47 在所有鱼体内的浓度范围为 14～210 ng/g lipid，与珠江河口（42～150 ng/g lipid）（Xiang et al.，2007）、莱州湾（30～240 ng/g lipid）（Jin et al.，2008）、加拿大温尼伯湖（1.8～83.8 ng/g lipid）（Law et al.，2006）和比利时北海（3～108 ng/g lipid）（Voorspoels et al.，2003）所报道的浓度在一个数量级上；高于越南芹苴（0.4～0.7 ng/g lipid）和中国渤海湾（0.03～3.8 ng/g lipid）所报道的值（Minh et al.，2006；Wan et al.，2008）。

三种鱼 PBDEs 的单体组成特征存在非常明显的差别，鲮鱼和罗非鱼中 BDE47 是丰度最高的 PBDEs 单体（图 5-5），分别占到总 PBDEs 的 66% 和 65%，其次是 BDE100（分别占 8.2% 和 9.6%）。而清道夫中 BDE47 和 BDE99 是两个最主要的 PBDEs 单体，分别占总含量的 36% 和 32%，第三高丰度的单体为 BDE209。清道夫体内 PBDEs 的单体组成特征与水体中 PBDEs 的组成特征非常相似。在 4.1 节有关 PBDEs 的室内暴露及体外肝微粒体代谢实验中，我们已经发现鲤科鱼和慈鲷科鱼都存在相同的 PBDEs 脱溴降解机制，而鲶科鱼未观察到明显的脱溴降解。因此，物种间对 PBDEs 脱溴降解能力的差异是导致三种鱼体内 PBDEs 组成模式存在差异的主要原因。由于脱溴降解机制的存在，鲮鱼和罗非鱼体内 BDE99 和 BDE209 降解是导致其相对丰度下降的主要原因。第 4 章的暴露实验以及其他研究者的鱼体代谢实验都证实（Roberts et al.，2011），BDE100 较难在鱼体内发生代谢，因此，BDE99/BDE100 的值可以用来表征鱼体中脱溴代谢发生的程度。在东江沉积物

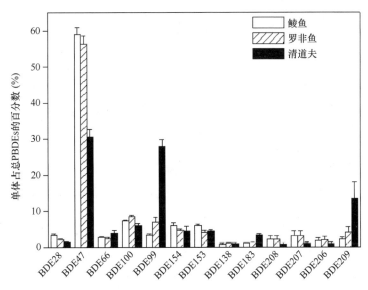

图 5-5 生物体中 PBDEs 同系物组成特征

和表层水体中，BDE99/BDE100 的平均值分别为 5.9 和 5.3。清道夫体内该值为 4.6，非常接近水体环境中这一比值。而鲮鱼和罗非鱼体内 BDE99/BDE100 的平均值分别为 0.48 和 0.82，明显低于水体，并且鲮鱼体内脱溴代谢程度应高于罗非鱼。鲤科鱼具有较高的脱溴代谢速率在 Roberts 等（2011）的实验中已得到证实。

以往野外鱼体 PBDEs 的监测中很少检测到 BDE209，因此认为 BDE209 很难被生物所富集。本实验中清道夫体内相对较高的 BDE209 丰度而鲮鱼和罗非鱼中非常低的 BDE209 丰度表明，不是 BDE209 不能被生物所富集，而是鱼体内较普遍存在的脱溴降解造成了 BDE209 在鱼体内低的检测频率和检测浓度。BDE209 在生物体内的主要九溴脱溴产物是 BDE207（Huwe and Smith，2007；Stapleton et al.，2006；Wang et al.，2010）。在鲮鱼和罗非鱼体内，BDE207 是三个九溴单体中丰度最高的单体，而在清道夫体内，九溴的最高单体仍和沉积物一样是 BDE206，这一结果更进一步证明了清道夫体内不存在明显的 BDE209 脱溴降解，而 BDE209 在鲮鱼和罗非鱼体内存在明显脱溴降解过程。

5.1.4 生物富集因子和生物–沉积物富集因子

生物富集因子（BAF）可以表征一个化合物的相对生物可富集能力，而生物–沉积物富集因子（BSAF）可以表征出沉积物中化合物的相对可生物利用的潜力。本研究中，我们计算了相关化合物的生物富集因子与生物–沉积物富集因子，并与化合物的理化性质进行了相关性分析。水生生物对 PBDEs 的 BAF 按照下列公式计算：

$$BAF = C_{生物}（pg/kg\ lipid）/ C_{水体溶解相}（pg/L） \tag{5-1}$$

BSAF 按照如下公式计算：

$$BSAF = C_{生物}（ng/g\ lipid）/ C_{沉积物}（ng/g\ OC） \tag{5-2}$$

其中生物中的浓度为脂肪归一化浓度；而沉积物中浓度则为有机碳归一化后的浓度。假定生物脂质与沉积物有机碳有相同性质，则在分配平衡时，相应的 BSAF 应为 1。

PBDEs 各单体在三种鱼中计算出来的 log BAF 范围分别为 5.0～7.4，与 Streets 等（2006）报道美国密歇根湖鲑鱼中 PBDEs 的 log BAF 范围相当，明显高于北京一接受污水处理厂出水的湖泊中各淡水生物中的 log BAF 值（2.2～6.2）（Wang et al.，2007b）和加拿大温尼伯湖各种鱼类的 log BAF 值（2.1～4.5）（Law et al.，2006）。在本研究中，所有的 PBDEs 单体的 log BAF 值均大于 3.7，说明了这些污染物都具有生物富集能力。

PBDEs 各单体在三种鱼中的 BSAF 值范围为 $8.9×10^{-5}$～1.81。除 BDE47 和 BDE100 外，其余 PBDEs 单体的 BSAF 值均小于 1。本研究中 PBDEs 的 BSAF 值小于珠江口（Xiang et al.，2007），美国哈德利湖（Dodder et al.，2002）和瑞典一条受到污染的河流中报道的 BSAF 值（Sellström et al.，1998），与实验室的模拟研究所报道的值接近（Ciparis and Hale，2005；Leppänen and Kukkonen，2004）。BDE100 在三种鱼中的 BSAF 均值均在 1 左右，表明 BDE100 在沉积物和鱼体中平衡分布。而 BDE47 的 BSAF 在三种鱼中的均值均大于 1，这主要是由于生物体内 BDE99 发生了脱溴代谢而生成 BDE47。BDE209 的 BSAF 值即使在清道夫体内也小于 0.01，表明沉积物中的 BDE209 很难被这些上浮水体中的鱼所利用。从本研究结果来看，大多数的有机污染物的 BSAF 值均小于 1，说明沉积物中的这些有机污染物的生物可利用性低，尤其是对鲮鱼和罗非鱼这两种生活在中下层的鱼类来说，沉积物不太可能成为这两种鱼类中 PBDEs 的主要污染源。

本研究也同时分析了 BSAF 值、BAF 值与污染物 log K_{OW} 的关系。BSAF 值随着 log K_{OW} 的增加呈指数形式下降（图 5-6），表明高 log K_{OW} 物质与沉积物中有机质的结合能力远高于与生物脂质的结合能力。鲮鱼和罗非鱼中 BDE99 偏离了相关的趋势，显然是由体内发生的脱溴代谢所致，而三种鱼体内 BDE66 都偏离了相关趋势，可能表明存在着对 BDE66 的其他生物代谢过程。

BAF 与 log K_{OW} 的相关性见图 5-7，清道夫中 BAF 与 log K_{OW} 存在显著的抛物线形式相关性，对于鲮鱼与罗非鱼，这种回归分析虽然不具有统计学意义，但主要趋势仍然存在。鲮鱼和罗非鱼体内 PBDEs 单体的 BAF 与 log K_{OW} 值没有表现

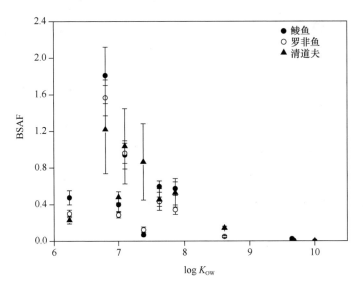

图 5-6　BSAF 值与化合物辛醇/水分配系数之间的关系

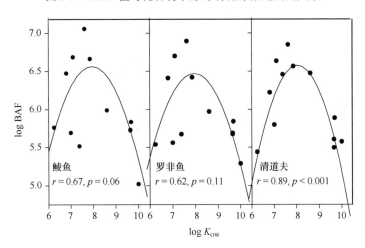

图 5-7　野外实测 log BAF 与化合物 log K_{OW} 间的关系

出统计意义上的相关性，这主要是由于体内存在的脱溴代谢所致。由于清道夫体内没有相关脱溴代谢过程，因此，清道夫的 BAF 值与 log K_{OW} 的相关性更好地反映了化合物理化性质对其生物可富集潜力的影响。从图 5-7 可见，在 log K_{OW} 在 8 左右时，BAF 值随 log K_{OW} 的变化出现了转折，由之前的正相关变为负相关。这与有机污染物在生物体内富集模型的预测基本一致。早期的预测模型表明当 log K_{OW}<7 时，log BAF 随着 log K_{OW} 的增大而逐渐增大，而当 log K_{OW}>7 时，log BAF 随着 log K_{OW} 的增大而逐渐减小（Thomann，1989）。对于发生这种转折的原因，一般认为随着 log K_{OW}

值增加，其分子体积也相应增加，增加到一定程度后，导致其穿透生物膜的能力大大降低。我们在第 4 章的鱼体暴露实验中也证实高溴代单体相比低溴代单体其肠道吸收效率降低，但降低的程度很小。因此，很可能还存在其他导致这种转变的原因。

根据 BAF 的定义，BAF 是化合物在生物中的浓度与水体中自由溶解态浓度的比值。但在实际的测量过程中，自由溶解态浓度不易直接测定，所测的浓度都是表观溶解态浓度，包括细小颗粒物、溶解有机碳和自由溶解态三部分。由于溶解有机碳及细小颗粒物的存在，使得测定的溶解相浓度比自由溶解态浓度高，导致较低的 BAF 值，这种降低程度随化合物的性质不同而不同。根据第 2 章自由溶解相占表观溶解相的分数（f_{dis}）公式：

$$f_{dis} = \frac{C_{dis}}{C_{dis} + C_{dis\text{-}DOC}} = \frac{1}{1 + K_{DOC}C_{DOC}} = \frac{1}{1 + 0.08K_{OW}C_{DOC}}$$

可知，当溶解有机质的浓度范围为 1 mg/L 至几 mg/L 之间时，$0.08C_{DOC}$ 的数值大致为 10^{-7}。当 $\log K_{OW} < 6$ 时，溶解有机质对表观溶解态的浓度影响很小，所测定的表观溶解态浓度基本为自由溶解态浓度；当 $\log K_{OW} = 7$ 左右时，溶解态所占份额大约为 50%，随后，K_{OW} 每增加一个数量级，自由溶解态浓度就低至表观溶解态浓度的 1/10，由此计算出的 BAF 也将比真实值低一个数量级。这可能是 BAF 在 7 左右出现转折的主要原因。转折点出现的 $\log K_{OW}$ 值会有少许变动，主要由水体中DOC 的含量和性质所决定。

在本研究中，测得水体溶解有机质含量为 1.14~1.43 mg/L，平均为 1.28 mg/L。用上面的计算公式进行自由溶解相浓度的校正后，重新计算各化合物的生物富集因子，得到如图 5-8 的结果。从此图可见，抛物线形式的相关性不复存在，BAF

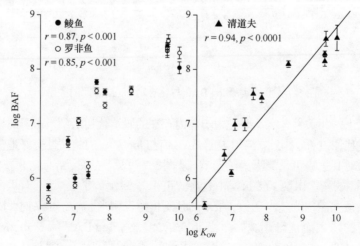

图 5-8　溶解有机碳校正后的 BAF 与 K_{OW} 间的关系

值与 log K_{OW} 之间仍呈现线性相关。这一结果表明，以往认为化合物 log K_{OW} 大于 7 之后，由于分子体积增加导致其生物富集潜力的降低这一说法可能并不准确。溶解有机质的存在使化合物的溶解态浓度被高估可能是导致 BAF 与 log K_{OW} 之间关系出现转折的重要原因。

5.2　电子垃圾回收区水生生物中 PBDEs 的生物富集与放大

电子垃圾回收处理过程中，PBDEs 的释放是环境中 PBDEs 的重要来源。清远市是我国主要的电子垃圾回收地之一，电子垃圾回收场主要分布于龙塘和石角两镇。1997 年开始，龙塘镇长冲村就开始电子垃圾的拆卸、回收活动。当时是在露天条件下对从国内外（主要是国外）运来的电子垃圾进行简单的分类和拆卸。由于利润丰厚，超过 1300 家电子垃圾拆卸厂、超过 80 000 名工人在龙塘和石角两镇从事电子垃圾回收活动。在这里，每年大约 17 万 t 电子垃圾被拆卸，而拆卸过后不能被再利用的部分就被丢弃在田间地头，或在夜间用火焚烧。另一方面，传统的农业生产活动（水稻种植、水产养殖及家禽养殖等）仍在进行。清远的电子垃圾回收活动已经造成了当地环境的 PBDEs、PCBs 及重金属污染（Luo et al.，2009；罗勇等，2008a；罗勇等，2008b）。本研究中，我们对一个受电子垃圾严重污染池塘的一条水生食物链和该区域普通水域水生食物链中的卤系阻燃剂进行了研究，以期了解电子垃圾回收活动在点和面的层面对当地水生生态系统的污染，这里报道的是有关 PBDEs 的污染及食物链传递情况。

5.2.1　样品采集与分析

龙塘镇白鹤塘是一受电子垃圾污染的废弃池塘。废弃的电子垃圾堆在池塘底部及四周。2006 年 7 月，我们在该池塘采用电捕法采集了田螺（*Cipangopaludina cathayensis*，43 个个体组成 3 个混合样）、草虾（*Macrobrachium nipponense*，7 个个体组成 3 个混合样）、鲤鱼（*Cyprinus carpio*，n=1）、鲫鱼（*Carassius auratus*，17 个个体组成 6 个混合样）、鲮鱼（*Cirrhinus molitorella*，12 个个体组成 7 个混合样）、乌鳢（*Channa argus*，n = 2）和水蛇（*Enhydris chinensis*，n = 2）等生物样品，同时采集了 3 个水样。为了评估这些水生生物体内 PBDEs 的污染状况，在离该水库约 5 km 的另一水库（该水库周围没有电子垃圾回收厂）采集了一些鲮鱼样品，作为对照样。

除了在白鹤塘采集食物链外，我们还在龙塘镇其他不存在明显电子垃圾污染源的水域采集了相关的水生生物样品，以了解电子垃圾回收区域面上污染状况。采集的样品有两种螺类、鲤鱼、鲫鱼、鲮鱼、乌鳢和鲶鱼。样品具体信息见表 5-1。

表 5-1　电子垃圾回收区非污染池塘水生生物样品信息

样品	食性	n^a	体长（cm）	体重（g）
乌鳢（*Channa argus*）	肉食性	7	21 ± 0.5^b	132 ± 6.1
鲶鱼（*Clarias Batrachus*）	肉食性	6	22 ± 0.1	131 ± 6.5
鲤鱼（*Cyprinus carpio*）	杂食性	6	19 ± 2.2	250 ± 82
鲫鱼（*Carassius auratus*）	杂食性	7	15 ± 0.5	83 ± 7.3
螺科（*Cipangopaludina cathayensis, Oncomelania*）	植食性	30 [5]	—	—

a 样品数，括号内为混合后样品数；b 平均值±标准误差

生物样中 PBDEs 的提取、净化及定量方法与 4.1.2 节相同。此处省略。

实验的 QA/QC 包括添加回收率指示物以及分析程序空白、空白加标及样品重复样。每批样品（11 个样品）都有一个程序空白和加标空白同时运行。PBDEs 指示物的回收率为 72.2%～78.6%。程序空白检测到少量目标化合物，但其含量都低于样品含量的 1%，样品最终浓度未经空白校正。11 种 PBDEs（BDE28、47、66、85、99、100、138、153、154、183 和 209）的空白加标回收率为 76.9%～105%，样品最终浓度也没有经过回收率校正。目标化合物含量的相对标准偏差（RSD）都小于 15%；BDE209 的 RSD 为 24%。

稳定碳、氮同位素（$\delta^{15}N$）分析：采用元素分析仪（Flash EA 1112，CE）和同位素质谱仪 IRMS（Delta plus XL，Finnigan）联机测定。把干燥后样品磨成粉末后，称取 0.5～1.0 mg 样品包于锡舟，上机分析。其中碳同位素分析的对照标样为炭黑，氮同位素分析的对照标样为硫酸铵。碳同位素分析精度为 0.1‰（2SD），氮同位素分析精度为 0.3‰（2SD）。

5.2.2　生物样品的营养级别及食物网构成

污染池塘水生生物样品的 $\delta^{15}N$ 范围为 6.1‰～15.2‰，其中最低的为田螺，最高的为乌鳢（表 5-2）。所采样品 $\delta^{15}N$ 的高低顺序为田螺（6.3‰）<草虾（9.4‰）<鲮鱼（10.0‰）<鲫鱼（10.7‰）<水蛇（12.7‰）<乌鳢（14.1‰）。鲮鱼和草虾是杂食性物种，有时以腐烂的动物尸体为食。有些鲮鱼和草虾样品的 $\delta^{15}N$ 较高（表 5-2），可能是由于其捕食了高营养级别生物的尸体。另外一条食物链上水生生物样品的 $\delta^{15}N$ 范围为 6.01‰～15.39‰。所采样品 $\delta^{15}N$ 的高低顺序为：螺科（6.95‰）<鲫鱼（8.91‰）、鲤鱼（9.19‰）、鲶鱼（9.42‰）<乌鳢（11.23‰）。两条食物链上同种类鱼的 $\delta^{15}N$ 值存在一定的差别，主要受碳源、鱼的大小、年龄等的影响。

因为田螺主要以浮游植物为食，为初级消费者，故将其营养级定为 2.0（Post，2002），其他生物样品的营养级别按式（5-3）计算：

$$TL_{消费者} = (\delta^{15}N_{消费者} - \delta^{15}N_{田螺})/3.4 + 2 \qquad (5\text{-}3)$$

计算的生物营养级表明（表 5-2，表 5-3），对于白鹤塘生物，草虾、鲤鱼、鲮

表 5-2　白鹤塘电子垃圾污染池塘生物样品的稳定氮同位素组成及营养级

样品	$\delta^{15}N$（‰）	TL	样品	$\delta^{15}N$（‰）	TL
田螺 1	6.51	2.05	鲫鱼 1	10.61	3.26
田螺 2	6.42	2.03	鲫鱼 2	10.06	3.10
田螺 3	6.06	1.92	鲫鱼 3	9.76	3.01
草虾 1	8.06	2.51	鲫鱼 4	12.29	3.75
草虾 2	10.18	3.13	鲫鱼 5	11.38	3.48
草虾 3	10.17	3.13	鲫鱼 6	10.41	3.20
鲤鱼	10.01	3.08	乌鳢 1	11.91	3.64
鲮鱼 1	9.27	2.87	乌鳢 2	15.01	4.55
鲮鱼 2	9.23	2.85	乌鳢 3	14.77	4.48
鲮鱼 3	9.68	2.98	乌鳢 4	12.55	3.83
鲮鱼 4	9.26	2.86	乌鳢 5	15.06	4.57
鲮鱼 5	10.07	3.10	乌鳢 6	15.17	4.60
鲮鱼 6	13.87	4.22	水蛇 1	13.41	4.08
鲮鱼 7	8.47	2.63	水蛇 2	12.09	3.69

表 5-3　非电子垃圾直接污染水域生物样品的稳定性氮同位素组成及营养级

生物样	$\delta^{15}N$（‰）	TL	生物样	$\delta^{15}N$（‰）	TL
螺 1	7.40	2.13	鲤鱼 5	8.17	2.36
螺 2	6.84	1.97	鲤鱼 6	10.12	2.93
螺 3	6.92	1.99	鲶鱼 1	13.93	4.05
螺 4	6.44	1.85	鲶鱼 2	9.89	2.86
螺 5	7.15	2.06	鲶鱼 3	10.97	3.18
鲫鱼 1	12.46	3.62	鲶鱼 4	6.01	1.72
鲫鱼 2	9.94	2.88	鲶鱼 5	6.99	2.01
鲫鱼 3	8.33	2.41	鲶鱼 6	8.03	2.32
鲫鱼 4	8.09	2.34	乌鳢 1	15.39	4.48
鲫鱼 5	7.30	2.10	乌鳢 2	12.79	3.72
鲫鱼 6	9.02	2.61	乌鳢 3	9.38	2.72
鲤鱼 1	7.12	2.05	乌鳢 4	10.99	3.19
鲤鱼 2	9.20	2.66	乌鳢 5	10.03	2.91
鲤鱼 3	10.02	2.90	乌鳢 6	12.46	3.16
鲤鱼 4	10.56	3.06	乌鳢 7	9.94	2.65

鱼和鲫鱼属于次级消费者（营养级分别为 2.92、3.08、3.07 和 3.30），而乌鳢和水蛇为三级消费者（营养级分别为 4.28 和 4.08）。对于另一条食物链，螺科为初级消费者（TL = 2），鲫鱼、鲤鱼和鲶鱼为次级消费者（TL ≈ 3），乌鳢为三级消费者（TL ≈ 4）。根据这些水生生物的食性及测定的营养级，本次研究的食物网结构如图 5-9 所示。

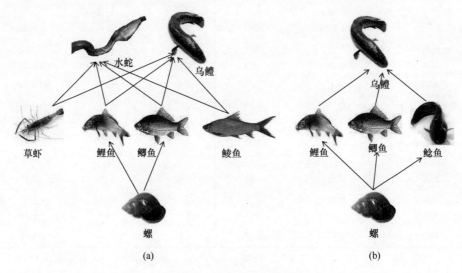

图 5-9　水生食物链结构

（a）污染池塘；（b）非电子垃圾直接污染水域

5.2.3　PBDEs 在水生生物中的污染特征

在污染池塘，ΣPBDEs 在水蛇、鱼类、草虾和田螺中的浓度分别为 40 000～190 000 ng/g lipid、1700～190 000 ng/g lipid、4600～18 000 ng/g lipid 和 7300～19 000 ng/g lipid。对照样鲮鱼中 ΣPBDEs 含量为 220～600 ng/g lipid，（中值为：280 ng/g lipid），比该池塘中鲮鱼的浓度（7900～190 000 ng/g lipid，中值 40 000 ng/g lipid）低两个数量级。该池塘鱼中 PBDEs 浓度高于华南地区鱼肉中 ΣPBDEs 的含量 3～4 个数量级（Meng et al.，2007）。Luo 等（2007a）报道了受 PBDEs 严重污染的广东贵屿电子垃圾回收地水体中几种鱼类 ΣPBDEs 含量（35.1～1088 ng/g ww），和我们的报道值（47～853 ng/g ww）相近。

在未有明显污染源区域水体中鱼类 PBDEs 的含量范围为 8～1300 ng/g lipid，与对照组鲮鱼浓度在同一个数量级。乌鳢中 PBDEs 的含量（32～410 ng/g lipid）仍高于华南地区乌鳢 1 个数量级（1.67～27 ng/g lipid）。本区域未受点源污染鱼中 PBDEs 含量与采于浙江电子垃圾拆卸地的鱼体内 PBDEs 的含量（103 ng/g）相当（Zhao et al.，2009）。鲫鱼体内 PBDEs 的浓度也与采于贵屿电子垃圾拆解地同一物种的含量（940 ng/g）处于同一数量级（Luo et al.，2007b；Wong et al.，2007）。

　　除田螺外，不论是普通水体还是受电子垃圾污染的水体，BDE47 均是所有生物中丰度最高的单体（图 5-10），这与以往关于鱼类 PBDEs 的研究相吻合（de Wit，2002；Law et al.，2003；Covaci et al.，2005；Hale et al.，2001；Hites et al.，2004；Zhu and Hites，2004）。其他单体的丰度随物种不同而存在差别，但总的来看，BDE100、154、28、153 和 99 是几个主要的单体。普通水体田螺中主要以 8~9 溴单体为主，这些单体应该主要来自 BDE209。无论是在普通水体还是受污染池塘，BDE99 在田螺中均有较高丰度，这表明田螺对 PBDEs 的脱溴降解能力较弱，因此普通水体田螺中较高的 8~9 溴单体可能是环境中发生脱溴的缘故。BDE28 在鱼、虾和田螺体内占总 PBDEs 的 5.9%~12%，但在水蛇中仅占 ΣPBDEs 的 0.5%，可能是由于水蛇比鱼类等其他水生生物对 BDE28 有着强代谢能力。除了田螺以外，普通水体的鲶鱼、受污染水体草虾体内 BDE99 均有较高的丰度。鲶鱼属鲶科鱼，我们的实验已证实基本不发生脱溴代谢过程。较高的 BDE99 丰度也表明草

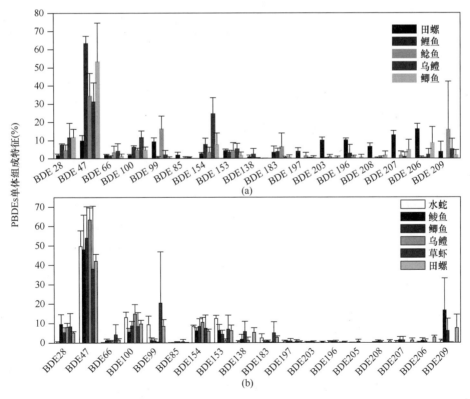

图 5-10　生物中 PBDEs 的单体组成特征

（a）普通水体；（b）受污染水体

虾和蛇的脱溴代谢能力较低。鲶鱼体内较高的 BDE209 丰度更进一步说明其缺乏脱溴代谢过程。在受污染池塘鲮鱼体内，BDE209 存在较高丰度，这似与鲮鱼有较高的脱溴代谢能力不符，肠道中食物残渣应是造成该鱼体内 BDE209 丰度较高的主要原因。

5.2.4　PBDEs 在两条水生食物链上的传递与放大

应用第 2 章介绍的 TMF 计算公式，对 3～7 溴取代 PBDEs 单体的 TMF 值进行计算。结果见图 5-11。

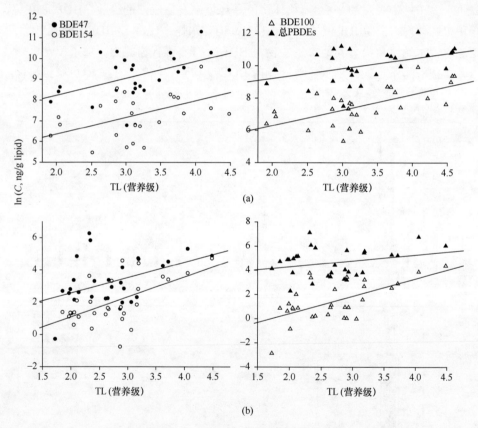

图 5-11　两水体中 PBDEs 污染物浓度与营养级之间关系
（a）污染水体；（b）普通水体

在受污染池塘，PBDEs 单体的 TMF 范围为 0.53～2.64，在普通水体，TMF 值范围为 0.97～3.82（表 5-4）。尽管两条食物链的 TMF 值存在微小差别，但也有一定的共性。在两条食物链中，都只有 BDE47、100、154 和 ΣPBDEs 的 TMF 值显著性大于 1（$p < 0.05$）（图 5-11），BDE28 位于具有统计意义的边界线上（普通

水体：$p = 0.06$，污染水体：$p = 0.08$）。其他单体尽管得到的 TMF 值大于或接近于 1，但都没有统计意义。第 4 章关于 PBDEs 的脱溴代谢结果说明 BDE100 在鱼体内较稳定存在，而 BDE47 和 154 分别是 BDE99 和 183 的脱溴代谢产物。BDE154 也缺乏明显的脱溴代谢能力。显然，这些单体能够表现出明显的生物放大，鱼体内发生的脱溴代谢过程起到了重要作用。

表 5-4　各个单体在两个食物链上的食物链放大因子

化合物	log K_{OW}[a]	普通水体		污染水体	
		TMF	p	TMF	p[b]
BDE 28	6.24	2.08	0.06	1.64	0.08
BDE 47	**6.81**	**2.10**	**<0.05**	**2.28**	**<0.001**
BDE 66	7.0	1.42	0.34	0.73	0.295
BDE100	**7.24**	**3.35**	**<0.05**	**2.64**	**<0.005**
BDE 99	7.38	1.06	0.95	0.53	0.297
BDE154	**7.62**	**3.82**	**<0.05**	**2.25**	**<0.005**
BDE153	7.86	1.52	0.34	0.81	0.533
BDE183	8.61	0.97	0.94	0.81	0.716
∑PBDEs	**—**	**2.68**	**<0.05**	**1.86**	**<0.05**

a PBDEs 的 log K_{OW} 来自文献（Braekevelt et al.，2003）。

b $p < 0.05$ 表明 TMF 具有显著性

　　PBDEs 在食物网上的 TMF 值研究得很少。Law 等（2006）、Wan 等（2008）和 Kelly 等（2008）分别报道了加拿大温伯尼湖食物网（TMF：1.5～5.2）、中国渤海湾海洋食物网（TMF：1.6～7.2）和加拿大极地地区海洋食物网（TMF：0.8～1.6）上 PBDEs 的 TMF 值。总的来说，本研究计算的 TMF 值低于温伯尼湖食物网和渤海海洋湾食物网上 PBDEs 的 TMF 值，但高于加拿大极地地区海洋食物网中 PBDEs 的 TMF 值。生物体内不同的 PBDEs 含量、不同的环境条件（如水温）以及不同生物对 PBDEs 的代谢能力可能是造成这种差异的原因。我们的样品采集于电子垃圾回收地的一小型水库，电子垃圾的污染使得水生生物体内 PBDEs 含量远高于温伯尼湖食物链和渤海湾食物链。生物体中高的污染物浓度可能诱导高营养级生物（如当前食物网中的鱼类）降解酶的活性，使得在高营养级生物体内污染物浓度有所降低，从而降低了 TMF 值。本研究的采样地点位于亚热带区域，而温伯尼湖和渤海湾位于温带和极地地区，较高的温度也有利于污染物降解反应（酶促反应）的进行（Buckman et al.，2007），导致当前食物网较低的 TMF 值。食物网中较高营养级的生物（如鱼类）对 PBDEs 代谢能力的差异也会造成 TMF 值的差别。加拿大极地地区海洋食物网中 PBDEs 较低的 TMF 值可能是由于极地地区高营养级生物通过生物转化和排泄作用降低了其体内的 PBDEs 含量，导致了较低的 TMF 值（Kelly et al.，2008）；另外，PBDEs 在淡水食物网和海洋食物网中传输的不同也可能造成了 TMF 值的不同。

5.3　PBDEs 在珠江口鱼类中的生物富集与食物链放大

珠江口是珠江河流输入污染物的容纳场所，也是广东重要的海产品供应基地。随着珠江三角洲工农业的迅速发展和人口的增长，加之该区域气候湿润、河网纵横，雨量充沛，各种来源的污染物质通过地表径流和大气沉降等路径进入珠江口水体，使该区域环境质量日益恶化，生态平衡受到严重威胁和破坏。

有关珠江口毒害有机污染物的研究起步较晚，自 2000 年以后，在中国科学院广州地球化学研究所傅家谟院士、盛国英老师的带领下，对该区域内的毒害有机污染物的研究蓬勃开展，取得了一系列的成果，对珠江三角洲大气、水体沉积物中的有机污染物的分布、历史演化、迁移转化和降解微观机理及控制技术都进行了广泛而深入的研究（傅家谟等，2003）。曾永平研究员等针对珠江口及附近海域有机污染物的通量、在鱼体中有机污染物组织分配和来源进行了调查与研究（Ni et al.，2008；Guan et al.，2007；Wang et al.，2007a；Guo et al.，2008a；Guo et al.，2008b；Guo et al.，2009）。

但有关该区域内水生生物的污染状况研究还不够深入（Wurl et al.，2006），目前仅有相关有机污染物在水生生物的少量报道（方展强等，2001；骆世昌和余汉生，2001；聂湘平等，2001；Guo et al.，2008a），并且已有的研究样品数量相对于整个生态系统而言偏少，尤其是针对讨论有机污染物的生物富集规律的数据很多都是没有统计意义的。此外，相比与 5.1 节和 5.2 节的生物样品，珠江口属于海淡水交汇地，其生态环境与河流和池塘存在明显的差异。物种的组成也有明显的差别。我们从 2005 年起，持续 3 年在珠江口采集相关生物和水体样品，并分析了相关持久性有机污染物的浓度，其目的是了解有关持久性有机污染物在相关水体环境介质及生物中的污染状况及污染物在海洋水生食物链上的富集与传递过程。下面报道的主要是有关 PBDEs 在珠江口水生鱼类中的富集及放大结果。

5.3.1　采样与样品分析

2005～2007 年每年 8 月在珠江口及邻近海域（珠海、香港附近区域）用底拖网共采集 10 种鱼类及 5 种无脊椎动物，现场海水冲洗后装入密封的塑料袋内放入冰柜，带回实验室后于 –20℃下保存至分析。10 种鱼类分别为鲻鱼（*Mugil cephalus*）、狼牙鰕虎鱼（*Odontamblyopus rubicundus*）、舌鳎（*Cynoglossus robustus*）、泥鲻（*Siganus canaliculatus*）、多鳞鱚（*Sillago sihama*）、刺鲳（*Psenopsis anomala*）、鳗鱼（*Anguilla japonica*）、鲬鱼（*Platycephalus indicus*）、大黄鱼（*Pseudosiaena crocea*）和龙头鱼（*Harpodon nehereus*）；五种无脊椎生物为两蟹类［梭子蟹（*Ovalipes punctatus*）和锯缘青蟹（*Scylla serrata*）］，一种血蛤（*Tegillarca granosa*），钉螺（*Oncomelania hupensischiui*）和几种虾类。虾类样品没有按品种继续区分。生物样具体情况见表 5-5。

表 5-5　珠江口海洋水生生物样基本信息

样品名称	生活习性描述	数量	体长均值（cm）	体重均值（g）
梭子蟹	底栖类，幼蟹杂食，个体越大越趋向肉食	3（9）		
锯缘青蟹	穴居浅海和河口处的泥沙底内，主食鱼虾贝类	2（6）		
血蛤	滤食性动物，以藻类、有机碎屑为食	3（60）		
钉螺	有植食、肉食、腐食，以及寄生等多种不同的食性	3（30）		
虾	底栖，以捕食底栖生物为主兼食底层浮游生物	35 [a]		
鲻鱼	中上层鱼，以有机碎屑、附生藻类及小型动物为食	7(7)[b]	13.4（14～19）	47.4（28～72）
狼牙鰕虎鱼	泥沙中钻穴营居，食小鱼小虾	3（15）	19.7（19～20）	28.3（26～31）
舌鳎	底栖鱼类，以食用沉积物和其中的生物为主	17(17)[c]	20（9～37）	51.8（14～242）
泥鲻	杂食性，以藻类及小型附着性无脊椎动物为食	12(12)[d]	12.5（10～51.5）	24（14～40）
多鳞鱚	栖息于泥沙底质，近海结群洄游生物，食沙蚕和虾类	5（5）	18.4（16～21）	44.4（25～70）
刺鲳	底栖类，栖息于泥沙底质	6(30)[e]	7（5～10）	15（8～35）
鳗鱼	洄游类生物，成鳗在海水，幼鳗在淡水，肉食	19(19)[f]	47.3（39～60）	152（80～240）
鲬鱼	食小鱼小虾，为底栖鱼类	27(27)[g]	24.8（6～8）	132（3～350）
大黄鱼	暖温近海集群洄游鱼类，栖息于中下层	11(11)[h]	16.9（14～20）	64.3（32～95）
龙头鱼	生活于中下层泥沙，以小型鱼虾为食	6（6）	20.4（18～25）	36.1（15～88）

a 包括刀额新对虾、近缘新对虾等不同品种，分析时没考虑种间差异，2005 年、2006 年和 2007 年样品量分别为 16 个、9 个和 10 个；b 2005 年和 2007 年样品量分别 5 个和 2 个；c 2005 年、2006 年和 2007 年样品量分别为 7 个、5 个和 5 个；d 2005 年、2006 年样品分别为 7 个和 5 个；e 2006 年和 2007 年样品量各 3 个；f 2005 年、2006 年和 2007 年样品量分别 8 个、7 个和 4 个；g 2005 年、2006 年和 2007 年样品量分别 15 个、7 个和 5 个；h 2006 年 6 个，2007 年 5 个

　　生物样解冻后，解剖，取鱼背脊肌肉。无脊椎动物用蒸馏水冲洗净泥沙后，取可食用部分的软体组织。解剖同时，取 2 g 左右的生物样品，冷冻干燥，充分研磨，留作分析碳、氮同位素。PBDEs 提取、纯化及仪器定量分析方法同 5.2 节。稳定氮同位素测定方法详见 5.2 节。水生生物样以 10 g 湿重为基准，PBDEs 的方法检测限为 0.001～2.5ng/g ww，PBDEs 空白加标物质（BDE28，47，66，100，99，153，154，138 和 183）平均回收率 61%～87%，相对标准偏差小于 10%；基

质加标平均回收率 61%～82%，相对标准偏差小于 15%。CDE99 平均回收率为 83%，相对标准偏差为 13%，范围是 46%～125%，^{13}C-PCB141 平均回收率为 86%，相对标准偏差为 16%，范围是 51%～118%。在方法空白中，偶有目标物检出，但其含量均低于样品含量的 1%，最后结果没有经过空白扣除和回收率校正。

5.3.2　食物网结构

所有生物样品的 δ^{15}N 值见表 5-6。在 2006 年样品采集过程中，我们用浮游动物网采集了两个浮游动物样品，测得浮游动物的 δ^{15}N 平均值是 9.7‰。因为浮游动物主要以浮游植物为食，可作为初级消费者，即其营养级为 2。利用生物营养级计算公式，分别得到各个样品的营养级。计算得到的数据表明不同种类的生物分别占据两个明显的营养级。梭子蟹、钉螺、虾和鲻鱼占据相对低的营养级（TL 为 2.4～2.6），其他 11 种生物占据相对较高的营养级（TL 平均值为 3.4～3.8）（表 5-6）。由于同一物种因个体大小差异，营养级存在较大的种内差异，在进行浓度与营养级回归分析时，以单个样品的数据进行回归，未按物种进行回归。

5.3.3　珠江口生物中 PBDEs 的污染特征

在被检测的 BDE 单体中，BDE47、100 和 154 的检出率为 100%；BDE28、66、99、153、138、183、209 的检出率分别是 76%、99%、97%、99%、62%、35% 和 18%。以 7 种生物中普遍检出的单体（BDE28、47、66、99、100、153、154）代表体内 PBDEs 的总浓度∑(7 PBDEs)。在 5 种无脊椎动物中，∑(7 PBDEs)的中值范围为：13～21 ng/g lipid。10 种鱼类中∑(7 PBDEs)的中值范围为 9.8～59 ng/g lipid。BDE209 检出率低，且被检出的样品中 BDE209 的含量多在 2 ng/g lipid 以下，因此对样品中 PBDEs 的浓度影响不大。而尽管 BDE138 和 BDE183 的检出率低，但被检出的浓度值却相对较高，尤其是 BDE183 的浓度达到几十个 ng/g lipid，甚至超过了该样品∑(7 PBDEs)的浓度，因而该单体在生物中的累积不容忽视（表 5-6）。

在所采集的生物样品物种中，虾、舌鳎、鲻鱼和鳗鱼三年皆有采集。PBDEs 在四种水生生物中的年度分布情况见图 5-12。从图可见，虾、舌鳎及鲻鱼体内 PBDEs 的浓度显现出下降的趋势。但鳗鱼体内 PBDEs 的浓度 2006 年最高，其次是 2005 年和 2007 年。鳗鱼是洄游性鱼类，成年鳗生活在海水环境，幼鳗生活在淡水环境，有可能 2006 年所采鳗鱼刚从淡水环境进入珠江口，因此体内具有较高的 PBDEs 浓度。Xiang 等（2007）报道了 2004 年 8 月珠江口生物样品中 PBDEs 的浓度，其中鲻鱼、舌鳎和龙头鱼的浓度中值分别为 114 ng/g lipid、181 ng/g lipid

表 5-6 珠江口水生生物样脂肪含量、营养级及 PBDEs 的浓度

（单位：ng/g lipid）

种类	梭子蟹	锯缘青蟹	血蛤	钉螺	虾	鲾鱼	狼牙鰕虎鱼	舌鳎
脂肪含量（%）a	2.5±0.5	0.76±0.07	1.7±0.64	1.7±0.39	1.4±0.25	4.9±2.7	0.68±0.16	0.97±2.7
δ15N	11±0.3	16±0.29	15±0.55	12±0.05	11±1.5	12±1.4	16±0.35	15±1.4
营养级	2.4±0.1	3.7±0.08	3.4±0.14	2.5±0.01	2.4±0.39	2.6±0.36	3.6±0.09	3.4±0.36
BDE28b	3.3 (3.2~5.1)	1.2 (0.2~2.2)	0.5 (0.4~1.2)	nd	0.46 (0.12~1.6)	1.3 (nd~2.4)	nd	0.18 (nd~5.9)
BDE47	13 (12~18)	13 (9.8~16)	6.89 (3.9~9.1)	2.3 (1.9~3.4)	5.2 (1.2~23)	14 (0.57~22)	7.3 (3.2~9.7)	17 (4.1~28)
BDE66	1.8 (1.7~2.3)	0.59 (0.49~0.69)	0.86 (0.65~0.87)	0.13 (0.13~0.52)	0.63 (0.18~2.2)	0.54 (0.03~1.1)	0.4 (0.23~1.2)	0.71 (0.12~6.1)
BDE100	0.26 (0.26~0.34)	2 (0.61~3.3)	1.4 (0.79~1.4)	2.9 (2.5~3.7)	0.75 (0.22~4.0)	16 (0.12~2.3)	2.1 (0.78~3.9)	4 (0.81~10)
BDE99	1 (1~1.3)	0.69 (0.63~0.76)	0.79 (0.51~1.4)	6.5 (5.5~8.4)	3.1 (0.68~6.5)	0.25 (nd~1.4)	0.69 (0.53~1.7)	3.5 (0.08~15)
BDE154	0.07 (0.06~0.07)	1.10 (17~2.1)	0.3 (0.07~0.48)	2.6 (1.7~2.8)	0.59 (0.06~1.3)	0.80 (0.08~2)	1.4 (1.2~3)	2.9 (0.66~12)
BDE153	0.04 (0.03~0.07)	3.1 (0.36~5.7)	0.1 (0.08~0.51)	3.1 (2.3~3.9)	1.0 (0.39~2.7)	0.48 (0.22~5)	4.1 (2.9~5.3)	2.4 (0.29~5)
BDE138	nd	1.4 (nd~2.8)	0.26 (nd~1.1)	1.6 (0.41~2.1)	nd	0.06 (nd~2.1)	nd	1 (nd~6.7)
BDE183	nd	16 (nd~32)	nd (nd~0.47)	1.5 (0.33~42)	nd	0.09 (nd~31)	22 (1.6~30)	nd (nd~0.06)
BDE209	nd	nd	nd (nd~0.54)	nd	nd	nd (nd~1.6)	nd	nd

种类	泥鲴	多鳞鱚	淞鲴	鳗鱼	鯒鱼	大黄鱼	龙头鱼
脂肪含量（%）a	1.3±0.44	0.87±0.17	6.5±1.4	2.2±0.91	0.77±0.39	0.84±0.34	0.91±0.35
δ15N	16±1.2	15±1.2	17±1.4	16±1.2	16±1.2	15±1.2	16±0.93
营养级	3.6±0.31	3.4±0.30	3.8±0.38	3.6±0.31	3.6±0.32	3.5±0.31	3.5±0.24
BDE28b	0.52 (nd~2.7)	0.45 (nd~2)	1.2 (0.71~1.4)	1.1 (nd~5)	1.5 (nd~5.3)	nd (nd~0.8)	nd (nd~3.1)
BDE47	17 (6.4~47)	13 (5.4~23)	28 (21~35)	15 (5.0~39)	38 (8.3~115)	7.2 (2.3~18)	5.9 (3.3~15)
BDE66	1.3 (0.61~3.9)	0.45 (0.18~1.2)	1.2 (0.74~1.6)	0.76 (0.3~3.4)	1.3 (0.25~6.9)	0.67 (0.2~1.1)	0.30 (nd~2.6)
BDE100	1.8 (0.73~5.4)	1.1 (0.61~6)	5.5 (3.8~6.8)	5.7 (2.2~12)	9.4 (1.4~50)	1.9 (1.1~10)	1 (0.49~3)
BDE99	2.1 (0.51~14)	0.45 (nd~1.3)	4.7 (3.1~9)	2.9 (0.62~8)	0.59 (nd~18)	1.0 (0.17~4.8)	0.89 (nd~9.5)
BDE154	1.4 (0.36~2.9)	0.57 (0.36~2.9)	2.2 (0.82~4.1)	2.6 (0.99~4.7)	4.7 (0.54~30)	0.97 (0.38~7.4)	0.35 (0.13~0.88)
BDE153	2.3 (0.94~5.7)	0.55 (0.17~4.1)	1.6 (0.52~2.7)	1.6 (0.72~4.7)	1.3 (nd~6.9)	1.3 (0.13~16)	0.8 (0.02~1.8)
BDE138	0.07 (nd~0.58)	0.21 (nd~1)	0.09 (nd~0.58)	0.29 (nd~2.4)	0.36 (nd~5.5)	0.59 (nd~4.1)	0.8 (nd~3.8)
BDE183	4.5 (nd~69)	16 (nd~21)	0.11 (nd~0.4)	nd (nd~24)	nd (nd~53)	0.7 (nd~6)	nd (nd~1.8)
BDE209	0.004 (nd~1.6)	Nd	nd	nd (nd~0.25)	nd (nd~0.31)	nd (nd~0.66)	nd (nd~1)

a 平均值和标准偏差；b 平均值和范围。

注：nd 表示低于检测线

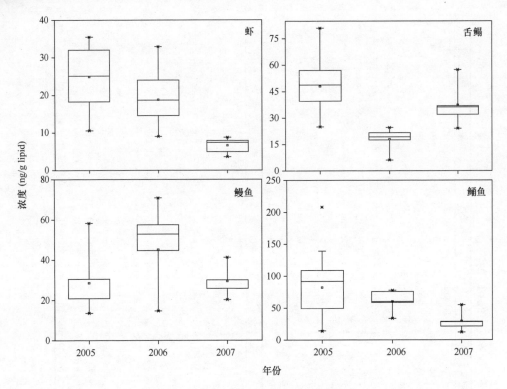

图 5-12　2005～2007 年 PBDEs 浓度变化

和 250 ng/g lipid，均高于 2005 年相应的样品浓度（鲻鱼：中值，89 ng/g lipid；舌鳎：中值，52 ng/g lipid）。最近，本课题组于 2013 年再次采集并分析了珠江口生物中的 PBDEs 含量，相同物种 2013 年的 PBDEs 浓度与 2005 年样品已出现大幅度下降（Sun et al.，2015）。这些结果表明，珠江口 PBDEs 的浓度呈逐年下降的趋势。这与世界上其他水体中 PBDEs 的污染趋势是一致的。这种下降趋势主要得益于 PBDEs 在全球范围内的禁用。

水生生物中 PBDEs 单体组成特征如图 5-13 所示。由于 BDE183 和 BDE209 仅在少数样品中检出，在 PBDEs 单体组成的计算时，未考虑这两个单体。除钉螺外，其他所有生物物种中均以 BDE47 为主要单体。钉螺中则主要以 BDE99 为主，这种组成特征与五溴联苯醚的工业品类似。10 种鱼类样品中，狼牙鰕虎鱼的 PBDEs 单体组成特征与其他物种存在明显差别。在该物种中 BDE153 是继 BDE47 之后第二高丰度的单体，其他鱼体内均未发现此现象。BDE153 为主的单体模式一般常见在陆生鸟类及哺乳类动物中（具体见第 6 章），狼牙鰕虎鱼中出现以 BDE153 为主的 PBDEs 模式，其具体原因还无法给出。

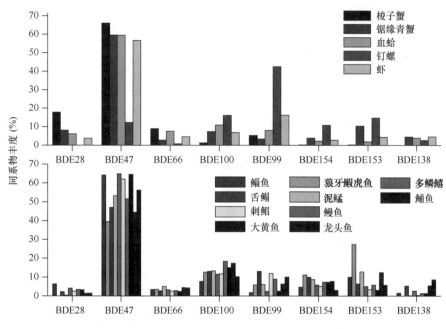

图 5-13　无脊椎生物和鱼体中 PBDEs 的单体组成特征

　　鱼类与无脊椎生物在 PBDEs 单体组成模式上存在的一个较明显的差异是 BDE99 和 BDE100 的相对比例。在无脊椎生物中，BDE99 的丰度基本上都高于 BDE100 的丰度，而在鱼类样品中，绝大部分样品 BDE100 的丰度高于 BDE99。图 5-14 展示出了珠江水体及水生生物中 BDE99/BDE100 的值。鱼体与水体中 BDE99/BDE100 值比较能反映 PBDEs 在鱼体内发生脱溴降解的程度的高低。从图可见，虾与梭子蟹体内的 BDE99/BDE100 值基本与水体中该比值相仿，表明在这些生物体内基本上不存在着脱溴降解代谢过程。同为蟹类，锯缘青蟹与梭子蟹的 BDE99/BDE100 值存在较大差异。锯缘青蟹样品较少，只有 2 个样品，并且两个样品中 BDE99/BDE100 的比值差别明显，一个比值为 0.2，一个为 1.0；锯缘青蟹是肉食性动物，主食鱼、虾和贝类，如果食物中鱼类偏多，则比值偏低，如果虾类偏多，则比值偏高。梭子蟹是杂食性生物，个体偏小的梭子蟹主要摄食海藻、腐烂的植物等。这可能是导致两种蟹类 BDE99/BDE100 的值出现较大差异的原因。血蛤是滤食性生物，由于其生活的环境周边有大量的微生物，尚不清楚其体内较低的 BDE99/BDE100 值是其自身代谢的结果还是微生物脱溴降解的结果。鱼类中舌鳎有较高的 BDE99/BDE100 值，这类鱼可能存在较低的脱溴降解能力，而鮸鱼该比值最低，表明鮸鱼具有较高的脱溴代谢能力。

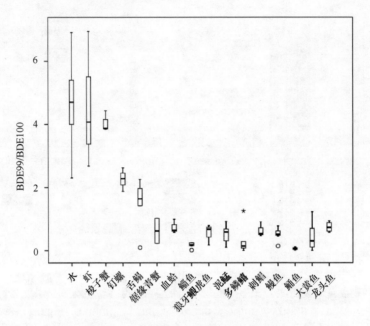

图 5-14　不同物种中 BDE100/BDE99 值

5.3.4　PBDEs 的富集与放大

由 5.3.3 节可知，珠江口水生生物中 PBDEs 的浓度随着采样年份出现下降的趋势，为了排除年度的干扰，在本节进行相关的生物富集与食物链放大的讨论时，只对 2006 年的样品进行分析。

对于疏水性有机污染物，在生物浓缩过程中，生物体的脂肪含量往往起到重要作用。同一种类的鱼，脂肪含量较高的个体有机污染物的浓度较高。为了探讨脂肪含量在生物 PBDEs 累积所起作用，我们对生物样的脂肪含量及 PBDEs 的浓度之间的关系进行了分析，由于不同生物样品的脂肪含量存在较大的差距，数据不满足正态分布，我们对数据进行了自然对数处理。结果如图 5-15 所示。

从图 5-15 可以看出，所有的 7 个 PBDEs 单体的含量与生物的脂肪含量间皆存在显著的正线性相关关系。而脂肪含量与生物的营养等级间并不存在相关性。这表明，这种正相关性不是由于生物营养等级增加所致。因此，生物浓缩作用在 PBDEs 的生物富集中起到了重要作用。

除了生物浓缩作用外，生物放大作用也是疏水性有机污染物富集的重要途径。本研究中我们同时进行了生物体内 PBDEs 浓度与生物体所处营养等级间相关性的分析。相关结果见图 5-16。在所分析的 7 个 PBDEs 单体中，BDE47、100、154 和 153 的浓度与生物的营养等级存在具有统计意义的正相关性，计算得到的 TMF

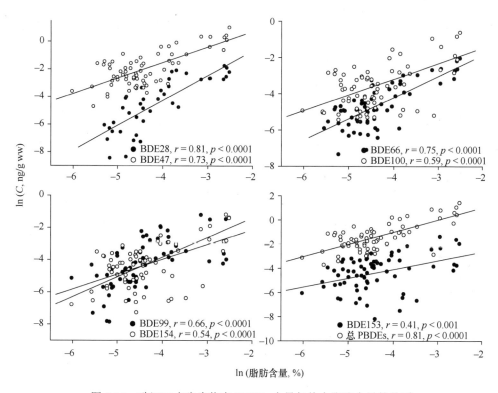

图 5-15　珠江口水生生物中 PBDEs 含量与体内脂肪含量的关系

值分别为：2.44、3.39、2.69、1.88。总 PBDEs 的 TMF 为 1.79。BDE28、99 和 66 未观察到食物链放大现象。本研究结果与 Guo 等（2008a）对珠江口水生生物中 PBDEs 的研究结果存在差异。在 Guo 等的研究中，没有发现 PBDEs 的生物链放大效应，其给出的解释是在珠江口生态系统中生物浓缩可能是主要的有机污染物积累机制，而生物放大的作用较弱。两次研究结果的差异可能源于两次采集所得到的生物样品占据营养级的差异性，在 Guo 等的研究中，采集的生物样品 $\delta^{15}N$ 均值为 11‰，明显低于本研究生物样品的 $\delta^{15}N$（均值为 16‰），另外，其相对较小的生物样品数（34 种生物样，50 个样品）可能掩盖了 PBDEs 在该生态系统的生物放大效应。

大部分 PBDEs 单体的生物放大效应在其他海洋生态系统的研究中也有发现（Wan et al.，2008；Burreau et al.，2006）。针对渤海湾食物网中 PBDEs 生物放大效应的研究结果显示，七种 BDE 单体（BDE28，71，47，66，100，119 和 99）和总 PBDEs 在该食物网的 TMF 值范围是 1.56（BDE99）～ 7.24（BDE47），明显高于本研究 PBDEs 的 TMF 值。原因可能在于食物链结构的不同，渤海湾的食物链除了包含无脊椎动物和鱼类，还包括浮游动物和鸟，而之前针对 HCB、HCH、

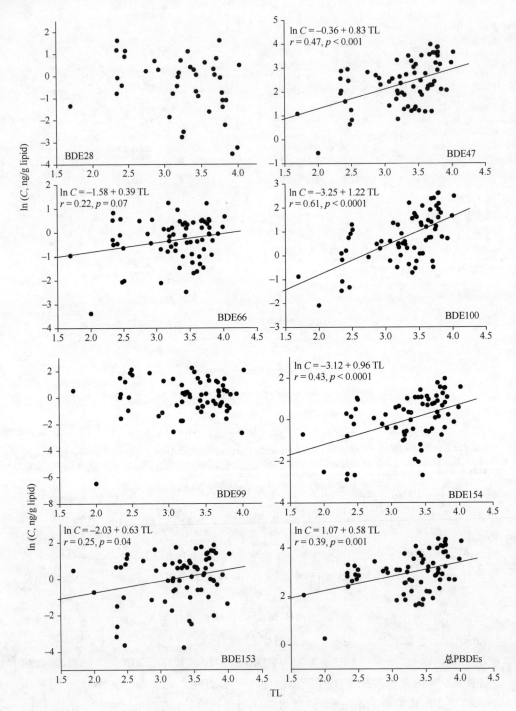

图 5-16　PBDEs 浓度与生物营养等级间的关系

p,p'-DDE 和 PCBs 生物放大效应的研究发现，基于食物链中同时包含了恒温动物（海鸟和哺乳动物）和变温动物（无脊椎动物和鱼类）所得到的 TMF 值，明显比基于只包含了恒温动物的食物链所得到的 TMF 值要大（Fisk et al.，2001；Hop et al.，2002；Wan et al.，2008）。在波罗的海和北大西洋的食物网中，Burreau 等（2006）发现 BDE 单体（包括有 6 和 7 个溴原子的单体）都具有生物放大效应。但是在加拿大极地地区海洋食物网上，除了 BDE47 有生物放大效应外，其他 BDE 单体（包括 BDE 28，66，99，100，118，153，154）并没有发现生物放大效应，PBDEs 的生物转化被认为是未观察到生物放大的一个主要的原因（Kelly et al.，2008）。

与前面所研究的两条淡水食物链进行比较，我们发现不论是淡水食物链还是海水食物链，各 PBDEs 单体的食物链放大皆表现出一致的规律。BDE47、100、154 皆是表现出明显的食物链放大的单体，并且 BDE100 或 BDE154 有最大的 TMF 值。从第 4 章的研究结果可见，BDE47 和 BDE154 是鱼体内发生脱溴降解的两个主要产物，而 BDE100 是鱼体内较为稳定的单体。BDE99 因为易发生脱溴反应，在水生食物链中没有观察到食物链放大。因此，三条食物链的研究结果表明，对于包含了鱼的水生食物链，发生在鱼体内的脱溴降解反应基本上决定了其在食物链上是否存在放大效应。由于生物体内发生的脱溴降解机制决定了相关单体的食物链放大因子，对于包含鱼的食物链，不宜使用 TMF 和 log K_{OW} 进行相关性分析。

参 考 文 献

方展强, 张润兴, 黄铭洪. 2001. 珠江河口区翡翠贻贝中有机氯农药和多氯联苯含量及分布. 环境科学学报, 21: 113-116.

傅家谟, 盛国英, 张干, 麦碧娴, 王新民, 彭平安. 2003. 珠江三角洲环境中毒害有机污染物研究. 中国科学院广州地球化学研究所.

罗勇, 罗孝俊, 杨中艺, 余晓华, 袁剑刚, 陈社军, 麦碧娴. 2008a. 电子废物不当处置的重金属污染及其环境风险评价 II: 分布于人居环境(村镇)内的电子废物拆解作坊及其附近农田的土壤重金属污染. 生态毒理学报, 3: 123-129.

罗勇, 余晓华, 杨中艺, 袁剑刚, 麦碧娴. 2008b. 电子废物不当处置的重金属污染及其环境风险评价 I: 电子废物焚烧迹地的重金属污染. 生态毒理学报, 3: 34-41.

骆世昌, 余汉生. 2001. 珠江口及附近海域生物体中 BHC 和 DDT 的含量研究. 海洋通报, 20: 44-49.

聂湘平, 蓝崇钰, 栾天罡, 黄铭洪, 麦志勤. 2001. 珠江广州段水体、沉积物及底栖生物中的多氯联苯. 中国环境科学, 21: 417-421.

Braekevelt E, Tittlemier S A, Tomy G T. 2003. Direct measurement of octanol-water partition coefficients of some environmentally relevant brominated diphenyl ether congeners. Chemosphere,

51: 563-567.

Buckman A H, Brown S B, Small J, Muir D C, Parrott J, Solomon K R, Fisk A T. 2007. Role of temperature and enzyme induction in the biotransformation of polychlorinated biphenyls and bioformation of hydroxylated polychlorinated biphenyls by rainbow trout (*Oncorhynchus mykiss*). Environmental Science and Technology, 41: 3856-3863.

Burkhard L P. 2000. Estimating dissolved organic carbon partition coefficients for nonionic organic chemicals. Environmental Science and Technology, 34: 4663-4668.

Burreau S, Zebuhr Y, Broman D, Ishaq R. 2006. Biomagnification of PBDEs and PCBs in food webs from the Baltic Sea and the Northern Atlantic Ocean. Science of the Total Environment, 366: 659-672.

Chen M Y, Yu M, Luo X J, Chen S J, Mai B X. 2011.The factors controlling the partitioning of polybrominated diphenyl ethers and polychlorinated biphenyls in the water-column of the Pearl River Estuary in South China. Marine Pollution Bulletin, 62: 29-35.

Ciparis S, Hale R C. 2005. Bioavailability of polybrominated diphenyl ether flame retardants in biosolids and spiked sediment to the aquatic oligochaete, *Lumbriculus variegatus*. Environmental Toxicology and Chemistry, 24: 916-925.

Covaci A, Bervoets L, Hoff P, Voorspoels S, Voets J, Van Campenhout K, Blust R, Schepens P. 2005. Polybrominated diphenyl ethers (PBDEs) in freshwater mussels and fish from Flanders, Belgium. Journal of Environmental Monitoring, 7: 132-136.

de Wit C A. 2002. An overview of brominated flame retardants in the environment. Chemosphere, 46: 583-624.

Dodder N G, Strandberg B, Hites R A. 2002. Concentrations and spatial variations of polybrominated diphenyl ethers and several organochlorine compounds in fishes from the Northeastern United States. Environmental Science and Technology, 36: 146-151.

Fisk A T, Hobson K A, Norstrom R J. 2001. Influence of chemical and biological factors on trophic transfer of persistent organic pollutants in the north water Polynya marine food web. Environmental Science and Technology, 35: 732-738.

Guan Y F, Wang J Z, Ni H G, Luo X J, Mai B X, Zeng E Y. 2007. Riverine input of polybrominated diphenyl ethers from the Pear River Delta (China) to the coastal ocean. Environmental Science and Technology, 41: 6007-6013.

Guo L L, Qiu Y W, Zhang G, Zheng G J, Lam P K S, Li X D. 2008a. Levels and bioaccumulation of organochlorine pesticides (OCPs) and polybrominated diphenyl ethers (PBDEs) in fishes from the Pearl River estuary and Daya Bay, South China. Environmental Pollution, 152: 604-611.

Guo Y, Meng X Z, Tang H L, Mai B X, Zeng E Y. 2008b Distribution of polybrominated diphenyl ethers in fish tissues from the Pearl River Delta, China: Levels, compositions, and potential sources. Environmental Toxicology and Chemistry, 27: 576-582.

Guo Y, Yu H-Y, Zeng E Y. 2009. Occurrence, source diagnosis, and biological effect assessment of DDT and its metabolites in various environmental compartments of the Pearl River Delta, South China: A review. Environmental Pollution, 157: 1753-1763.

Hale R C, La Guardia M J, Harvey E P, Mainor T M, Duff W H, Gaylor M O. 2001. Polybrominated diphenyl ether flame retardants in Virginia freshwater fishes (USA). Environmental Science and Technology, 35: 4585-4591.

Hites R A, Foran J A, Schwager S J, Knuth B A, Hamilton M C, Carpenter D O. 2004. Global assessment of polybrominated diphenyl ethers in farmed and wild salmon. Environmental Science and Technology, 38: 4945-4949.

Hop H, Borga K, Gabrielsen G W, Kleivane L, Skaare J U. 2002. Food web magnification of persistent organic pollutants in poikilotherms and homeotherms from the Barents Sea. Environmental Science and Technology, 36: 2589-2597.

Huwe J K, Smith D J. 2007. Accumulation, whole-body depletion and debromination of deca-bromodiphenyl ether in male Sprague–Dawley rats following dietary exposure. Environmental Science and Technology, 41: 2371-2377.

Jin J, Liu W, Wang Y, Yan T.X. 2008. Levels and distribution of polybrominated diphenyl ethers in plant, shellfish and sediment samples from Laizhou Bay in China. Chemosphere, 71: 1043-1050

Kelly B C, Ikonomou M G, Blair J D, Gobas F A P C. 2008. Bioaccumulation behaviour of polybrominated diphenyl ethers (PBDEs) in a Canadian Arctic marine food web. Science of the Total Environment, 401: 60-72.

Law K, Halldorson T, Danell R, Stern G, Gewurtz S, Alaee M, Marvin C, Whittle M, Tomy G. 2006. Bioaccumulation and trophic transfer of some brominated flame retardants in a Lake Winnipeg (Canada) food web. Environmental Toxicology and Chemistry, 25: 2177-2186.

Law R J, Alaee M, Allchin C R, Boon J P, Lebeuf M, Lepom P, Stern G A. 2003. Levels and trends of polybrominated diphenylethers and other brominated flame retardants in wildlife. Environment International, 29: 757-770.

Leppänen MT, Kukkonen J V K. 2004.Toxicokinetics of sediment associated polybrominated diphenyl ethers (flame retardants) in benthic invertebrates (*Lumbriculus variegatus*, *Oligochaeta*). Environmental Toxicology and Chemistry, 23: 166-172.

Luo Q, Cai Z W, Wong M H. 2007a. Polybrominated diphenyl ethers in fish and sediment from river polluted by electronic waste. Science of the Total Environment, 383: 115-127.

Luo Q, Wong M, and Cai Z. 2007b. Determination of polybrominated diphenyl ethers in freshwater fishes from a river polluted by e-wastes. Talanta, 72: 1644-1649.

Luo Y, Luo X J, Lin Z, Chen S J, Liu J, Mai B X, Yang Z Y. 2009, Polybrominated diphenyl ethers in road and farmland soils from an e-waste recycling region in southern China: Concentrations, source profiles, and potential dispersion and deposition. Science of the Total Environment, 407: 1105-1113.

Mai B X, Chen S J, Luo X J, Chen L G, Yang Q S, Sheng G Y, Peng P A, Fu J M, Zeng E Y. 2005. Distribution of polybrominated diphenyl ethers in sediments of the Pearl River Delta and adjacent South China Sea. Environmental Science and Technology, 39: 3521-3527.

Meng X Z, Zeng E Y, Yu L P, Guo Y, Mai B X. 2007. Assessment of human exposure to polybrominated diphenyl ethers in China via fish consumption and inhalation. Environmental Science and Technology, 41: 4882-4887.

Minh N H, Minh T B, Kajiwara N, Kunisue T, Iwata H, Viet P H, Tu N P C, Tuyen B C, Tanabet S. 2006. Contamination by polybrominated diphenyl ethers and persistent organochlorines in catfish and feed from Mekong River Delta, Vietnam. Environmental Toxicology and Chemistry, 25: 2700-2708.

Ni H G, Lu F H, Luo X L, Tian H Y, Zeng E Y. 2008. Occurrence, phase distribution, and mass loading of benzothiazoles in riverine runoff the Pearl River Delta, China. Environmental Science and Technology, 42: 1892-1897.

Post D M. 2002. Using stable isotopes to estimate trophic position: Models, methods, and assumptions. Ecology, 83: 703-718.

Roberts S C, Noyes P D, Gallagher E P, Stapleton H M. 2011. Species-specific differences and structure-activity relationships in the debromination of PBDE congeners in three fish species. Environmental Science and Technology, 45(5): 1999-2005.

Sellström U, Kierkegaard A, de Wit C, Jansson B. 1998. Polybrominated diphenyl ethers and hexabromocyclododecane in sediment and fish from a swedish river. Environmental Toxicology and Chemistry, 17: 1065-1072.

Sun R X, Luo X J, Tan X X, Tang B, Li Z R, Mai BX. 2015. Legacy and emerging halogenated organic pollutants in marine organisms from the Pearl River Estuary, South China. Chemosphere, 139: 565-571.

Stapleton H M, Brazil B, David Holbrook R, Mitchelmore C L, Benedict R, Konstantinov A, Potter D. 2006. *In vivo* and *in vitro* debromination of decabromodiphenyl ether (BDE 209) by ju-venile rainbow trout and common carp. Environmental Science and Technology, 40: 4653-4668.

Streets S S, Henderson S A, Stoner A D, Carlson D L, Simcik M F, Swackhamer D L. 2006. Partitioning and bioaccumulation of PBDEs and PCBs in Lake Michigan. Environmental Science and Technology, 40: 7263-7269.

Thomann R V. 1989. Bioaccumulation model of organic chemical distribution in aquatic food chains. Environmental Science and Technology, 23: 699-707.

Voorspoels S, Covaci A, Schepens P. 2003. Polybrominated diphenyl ethers in marine species from the Belgian North Sea and the Western Scheidt Estuary: Levels, profiles, and distribution. Environmental Science and Technology, 37: 4348-4357.

Wan Y, Hu J, Zhang K, An L. 2008. Trophodynamics of polybrominated diphenyl ethers in the marine food web of Bohai Bay, North China. Environmental Science and Technology, 42: 1078-1083.

Wang F X, Wang J, Dai J Y, Hu G C, Wang J S, Luo X J, Mai B X. 2010. Comparative tissue distribution, biotransformation and associated biological effects by decabromodiphenyl ethane and decabrominated diphenyl ether in male rats after a 90-day oral exposure study. Environmental Science and Technology, 44: 5655-5660.

Wang J Z, Guan Y F, Ni H G, Luo X L, Zeng E Y. 2007a. Polycyclic aromatic hydrocarbons in riverine runoff of the Pearl River Delta (China): Concentrations, fluxes, and fate. Environmental Science and Technology, 41: 5614-5619.

Wang Y W, Li X M, Li A, Wang T, Zhang Q H, Wang P, Fu J J, Jiang G B. 2007b Effect of municipal sewage treatment plant effluent on bioaccumulation of polychlorinated biphenyls and polybrominated diphenyl ethers in the recipient water. Environmental Science and Technology, 41: 5614-5619.

Wong M H, Wu S C, Deng W J, Yu X Z, Luo Q, Leung A O W, Wong C S C, Luksemburg W J, Wong A S. 2007. Export of toxic chemicals—A review of the case of uncontrolled electronic-waste recycling. Environmental Pollution, 149: 131-140.

Wurl O, Lam P K S, Obbard J P. 2006. Occurrence and distribution of polybrominated diphenyl ethers (PBDEs) in the dissolved and suspended phases of the sea-surface microlayer and seawater in Hong Kong, China. Chemosphere, 65: 1660-1666.

Xiang C H, Luo X J, Chen S J, Yu M, Mai B X, Zeng E Y. 2007. Polybrominated diphenyl ethers in biota and sediments of the Pearl River Estuary, South China. Environmental Toxicology and Chemistry, 26: 616-623.

Zhang X L, Luo X J, Chen S J, Wu J P, Mai B X. 2009. Spatial distribution and vertical profile of polybrominated diphenyl ethers, tetrabromobisphenol A, and decabromodiphenylethane in river sediment from an industrialized region of South China. Environmental Pollution, 157: 1917-1923.

Zhao G, Zhou H, Wang D, Zha J, Xu Y, Rao K, Ma M, Huang S, Wang Z. 2009. PBBs, PBDEs, and PCBs in foods collected from e-waste disassembly sites and daily intake by local residents. Science of the Total Environment, 407: 2565-2575.

Zhu L Y, Hites R A. 2004. Temporal trends and spatial distributions of brominated flame retardants in archived fishes from the Great Lakes. Environmental Science and Technology, 38: 2779-2784.

第6章 多溴联苯醚在水生、陆生鸟类中的富集与食物链传递

本章导读

- 清远电子垃圾回收区5种湿地鸟中PBDEs显示出不同的单体组成特征，且同一种鸟内出现两种截然不同的单体组成。不同PBDEs组成特征的同一种鸟类其对应的稳定碳、氮同位素也存在明显的差别。湿地鸟类食源的多样性（既有水生源又有陆生源）是造成PBDEs单体组成存在差异的重要原因。这点在后续关于得克隆和六溴环十二烷的研究中也得到了进一步验证。在剔除不同食源的鸟类后，PBDEs单体的浓度与鸟的稳定氮同位素间多表现为正相关性，但具有统计意义的单体仍是在水生鱼类的食物链中表现为放大的单体，可能是因为最高营养级的鸟是食鱼鸟的缘故。

- 珠三角不同区域三种雀鸟中PBDEs的组成特征既有种间差异，又存在区域差别。电子垃圾回收区鸟比其他区域鸟更多富集低溴代单体；两种主要以昆虫为食的鸟类中BDE153为主要污染物；而以植物为主要食物的白头鹎中要么是以BDE209为主，要么是以BDE47为主，更多反映区域环境的PBDEs组成。浓度与稳定氮同位素间相关性分析表明，6~7溴取代单体二者之间存在显著正相关，表明可能存在食物链放大。

- 北京城区两种猛禽鸮和红隼中PBDEs组成模式也存在一定差别。经人工观察、视频监测、食物残渣分析及稳定碳、氮同位素分析，确定了麻雀是红隼的主要食源。麻雀—红隼食物链中各PBDEs单体生物放大系数的计算表明，6~7溴取代单体BMF普遍大于1，这与珠三角陆生雀鸟中的分析结果是一致的。表明PBDEs在鸟类中的生物放大明显区别与水生鱼类。

前面我们通过三个野外水生食物链的工作，全面调查了PBDEs在水生食物链上的富集与食物链传递。尽管三个食物链的构成和生活环境都存在差异，但PBDEs

在三个食物链上的放大存在着一些共性，如都发现 BDE47、BDE100 和 BDE154 在食物链上的放大效应。脱溴代谢对 PBDEs 在水生鱼类中的富集与食物链传递中起到了重要作用。体外肝微粒体的代谢结果表明鸟类与哺乳动物 PBDEs 的代谢途径与产物和水生鱼类存在非常大的区别。那么 PBDEs 在鸟类和哺乳动物中的富集与食物链传递是否与水生鱼类存在重大差异？为了获得这一问题的答案，在本章我们重点对 PBDEs 在鸟类中的富集与食物链放大特征进行了研究。我们首先对清远电子垃圾回收区五种水鸟中 PBDEs 的富集特征、种间差异、组织分布及与营养级的关系进行了研究。然后，以广东地区三种陆生雀鸟为对象，对 PBDEs 在三种陆生雀鸟中的富集特点进行了讨论，以期了解不同栖息环境鸟类在 PBDEs 富集上的差异。最后以北京城区的红隼为核心的陆生食物链为对象，重点考察了 PBDEs 在陆生食物链上的生物放大特点。通过这些研究，揭示了 PBDEs 在陆生食物网上不同于水生食物网的富集、食物链转移特征。对全面认识 PBDEs 的生物富集特点起到非常重要的作用。

6.1　电子垃圾回收区水鸟中 PBDEs 的污染特征

6.1.1　样品采集与分析

本研究的鸟类样品于 2005～2007 年采自广东清远龙塘镇和石角镇。共采集到 3 只以上的湿地水生鸟类 5 种 29 只，分别为秧鸡科的白胸苦恶鸟（$n = 11$）、蓝胸秧鸡（$n = 5$）、赤眼田鸡（$n = 5$）、鹭科的池鹭（$n = 5$）、鹬科的扇尾沙锥（$n = 3$）。样品具体信息见表 6-1。

表 6-1　清远龙塘镇和石角镇湿地水生鸟类样品生物参数信息

种类	体重 (g)	体长 (cm)	嘴长 (cm)	翅长 (cm)	脂肪含量 (%)			稳定同位素	
					肌肉	肝脏	肾脏	C (‰)	N (‰)
白胸苦恶鸟 1	146	27	3.5	50	1.33		2.95	−22.3	11.2
白胸苦恶鸟 2	158	29	3.5	46	1.05	2.74	1.86	−21.0	9.6
白胸苦恶鸟 3	154				2.30	4.59	2.55	−22.6	9.6
白胸苦恶鸟 4	133				1.47	2.99	2.87	−21.8	9.8
白胸苦恶鸟 5	166	30	3.2	52	1.56	2.57	1.85	−22.2	8.9
白胸苦恶鸟 6	124	24	3	19	0.99	3.06	2.82	−23.0	8.6
白胸苦恶鸟 7	157	26.5	3	20	4.47	5.03	3.88	−24.7	10.1
白胸苦恶鸟 8	88	27	2.5	38	1.96	2.85	3.24	−21.5	9.4
白胸苦恶鸟 9	113	26	2.8	38	1.71	2.8	1.68	−24.8	6.3
白胸苦恶鸟 10	152	28	3.8	46	1.01	4.49	1.99	−20.4	8.4

续表

种类	体重(g)	体长(cm)	嘴长(cm)	翅长(cm)	脂肪含量（%）			稳定同位素	
					肌肉	肝脏	肾脏	C（‰）	N（‰）
白胸苦恶鸟11	383				1.79	3.65	1.79	−20.6	9.2
池鹭1	95	32	4.6	42	1.69	3.11	1.77	−21.3	10.8
池鹭2	79	30	4.7	46	2.31	3.80	2.22	−23.8	10.2
池鹭3	112	30	4.6	48	3.35	1.79	4.85	−19.8	10.3
池鹭4	91	31	3.5	50	1.93	3.39	2.08	−22.7	10.5
池鹭5	97	31	5	51	2.10	3.75	2.54	−22.2	11.5
蓝胸秧鸡1	85	23	2.9	17.5	1.40	3.01	2.66	−22.7	6.1
蓝胸秧鸡2	125	22	3	42	3.01	5.59	2.26	−22.8	7.4
蓝胸秧鸡3	111	20	3.4	30	4.29	5.32	4.37	−23.2	8.0
蓝胸秧鸡4	95	25	3.8	34	1.46	2.76	2.54	−21.5	7.3
蓝胸秧鸡5	74	23	2.8	15	1.60	3.42	3.10	−24.0	6.4
赤眼田鸡1	71	19.5	2	31	3.32	4.7	5.08	−24.1	7.7
赤眼田鸡2	51	20.5	3	31	1.01	5.22	2.75	−25.4	10.1
赤眼田鸡3	49	17	2	32	1.99	2.39	2.12	−24.6	8.2
赤眼田鸡4	64	19	1.8	32	3.58	5.83	4.92	−24.7	8.0
赤眼田鸡5	91	15.5	1.8	28	4.78	4.07	2.09	−23.4	8.2
扇尾沙锥1	89	32.2	4.2	36	1.92	2.34	1.56	−24.5	8.2
扇尾沙锥2	67	18	3.8	35	2.34	1.96	1.81	−22.1	10.0
扇尾沙锥3	83				2.28	2.48	1.9	−24.9	9.4

白胸苦恶鸟，拉丁名：*Amaurornis phoenicurus*，英文名：white-breasted waterhen，秧鸡科，苦恶鸟属。栖息于沼泽、溪流、水塘、水稻田和湖边沼泽地带，也出现于水域附近的灌丛、竹丛、疏林、甘蔗地和村庄附近有植物隐蔽的水体中。主要以螺、蜗牛、蚂蚁、鞘翅目昆虫、蜘蛛等动物性食物为食，也吃植物花、芽、草籽和麦粒、豌豆、蚕豆、稻谷等农作物。

蓝胸秧鸡，拉丁名：*Gallirallus striatus*，英文名：slaty-breasted banded rail，属于秧鸡科，蓝胸秧鸡属。常见于水稻田，也在水边草丛中活动，单独出现，性隐匿，善奔跑，以小型水生动物如虾、蟹、螺以及昆虫如金龟子、蚂蚁等为食。

赤眼田鸡，拉丁名：*Rallus fasciata*，英文名：ruddy-breasted crake，秧鸡科，斑秧鸡属。出现于稻田，水源和河流等处。主要以水生昆虫、软体动物和水生植物叶、芽、种子为食。

池鹭，拉丁名：*Ardeola bacchus*，英文名：Chinese pond-heron，鹭科，池鹭属。栖息于稻田、池塘、沼泽、喜单只或3～5只结小群在水田或沼泽地中觅食，性不甚畏人。食性以鱼类、蛙、昆虫为主，幼雏与成鸟的食物成分相类似。

扇尾沙锥，拉丁名：*Gallinago gallinago*，英文名：common snipe，鸻形目，鹬科。常出现于湿草甸和沼泽地。遍布全球温带和暖和地区。腿短、嘴长，身体肥短。具褐、黑、白色条纹和横斑。翅尖，眼位于头部较后方。嘴灵活，用于觅食泥土中的蠕虫。

样品采集后，准确测量其身长、翅长、喙长和体重，然后立即冷冻至−20℃，冰冻条件下运送至实验室，−20℃保存。解剖前将样品解冻，使用不锈钢器材解剖鸟样。取胸部肌肉、肝脏和肾脏组织，分别称重，用锡箔纸包裹好后再独立包装于密封袋中，−20℃保存待分析。

鸟样品中 PBDEs 的提取与仪器分析方法详见 4.1.2 节。区别是添加的回收率指示物为氯代联苯醚 99（CDE99）、^{13}C-PCB141 和 ^{13}C-BDE209。回收率标样 CDE99，^{13}C-PCB141，^{13}C-BDE209 的回收率范围分别为 66%～132%，67%～137%，69%～129%。样品平行样中标准偏差小于 20%。空白样中有微量 BDE47、 99 和 209 检出。在样品定量时，进行相应的空白扣出。空白加标和基质加标中 10 种 PBDEs 单体（BDE28、47、66、85、99、100、138、153、154 和 183）的回收率范围分别为 77%～93% 和 70%～89%。

鸟类肌肉的稳定碳、氮分析见第 5.2.1 节。此处省略。

6.1.2　鸟类中 PBDEs 的含量及同系物组成特征

鸟类样品中检测出 13 种 PBDEs 单体（BDE 28、47、99、100、153、 154、183、196、203、206、207、208 和 209）。BDE47、99、100、153、154 和 183 在所有样品中均有检出，BDE209 和 28 仅在少数样品中检出，检出率依次为 41% 和 28%。肌肉、肾脏和肝脏中 PBDEs 总浓度（13 种单体之和）范围分别为 23～14 000 ng/g lipid，6.5～18 000 ng/g lipid 和 6.9～16 000 ng/g lipid。最高的 PBDEs 浓度出现在一只白胸苦恶鸟体内（肌肉 14 000ng/g lipid，肝脏 16 000 ng/g lipid，肾脏 18 000 ng/g lipid），其体内 PBDEs 浓度远高于其他样品。最低浓度出现在一只赤眼田鸡体内（肌肉，51 ng/g lipid，肝脏 6.5 ng/g lipid，肾脏 6.9 ng/g lipid）（表 6-2）。

国际上对鸟体内 PBDEs 有较多的研究，由于不同实验室采样方式不同（有的实验室将一类鸟合并为同一个样）、分析检测的组织器官不同、检测的 PBDEs 的单体不完全相同以及数据的表达方式不同（如湿重、脂重等），因此，很难直接将本研究的数据与国际上其他鸟类的污染状况相比较。考虑到鸟类中有机卤代污染物的研究主要集中在猛禽和吃鱼的水鸟这一特点，本节以池鹭的数据与其他吃鱼鸟的 PBDEs 数据作比较。池鹭肌肉组织内的 PBDEs 浓度（530～2500 ng/g lipid）和比利时鹭科鸟（130～6500 ng/g lipid）（Jaspers et al., 2006）及美国五大湖区

表 6-2　清远龙塘、石角地区五种湿地水生鸟类不同组织中 PBDEs 的浓度水平

（单位：ng/g lipid）

物种	组织	BDE28	BDE47	BDE100	BDE99	BDE154	BDE153	BDE183	BDE203	BDE196	BDE208	BDE207	BDE206	BDE209	ΣPBDEs
池鹭	肌	10±5.3	510±94	170±27	280±110	310±60	380±97	170±40	13±4.9	15±5.9	4.1±2.7	15±6.7	3.5±2.9	nd	1900±350
	肝	11.4±6.2	630±180	200±70	290±100	420±170	540±230	240±96	21±6.9	29±9.7	8.8±6.7	27±14	7±4.9	nd	2400±780
	肾	33±20	1900±760	530±270	500±180	830±460	770±330	230±84	24±9	39±13	3.2±2.4	54±22	8.2±8.4	27±30	4900±1900
白胸苦恶鸟	肌	0.55±0.30	190±150	81±59	260±150	360±260	670±420	390±200	29±9.3	43±13	17±5.6	63±16	5.3±2.5	43±20	2100±1200
	肝	0.55±0.48	200±160	90±66	300±180	440±310	850±530	470±280	31±14	48±20	26±10	89±29	22±9.6	230±100	2800±1600
	肾	0.60±0.34	220±170	96±69	290±173	390±290	750±490	340±200	31±15	54±20	21±8.9	99±34	25±11	250±100	2300±1500
蓝胸秧鸡	肌	0.09±0.04	11±1.5	11±2.4	17±1.9	14±2.5	49±3.5	13±1.4	13±6.1	4.8±1.6	40±13	76±22	75±23	530±180	850±230
	肝	nd	13±2.0	15±4.1	25±4.2	18±3.1	74±7.6	14±4.3	14±10	2.6±1.5	11±10	17±10	11±9.1	280±190	500±230
	肾	nd	18±4.3	18±6.2	31±8.8	18±5.0	84±23	18±8.3	15±8.1	8.2±3.1	53±30	130±63	140±78	1900±1100	2400±1200
赤眼田鸡	肌	0.20±0.06	18±8.9	2.6±0.88	10±4.3	3.3±1.1	8.6±3.0	5.6±2.3	2.4±1.8	0.63±0.26	nd	4.0±2.2	1.1±0.60	12±12	69±20
	肝	1.6±1.1	120±120	34±37	29±23	67±73	51±50	16±16	2.4±2.7	2±2.2	nd	3±2.1	0.60±0.67	12±13	340±320
	肾	nd	16±9.2	2.2±1.5	9±3.6	2.4±1.6	6.6±3.9	4±3.9	nd	nd	nd	4.8±2.2	5.2±4.1	nd	50±23
扇尾沙锥	肌	0.64±0.38	110±59	38±20	100±57	80±43	180±92	120±89	9.7±7.9	16±12	11±8.6	32±22	3.8±2.3	46±36	750±450
	肝	1.3±0.83	270±120	99±37	260±100	250±80	570±230	280±130	25±9.0	47±13	28±18	91±44	14±17	73±87	2000±620
	肾	1.3±1.1	280±130	110±36	250±85	210±58	490±180	240±120	4±4	52±25	18±23	150±94	48±45	38±47	1900±550

注：nd 表示未检出

（192～1400 ng/g lipid）（Norstrom et al.，2002）鸟类中的 PBDEs 在同一个数量级，高于日本沿海或湖中吃鱼鸟（6.2～820 ng/g lipid）（Kunisue et al.，2008）、大不列颠哥伦比亚地区吃鱼鸟（455 ng/g lipid）（Elliott et al.，2005）、我国南部沿海的鹭蛋（30～1000 ng/g lipid）（Lam et al.，2007）、波罗的海海鸥（67 ng/g lipid）（Lundstedt-Enkel et al.，2005），以及远高于法罗群岛䲈蛋（11～24 ng/g lipid）的浓度（Karlsson et al.，2006），本区域鸟体内 PBDEs 的污染处在全球的高值区。

鸟类对污染物的富集能力受到鸟类的食物暴露、代谢能力、迁徙行为、年龄、性别、产卵期以及营养状态等因素的影响（Bouwman et al.，2008；Wienburg et al.，2004；Jasper et al.，2006；Van Drooge et al.，2008）。对本地区五类鸟体内 PBDEs 的浓度差异的统计分析表明，不同种类鸟之间 PBDEs 浓度水平差异显著（$p <$ 0.05）。PBDEs 在池鹭体内的浓度普遍要高于其他鸟类，白胸苦恶鸟和沙锥体内浓度次之，赤眼田鸡及蓝胸秧鸡体内浓度稍低。这种种间浓度的差别主要与鸟类的食性有关。池鹭是食鱼性鸟类，其食物构成比例是 95% 的鱼和 5% 的昆虫；白胸苦恶鸟的食物以昆虫和蠕虫为主（80%），此外还吃植物的种子、幼芽（15%）和小鱼（5%）；沙锥喜好在湿地生活，其食物构成是 70% 的昆虫幼体和 30% 的水生无脊椎动物；赤眼田鸡虽然也是杂食性动物，但主要吃植物嫩芽、树莓（55%），其次包括水生昆虫（35%）和软体动物（10%）；蓝胸秧鸡食物构成主要为水生昆虫、植物嫩叶和种子（Chang et al.，2003）。从本研究结果来看，PBDEs 的浓度种间分布顺序基本上是按食鱼鸟 > 杂食性鸟 > 植食性鸟。这一结果与已经报道的关于食性对鸟体内有机污染物浓度影响的结果一致（Ramesh，et al.，1992；Naso et al.，2003）。

利用 ANOVA 分析对组织间 PBDEs 同系物组成进行检验表明，组织间的 PBDEs 的单体组成不具备显著性差异（图 6-1）。但不同鸟类及同种鸟类不同个体之间 PBDEs 同系物组成存在显著性差异。根据占主导地位 PBDEs 单体的不同，可大致将鸟类 PBDEs 组成特征分为三类（图 6-1）。第一类以池鹭和赤眼田鸡为代表，BDE47 是相对丰度最高的 PBDEs 单体，其次为 BDE154、99 和 100。此种 PBDEs 组成模式与鱼及大量水鸟报道的模式相同（Elliott et al.，2005；Law et al.，2003）。第二类以沙锥和一部分白胸苦恶鸟（7 只，WBW1）为代表，BDE153 是丰度最高的 PBDEs 单体，其次分别为 BDE183、99、154 和 100。这一类 PBDEs 组成模式与比利时（Jaspers et al.，2006）、日本（Kunisue et al.，2008b）、我国北方的猛禽（Chen et al.，2007）陆生鸟肌肉组织中 PBDEs 模式相近，同时也与格陵兰岛南部的游隼蛋（Vorkamp et al.，2004）、瑞士（Lindberg et al.，2004）和挪威鸟蛋（Herzke et al.，2005）中 PBDEs 模式相近。第三类 PBDEs

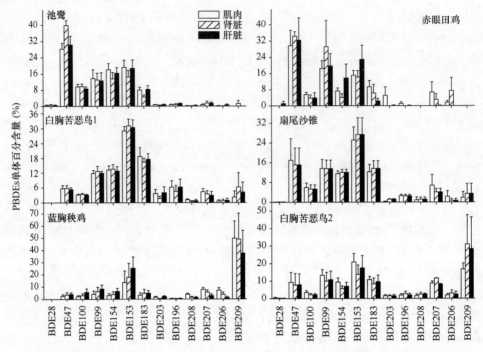

图 6-1　五种水鸟中 PBDEs 的同系物组成特征

组成模式以蓝胸秧鸡和另一部分白胸苦恶鸟（4 只，WBW2）为代表。在这两种鸟体内的 PBDEs 单体以 BDE209 为主，其次为 BDE153。早期对水鸟的研究发现，BDE209 较少在水鸟体内被检出（Fängström et al.，2005；Verreault et al.，2007），因而认为 BDE209 具有低的生物可利用性。但研究发现，在很多陆生鸟类中都存在以 BDE209 为主要单体的现象（Chen et al.，2007；Gauthier et al.，2008；Gao et al.，2009）。证明 BDE209 是能够被生物所利用的。含较高 BDE209 的陆源食物被认为是陆生鸟体内富含高溴代 PBDEs 同系物的主要原因。在本研究中白胸苦恶鸟存在两种 PBDEs 组成模式，显然体内代谢不能解释这种差异，食源差异应是主要原因。本区域各类鸟体内 PBDEs 与其他研究还存在一个共同特点，即 BDE183 占有较高的比例（8%～16%），说明本区域环境中八溴工业品污染相对较高。

6.1.3　PBDEs 在鸟中的组织分布

由于持久性有机卤代污染物的 K_{OW} 值较高，进入生物体后更倾向于在脂肪含量高的组织中富集。早在 1984 年，Matthews 和 Dedrick 就提出了"脂肪车间"（lipid-compartment）的概念，指出生物体各组织器官中有机污染物浓度水平与该组织中脂肪含量水平相关。Barron 等（1995）总结了 PCBs 在鸟的肝脏、肌肉和脑等组织以及蛋和粪便中的富集情况，进一步证实了组织中脂肪含量对 PCBs 分配的作用，同时也明确提出脂肪含量并不是唯一影响因素，例如在脑部 PCBs 的浓度分配具有高脂肪含量和低 PCBs 含量的特点。近年来，持久性有机卤代污染物的组织分配过程仍然被广泛关注，一些研究对 PBDEs、多溴联苯（PBB153）等污染物在鸟类不同组织（肌肉、肝脏、肾脏、脂肪、脑部、血液和蛋）中的分布作了对比分析（Law et al.，2008；Jaspers et al.，2006；Luo et al.，2009a；Chen et al.，2007，Naert et al.，2007）。这些研究证实当脂肪含量在各组织器官（脑部除外）中不同时，会引起污染物在各组织中含量水平（湿重归一化）有差异，但是将湿重浓度换算为脂重浓度时，这种差异会弱化，甚至将组织间浓度差异掩盖（Jaspers et al.，2006；Chen et al.，2007）。污染物进入生物体后，在机体内各组织器官中的分配过程还受到其他因素的影响，如器官的功能、生物体自我保护等。Bachour 等（1998）指出脑部较其他组织有较强的自我保护能力，由于血脑屏障（blood-brain barrier）的作用，污染物不易从血液进入到脑部。Voorspoels 等（2006b）发现当肌肉和肝脏中脂肪含量相近时，PBDEs 在肌肉中的富集比例高于其在肝脏中的比例（脂重），这可能是由于肝脏对 PBDEs 较强的代谢能力引起的。

　　基于脂肪含量对卤代有机污染物在组织间分布的影响较大，本研究首先对比了各种污染物在肌肉、肝脏和肾脏之间的湿重浓度。使用 AONVA 单因子方差分析方法对白胸苦恶鸟、池鹭、沙锥、蓝胸秧鸡和赤眼田鸡等样品数大于 3 的种类作了统计分析。由于同种类之间，浓度差异较大，组织间浓度差异不具有统计意义上的显著性（$p>0.05$）。为了不使组织间浓度的差异因数据的非正态分布而被掩盖，本节采用了浓度比值（肌肉和肾脏组织中有机污染物浓度与肝脏组织中的比值，即 M/L 和 K/L）的方法讨论污染物在鸟体内组织间的分配。即计算出 M/L 和 K/L 的值，并将比值与 1 比较（t 检验），重新分析各组织间是否具有显著性差异。在计算时，为了避免 0 和无穷大出现，只有在所有组织样品中都有检出的化合物才参与计算。结果见图 6-2。从图可见，肌肉中 PBDEs 的浓度要显著地低于肝脏和肾脏中的浓度（$p<0.05$）。在白胸苦恶鸟、蓝胸秧鸡和扇尾沙锥中，各化合物在肾脏与肝脏中浓度并无显著性差别。池鹭体内，除 BDE47 和 BDE100 外，其他化合物的肾、肝比也与 1 无显著性差别。肌肉中 PBDEs 的湿重归一化浓度显著地低于肝脏和肾脏是由于肌肉中脂肪含量较低所致（表 6-1）。这一结果与早期的研究是一致的（Law et al.，2008；Jaspers et al.，2006；Luo et al.，2009a；Chen et al.，2007，Naert et al.，2007；Matthews and Dedrick，1984；Barron et al.，1995）。Matthews 和 Dedrick（1984）的研究发现，在脂肪含量高的组织中亲脂性的有机污

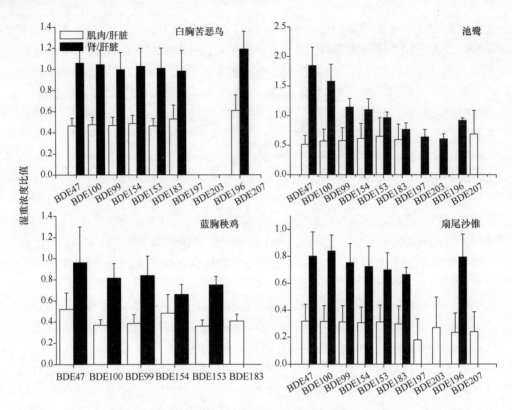

图 6-2 不同化合物在不同鸟中肌肉、肝脏与肾脏中的分布

染物从血液向组织传输的速率较快，此外，在脂肪含量高的组织中污染物的去除速率较低。

为了进一步研究污染物在组织间分配过程的其他影响因素，我们将污染物浓度水平脂肪归一化，重新做了比较［比较所用变量为 M/(M+L) 和 K/(K+L)，与 0.5 进行比较，与 0.5 无显著差异，表明组织间分布不存在显著差异］。除池鹭外，与采用湿重比较的结果一致，PBDEs 各化合物在肾脏和肝脏中的浓度水平并不存在显著性差异（图 6-3）。池鹭中各化合物在肾脏中的浓度要稍高于肝脏，随着溴代程度的增加，二者之间无显著差异，这表明池鹭肾脏组织中可能优先富集一些低溴代的 PBDEs 单体。而肌肉与肝脏间的比较表明，对于池鹭、白胸苦恶鸟和蓝胸秧鸡，肌肉和肝脏间的浓度并无显著差别。但对于扇尾沙锥而言，肌肉中的 PBDEs 浓度显著地低于肝脏中 PBDEs 的浓度。由于浓度已经进行了脂肪归一化，因此，脂肪含量不是导致这种组织分布差异的主要原因。在 4.2 节对 PBDEs 的组织分布讨论中，肝脏是最先与血清达到平衡分配的组织，而肌肉则达到平衡分配的时间较长。沙锥肌肉组织中 PBDEs 较低的浓度水平可能是因为 PBDEs 在肌肉中的分配未达到平衡。

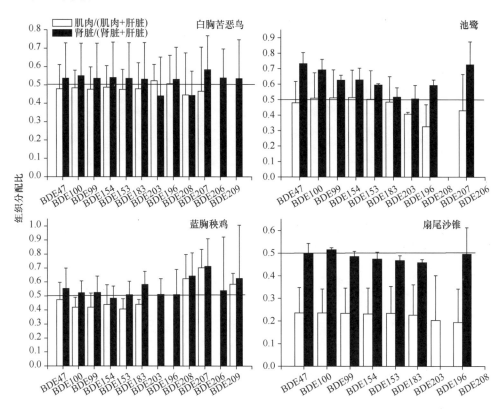

图 6-3　肌肉和肾脏中卤代有机污染物脂重浓度与肝脏中浓度的比值

6.1.4　鸟肌肉中 PBDEs 的浓度与营养级之间的关系

为更进一步研究鸟类食性、营养级别与体内 PBDEs 浓度间的关系，我们对鸟肌肉的稳定碳、氮同位素进行了测定，并对浓度与稳定氮同位素间的相关性进行了分析。本研究中五种鸟类的稳定碳、氮同位素测定结果见表 6-1 和图 6-4。从图 6-4 可以看出，蓝胸秧鸡的碳、氮稳定同位素组成与其他四种鸟的组成明显区别开来，表现为最低的稳定氮同位素值，但相对高的稳定碳同位素值（位于五种鸟类的中间值附近）。对于处于同一食物网或者同一初始食物源的不同营养级别生物而言，由于 C、N 都存在随营养级升高而重稳定同位素相对富集，只是富集的程度不同。一般稳定碳、氮同位素之间存在线性相关性，即稳定氮同位素值较高则其稳定碳同位素值也相应较高（Jardine et al.，2006）。蓝胸秧鸡的稳定氮同位素比值最低，但其稳定碳同位素比值并不是最低，而其他四种鸟类稳定碳、氮同位素间存在线性相关性。这些结果表明蓝胸秧鸡的初始食物源与其他鸟类存在区别。

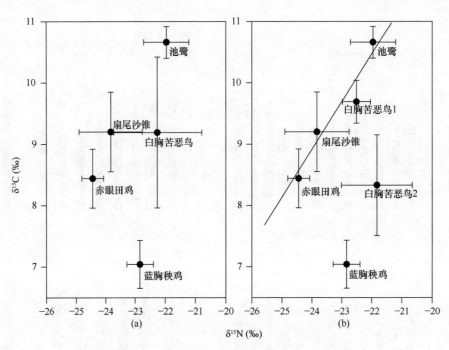

图 6-4　清远 5 种湿地水鸟肌肉中的稳定碳、氮同位素组成
（a）所有白胸苦恶鸟作为整体；（b）白胸苦恶鸟分为两组

　　根据 PBDEs 同系物组成的研究结果，11 只白胸苦恶鸟体内 PBDEs 单体构成可以分为两类，其中四只白胸苦恶鸟与蓝胸秧鸡相似，以 BDE209 为主要单体；另外 7 只则与沙锥相似，以 BDE153 为主要单体（图 6-1）。考虑到以 BDE209 为主要单体的蓝胸秧鸡稳定碳、氮同位素组成与其他鸟类的组成存在明显差别，我们将 11 只白胸苦恶鸟分成两组，重新分析了稳定碳、氮同位素比值关系（图 6-4），结果发现，以 BDE209 为主要单体的 4 只白胸苦恶鸟（WBW2）的稳定碳、氮同位素组成也偏离了其他鸟稳定碳、氮同位素所构成的回归线。其稳定氮同位素比值比另一组白胸苦恶鸟降低但其稳定碳同位素却出现增加的现象。这与蓝胸秧鸡低稳定氮同位素比值但较高的稳定碳同位素比值相吻合。剔除 WBW2 后，原有回归方程的相关系数由 0.81 增大为 0.96，p 值由原来的 0.19 降为 < 0.05。这些结果表明这 4 只白胸苦恶鸟与其他鸟的初始食源不同而可能与蓝胸秧鸡有共同的初始食源。这表明食源的差别应是造成白胸苦恶鸟 PBDEs 组成模式存在差异的主要原因。相类似的结果也在其他鸟类的研究中出现。如 Park 等（2009）收集了美国加利福尼亚 38 个鸟巢 52 只游隼的 90 个鸟蛋。分析结果表明，城区鸟蛋 PBDEs 的浓度高于沿海区，并且其 PBDEs 同系物组成与沿海区存在明显差别。城区鸟蛋中 BDE209 和其他高溴（7～9）同系物是主要单体，而沿海鸟蛋 BDE47 和 BDE99

是主要单体。Newsome 等（2010）对同一批样品鸟蛋中稳定碳、氮和氢同位素分析结果表明，城区和非城区的同位素组成存在明显差别。因此，本研究中将剔除蓝胸秧鸡和 WBW2 后的鸟组成食物链，由此得到鸟的营养级顺序为：赤眼田鸡（8.4‰）<沙锥（9.2‰）和白胸苦恶鸟（9.7‰）<池鹭（10.7‰）。

对 PBDEs 各单体浓度与稳定氮同位素之间进行相关性分析发现（图 6-5），各 PBDEs 的浓度对数值和 $\delta^{15}N$ 值具有正相关性（蓝胸秧鸡和部分白胸苦恶鸟数据偏离回归线）。由此计算出的 TMF 值（对 BDE47，100，99，154，153，183，196，207 分别为 4.89，6.30，4.15，6.93，5.08，4.60，4.93，1.31）均大于 1，其中 BDE47、100、99 和 154 具有统计意义。虽然这些鸟类本身之间不存在取食关系，但本研究结果表明，随着生物所处的营养级的增加，PBDEs 的浓度是逐渐增大的。与第 5 章以鱼为主的食物链对比，可以发现，各化合物的营养级放大系数均比以鱼为主的食物链放大系数大。而一些高溴单体的 TMF 值也大于 1，高溴单体回归没有统计意义主要是因为在池鹭中这些高溴单体的浓度相对较低。

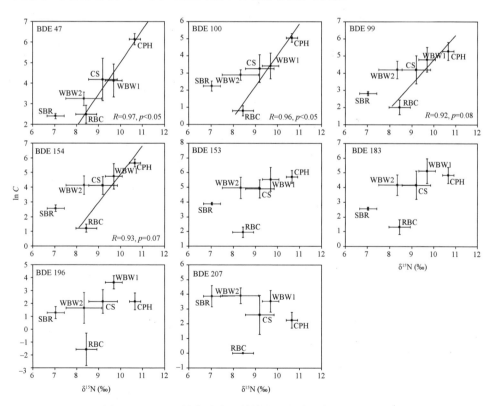

图 6-5　PBDEs 单体浓度对数转化后与稳定氮同位素关系

WBW：白胸苦恶鸟；SBR：蓝胸秧鸡；RBC：赤眼田鸡；CPH：池鹭；CS：扇尾沙锥

6.2 PBDEs 在珠三角地区雀鸟中的富集特征

6.2.1 样品采集与分析

通过与广东省昆虫研究所鸟类生态与进化研究中心合作，我们调查研究了区域内不同生态习性鸟类的种群数量和大小，同时结合鸟类的生活习性和食性等特点，选定了白头鹎、棕背伯劳、鹊鸲三种陆生雀形目留鸟为目标鸟种。白头鹎、棕背伯劳和鹊鸲都属于雀形目中体型较大的鸟，是广东省内留鸟，且分布广泛，属于优势种群。从 2009 年 11 月至 2011 年 3 月以网捕法分别在连南瑶族自治县、茂名小良镇、揭西县河婆镇、肇庆鼎湖山、鹤山马山镇、广州市和清远市龙塘镇等目标鸟种活动区域张网采样。张网时 2 个网首尾相连，网的下纲距地约 0.1 m 高，张网后每隔 2～3 h 看 1 次网，对上网的鸟取下后，记录鸟的种类、数量、取鸟的时间、鸟在网上的高度等信息，对于非目标鸟种在原地释放。张网时间为 6：30～18：00，晚上和雨天不张网。鸟类采集获广东省林业局批准。7 个采样点分别代表了乡村（连南和茂名）、城乡结合部（河婆镇、鼎湖山、马山镇）、城区（广州市）及电子垃圾回收区（清远龙塘）四种类型。每个采样点样品信息见表 6-3。

表 6-3 不同采样点各鸟类样品数量

采样点	分类	简写	白头鹎	棕背伯劳	鹊鸲	合计
连南	农村	LN	4	2		6
茂名	农村	MM	4			4
揭西	城郊	JX		9	2	11
肇庆	城郊	ZQ	7	3	10	20
鹤山	城郊	HS	5	4		9
广州	城市	GZ	6		5	11
清远	电子垃圾	QY	6	7	12	25
合计			32	25	29	36

白头鹎，拉丁名：*Pycnonotus sinensis*，英文名：light-vented bulbul，雀形目鹎科，多活动于丘陵或平原的树本灌丛中，也见于针叶林里。性活泼、不甚畏人。杂食性，既食动物性食物，也食植物性食物（王维禹等，2005）。

棕背伯劳，拉丁名：*Lanius schach*，英文名：long-tailed shrike，雀形目伯劳科，体长达 24 cm 左右，体重 70～90 g。栖息于开阔的平原与低山一带，常在田园、果园及树丛间活动。性凶猛，嘴、爪均强健有力，喙的咬合力较大，善于捕食昆虫、鸟类及其他动物，甚至能袭击或击杀比它自己还大的鸟，如鹧鸪之类，体型较小的鹰常被它追逐（晏安厚和马金生，1991）。

鹊鸲，拉丁名：*Copsychus saularis*，英文名：oriental magpie-robin，雀形目鸫科，体长约 21 cm，主要栖息于海拔 2000 m 以下的低山、丘陵和山脚平原地带的次生林、竹林、林缘疏林灌丛和小块丛林等开阔地方。单个或成对出没于村落和人家附近的园圃及栽培地带，或树旁灌丛，也常见于城市庭园中。食物以昆虫为主，兼吃少量草籽和野果（黄伯强，2010）。

样品采集后取胸部肌肉组织，组织的提取、净化方法及仪器检测、定量分析方法同 4.1.2 节。在进行样品分析的同时，进行方法空白、空白加标、基质加标及样品平行样等质量保证与质量控制措施。空白加标中 11 种 PBDEs 单体平均回收率为 75%～95%，基质加标中 11 种 PBDEs 单体平均回收率为 76%～97%、回收率指示物标样 ^{13}C-BDE 209、BDE77 和 BDE181 的回收率分别为 80.4% ± 12.5%、97.3% ± 13.7%和 81.3% ± 11.8%。最后结果未经回收率校正。空白中有检出的目标化合物方法检出限设为空白平均值加上 3 倍标准偏差；空白中未检出的目标化合物其方法检出限设为信噪比的 5 倍。PBDEs 的方法检测限范围为 0.01～3.2 ng/g。

6.2.2　雀形目鸟类中碳和氮同位素比值

不同采样地雀形目鸟类肌肉组织中稳定碳和氮同位素的比值见图 6-6。白头鹎、棕背伯劳和鹊鸲的 δ^{13}C 值的变化范围分别为 –27.9‰～–24.2‰、–25.8‰～–20.4‰和–24.8‰～–19.3‰），相对应的平均值分别为–25.6‰、–23.1‰和–21.8‰。单因素方差分析结果表明，白头鹎的 δ^{13}C 值要远小于棕背伯劳和鹊鸲的（$p < 0.001$）。三种雀形目鸟类之间 δ^{13}C 值的差异主要是由其食性不同所引起的，棕背伯劳和鹊鸲都是典型的食虫鸟，鹊鸲喜欢出没于有人类活动的地方，而白头鹎是杂食性鸟类，以浆果、软果、蔬菜等植物性食物为主，占据其食物组成的 75%（彭红元等，2008），在繁殖季节以动物性食物为主。鹤山采样地鸟类的 δ^{15}N 值（1.88‰～4.27‰）要远低于其他地方（2.61‰～9.10‰），可能与当地 δ^{15}N 的背景值有关，其他六个采样地三种雀形目鸟类的 δ^{15}N 值为：白头鹎（6.8‰）<棕背伯劳（7.5‰）<鹊鸲（7.9‰），与 δ^{13}C 值的大小顺序基本一致。从图 6-6 可以看出同一种鸟类同一区域鸟的 δ^{15}N 值变化较大，在衡量某一种鸟的营养级大小时，不适合用某一个具体值（如平均值或者中值）来表示。因此，本章在讨论卤代有机污染物沿营养级累积放大效应时采用每一只鸟的 δ^{15}N 值。

6.2.3　PBDEs 在雀形目鸟类中的区域分布

本研究共检测分析了 BDE 28、47、66、100、99、85、154、153、183、202、

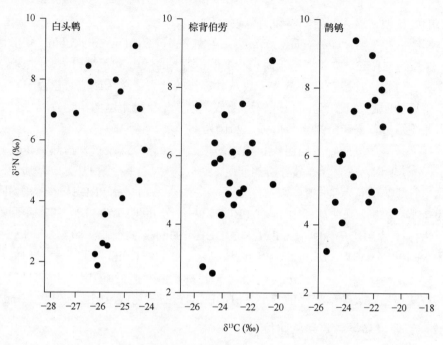

图 6-6　雀形目鸟类肌肉组织中稳定碳和氮同位素的比值

197、203、196、208、207、206 和 209 等 17 种 PBDEs 单体。BDE28 和 66 在少量样品中未被检出，高溴代单体在鸟类生物中广泛检测出且含有较高浓度（BDE 209 最大值达到 4300 ng/g lipid），进一步证实了高溴化合物易在陆生生物中富集。PBDEs 的浓度变化范围为 35～15 000 ng/g lipid，最低浓度在连南一只白头鹎体内发现，最高浓度在清远一只鹊鸲中检测到。单因素方差分析结果显示不同采样地 PBDEs 浓度之间存在显著的差异（$p<0.0001$，以每种鸟单独做统计分析）。总的来说，三种陆生雀形目留鸟体内 PBDEs 含量所呈现的区域分布特征为：电子垃圾回收区>城市区>城乡结合部>农村（图 6-7）。PBDEs 最高浓度出现在电子垃圾回收区，揭示了电子垃圾回收活动是造成该区域内 PBDEs 污染的重要来源。先前研究也表明采集于该电子垃圾回收区的各种非生物和生物环境介质甚至人体中含有高浓度的 PBDEs（Luo et al.，2009a，b；Liu et al.，2010；Wang et al.，2010；Tian et al.，2011；2012；Zheng et al.，2011）。据统计，仅 2002 年就有大约 1.45 亿件电子/电器设备（包括电视机、计算机、电风扇等）在广东省进行拆卸回收处理，拆卸回收过程导致了大量 PBDEs 释放到周围环境介质中，加速了周围环境的恶化（Martin et al.，2004）。

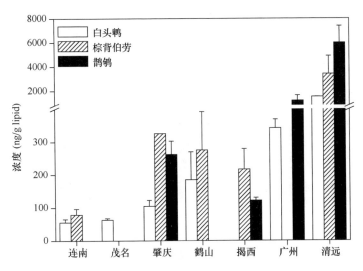

图 6-7　不同采样地雀形目鸟类中 PBDEs 浓度分布特征

　　本研究鸟类中 PBDEs 城市区>城乡结合部>农村的这种分布模式与 Van den Steen 等（2009，2010）分别利用大山雀和蓝山雀作为监测工具研究欧洲陆生环境中 PBDEs 地理分布模式一致。该研究中也发现城市区各个采样地 PBDEs 浓度显著高于农村和偏远山区。Newsome 等（2010）发现美国加利福尼亚州城市地区游隼鸟蛋中 PBDEs 含量显著高于非城市地区。这些实验结果进一步证实了环境中 PBDEs 的含量与当地工业化和城市化水平有关（Jaward et al.，2004；Van den Steen et al.，2010）。作为广东的省会城市，广州人口密度大，工业化水平高。先前研究结果表明广州的大气和室内灰尘样品中有着较高浓度的 PBDEs 含量（Chen et al.，2006；Wang et al.，2010）。因此，环境中 PBDEs 的另外一个重要来源就是来自城市区工业活动和家用电器的释放。

　　对同一个采样地三种鸟之间 PBDEs 浓度的分布发现，三种鸟中的浓度存在显著性差异。总体来说，鹊鸲体内含有相对较高的浓度，白头鹎体内含量较低。鸟类食性差异是主要原因。通过前面对鸟类生活习性的介绍可知，鹊鸲和棕背伯劳均以昆虫为主要食物，但鹊鸲多在有人类活动的地方活动，通常取食易累积较高浓度的污染物。白头鹎是以植物为主要食物的杂食性鸟类。植食性鸟类中卤代有机污染物的浓度低于杂食性鸟类，这在湿地水生鸟 PBDEs 中也观察到了，并和其他一些鸟类监测卤代有机污染物的结果一致（见 6.1 节相关论述）。

6.2.4　PBDEs 同系物组成特征

　　PBDEs 同系物组成模式与鸟的种类和采样地等因素有关。不同采样地白头鹎体内 PBDEs 同系物组成可以大致分为三类（图 6-8）：茂名和广州为一类，以 BDE209 为主；连南、肇庆和鹤山为另一类，其组成以 BDE209、208、207、206 和 47 为主；清远电子垃圾区为第三类，以 BDE 47、99 和 153 为主。

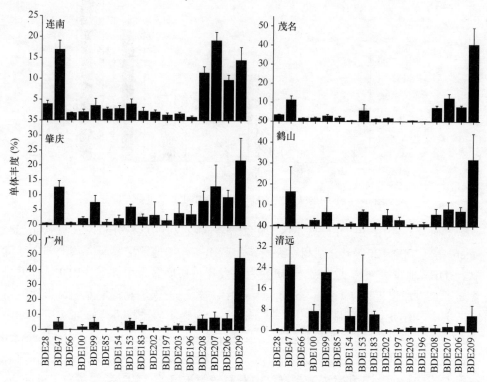

图 6-8　不同采样点白头鹎的 PBDEs 单体组成特征

棕背伯劳除清远地区以 BDE153 为主外，其他地区 BDE153、209、99 和 47 均具有较高的丰度，其组成模式具有一定相似性（图 6-9）。揭西地区鹊鸲主要以 BDE47 为主，肇庆、广州以 BDE153 和 BDE209 为主，清远以 BDE153 和 BDE183 为主（图 6-10）。

从区域特点看，清远地区鸟类中六溴取代以下的单体和 BDE183 的相对丰度普遍高于比其他地区，而高溴代单体（BDE209 和九溴取代单体）的相对丰度偏低。这可能与电子垃圾回收区环境介质中含有较高的五溴和八溴联苯醚工业品有关。Wang 等（2010）研究城市和电子垃圾回收区室内灰尘 PBDEs 同系物组成时发现电子垃圾回收区低溴代单体所占比例比城市区高。五溴和八溴联苯醚工业品过去主要在一些发达国家生产和使用，从 20 世纪 90 年代起这些国家所产生的大量电子垃圾被出口到中国进行回收处理。造成电子垃圾中的五溴和八溴联苯醚

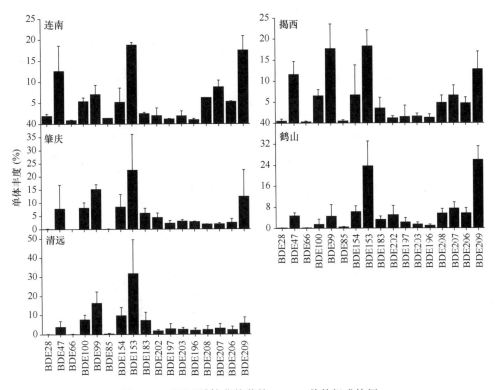

图 6-9　　不同区域棕背伯劳的 PBDEs 单体组成特征

工业品不断地释放到环境介质中。由于六溴取代以下 PBDEs 单体的生物吸收速率要显著地高于 BDE209 和九溴取代单体，因此，尽管电子垃圾回收区也存在大量的 BDE209，但由于净吸收速率的差别，使得清远地区鸟类六溴取代以下的单体的相对丰度增加。而其他地区的 PBDEs 主要是本地源的排放，本地源的多溴联苯醚主要以 BDE209 为主，其他低溴代单体的含量很低。因此，尽管其他低溴代单体的吸收速度高于 BDE209，但环境中过低的绝对浓度使得鸟体内低溴代单体的相对丰度无法超过 BDE209，从而造成 BDE209 等高溴代单体在这些区域相对较高的丰度。

　　从鸟的类型特点来看，白头鹎的 PBDEs 组成特征和棕背伯劳、鹊鸲存在明显的差别。在鹊鸲和棕背伯劳体内，BDE153 是一个非常重要的污染物，其相对丰度处于最高或次高的位置，而在白头鹎体内，除清远地区 BDE153 有相对较高的丰度外，在其他区域都是相对次要的化合物。我们前面关于水鸟及鱼中 PBDEs 的研究表明，食源和生物转化能力是导致不同生物中 PBDEs 的组成模式存在差异的主要原因。在本研究区域内土壤、灰尘、大气、沉积物等非生物介质中 PBDEs 同系物组成模式都是以 BDE 209 为主（Mai et al.，2005；Chen et al.，2006；

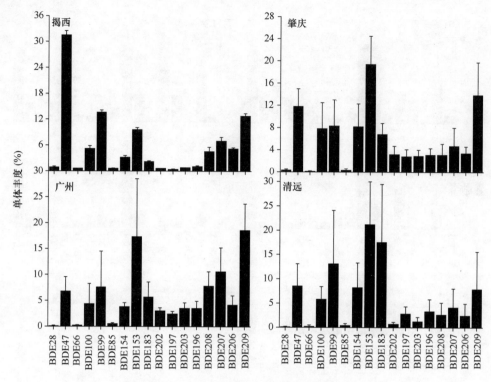

图 6-10　不同区域鹊鸲的 PBDEs 单体组成特征

Luo et al.，2009b；Zhang et al.，2009；Gao et al.，2011）。白头鹎主要以果实和蔬菜等为食，白头鹎体内 PBDEs 的组成特征可能直接反映了其食物中 PBDEs 同系物组成模式。BDE153 并不是非生物环境介质和工业品中最主要的同系物，但棕背伯劳和鹊鸲体内都以 BDE153 为主，可以肯定棕背伯劳和鹊鸲对 BDE153 出现了选择性富集。在 6.1 节关于湿地水鸟的研究中我们就发现了 BDE153 在一些鸟体内是主要污染物，其他的一些鸟类研究中也发现鸟类相对富集 BDE153（Jaspers et al.，2006；Chen et al.，2007；Newsome et al.，2010）。这些结果表明 BDE153 是鸟类中的一种主要污染物可能是较普遍存在的一个现象。BDE153 相对富集的机理仍然不清楚。在有关茶隼的一项实验室暴露研究中，Drouillard 等（2007）发现四种 PBDEs 同系物（BDE47、99、100 和 153）中 BDE153 的净化速率最慢。这可能是鸟类中含有较高 BDE153 单体的一种原因。另一种可能的原因是昆虫对 PBDEs 的选择性富集。鹊鸲和棕背伯劳都是以昆虫为主食的鸟类，因此，这两种鸟类中 PBDEs 的组成有可能是直接继承其食物中的 PBDEs 组成特点。但现在有关 PBDEs 在昆虫体内的富集特征还少有研究，需要更多实验去验证上述观点。

6.2.5　PBDEs 浓度与鸟类营养级之间的关系

为研究鸟类营养级与体内 PBDEs 浓度间的关系，我们选取了三种鸟类样品，均采自清远和肇庆区，并进行相关分析。其结果见表 6-4。从表 6-4 可见，总 PBDEs 含量在两个区域都随鸟的营养级增加而增加。尽管这些鸟相互之间并不存在捕食与被捕食关系，但这种营养级高浓度增加的现象表明 PBDEs 在鸟中可能存在着食物链放大。就各个单体而言，两个区域存在着共同的特点，即 6～7 溴单体（BDE154、153、183、196、197、202、203）浓度与营养级间均存在显著的正相关性。BDE47 在两个区域中均未发现与稳定氮同位素组成显著的相关性。这与水生鱼类的结果存在非常大的差别。第 5 章的结果表明在水生鱼类中，主要表现为食物链放大的单体为 BDE47、100 和 154，脱溴代谢过程是决定食物链放大的决定性因素。但陆生鸟类这种 6～7 溴单体普遍出现浓度随营养级增加而增加的现象表明，PBDEs 在鸟类食物链中的传递行为不同于水生食物链。造成这种差别的原因还不是很明确。

表 6-4　PBDEs 在两个区域鸟体内浓度与鸟营养级关系

化合物	肇庆			清远		
	相关系数	斜率*	p	相关系数	斜率*	p
BDE28	0.61	0.12	0.009	0.3		0.16
BDE47	0.41		0.07	0.23		0.26
BDE66	0.13		0.73	0.25		0.29
BDE100	0.67	0.37	0.001	0.47	0.27	0.02
BDE99	0.29		0.22	0.33		0.11
BDE85	−0.28		0.34	0.10		0.65
BDE154	**0.60**	**0.32**	**0.005**	**0.50**	**0.36**	**0.01**
BDE153	**0.58**	**0.27**	**0.007**	**0.54**	**0.44**	**0.006**
BDE183	**0.57**	**0.23**	**0.009**	**0.56**	**0.49**	**0.003**
BDE202	**0.68**	**0.30**	**0.001**	**0.46**	**0.37**	**0.02**
BDE197	**0.66**	**0.35**	**0.0017**	**0.46**	**0.47**	**0.02**
BDE203	**0.50**	**0.17**	**0.026**	**0.41**	**0.23**	**0.04**
BDE196	**0.58**	**0.22**	**0.007**	**0.37**	**0.28**	**0.07**
BDE208	−0.37		0.11	0.13		0.53
BDE207	−0.48		0.034	0.18		0.38
BDE206	−0.22		0.34	0.03		0.89
BDE209	0.58	0.11	0.007	0.22		0.3
PBDEs	0.56	0.14	0.01	0.55		0.005

*只有存在统计显著性的相关性才计算斜率

代谢途径的差异可能是一个重要原因。第 4 章有关 PBDEs 的体外代谢研究表明，BDE47 在鸡肝微粒体中能以比 BDE99 更快的速度代谢，这可能是在两个区域都没有观察到 BDE47 随营养级增加而浓度增加现象的原因。

6.3   北京城区猛禽中 PBDEs 的污染特征及食物链放大

在 6.1 节和 6.2 节关于鸟类中 PBDEs 浓度与营养等级的关系研究中，鸟类之间都不存在捕食与被捕食关系，因此，所得到的结论具有局限性。为进一步了解 PBDEs 在鸟类食物链中的传递机制，我们选取北方陆地生境具有代表性的猛禽留鸟（红隼、纵纹腹小鸮和雕鸮）作为目标鸟种构建食物链（网）。在食性调查的基础上，同时采集目标鸟种的主要捕食对象麻雀、老鼠和昆虫（包括蜻蜓和草蜢），以及捕食对象生境中的植物（以草及草籽为主）和土壤。利用稳定同位素技术进一步确认食物链结构，然后分析各生物体内 PBDEs 的含量和组成特征，探讨 PBDEs 在以猛禽为核心的食物链上的富集、放大效应及其影响因素。

6.3.1   样品采集、食性观测及样品的分析

本研究中所采集的猛禽物种为红隼、纵纹腹小鸮和雕鸮。

红隼，英文名 common kestrel，拉丁名 *Falco tinnunculus*，隼形目隼科隼属，体型较小（31～36 cm）的赤褐色隼，共有 11 个亚种（张晓静，2008）。本研究中讨论的亚种 *Falco tinnunculus interstinctus* 为留鸟，通常栖息在山区植物稀疏的混合林、开垦耕地及旷野灌丛草地，主要以昆虫、两栖类、小型爬行类、小型鸟类和小型哺乳类为食。

纵纹腹小鸮，英文名 little owl，拉丁名 *Athene noctua*，鸮形目鸱鸮科小鸮属，体型较小（21～26 cm）而无耳羽簇的鸮鸟。本研究中的纵纹腹小鸮是普通亚种 *plumipes*。纵纹腹小鸮最理想的生境（种类密度最高的生境）为具有稀树、电线杆、树杈、篱笆、土台或沟壑的农田，而且在村庄或居民宅区附近（雷富民等，1997）。与大部分鸮形目鸟类以夜行性闻名不同，纵纹腹小鸮在白天也可活动，尤其在繁殖期更是频繁活动于黎明和黄昏时刻，所以也被称为"黄昏性"或"半昼行性"种类。小鸮取食受到一定的地区和生境特点的影响，但总体上都以取食森林、草原、农田、牧场等的野鼠和害虫为主，繁殖期食虫比例有所提高，食物多样性也大大增加（雷富民，1995）。

雕鸮，英文名 eurasian eagle owl，拉丁名 *Bubo bubo*，鸮形目鸱鸮科雕鸮属，是中国鸮类中体形最大的（56～89 cm），有 7 个亚种分布于中国。大部分为留鸟，虽分布广泛但普遍稀少。栖于有林山区，营巢于岩崖，极少于地面。性情凶猛，

主要以各种鼠类为食,但食性很广,几乎包括所有能够捕到的动物,包括狐狸、豪猪、野猫类等难以对付的兽类,甚至苍鹰、鹗、游隼等猛禽(马敬能等,2000)。而对我国不同地区雕鸮食性调查的结果显示,啮齿类动物的比例分别占到 65%和 95%以上(崔庆虎等,2003)

上述三类猛禽样品均来自于北京猛禽救助中心于 2005 年 1 月至 2007 年 8 月间救助的猛禽。用于分析的样本均由于某种原因经救助无效而死亡。根据猛禽的食性特点及野外实际观察结果(具体见 6.3.2 节),于发现受救助猛禽的城区采集相关猛禽的食物样品,包括麻雀、老鼠和昆虫。采样的具体位置见图 6-11。

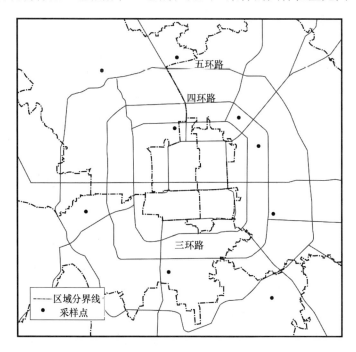

图 6-11 北京城区采样点示意图

上述采样点均为被救助猛禽样品的发现点。麻雀的采样使用网捕法,老鼠采样使用捕鼠夹投食诱捕(不投药),昆虫采样使用捕虫网,主要为采样点林地的蝗虫和蜻蜓。红隼、纵纹腹小鸮和雕鸮的样品数量分别为 23 只、14 只和 10 只,麻雀总共 40 只,家鼠 8 只,蝗虫样由混合样组成,共 5 个混合样,蜻蜓共计 1 个混合样。另外,还在每个采样点所在区域随机采集了当地植物(以草类、草籽为主)和表层土壤(0~5 cm)样品等环境样品适量。采集环境样品时,在超过 100 m^2 的范围采集 4~5 个点的样品,合并在一起作为一个混合样品。总共采集混合草样 6 个、土壤样品 8 个。鸟类样品的采集得到了北京市林业部门的批准,并得到北京师范大学和北京猛禽救助中心的协助。

陆地生态系统相对水生生态系统更为复杂，捕食者的食物往往更为多元，即使是同一物种，由于生活环境的限制，食性也存在很大的地域差异性，这些都为生物放大的研究增加了许多不确定因素，导致研究结果存在不同程度的失真，与实验室的研究结果之间无法相互吻合、合理解释。食性分析是鸟类生态学研究中的一个重要内容，由食性研究可得知鸟类的确切的食物构成，从而建立具有真实捕食关系的食物链（网），提高生物放大风险评估的准确性。

鸟类食性研究方法主要有以下几种：束颈法、粪便检测、鉴定胃容物、鉴定食丸，检查巢箱内的食物残余，以及通过直接观察或者录像研究食物种类及递食次数等（张晓静，2008）。在本研究中，食性调查主要由北京猛禽救助中心[北京师范大学生命科学学院与国际爱护动物基金会（IFAW）共同建立]完成。因为三种猛禽中，大量红隼在北京城区栖息，因此，选取红隼为代表性陆地猛禽，于2007～2008年，通过搭建摄像头、定点巢址、搜集食物残渣和食丸等方法对红隼的食物组成进行调查。通过搭建摄像头，于2007年监测了奥林匹克国际公寓小区红隼育雏期间食性，及2008年奥林匹克公园、京师园红隼孵卵、育雏期间食性，共计112天。2008年人工观察了海淀区政府、昌平北七家红隼占巢、孵卵、育雏期间食性。共计观察233小时。2008年在14个巢址共计采样45次，搜集到12处巢址的86份红隼食物残渣和13处巢址的217个红隼吐出食丸。

生物样品中PBDEs的提取同4.1.2节。土壤中PBDEs的提取见5.1.1节中沉积物。草样品（连同草籽）按采样点归类，自然风干后再冷冻干燥、粉碎、混合均匀，分析时称取约5 g样品进行索氏抽提（抽提溶剂及方法同生物样品）。抽提液浓缩至约15 mL后加入60 mL浓硫酸（98%，W/W）用于除去植物色素。然后加入正己烷用聚四氟乙烯分液漏斗（NalgeNunc，Rochester，NY）进行液-液萃取。每次加入40 mL正己烷，共萃取5次。所有正己烷萃取液合并后旋转蒸发至1～2 mL，用复合氧化铝-硅胶柱净化，洗脱液为80 mL的二氯甲烷/正己烷混合溶液（1∶1，V/V），浓缩至1～2 mL，再氮吹定容至200 μL加进样内标进行仪器分析。

PBDEs的定量分析方法同4.1.2节。此处省略。化学前处理的QA/QC措施则主要包括在每个样品中添加回收率指示物，在批量处理样品（每11个）时添加程序空白样品，以及实施溶剂空白加标样、基质加标样和样品平行样等保证分析方法准确性和可靠性的控制样。在进行仪器分析时，每天进一个固定浓度的日校正标样，确保仪器运行稳定。

对于生物样品，程序空白中有痕量的BDE47、99、100、153和209检出，但其含量都远低于样品含量（<10%），样品的最终浓度经空白扣除。回收率指示物BDE77、BDE181及 ^{13}C-BDE-209的回收率分别为85.0%±12.6%，73.1%±17.3%

和 81.3% ± 31.6%；加标（$n = 3$）实验中，11 种 PBDEs（BDE28、47、66、85、99、100、138、153、154、183 和 209）在空白加标和基质加标（以抽提过的鸟类肌肉样品作为基质）中的回收率范围分别为 83.6%～92.3% 和 81.4%～104.3%；样品平行样中，除 BDE209 外，目标化合物的相对标准偏差（RSD）都小于 15%，BDE209 的 RSD 为 38%。方法检出限由方法空白样品中目标化合物的含量计算得到（均值+3 倍标准偏差）。当目标物在空白样品中没有检出时，则定义为 10 倍信噪比时实际样品的浓度。因此，以红隼为例，1.5 g 干重样品、平均脂肪含量 12.2%、定容体积 200 μL 计，PBDEs（除 BDE 209 外）的方法检出限为 0.09～0.43 ng/g lipid，BDE 209 的检出限为 3.8 ng/g lipid，对于环境样品（土壤和草），流程空白中有少量 PBDEs（BDE28、47、99、153、206、207、208、209），含量均低于相应样品的 3%。样品分析结果均已扣除空白。回收率指示物 BDE77、BDE181 和 ^{13}C-BDE209 的回收率分别为 103% ± 24.6%、62.5% ± 12.7% 和 73.3% ± 13.1%；加标空白中目标化合物的回收率为 62.5%～142%（标准偏差 < 15.1%），平行样中化合物的相对标准偏差为 0.4%～16.2%。以 5 g 干重样品计算，PBDEs 检出限为 0.01～1.1 ng/g。

生物样品的稳定碳、氮同位素分析方法见 5.2.1 节。

6.3.2　食性观察结果及食物网构成

通过搭建摄像头，观察到 955 次递食，鉴别出种类的递食次数为 828 次（86.7%）。食物种类首先鉴别到纲，包括鸟类（742 次，89.6%）、哺乳类（74 次，8.9%）、两栖爬行类（11 次，1.3%）、昆虫类（1 次，0.1%）。依据基本形态特征，判断鸟类大部分为小型雀形目，其中疑为麻雀（160 次，19.3%）、家鸡幼鸟（10 次，1.3%）；兽类鉴别为啮齿目/食虫目（66 次，8%）、树鼩目（7 次，0.8%）、翼手目（1 次，0.1%）；昆虫类为疑似蜻蜓（1 次，0.1%）。

定点巢址观察到递食 119 次。能鉴别种类的递食次数为 95 次（79.8%），分别为鸟类（87 次，91.6%）、哺乳类（8 次，8.4%）。观察到的鸟类中大部分确定为麻雀（79 次，90.8%）。根据定点巢址的全天观察，发现麻雀在红隼食物中最多。

食物残渣包括鸟头骨、鸟喙、鸟爪、鸟翅、鸟飞羽、鸟绒羽、兽头骨碎片、兽皮、兽尾巴、兽毛、昆虫残体。食丸主要由鸟类绒羽或者兽毛组成，其中掺杂有鸟类上下颌、兽类牙齿、骨及极少量兽皮。食物残渣能鉴别出种类的共计 71 份，其中鸟类 52 份、哺乳类 16 份，昆虫类 3 份。能鉴别到纲以下的鸟类为 35 次（67.3%）、哺乳类为 12 次（75%）、昆虫类为 2 次。鸟类分别为麻雀（25 次，71.4%）、家鸽（3 次，8.6%）、椋鸟（1 次）、喜鹊（1 次）、疑为北红尾鸲（1 次）、疑为啄木鸟（1 次）、山雀类（2 次，5.7%）、疑为鸫类（1 次），此外还有疑是观赏鸟（2次）；哺乳类分别为普通伏翼（3次，25%）、小家鼠（2次，16.7%）、疑为黑线仓鼠（1次）、啮齿目（6次，50%）；昆虫类分别为蝗科（1次）、蝉科（1次）。

有31个（14.3%）食丸兼有鸟羽和兽毛，计为检出鸟类和哺乳类2次，共计检出种类233次。其中，鸟类107次（45.9%），哺乳类81次（34.8%），昆虫类41次（17.6%），人工塑料4次（1.7%）。可以鉴别到纲以下的鸟类为11次（10.3%）、哺乳类为20次（24.7%）、昆虫类29次（90.2%）。鸟类为麻雀（7，63.6%）、雀形目鸟类（3次，36.3%），此外还有疑为观赏鸟（1次）；哺乳类为小家鼠（10次，50%）、疑是老鼠（1次）、普通伏翼（1次）、山蝠（1次）、啮齿目（7次，35%）；昆虫类为蝗科（22次，75.9%）、金龟总科（2次，6.9%）、蜻蜓目（2次，6.9%）、鞘翅目（2次，6.9%）、鳞翅目（1次）。

从上面三个食性观察的结果可以看出，北京城区的红隼食物主要以鸟类、哺乳类为主。鸟类大约占食物总数的90%，哺乳类大约为9%，昆虫类不足1%。鸟类中主要的食物类型为麻雀。哺乳类中主要的食物类型为啮齿目鼠类。具体而言，红隼捕食鸟类、哺乳类、两栖爬行类、昆虫，并且食物中还发现人工塑料。捕食的鸟类大多为小型雀形目，已确定种类为麻雀、椋鸟、山雀类，还有家鸽、家鸡。兽类有啮齿目、树鼩目、翼手目，已确定种类为小家鼠、普通伏翼、山蝠。昆虫类包括蜻蜓目、鞘翅目、鳞翅目，已确定种类为蝗科、蝉科、金龟总科。根据调查结果，采集红隼食谱中的麻雀、啮齿目鼠类及昆虫类中捕食频数较高的蝗科和蜻蜓目，构建红隼的食物链（网）。

对于鸮类，没有进行详细的野外取食观测。啮齿目鼠类在大多数情况下均为其食谱中生物量贡献最大的捕食对象（Cui et al.，2008；Zhao et al.，2011），因此鸮—鼠可作为鸮类食物链（网）的核心捕食关系。由此，得到核心食物网结构，见图6-12。

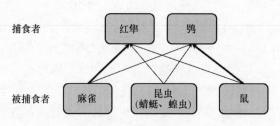

图6-12　本研究猛禽食物链（网）结构

除了野外实际观测外，我们又进一步利用稳定同位素分析，对所构建的食物链（网）中各物种取食关系进行了确认，其碳（$\delta^{13}C$）、氮（$\delta^{15}N$）同位素比值见表6-5和图6-13。蝗虫和褐家鼠的$\delta^{13}C$值（SD分别为0.4‰和0.9‰）和$\delta^{15}N$值

（SD 分别为 0.4‰和 0.6‰）都集中在一个较小的范围内，而红隼、鸮以及麻雀的 $\delta^{13}C$
值（SD 分别为 1.7‰，1.9‰和 3.3‰）和 $\delta^{15}N$ 值（SD 分别为 1.2‰，1.7‰和 1.3‰）
则覆盖了较大的范围（图 6-13），可能是由于鸟类相对昆虫和鼠类而言活动范围更
广，且城市生境提供了更为多样的食物来源。其中，红隼与麻雀的碳、氮同位素
比值均有不同程度的重叠，一方面印证了麻雀作为红隼主要捕食对象的野外食性
调查结果，另一方面也反映了在城市生境中，这两种鸟之间存在食谱上的重叠（食
物生态位重叠）。

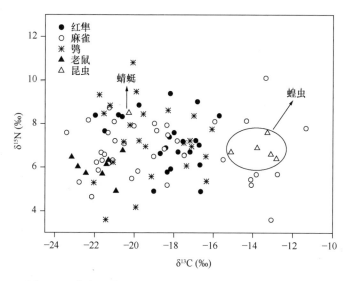

图 6-13　北京猛禽各个物种的稳定碳、氮同位素组成特点

　　由于 $\delta^{13}C$ 在捕食者及其食物之间产生的同位素分馏效应非常小，因此，利用
$\delta^{13}C$ 值，可以追踪生物体内碳素的来源（食源），还可以指示生物的食性偏好。从
表 6-5 中可以看到，$\delta^{13}C$ 值最高的是蝗虫（-13.2‰ ± 0.4‰），与研究区域内的草
类样品相近（-14.9‰ ± 2.1‰），也与我国华北地区 C_4 植物的 $\delta^{13}C$ 背景值相一致
（-12.6‰ ± 0.8‰）（Wang et al.，2006），表明蝗虫的食源是基于 C_4 途径进行光合
作用的植物。相比较之下，老鼠的 $\delta^{13}C$ 值则要低得多（-21.8‰ ± 0.9‰）。众所周
知，城区中的老鼠食谱与城市居民类似，而研究区域（北京）的居民普遍以小麦
和稻谷及其制品为主食，这两种粮食均为 C_3 光合途径的植物，其 $\delta^{13}C$ 值范围在
-21.7‰～-30.0‰（Wang et al.，2003）。因此，老鼠相对低的 $\delta^{13}C$ 值反映的是以
C_3 植物作为食源的倾向性。同样为昆虫，蜻蜓的 $\delta^{13}C$ 值（-20.2‰，只有一个混合
样）也要远低于蝗虫，表明了蜻蜓与蝗虫食源存在较大差异。蜻蜓为杂食性昆

表 6-5　陆地猛禽食物链中多溴联苯醚的含量　　　　　　　　（生物：ng/g w; 草及土：pg/g dw）ª

样品种类	红隼 (n=23)	鹗 (n=24)	[树]麻雀 (n=40)	褐家鼠 (n=8)	螳虫b (n=5)	蜻蜓b (n=1)	草类b (n=6)	表土b (n=8)
脂肪含量 (%)c	12.2±3.3	8.9±4.8	10.4±4.1	20.6±10.2	9.7±0.8	8.8	—	—
δ^{13}C (‰)c	-18.4±1.7	-19.2±1.9	-18.7±3.3	-21.8±0.9	-13.2±0.4	-20.2	-14.9±2.1	—
δ^{15}N (‰)c	7.2±1.2	7.2±1.7	6.8±1.3	6.0±0.6	7.3±0.4	8.5	2.9±2.2	—
BDE 28	Nd (nd~1.9)	3.4 (nd~130)	0.83 (nd~3.0)	0.22 (nd~0.36)	0.25 (0.19~0.35)	nd	32 (22~64)	10 (3.5~85)
BDE 47	1.8 (nd~21)	52 (2.0~18000)	6.9 (1.6~41)	2.6 (1.8~4.4)	0.57 (nd~0.91)	3.4	74 (nd~96)	75 (nd~500)
BDE 99	2.9 (nd~260)	58 (1.5~21000)	6.8 (1.0~39)	1.2 (0.73~1.6)	0.39 (0.29~0.45)	0.66	14 (13~25)	9.8 (2.0~42)
BDE 100	1.0 (nd~78)	11 (nd~5400)	1.8 (0.51~25)	0.56 (0.22~0.97)	0.17 (0.15~0.29)	0.27	47 (33~100)	70 (5.3~280)
BDE 153	53 (1.2~1300)	110 (2.8~1600)	7.7 (2.5~91)	5.6 (0.91~12)	0.50 (0.39~1.2)	3.6	nd	4.6 (nd~84)
BDE 154	7.2 (nd~280)	17 (nd~810)	3.3 (nd~47)	0.34 (nd~0.70)	nd	0.27	34 (25~52)	36 (2.5~260)
BDE 183	17 (1.1~220)	39 (2.0~2600)	9.0 (2.8~210)	4.9 (0.63~7.4)	0.58 (nd~1.2)	1.9	31 (24~58)	46 (4.2~440)
BDE 196	24 (2.3~670)	27 (1.1~2600)	16 (3.7~420)	7.1 (2.7~11)	0.42 (nd~2.1)	2.2	Nd (nd~83)	21 (nd~80)
BDE 197	15 (2.3~400)	57 (3.5~3300)	11 (nd~390)	6.0 (2.2~11)	nd (nd~1.1)	1.3	nd	71 (nd~480)
BDE 201	10 (1.6~150)	34 (0.56~3000)	11 (nd~150)	2.7 (nd~4.5)	0.86 (0.64~2.4)	0.82	nd (nd~12)	72 (7.7~350)
BDE 202	19 (1.1~610)	23 (0.42~1000)	4.1 (1.2~280)	1.0 (nd~2.0)	nd (nd~1.4)	nd	nd	100 (11~340)
BDE 203	25 (3.3~1100)	36 (2.1~1500)	8.5 (2.8~160)	4.9 (2.2~8.1)	0.88 (nd~3.9)	1.7	nd	99 (21~320)
BDE 206	27 (15~120)	60 (9.9~340)	34 (nd~200)	27 (11~60)	9.6 (7.8~39)	12	320 (nd~410)	280 (nd~630)
BDE 207	37 (21~600)	39 (nd~760)	33 (14~290)	18 (nd~35)	8.7 (6.7~23)	nd	510 (nd~630)	430 (nd~1100)
BDE 208	23 (12~560)	30 (nd~680)	23 (7.7~230)	11 (nd~20)	7.7 (5.8~20)	4.1	740 (nd~860)	780 (120~3100)
BDE 209	97 (29~2800)	100 (13~5000)	68 (nd~1100)	45 (nd~150)	40 (19~270)	21	3400(1600~5200)	2800 (1500~8600)
ΣPBDEsd	400 (120~8500)	580 (46~67000)	250 (100~2600)	150 (70~330)	66 (51~370)	58	5300(3200~7100)	5700 (1800~16000)

a 中值（范围）; b 混合样; c 平均值±标准偏差（SD）; d 16种 PBDEs 单体浓度之和

虫，捕食对象中包括蚊子幼虫等动物性食材，从而具有较低的 $\delta^{13}C$ 值；蝗虫是以 C_4 光合途径为主的草本植物为食的昆虫，因而其 $\delta^{13}C$ 值较高。

$\delta^{15}N$ 值随营养级升高的同位素分馏效应较为明显，每增加一个营养级，$\delta^{15}N$ 值会随之增加 2‰～5‰（Jardine et al.，2006），因此，利用 $\delta^{15}N$ 值可以定位生物体在食物链中的营养级位置。但在本研究构建的食物链中，经单因素方差分析，各物种却没有体现出显著的营养级差异（Tukey HSD，$p > 0.05$）。例如，红隼的 $\delta^{15}N$ 值（均值为 7.2‰）仅比其主要捕食对象麻雀（均值为 6.8‰）高了 0.5‰，而通常鸟类或哺乳动物与其食物之间的 $\delta^{15}N$ 分馏效应应在 1‰～5‰ 之间（Kelly，2000）。从前面关于 $\delta^{13}C$ 的分析中可以看出，城市陆地生境中食物来源十分多样，使得 $\delta^{15}N$ 的分馏也变得复杂，部分营养级结构可能出现了交叉重叠，从而影响了 $\delta^{15}N$ 所指示的营养级的界定。基于此，本研究中没有进行食物链放大系数的计算。

6.3.3　生物及环境样品中 PBDEs 的浓度及同系物组成特征

各类生物和非生物样品中 PBDEs 单体和总 PBDEs 的含量见表 6-5。总体上看，PBDEs 的含量呈现如下顺序：鸮 > 红隼 > 麻雀 > 昆虫。红隼肌肉中 PBDEs 含量（120～8500 ng/g lipid，中值为 400 ng/g lipid）要远高于 Jaspers 等（2006）在比利时红隼体内检测到的 PBDEs 含量（中值 62 ng/g lipid）。本实验室此前另一项研究（Chen et al.，2007）也报道了 2004 年 3 月到 2006 年 1 月间在北京地区采集到的红隼体内 PBDEs 含量，其浓度范围非常大（279～31 700 ng/g lipid），平均值（12 300 ng/g lipid ± 5540 ng/g lipid）较本研究（1 100 ng/g lipid ± 1 800 ng/g lipid）高出 1 个数量级，但其中值（995 ng/g lipid）则与本研究处在同一个数量级上。由于此前的样品中有一只红隼个体浓度特别高（31 700 ng/g lipid），拉大了整体样品的平均值。鸮体内 PBDEs 含量（46～67 000 ng/g lipid，中值 580 ng/g lipid）高于挪威灰林鸮（*Strix aluco*，9.8～5270 ng/g lipid，中值 86 ng/g lipid）（Bustnes et al.，2007）和比利时小鸮（*Athene noctua*，17～480 ng/g lipid，中值 250 ng/g lipid）（Jaspers et al.，2005）。与本实验室同一区域的另一项研究（Chen et al.，2007）中纵纹腹小鸮相比，PBDEs 浓度范围相当，但中值低了 1 个数量级（1900 ng/g lipid），这与样品数量有关。

目前还没有见到麻雀与老鼠中 PBDEs 浓度的报道。因此无法直接确定麻雀和老鼠中 PBDEs 污染所处水平。Van den Steen 等（2009，2010）报道了 14 个欧洲国家蓝雀和大山雀蛋中 PBDEs 的水平，所测定的单体包括 BDE28、47、100、99、154、153 和 183。其浓度范围在两种鸟蛋中分别为 3.95～114 ng/g lipid 和 4.0～136 ng/g lipid，比本研究麻雀中 PBDEs 的含量低 1 个数量级（100～2600 ng/g lipid）。Voorspoels 等（2007）在比利时两个啮齿动物的肌肉中检测到 PBDEs 的含量为

2.2 ng/g lipid 和 30 ng/g lipid，低于本研究中老鼠的 PBDEs 含量（70～330 ng/g lipid）。

PBDEs 在草和土壤中的浓度范围分别为 3.1～7.1 ng/g dw 和 1.8～16 ng/g dw。土壤中 PBDEs 的含量比珠三角地区土壤中 PBDEs 的含量略低（2.4～67 ng/g dw）（Zou et al.，2007），比电子垃圾回收区附近土壤浓度低 2 个数量级。

高溴代 PBDEs 单体，尤其是 BDE209 及九溴同系物是本研究食物网中所有生物和环境样品最主要的 PBDEs 组成成分（图 6-14）。BDE209 在各种介质中的比重呈现出如下的趋势：表土和草类植物（>60%）> 蝗虫（>50%）> 麻雀、褐家鼠及鸮、红隼（<40%）。BDE209 比重所呈现的从环境介质到食物链顶端生物递减的趋势可能与 BDE209 在较高营养级生物（如鸟类及鼠类）体内的脱溴降解有关。我们计算了各介质中九溴 BDEs 与 BDE209 浓度的比值，发现该比值在鸟类和鼠类（均值分别为红隼：1.0，鸮：1.4，麻雀：1.4，褐家鼠：1.2）中要显著高于环境样品（表土：0.40，草类：0.53），一定程度上证实了我们推断。已有部分实验室暴露试验证实了 BDE209 可以在鸟类（如欧洲椋鸟）（Van den Steen et al.，2007）及啮齿目动物（如大鼠）（Huwe and Smith，2007）体内发生脱溴降解。此外，BDE209 较低的生物吸收速率也可能是一个重要原因。BDE153 是红隼体内所占比例仅次于 BDE209 的 PBDEs 单体，这种同系物分布模式与 Chen 等（2007）的研究结果相一致。类似的 PBDEs 组成特征在火狐（Voorspoels et al.，2006a）、貂（Kunisue et al.，2008b）、丛林鸦（Kunisue et al.，2008a）等陆生生物的体内发现，说明陆生生物更容易富集高溴代的 PBDEs。BDE47 的相对丰度在蜻蜓中高于其他生物（图 6-14），可能与蜻蜓幼体栖息于水体中，并以小型水生生物为食有关。水生生物中 BDE47 通常是最主要的单体（de Wit et al.，2010）。

鸮与红隼相比，含有较高比例的低溴代单体（图 6-14）。考虑到麻雀和鼠具有相似的 PBDEs 同系物分布特征（图 6-14），因此两类猛禽间的 PBDEs 组成差异有可能是生物转化能力的种间差异造成的。BDE202 是任何一种 PBDEs 工业品中都不含有的成分（La Guardia et al.，2006），同时又被证实为生物体内 BDE209 的脱溴代谢产物（La Guardia et al.，2007；Stapleton et al.，2004），因此，可以利用 BDE202 与 BDE209 的浓度比值对两类猛禽对高溴代 PBDEs 单体的生物转化能力进行初步的评估。从图 6-15 可以看出，红隼和麻雀的 BDE202/BDE209 值是在相近的变化范围内的，而鸮的 BDE202/BDE209 值（均值为 0.30）则明显地高出老鼠（均值为 0.02），这种差异表明了鸮可能比红隼对高溴代 PBDEs 单体具有更强的体内生物转化能力。当然不能排除低溴代 PBDEs 是由环境介质中富集而来的可能性，例如鸟类可能通过梳理羽毛这一途径，富集大气介质或灰尘中的有别于生物体内单体组成模式的 PBDEs。

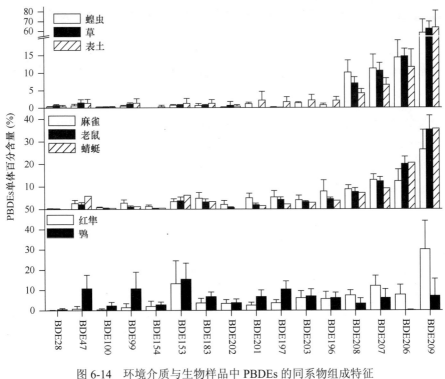

图 6-14　环境介质与生物样品中 PBDEs 的同系物组成特征

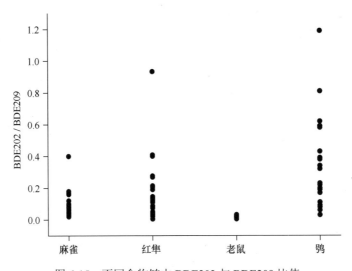

图 6-15　不同食物链中 BDE202 与 BDE209 比值

6.3.4　PBDEs 的生物放大系数

本研究计算了红隼和鸮两种猛禽的食物链中 PBDEs 的生物放大因子（biomagnification factors，BMF），评估 PBDEs 在猛禽捕食关系中的生物放大效应。其中，含量的计算使用脂肪归一化浓度。

$$BMF = \frac{猛禽体内PBDEs中位数含量}{被捕食者体内PBDEs中位数含量} \quad (6\text{-}1)$$

　　麻雀和老鼠分别是红隼和鹗最主要的捕食对象，因此，基于麻雀—红隼和老鼠—鹗这两对核心捕食关系所计算的 BMF 值较其他捕食关系更能反映真实的食物链传递效应。在后续的讨论中，主要围绕麻雀—红隼、老鼠—鹗这两条食物链展开，各 PBDEs 单体的 BMF 值汇总于表 6-6。

表 6-6　猛禽食物链中 **PBDEs** 和 **PCBs** 的生物放大因子

单体	红隼—麻雀	红隼—鼠	鹗—麻雀	鹗—鼠	单体	红隼—麻雀	红隼—鼠	鹗—麻雀	鹗—鼠
BDE 28	n.a. [a]	n.a.	4.1	16	BDE 206	0.79	1.0	1.8	2.2
BDE 47	0.26	0.68	7.5	20	BDE 207	1.1	2.1	1.2	2.2
BDE 99	0.42	2.4	8.5	48	BDE 208	0.99	2.0	1.3	2.7
BDE 100	0.55	1.8	6.1	20	BDE 209	1.4	2.1	1.5	2.3
BDE 153	6.9	9.5	14	19	BDE 203	2.9	5.0	4.2	7.3
BDE 154	2.2	21	5.2	50	CB 99	11	22	22	42
BDE 183	1.9	3.6	4.3	8.0	CB 118	20	18	57	50
BDE 196	1.5	3.4	1.7	3.8	CB 138	8.7	14	25	41
BDE 197	1.3	2.4	5.1	9.5	CB 153/132	9.9	9.1	23	21
BDE 201	0.93	3.7	3.2	12	CB 170/190	12	8.5	35	25
BDE 202	4.7	19	5.5	23	CB 180/193	7.3	7.4	18	18

a 因捕食者或被捕食者没有检出该单体而无法计算 BMF（not available）

　　目前关于 PBDEs 在陆生食物链中的传递及生物放大的研究还比较缺乏。总体上，鹗—鼠食物链中各污染物的 BMF 值要大于红隼—麻雀食物链（表 6-6），表明了鹗—鼠食物链的放大效应比红隼—麻雀的大，换句话说，鹗类比红隼更容易通过食物链传递富集高浓度的污染物。

　　为研究污染物理化性质（$\log K_{OW}$）与生物放大因子（BMF）之间的关系，我们对 PBDEs 和 PCBs（PCBs 的具体结果见文献 Yu et al.，2013）各主要单体在两条猛禽食物链中的 BMF 与其相应的 $\log K_{OW}$ 进行了拟合。由图 6-16 可见，除了个别单体（BDE 47、99 和 100）外，PBDEs 和 PCBs 在两条不同的食物链中大体上遵循相似的生物放大规律，即 $\log K_{OW}$ 与 BMF 存在负相关关系。$\log K_{OW}$ 与生物富集因子（包括生物放大因子 BMF，生物–沉积物富集因子 BSAF，营养级放大因子 TMF 等）之间的"抛物线"相关关系在多个研究中被证实（Burreau et al.，2004；Burreau et al.，2006；de Bruyn et al.，2009；Wu et al.，2009a；Wu et al.，2009b）。

当 log K_{OW} < 6 时，生物富集能力与 log K_{OW} 之间呈正相关，化合物的亲脂性是主导生物富集能力的因素；当 log K_{OW} > 6 时，生物富集能力与 log K_{OW} 之间呈现负相关，此时生物富集能力不仅受到理化性质影响，还受到化合物生物可利用性、排泄速率、生物体内代谢速率等多重因素的影响，导致生物富集能力下降（Wu et al.，2009b）。因此，大体上当化合物 log K_{OW} = 6～7 时，其生物富集能力最强。本研究中主要的 PBDEs 和 PCBs 单体具有较高的 log K_{OW} 值（6～10），其 BMF 与 log K_{OW} 表现出负相关，与其他研究结果一致。

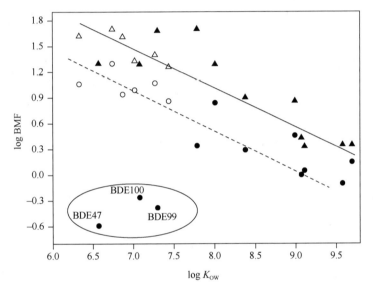

图 6-16　红隼—麻雀（圆形标志）和鸮—鼠（三角形标志）食物链中 BMF 值与 log K_{OW} 的关系　空心表示 PCBs 单体，实心表示 PBDEs 单体。log K_{OW} 值取自 deBruyn 等（2009）

　　然而，生物放大的食物链差异性还是显而易见的（表 6-6）。例如 BDE47、99 和 100 在鸮—鼠食物链中表现为生物放大（BMF>1），但在红隼—麻雀食物链中却发生了生物稀释（BMF<1），可能与这些单体在红隼体内快速的清除能力有关。BDE47 是实验室喂养的幼年美洲隼体内停存时间最短的单体（Drouillard et al.，2007），也被证明是大鼠体内具有高清除速率的同系物（Orn and Klasson-Wehler，1998）。从本研究中两条食物链对 HOPs 生物放大的差异性可以看出，相对于水生系统，陆生系统的食物链传递及生物放大机制更为复杂，具有强烈的物种特异性（species specificity）和食物链依赖性（food-chain dependence），因此真实、准确的食物链（网）构建是研究陆生系统生物放大机制的重要前提。同时，对于像 PBDEs 这种新型卤代有机污染物，其化学结构的稳定性相对于传统有机污染物（如 PCBs，DDTs）而言较差，生物转化代谢显然有可能是影响生物富集与放大的重要因素，

甚至可能干扰对生物富集与放大实质的判断（Tomy et al.，2011）。

6.3.5　PBDEs 的生物放大及其影响因素

前文论及生物转化有可能是影响 PBDEs 生物富集与放大的重要因素。为深入讨论影响 PBDEs 在陆生生物食物链传递的因素，我们详细讨论了红隼—麻雀这一捕食关系非常明确的食物链上 PBDEs 单体的生物放大因子。PBDEs 各单体的 BMF 的波动范围很大（<1～6.9），表明不同单体在食物链内的富集与转化机制存在明显的差别。

在红隼—麻雀食物链中，高溴代单体普遍表现出生物放大效应，其中 BDE153 的生物放大能力最高（BMF = 6.9），次之为 BDE202、203、154 和 183。这种 6～7 溴取代单体具有较高的生物放大潜力的现象在 6.2 节珠江三角洲地区雀鸟中 PBDEs 的研究中也有发现，尽管三种雀鸟间并不存在捕食与被捕食的关系。红隼—麻雀这一有着明确捕食关系食物链上这些化合物具有较高的 BMF，证实这可能是鸟类中较为普遍存在的规律。在海洋生态系统和陆地生态系统中，BDE153 均已被证实具有较高的生物放大能力。例如，Muir 等（2006）对极地地区环斑海豹—北极熊食物链的研究结果表明，BDE47、99、100 和 153 在该食物链中均存在不同程度的生物放大效应，其中 BDE153 的 BMF 最大为 71。而在挪威的一项研究中，BDE153 是环斑海豹—北极熊食物链中唯一表现出生物放大效应的 PBDEs 单体（Sormo et al.，2006）。陆地生态系统方面，Voorspoels 等（2007）曾对比利时两条猛禽食物链（分别为雀形目鸟类—雀鹰和啮齿目鼠类—鸢）和一条哺乳动物食物链（啮齿目鼠类—火狐）中几种 3～7 溴代 PBDEs 单体的生物放大效应进行了考察，除了 BDE28 之外，所有考察的 PBDEs 单体在两条猛禽食物链中均存在生物放大效应，其中最大的 BMF 值即来自啮齿目鼠类—鸢的食物链中的 BDE153。而在一项实验室幼年美洲隼 PBDEs 暴露的实验中（Drouillard et al.，2007），Drouillard 等根据成年美洲隼的毒代动力学数据建立了数学模型，计算了 BDE47、99、100 和 153 分别在稳态（steady state）和非稳态（nonsteady-state）下的 BMF。当 BDE153 被视为一种持久性化合物时，其模型预测得到的非稳态 BMF 值（6.9）与我们在红隼—麻雀食物链中测得的 BMF 值（6.9）十分吻合。因此，本研究红隼食物链中 BDE153 的高生物放大能力可能与单体的持久性和高亲脂性有关，这种特性使得 BDE153 倾向于通过食物摄入在食物链中富集并传递。另一种解释是 BDE153 可能是 BDE209 发生体内生物代谢的产物，但目前这种假设还未在鸟类体内得到证实，从已有的鱼类对 BDE209 的代谢研究结果来看（Roberts et al.，2011；Stapleton et al.，2004），这种可能性也是较小的。

在红隼—麻雀食物链中，BDE 47、100 和 99 等低溴代 PBDEs 单体均没有发生生物放大。这与水生生态系统截然不同。BDE47 通常是水生生物体内比重最高的 PBDEs 同系物，也因此在绝大多数水生食物链（网）中被报道可以发生生物放大（Chen and Hale，2010；de Wit et al.，2010）。而本研究中 BDE 47、99 和 100 却沿食物链发生了生物稀释，这可能与这些单体在红隼体内被快速地清除有关。本研究根据野外实测数据计算得到的 BDE 47、99 和 100 的 BMF 值（分别为 0.26、0.42 和 0.61）与实验室暴露喂养美洲隼的模型预测数值十分接近（分别为 0.25、0.61 和 0.70）。

　　由于 deca-BDE 是目前唯一未被全面禁用或限用的多溴联苯醚工业品，同时中国又是 deca-BDE 的生产和使用大国，因此，在评估 PBDEs 的环境风险时，作为 deca-BDE 的主要成分（> 90%）（La Guardia et al.，2006）的 BDE 209 的生态安全性是受到特别关注的。BDE209 在本研究所有样品中都是丰度最高的单体，此前虽有个少研究报道了 BDE209 在野外生物体内的富集作用，但关于其生物放大可能性的报道却几乎空白，尤其是在陆生系统内。Kelly 等（2007）建构了一个生物富集模型用于预测化合物的潜在富集能力，该模型对 BDE209 在海洋哺乳动物和陆生脊椎动物中的放大能力预测（BMF 值）分别为 3 和 8。然而在野外实地研究中却很少关于 BDE209 沿食物链放大的报道，主要原因是生物放大研究多集中在水生系统，而 BDE209 在水生系统却鲜少被检出。只有 Jessen 等（2007）在东北大西洋海洋生态系统的斑海豹—北极鳕鱼食物链中发现 BDE209 具有生物放大能力（BMF = 2.2）。而在本研究中，BDE209 也同样在红隼的各条食物链中发生了生物放大（BMF 范围为 1.4～2.3）。除了 BDE209，像 BDE196、197、202 和 203 等几种八、九溴代的 PBDEs 单体均发生生物放大。这也是目前为止首次在野外陆生食物链中发现高溴代（8～10 溴代）PBDEs 单体存在生物放大效应。特别值得关注的是，BDE202 是红隼食物链中生物放大能力居次的单体（表 6-6）。三种主要的 PBDEs 工业品中并不含有 BDE202（La Guardia et al.，2006），但在鳐鱼（Munschy et al.，2011）和鲤鱼（Stapleton et al.，2004）的实验室暴露研究，以及一项城市污水排污河道的野外研究（La Guardia et al.，2007）中，BDE202 先后被证实为 BDE209 的生物代谢产物，也被认为可能是游隼体内 BDE209 的一种代谢产物（Chen et al.，2007）。尽管还未有实验室的数据证明在陆生鸟类体内 BDE209 同样可以代谢为 BDE202，但通过前人的实验结果，有理由推断本研究中 BDE202 的高 BMF 值可能部分来自于 BDE209 脱溴代谢的贡献。正因为 BDE209 的某些可能的降解产物，如 BDE202 及其他八溴、九溴代同系，可能比 BDE209 更容易被生物体利用，具有更强的毒性作用，同时具备更高的生物放大能力。因此，在对 deca-BDE 进行生态风险评估时，不应该忽视对这些代谢产物的关注。

参 考 文 献

崔庆虎, 连新明, 张同作, 苏建平. 2003. 青海门源地区大鵟和雕鸮的食性比较. 动物学杂志, 38(6): 57-63.

黄伯强. 2010. 四喜鸟-鹊鸲. 花卉, 6: 38.

雷富民. 1995. 陕西省歧山地区纵纹腹小鸮的食性研究. 武夷科学, 12: 136-142.

雷富民, 郑作新, 尹祚华. 1997. 纵纹腹小鸮在中国的分布、栖息地及各亚种的梯度变异(鸮形目: 鸱鸮科). 动物分类学报, 22(3): 327-334.

马敬能, 菲利普斯, 何芬奇, 2000. 中国鸟类野外手册. 长沙: 湖南教育出版社.

彭红元, 文清华, 黄捷, 黄远鲜. 2008. 3 种鸭科鸟类春季食性的分析和比较. 四川动物, 27: 99-101.

王维禹, 郭延蜀, 胡锦矗, 孙力华, 朱磊. 2005. 白头鹎春季食性及取食空间生态位的初步研究. 四川动物, 24: 466-468.

晏安厚, 马金生. 1991. 棕背伯劳的生态观察. 动物学杂志, 26: 30-32.

张晓静. 2008. 红隼繁殖期食性和消费食物量研究. 长春: 东北师范大学.

Bachour G, Failing K, Georgii S, Elmadfa I, Brunn H. 1998. Species and organ dependence of PCB contamination in fish, foxes, roe deer, and humans. Archers of Environment Contamination and Toxicology, 35: 666-673.

Barron M G, Galbraith H, Beltman D. 1995. Comparative reproductive and developmental toxicology of PCB in birds. Comparative Biochemistry and Physiology, 112c: 1-14.

Burreau S, Zebuhr Y, Broman D, Ishaq R. 2004. Biomagnification of polychlorinated biphenyls (PCBs) and polybrominated diphenyl ethers (PBDEs) studied in pike (*Esox lucius*), perch(*Perca fluviatilis*) and roach (*Rutilus rutilus*) from the Baltic Sea. Chemosphere, 55(7): 1043-1052.

Burreau S, Zebuhr Y, Broman D, Ishaq R. 2006. Biomagnification of PBDEs and PCBs in food webs from the Baltic Sea and the Northern Atlantic Ocean. Science of the Total Environment, 366(2-3): 659-672.

Bouwman H, Polder A, Venter B, Skaare J U. 2008. Organochlorine contaminatants in cormorant, darter, egret, and ibis eggs from South Africa. Chemosphere, 71: 227-241.

Bustnes J O, Yoccoz N G, Bangjord G, Polder A, Skaare J U. 2007. Temporal trends (1986—2004) of organochlorines and brominated flame retardants in tawny owl eggs from northern Europe. Environmental Science and Technology, 41(24): 8491-8497.

Chang H, Deng J X, Zhang G P, Chen W C, Bi X F, Lai D X, Lin S. 2003. Birds of Guangdong Nanling national nature reserve. *In:* Studies on biodiversity of the Guangdong Nanling national nature reserve. Guangzhou: Guangdong Science and Technology Press, 418-444.

Chen D, Hale R C. 2010. A global review of polybrominated diphenyl ether flame retardant contamination in birds. Environment International, 36(7): 800-811.

Chen D, Mai B, Song J, Sun Q, Luo Y, Luo X, Zeng E Y, Hale R C. 2007. Polybrominated dephenyl ethers in birds of prey from northern China. Environmental Science and Technology, 41: 1828-1833.

Chen D, La Guardia M J, Harvey E, Amaral M, Wohlfort K, Hale R C. 2008. Polybrominated diphenyl ethers in peregrine falcon (*Falco peregrinus*) eggs from the Northeastern US. Environmental Science and Technology, 42(20): 7594-7600.

Chen LG, Mai B X, Bi X H, Chen S J, Wang X M, Ran Y, Luo X J, Sheng G Y, Fu J M, Zeng E Y. 2006. Concentration levels, compositional profiles, and gas-particle partitioning of polybrominated diphenyl ethers in the atmosphere of an urban city in South China. Environmental Science and Technology, 45: 400-405.

Cui Q H, Su J P, Jiang Z G. 2008. Summer diet of two sympatric species of raptors Upland Buzzard (*Buteo hemilasius*) and Eurasian Eagle Owl (*Bubo bubo*) in alpine meadow: Problem of coexistence. Polish Journal of Ecology, 56(1): 173-179.

de Bruyn A M H, Meloche L M, Lowe C J. 2009. Patterns of bioaccumulation of polybrominated diphenyl ether and polychlorinated biphenyl congeners in marine mussels. Environmental Science and Technology, 43(10): 3700-3704.

de Wit C A, Herzke D, Vorkamp K. 2010. Brominated flame retardants in the Arctic environment-trends and new candidates. Science of the Total Environment, 408(15): 2885-2918.

Drouillard K G, Fernie K J, Letcher R J, Shutt L J, Whitehead M, Gebink W, Bird D A. 2007. Bioaccumulation and biotransformation of 61 polychlorinated biphenyl and four polybrominated diphenyl ether congeners in juvenile American kestrels (*Falco sparverius*). Environmental Toxicology and Chemistry, 26: 313-324.

Elliott J E, Wilson L K, Wakeford B. 2005. Polybrominated diphenyl ether trends in eggs of marine and freshwater birds from British Columbia, Canada, 1979—2002. Environmental Science and Technology, 39: 5584-5591.

Fängström B, Athanasiadou M, Athanassiadis I, Bignert A, Grandjean P, Weihe P, Bergman Å. 2005. Polybrominated diphenyl ethers and traditional organochlorine pollutants in fulmars (*Fulmarus glacialis*) from the Faroe Islands. Chemosphere, 60: 836-843.

Gao F, Luo X J, Yang Z F, Wang X M, Mai B X. 2009. Brominated flame retardants, polychlorinated biphenyls, and organochlorine pesticides in bird eggs from the Yellow River Delta, North China. Environmental Science and Technology, 43: 6956-6962.

Gao S T, Hong J W, Yu Z Q, Wang J Z, Yang G Y, Sheng G Y, Fu J M. 2011. Polybrominated diphenyl ethers in surface soils from e-waste recycling areas and industrial areas in South China: Concentration levels, congener profile, and inventory. Environmental Toxicology and Chemistry, 30: 2688-2696.

Gauthier L T, Hebert C E, Weseloh D V C, Letcher R J. 2008. Dramatic changes in the temporal trends of polybrominated diphenyl ethers (PBDEs) in herring gull eggs from the Laurentian Great Lakes: 1982—2006. Environmental Science and Technology, 42: 1524-1530.

Herzke D, Berger U, Kallenborn R, Nygård T, Vetter W. 2005. Brominated flame retardants and other organobromines in Norwegian predatory bird eggs. Chemosphere, 61: 441-449.

Huwe J K, Smith D J. 2007. Accumulation, whole-body depletion, and debromination of decabromodiphenyl ether in male Sprague-Dawley rats following dietary exposure. Environmental Science and Technology, 41: 2371-2377.

Jardine T D, Kidd K A, Fisk A T. 2006. Applications, considerations, and sources of uncertainty when using stable isotope analysis in ecotoxicology. Environmental Science and Technology, 40: 7501-7511.

Jaspers V L B, Covaci A, Voorspoels S, Dauwe T, Eens M, Schepens P. 2006. Brominated flame retardants and organochlorine pollutants in aquatic and terrestrial predatory birds of Belgium: Levels, patterns, tissue distribution and condition factors. Environmental Pollution, 139: 340-352.

Jaspers V, Covaci A, Maervoet J, Dauwe T, Voorspoels S, Schepens P, Eens M. 2005. Brominated flame retardants and organochlorine pollutants in eggs of little owls (*Athene noctua*) from Belgium. Environmental Pollution, 136(1): 81-88.

Jaward F M, Farrar N J., Harner T, Sweetman A J, Jones K C. 2004. Passive air sampling of PCBs, PBDEs, and organochlorine pesticides across Europe. Environmental Science and Technology, 38: 34-41.

Jenssen B M, Sormo E G, Baek K, Bytingsvik J, Gaustad H, Ruus A, Skaare J U. 2007. Brominated flame retardants in north-east Atlantic marine ecosystems. Environmental Health Perspectives, 115: 35-41.

Karlsson M, Ericson I, van Bavel B, Jensen J-K, Dam M. 2006. Levels of brominated flame retardants in Northern Fulmar (*Fulmarus glacialis*) eggs from the Faroe Islands. Science of the Total Environment, 367: 840-846.

Kelly J F. 2000. Stable isotopes of carbon and nitrogen in the study of avian and mammalian trophic ecology. Canadian Journal of Zoology, 78: 1-27.

Kelly B C, Ikonomou M G, Blair J D, Gobas F A P C. 2008. Bioaccumulation behaviour of polybrominated diphenyl ethers (PBDEs) in a Canadian Arctic marine food web. Science of the Total Environment, 401(1-3): 60-72.

Kunisue T, Watanabe M, Subramanian A, Sethuraman A, Titenko A M, Qui V, Prudente M, Tanabe S. 2003. Accumulation features of persistent organochlorines in resident and migratory birds from Asia. Environmental Pollution, 125: 157-172.

Kunisue T, Higaki Y, Isobe T, Takahashi S, Subramanian A, Tanabe S. 2008a. Spatial trends of polybrominated diphenyl ethers in avian species: Utilization of stored samples in the environmental specimen bank of Ehime University (es-bank). Environmental Pollution, 154: 272-282.

Kunisue T, Takayanagi N, Isobe T, Takahashi S, Nakatsu S, Tsubota T, Okumoto K, Bushisue S, Shindo K, Tanabe S. 2008b. Regional trend and tissue distribution of brominated flame retardants and persistent organochlorines in raccoon dogs (*Nyctereutes procyonoides*) from Japan. Environmental Science and Technology, 42: 685-691.

La Guardia M J, Hale R C, Harvey E. 2006. Detailed polybrominated diphenyl ether (PBDE) congener composition of the widely used penta, octa, and deca-PBDE technical flame-retardant mixtures. Environmental Science and Technology, 40: 6247-6254.

La Guardia M J, Hale R C, Harvey E. 2007. Evidence of debromination of decabromodiphenyl ether (BDE-209) in biota from a wastewater receiving stream. Environmental Science and Technology, 41: 6663-6670.

Lam J C W, Kajiwara N, Ramu K, Tanabe S, Lam P K S. 2007. Assessment of polybrominated diphenyl ethers in eggs of water birds from South China. Environmental Pollution, 148: 258-267.

Law R J, Alaee M, Allchin C R, Boon J P, Lebeuf M, Lepom P, Stern G A. 2003. Levels and trends of polybrominated diphenyl ethers and other brominated flame retardants in wildlife. Environment International, 29: 757-770.

Law R J, Herzke D, Harrad S, Morris S, Bersuder P, Allchin C R. 2008. Levers and trends of HBCD and BDEs in the European and Asian environments, with some information for other BFRs.

Chemosphere, 73(2): 223-241.

Lindberg P, Sellstrom U, Haggberg L, de Wit C A. 2004. Higher brominated diphenyl ethers and hexabromocyclododecane found in eggs of peregrine falcons (*Falco peregrinus*) breeding in Sweden. Environmental Science and Technology, 38: 93-96.

Liu J, Luo X J, Yu L H, He M J, Chen S J, Mai B X. 2010. Polybrominated diphenyl ethers (PBDEs), polychlorinated biphenyles (PCBs), hydroxylated and methoxylated-PBDEs, and methylsulfonyl-PCBs in bird serum from South China. Archives of Environmental Contamination and Toxicology, 59: 492-501.

Lundstedt-Enkel K, Johansson A-K, Tysklind M, Asplund L, Nylund K, Olsson M, Örberg J. 2005. Multivariate data analyses of chlorinated and brominated contaminants and biological characteristics in adult guillemot (*Uria aalge*) from the Baltic Sea. Environmental Science and Technology, 39: 8630-8637.

Luo X J, Liu J, Luo Y, Zhang X L, Wu J P, Lin Z, Chen S J, Mai B X, Yang Z Y. 2009a. Polybrominated diphenyl ethers (PBDEs) in free-range domestic fowl from an e-waste recycling site in South China: Levels, profile and human dietary exposure. Environment International, 35: 253-258.

Luo Y, Luo X J, Lin Z, Chen S J, Liu J, Mai B X, Yang Z Y. 2009b. Polybrominated diphenyl ethers in road and farmland soils from an e-waste recycling region in southern China: Concentrations, source profiles, and potential dispersion and deposition. Science of the Total Environment, 407: 1105-1113.

Mai B X, Chen S J, Luo X J, Chen L G, Yang Q S, Sheng G Y, Peng P A, Fu J M, Zeng E Y. 2005. Distribution of polybrominated diphenyl ethers in sediments of the Pearl River Delta and adjacent South China Sea. Environmental Science and Technology, 39: 3521-3527.

Martin M, Lam P KS, Richardson B. 2004. An Asian quandary: Where have all of the PBDEs gone? Marine Pollution Bulletin, 49: 375-382.

Matthews H B, Dedrick R L. 1984. Pharmacokinetics of PCBs. Annual Review of Pharmacology and Toxicology, 24: 85-103.

Muir D C G, Backus S, Derocher A E, Dietz R, Evans T J, Gabrielsen G W, Nagy J, Norstrom R J, Sonne C, Stirling I, Taylor M K, Letcher R J. 2006. Brominated flame retardants in polar bears (*Ursus maritimus*) from Alaska, the Canadian Arctic, East Greenland, and Svalbard. Environmental Science and Technology, 40(2): 449-455.

Munschy C, Heas-Moisan K, Tixier C, Olivier N, Gastineau O, Le Bayon N, Buchet V. 2011. Dietary exposure of juvenile common sole (*Solea solea* L.) to polybrominated diphenyl ethers (PBDEs): Part 1. Bioaccumulation and elimination kinetics of individual congeners and their debrominated metabolites. Environmental Pollution, 159: 229-237.

Naert C, Van Peteghem C, Kupper J, Jenni L, Naegeli H. 2007. Distribution of polychlorinated biphenyls and polybrominated diphenyl ethers in birds of prey from Switzerland. Chemosphere, 68: 977-987.

Naso B, Perrone D, Ferrante M C, Zaccaroni A, Lucisano A. 2003. Persistent organochlorine pollutants in liver of birds of different trophic levels from coastal areas of Campania, Italy. Archives of Environment Contamination and Toxicology, 45: 407-414.

Newsome S D, Park J S, Henry B W, Holden A, Fogel M L, Linthicum J, Chu V, Hooper K. 2010. Polybrominated diphenyl ether (PBDE) levels in peregrine falcon (*Falco peregrinus*) eggs from

California correlate with diet and human population density. Environmental Science and Technology, 44: 5248-5255.

Norstrom R J, Simon M, Moisey J, Wakeford B, Weselob D V C. 2002. Geographical distribution (2000) and temporal trends (1981—2000) of borminated diphenyl ethers in Great Lakes herring gull eggs. Environmental Science and Technology, 36: 4783-4789.

Orn U, Klasson-Wehler E. 1998. Metabolism of 2, 2', 4, 4'-tetrabromodiphenyl ether in rat and mouse. Xenobiotica, 28(2): 199-211.

Park J S, Holden A, Chu V, Kim M, Rhee A, Patel P, Shi Y, Linthicum J, Walton B J, Mckeown K, Jewell N P, Hooper K. 2009. Time-trends and congener profiles of PBDEs and PCBs in California peregrine falcons (*Falco peregrinus*). Environmental Science and Technology, 43: 8744-8751.

Ramesh A, Tanabe S, Kannan K, Subramanian A N, Kumaran P L, Tatsukawa, R. 1992. Characteristic trend of persistent organochlorine contamination in wildlife from a tropical agricultural watershed, South India. Archives of Environment Contamination and Toxicology, 23: 26-36.

Roberts S C, Noyes P D, Gallagher E P, Stapleton H M. 2011.Species-specific differences and structure-activity relationships in the debrominatioonf PBDE congeners in three fish species. Environmental Science and Technology, 45(51)9: 99-2005.

Sormo E G, Salmer M P, Jenssen B M, Hop H, Baek K, Kovacs K M, Lydersen C, Falk-Petersen S, Gabrielsen G W, Lie E, Skaare J U. 2006. Biomagnification of polybrominated diphenyl ether and hexabromocyclododecane flame retardants in the polar bear food chain in Svalbard, Norway. Environmental Toxicology and Chemistry, 25(9): 2502-2511.

Stapleton H M, Alaee M, Letcher R J, Baker J E. 2004. Debromination of the flame retardant decabromodiphenyl ether by juvenile carp (*Cyprinus carpio*) following dietary exposure. Environmental Science and Technology, 38: 112-119.

Tian M, Chen S J, Wang J, Luo Y, Luo X J, Mai B X. 2012. Plant uptake of atmospheric brominated flame retardants at an e-waste site in southern China. Environmental Science and Technology, 46: 2708-2714.

Tian M, Chen S J, Wang J, Zheng X B, Luo X J, Mai B X. 2011. Brominated flame retardants in the atmosphere of e-waste and rural sites in southern China: Seasonal variation, temperature dependence, and gas-particle partitioning. Environmental Science and Technology, 45: 8819-8825.

Tomy G T, Palace V, Marvin C, Stapleton H M, Covaci A, Harrad S. 2011. Biotransformation of HBCD in biological systems can confound temporal-trend studies. Environmental Science and Technology, 45(2): 364-365.

Van den Steen E, Pinxten R, Covaci A, Carere C, Eeva T, Heeb P, Kempenaers B, Lifjeld J T, Massa B, Norte, A C. 2010. The use of blue tit eggs as a biomonitoring tool for organohalogenated pollutants in the European environment. Science of the Total Environment, 408: 1451-1457.

Van den Steen E, Pinxten R, Jaspers V L B, Covaci A, Barba E, Carere C, Cichoń M, Dubiec A, Eeva T, Heeb P, Kempenaers B, Lifjeld J T, Lubjuhn T, Mänd R, Massa B, Nilsson J A, Norte A C, Orell M, Podzemny P, Sanz J J, Senar J C, Soler J J, Sorace A, Török J, Visser M E, Winkel W, Eens M. 2009. Brominated flame retardants and organochlorines in the European environment using great tit eggs as a biomonitoring tool. Environment International, 35: 310-317.

Van den Steen E, Covaci A, Jaspers V L B, Dauwe T, Voorspoels S, Eens M, Pinxten R. 2007.

Accumulation, tissue-specific distribution and debromination of decabromodiphenyl ether (BDE 209) in European starlings (*Sturnus vulgaris*). Environmental Pollution, 148: 648-653.

van Drooge B, Mateo R, Vives Í, Cardiel I, Guitart R. 2008. Organochlorine residue levels in livers of birds of prey from Spain: inter-species comparison in relation with diet and migratory patterns. Environmental Pollution, 153: 84-91.

Verreault J, Gebbink W A, Gauthier L T, Gabrielsen G W, Letcher R J. 2007. Brominated flame retardants in glaucous gulls from the Norwegian Arctic: More than just an issue of polybrominated diphenyl ethers. Environmental Science and Technology, 41: 4925-4931.

Voorspoels S, Covaci A, Jaspers V L B, Neels H, Schepens P. 2007. Biomagnification of PBDEs in three small terrestrial food chains. Environmental Science and Technology, 41: 411-416.

Voorspoels S, Covaci A, Lepom P, Escutenaire S, Schepens P. 2006a. Remarkable findings concerning PBDEs in the terrestrial top-predator red fox (*Vulpes vulpes*). Environmental Science and Technology, 40: 2937-2943.

Voorspoels S, Covaci A, Lepom P, Jaspers V L B, Schepens P. 2006b. Levels and distribution of polybrominated diphenyl ethers in various tissues of birds of prey. Environmental Pollution, 144: 218-227.

Vorkamp K, Christensen J H, Glasius M, Riget F F. 2004. Persistent halogenated compounds in black guillemots (*Cepphys grille*) from Greenland—Levels, compound patterns and spatial trends. Marine Pollution Bulletin, 48: 111-121.

Wang J, Ma Y J, Chen S J, Tian M, Luo X J, Mai B X. 2010. Brominated flame retardants in house dust from e-waste recycling and urban areas in South China: Implications on human exposure. Environment International, 36: 535-541.

Wang G A, Han J M, Liu D S. 2003. The carbon isotope composition of C_3 herbaceous plants in loess area of northern China. Science in China Series D-Earth Sciences, 46: 1069-1076.

Wang G A, Han J M, Zhou L P, Xiong X G, Tan M, Wu Z H, Peng J. 2006. Carbon isotope ratios of C_4 plants in loess areas of North China. Science in China Series D-Earth Sciences, 49: 97-102.

Wienburg C L, Shore R F. 2004. Factors influencing liver PCB concentrations in sparrowhawks (*Accipiter nisus*), kestrels (*Falco tinnunculus*) and herons (*Ardea cinerea*) in Britain. Environmental Pollution, 132: 41-50.

Wu J P, Luo X J, Zhang Y, Yu M, Chen S J, Mai B X, Yang Z Y. 2009a. Biomagnification of polybrominated diphenyl ethers (PBDEs) and polychlorinated biphenyls in a highly contaminated freshwater food web from South China. Environmental Pollution, 157(3): 904-909.

Wu J P, Luo X J, Zhang Y, Chen S J, Mai B X, Guan Y T, Yang Z Y. 2009b. Residues of polybrominated diphenyl ethers in frogs (*Rana limnocharis*) from a contaminated site, South China: Tissue distribution, biomagnification, and maternal transfer. Environmental Science and Technology, 43(14): 5212-5217.

Yu L H, Luo X J, Zheng X B, Zeng Y H, Chen D, Wu J P, Mai B X. 2013. Occurrence and biomagnification of organohalogen pollutants in two terrestrial predatory food chains. Chemosphere, 93: 506-511.

Zhang X L, Luo X J, Chen S J, Wu J P, Mai B X. 2009. Spatial distribution and vertical profile of polybrominated diphenyl ethers, tetrabromobisphenol A, and decabromodiphenylethane in river sediment from an industrialized region of South China. Environmental Pollution, 157: 1917-1923.

Zhao W, Shao M Q, Song S, Liu N F. 2011. Niche separation of two sympatric owls in the desert of Northwestern China. Journal of Raptor Research, 45(2): 174-179.

Zheng J, Luo X J, Guan Y T, Wang J, Wang Y T, Chen S J, Mai B X, Yang Z Y. 2011. Levels and sources of brominated flame retardants in human hair from urban, e-waste, and rural areas in South China. Environmental Pollution, 159: 3706-3713.

Zou M Y, Ran Y, Gong J, Mai B X, Zeng E Y. 2007. Polybrominated diphenyl ethers in watershed soils of the Pearl River Delta, China: Occurrence, inventory, and fate. Environmental Science and Technology, 41: 8262-8267.

第7章 六溴环十二烷的生物富集与放大

本章导读

- 六溴环十二烷（HBCDs）是一种非芳香的溴代环烷烃，被列入了持久性有机污染物名单。它主要由三种具有对映结构的异构体组成。HBCDs的立体/手性异构体特异性的环境行为是人们研究的焦点。

- 通过室内暴露实验调查了HBCDs在一人工模拟的水生食物链上的富集与传递行为。发现异构体间的相互转化，特别是γ-向α-的异构化反应是造成生物中α-异构体为主要污染物的原因。发现了地图鱼对（−）α-、（−）γ-和（+）β-HBCD的优先代谢，并初步检测出了HBCDs的两个一羟基化代谢产物。

- 对清远电子垃圾污染池塘水生食物链中HBCDs的研究发现，α-HBCD的两个对映异构体存在食物链放大，并发现随营养级增加α-HBCD的相对含量增加。生物中选择性富集（+）α-、（+）γ-和（−）β-HBCD。这与室内暴露实验结果一致，但并不能排除其他因素如食物继承导致的手性选择性富集。

- 对清远电子垃圾回收区陆生与水生鸟类中HBCDs的研究发现，栖息环境很大程度上影响了HBCDs的立体异构体组成，水生鸟类中以α-HBCD为主，陆生鸟类中则以γ-HBCD为主。以γ-HBCD为主的特征表明鸟类可能持续暴露于存在HBCDs污染源的环境中。水生鸟类选择性富集了（+）α，陆生鸟类则选择性富集了（−）α对映异构体。食物继承可能是这一差异的原因。只有α-HBCD的浓度与鸟类营养等级间存在正相关。两个存在取食关系的食物链上α-和γ-HBCD的BMF均大于1。

六溴环十二烷（1,2,5,6,9,10-hexabromocyclododecanes，HBCDs）是一类溴代脂环烃化合物。其分子式为 $C_{12}H_{18}Br_6$，相对分子量642。它是由1,5,9-环十二烷三烯（1,5,9-cyclododecatrienes，CDTs）经溴化反应制得，其前体是三分子的1,3-丁二烯。HBCDs理论上可能存在16种立体异构体，其中包括6对对映异构体

［图 7-1 中的 1a/b，2a/b，3a/b，（±）α-，（±）β-，（±）γ-HBCD］及 4 个轴对称的异构体。

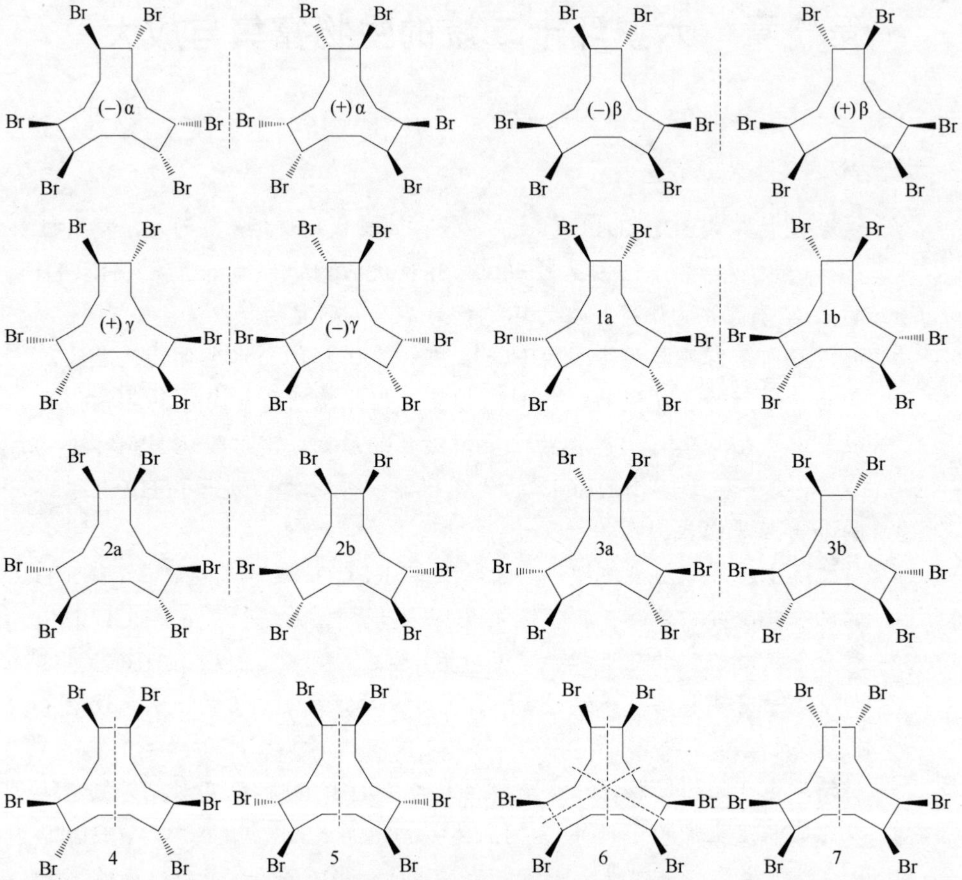

图 7-1　HBCDs 的 16 种异构体结构图
虚线表示镜面或对称轴（Heeb et al.，2005）

目前已从环境中分离出了 8 种异构体，包括三对手性异构体(±) α-、(±) β-、(±) γ-HBCD 与两种痕量内消旋体 δ-HBCD 和 ε-HBCD（Heeb et al.，2005）。工业品中，HBCDs 主要以 γ 为主，占 75%～89%，α 与 β 异构体含量较小，分别占 10%～13%和 1%～12%；以上 3 种主要立体异构体都是外消旋的（手性异构体分数 EF = 0.5）。HBCDs 的热稳定性较差，分解温度低，log K_{OW} 为 5.6，饱和蒸气压为 6.3×10^{-5} Pa，土壤有机碳分配系数（K_{OC}）为 1.25×10^5。α-、β-和 γ-HBCD 在水中的溶解度分别为 48.8 μg/L、14.7 μg/L 和 2.1 μg/L（Covaci et al.，2006；Hunziker et al.，2004）。由于用于合成 HBCDs 的 CDTs 的异构体组成和纯度等存在差异，再加上各生产厂家

合成 HBCDs 工艺的不同，造成市售的 HBCDs 没有一个固定的熔点，而是一个范围（175～195℃）。HBCDs 的极性、偶极矩、水溶性等也因空间结构上的差异而有一定程度的区别。

作为一种添加型阻燃剂，HBCDs 在建筑行业应用最为广泛，主要用做保温材料，如挤塑聚苯乙烯泡沫（XPS）和发泡聚苯乙烯泡沫（EPS）中；此外，也添加于纺织品如腈纶、涤纶等，电器设备的外壳、室内装潢材料等产品中（Alaee et al.，2003；Covaci et al.，2006）。HBCDs 是继 TBBPA、PBDEs 之外的世界第三大溴系阻燃剂。2001 年，其全球产量为 16 700 t，其中欧洲所占市场份额最高，达 9500 t，其次是北美及亚洲（Alaee et al.，2003）。HBCDs 在我国使用量较少，2006 年预计产量为 7500 t（姜玉起，2006）。中国 HBCDs 的生产厂家集中在渤海莱州湾、江苏连云港和苏州等近海地区，其国内需求量在不断增加（王亚韡，2010）。据相关文献报告，2011 年中国境内 HBCDs 的产量约为 18 000 t（Zhu et al.，2013）。随着近年来 penta-BDE 和 octa-BDE 被禁用，HBCDs 被部分地用作 PBDEs 的替代品。

近年来，关于环境中 HBCDs 含量的报道越来越多。有数据显示，从 20 世纪 70 年代初至今，环境介质中 HBCDs 的浓度呈增加趋势（Kohler et al.，2008）。同时由于 HBCDs 会通过食物链进入人体，更多的研究开始关注 HBCDs 的环境负面效应。HBCDs 是一种添加型化合物，不以键合的方式结合于材料中，且沸点较低，室温下蒸气压较高，极容易从产品中释放到周围的环境中去。进入环境的 HBCDs 经过迁移与转化富集到水体、灰尘、土壤、沉积物等环境介质中，进而进入生物组织内并沿着食物链通过生物放大不断积累。

目前的研究数据显示 HBCDs 符合 POPs 的基本特征，即在环境中的长距离迁移性与持久性，生物积累性与暴露毒性。因此，2013 年 5 月 10 日经《关于持久性有机污染物的斯德哥尔摩公约》缔约方大会第六次会议审议通过将 HBCDs 新增列为持久性有机污染物。全国人大常委会也于 2016 年 7 月 2 日批准了该修正案，对其生产与使用进行限制或消除。

HBCDs 的工业品和环境样品中，主要以 γ-HBCD 异构体为主，在大部分生物样品中，则主要以 α-HBCD 为主。同时，一些研究也发现少量生物样品中仍主要以 γ-HBCD 为主（Coavci et al.，2006）。工业品中，HBCDs 的三个具有对映结构的异构体主要表现为外消旋体，在生物体内，则转变为非外消旋化。但这种非外消旋化并不存在统一的模式，α-HBCD、β-HBCD 和 γ-HBCD 它们各自的（+）与（−）对映体的选择性富集倾向都有报道。HBCDs 的这种异构体的特异性富集与代谢是人们非常感兴趣的科学问题，也是人们认识 HBCDs 生物负面效应的前提。此外，人们对 HBCDs 在生物体内的代谢行为也不是非常清楚。在本章中，我们通过室内暴露实验、野外水生食物链中 HBCDs 的生物富集与食物链传递及野外水生、陆生鸟类中 HBCDs 的生物富集的研究，对 HBCDs 的立体与手性异构体的选择性富集与生物放大行为进行了表征，所获结果有助于我们进一步了解 HBCDs 立体异构体特异性的环境行为。

7.1　室内模拟 HBCDs 在水生食物链上的异构体选择性富集与传递

7.1.1　实验设计与样品分析

本研究所采用的鱼种为四间鱼与地图鱼，鱼种说明详见 4.2 节。在喂养中，四间鱼作为被捕食者，地图鱼作为捕食者组成一条食物链。实验所用四间鱼、地图鱼与鱼缸均购于广州市的一个水族市场，四间鱼、地图鱼平均长度分别为 0.9 cm 和 11.5 cm，平均湿重分别为 0.78 g 和 48 g。

实验所用鱼食购于台湾鱼类食品公司，其中粗蛋白质含量不低于 40%，粗脂肪含量不低于 4.5%。染毒用 HBCDs 为工业级，主要含 α-HBCD、β-HBCD 和 γ-HBCD 三种异构体。先把 1600 μg 的 HBCDs 混合物添加到 5 g 的鱼肝油中，然后再加入 40 g 鱼食混合均匀，制备成浓度为 40 μg/g dw 的加标鱼食。使用前加标鱼食保存于 4℃的黑暗环境中。由于在实验过程中加标鱼食内的 HBCDs 可能会有挥发等损失，因此在喂养四间鱼的前、后分别对鱼食中 HBCDs 的浓度进行分析测定，实际使用浓度以测定浓度为准。

实验开始前，在从水族市场买来的四间鱼与地图鱼中分别取 10 条与 4 条，每种鱼合并各制成两个样，用来反映鱼体中 HBCDs 的背景值。控制组经过同样的喂养流程作为暴露喂养的同步参照。先对 140 条四间鱼进行未加标鱼食的喂养，然后用这些四间鱼喂养 4 条地图鱼，每种鱼合并各制成两个样，用来反映实验环境与人为实验操作引进的污染大小。

将买来的 681 条四间鱼放在 4 个 140 L 的鱼缸中喂养，4 个鱼缸中的条数分别为 128 条、163 条、210 条和 180 条。在喂养加标鱼食前，四间鱼先喂养 10 天的未加标鱼食以适应新食物。10 天后，四间鱼开始 5 天的加标鱼食喂养，每个鱼缸每天喂 2 g 染毒鱼食。5 天的暴露喂养后，取每个鱼缸中大约四分之一的鱼合并分别制成两个平行样。每个鱼缸中剩余的四分之三的四间鱼用来喂养地图鱼。

将买来的 18 条地图鱼放在一个 400 L 的鱼缸中喂养，再用上述 4 个鱼缸里剩余的四间鱼依次喂养地图鱼，每个鱼缸的四间鱼喂养 3 天，当一个鱼缸中的四间鱼全部喂完后，停止喂养 1 天，以保证相对应的鱼粪从地图鱼肠道里排出。期间每天都利用虹吸管收集地图鱼所有看得见的鱼粪，以每四天为周期合并每天收集的鱼粪样，四间鱼全部喂完后，得到 4 个暴露鱼粪样，分别对应四缸四间鱼，这些样品可以反映地图鱼经过肠胃排泄的 HBCDs 量。

上述喂养一共为 16 天，之后开始对地图鱼喂养未染毒鱼食的四间鱼进行净化，净化期为 20 天。在其中的第 0、4、8、12、16、20 天进行取样，每个取样日随机从鱼缸里选取 3 条地图鱼，共 18 个地图鱼样。同时每天也收集地图鱼的鱼粪，每四天的鱼粪合并成一个，一共 4 个净化后的鱼粪样。

在上述整个喂养过程中，每个鱼缸中的水用潜水泵循环过滤，速率为 1.5 L/min，一周更新 1/3 体积水。期间观察、调整、记录鱼的生活状况，保证鱼类健康存活。样品采集后，称量其长度与重量，于–20℃下保存。

生物样中 HBCDs 的前处理方法具体操作步骤如下：低温保存的地图鱼、四间鱼及鱼粪解冻后进行冷冻干燥，干燥后分别称取全部干重，并将鱼混合均匀，然后称取 2~4 g 样品放于滤纸筒中，加入回收率指示物 ^{13}C-α-、^{13}C-β-和 ^{13}C-γ-HBCD，加标量为 300 μL × 200 ng/mL。用 200 mL 丙酮/正己烷（1:1，*V/V*）溶剂于 60℃下索氏抽提 24 h。

抽提液旋转蒸发至 0.5 mL 后转移至试管，用正己烷定容至 10 mL 并摇匀。取其中的 1 mL 至锡舟里，用重量法（溶剂挥发完前后的重量差）测定脂肪的含量。其余 9 mL 转移至 50 mL 的特氟龙管，每次加 3 mL 浓硫酸后摇匀并进行离心，转移上方的有机相，并接着加浓硫酸，上述操作重复 2~3 次，至无机相无颜色后，用饱和 KCl 溶液水洗至有机相溶液为中性，最后转移有机相至 100 mL 鸡心瓶。转移至鸡心瓶的样品液旋转蒸发至 0.5 mL 后，使用中性硅胶柱（内径 1 cm）净化。硅胶柱里装有 12 cm 高的中性硅胶，并在顶部覆盖一层 2 cm 的无水硫酸钠。样品加入后，先依次用 13 mL 正己烷和 5 mL 二氯甲烷/正己烷（1:1，*V/V*）溶剂进行淋洗，然后再 40 mL 二氯甲烷/正己烷（1:1，*V/V*）溶剂洗脱接收。需要测定 HBCDs 羟基代谢产物的四间鱼（任选 2 个）和地图鱼（任选 2 个）样液用上述洗脱后再用 30 mL 的丙酮/二氯甲烷（1:1，*V/V*）溶剂洗脱接收。

洗脱液旋转蒸发至 0.5 mL 后，转移至细胞瓶进行氮吹浓缩，最后用甲醇定容至 300 μL。仪器分析前加进样内标 D_{18}-α-、D_{18}-β-和 D_{18}-γ-HBCD，加标量为 300 μL × 200 ng/mL。测定 HBCDs 羟基代谢产物的样不加内标。

HBCDs 的定性与定量方法具体如下。采用 Agilent 1200 液相色谱- Agilent 6410 电喷雾三重四级杆质谱（LC-ESI-MS/MS）对 HBCDs 进行定性与定量测定。HBCDs 立体异构体使用 XDB-C$_{18}$ 柱（4.6 mm×50 mm，内径 1.8 μm，Agilent，USA）进行分离，流动相 A 为甲醇/水（90:10，*V/V*），流动相 B 为乙腈，流速为 0.25 mL/min，进样体积 3 μL。梯度洗脱程序为：初始 A:B 为 90:10，在 1 min 内下降为 60:40，

再在 4 min 内下降至 30∶70，最后在 9 min 内上升回到初始的 90∶10。优化条件为：载气温度 350℃，载气流速 10 L/min，毛细管柱电压−4000 V，喷雾器针压力 40 psi[①]，驻留时间为 200 ms，碰撞能量为−15 eV。质谱离子源采用电喷雾电离（ESI），扫描模式为多反应离子监测（MRM）。HBCDs 扫描特征离子质荷比 m/z 为 640.7/79 和 81，^{13}C-HBCD 为 652.7/79 和 81，D$_{18}$-HBCD 为 657.7/79 和 81。HBCDs 的单羟基代谢产物（OH-HBCDs）采用 656.7/79。HBCDs 脱溴产物五溴环十二碳烯（PBCDs）与四溴环十二碳二烯（TBCDs）分别采用 560.8/79.0、480.4/79.0。

HBCDs 手性异构体使用 Phenomenex Nucleosilb-PM 手性柱（4.0 mm × 200 mm，内径 5 μm，Macherey-Nagel，GmbH&Co，Germany）进行分离。流动相 A 为甲醇/水（30∶70，V/V），流动相 B 为乙腈/甲醇（70∶30，V/V）。梯度洗脱程序为：初始 A∶B 为 60∶40，保持 6 min 后在 4 min 内下降为 10∶90，最后在 15 min 内上升回到初始的 60∶40。梯度洗脱完后柱子再平衡 15 min。手性分离的质谱条件与参数和上述 HBCDs 的定量分析一样。

HBCDs 立体异构体与手性异构体在鱼组织样品中的色谱分离图如图 7-2 所示。

研究中，常通过计算手性对映体分数（enantiomer fractions，EF）值来指示 HBCDs 的生物手性富集特点，单一立体异构体的 EF 值为其（+）对映体与该立体异构体的含量比。以前的研究证实，色谱分析中流动相的组成、柱流失、样品中的基质等都会引起 HBCDs 中 EF 值的变动（Marvin et al.，2007），因此 EF 值采用 Marvin 等（2007）推荐公式（7-1）进行校正计算：

$$EF = \frac{(+)A/(+)A_{IS}}{(+)A/(+)A_{IS} + (-)A/(-)A_{IS}} \tag{7-1}$$

式中，$(+)A$、$(-)A$、$(+)A_{IS}$、$(-)A_{IS}$ 均为 HBCDs 立体异构体的手性对映体与其相对应的氘代内标的峰面积。

在样品分析过程中，进行了严格的质量保证与质量控制措施，包括方法空白、空白加标、基质加标、基质平行样。在实际样品分析时，每批样品设置一个流程空白，并在抽提前向所有样品中加入回收率指示物标样 ^{13}C-α-、^{13}C-β-和 ^{13}C-γ-HBCD，用于监控整个操作过程的回收率。在所有方法空白中均未检出 HBCDs；α-、β-和 γ-HBCD 在空白加标中的回收率分别为 95% ± 7%（均值±标准偏差）、91% ± 5%和 85% ± 4%；基质加标中，α-、β-、γ-HBCD 的回收率分别为 81%± 3%、99%±8%和 85% ± 5%。由保留时间与特征离子与标样的对比进行化合物的定性，化合物的定量采用同位素稀释法。仪器检测限（LOD）按 3 倍仪器信噪比（S/N）的标准计算，方法检测限（MOQ）采用 5 倍的信噪比，以 3 g 干重鱼肉、最后定容体积 300 μL

---

① psi 为非法定单位，1 psi = 6.895 kPa。

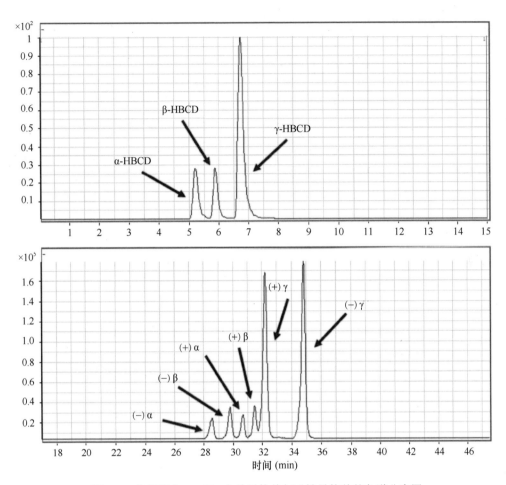

图 7-2　鱼组织中 HBCDs 立体异构体与手性异构体的色谱分离图

为基准，由此计算出 α-、β-、γ-HBCD 的 MOQ 分别为 0.26 ng/g、1.20 ng/g、1.53 ng/g。

7.1.2　HBCDs 在背景与控制鱼样中的含量及组成

实验中背景组与控制组鱼的基本信息和 HBCDs 含量如表 7-1 所示。由表可知，四间鱼的脂肪含量高于地图鱼。回收率指示物 ^{13}C-α-、^{13}C-β- 和 ^{13}C-γ-HBCD 在全部背景组与控制组鱼中的平均回收率范围分别为 93%～116%、81%～109% 和 102%～131%。其中地图鱼的回收率要好于四间鱼，原因可能为四间鱼的脂肪含量较高，对前处理中的净化影响相对较大。在背景组中，∑HBCDs 在地图鱼与四间鱼的干重含量分别为 0.25 ng/g ± 0.07 ng/g 和 2.7 ng/g ± 0.5 ng/g。在控制组鱼中，

∑HBCDs 在地图鱼与四间鱼中的干重含量分别为 0.13 ng/g ± 0.03 ng/g 和 3.3 ng/g ± 0.62 ng/g。无论是背景组还是控制组，四间鱼体内 HBCDs 含量均高于地图鱼。这主要是由于四间鱼体内较高的脂肪含量的缘故。由于 HBCDs 是亲脂性的化合物（log K_{OW} 在 5.6 左右），易于在脂肪组织中富集，其在生物体内的富集浓度与脂肪含量显著正相关（Xian et al.，2008）。

表 7-1　背景组与控制组鱼的基本信息及 HBCDs 含量　　（单位：ng/g dw）

		体长（cm）	湿重（g）	脂肪含量（%）	α-HBCD	β-HBCD	γ-HBCD
背景组	地图鱼 1	16	79.6	2.20	0.19	nd	nd
	地图鱼 2	16.5	97.8	2.88	0.30	nd	0.01
	四间鱼 1	5.1	7.5	27.0	2.89	0.08	0.07
	四间鱼 2	5.1	7.2	18.4	2.19	0.05	0.08
控制组	地图鱼 1	17.2	116.3	2.11	0.15	nd	nd
	地图鱼 2	17.4	113.4	0.78	nd	nd	nd
	四间鱼 1	4.9	6.9	21.3	2.68	0.04	0.12
	四间鱼 2	4.9	6.8	21.6	3.52	0.05	0.15

注：四间鱼体长、体重为 5 条的平均值；脂肪含量为干重基础上的含量；nd 表示低于检测限

市场购买的鱼可反映环境中的背景污染，因此，我们将背景组浓度与现有水体鱼中 HBCDs 的报道进行了对比。爱尔兰附近海域的鲑鱼（1.1~2.7 ng/g ww）与金枪鱼的∑HBCDs 的含量分别为 1.1~2.7 ng/g ww 和 0.3 ng/g ww（Tlustos et al.，2013），这与本研究中背景组鱼类 HBCDs 的浓度相当。中国青藏高原的高山湖泊与河流水生系统中的野生鱼的 HBCDs 含量为 0~13.7 ng/g lipid，均值为 2.12 ng/g lipid，明显低于本研究的背景值（Zhu et al.，2013）。Xian 等（2008）报道中国长江中 10 种淡水鱼（鲤鱼、鳊鱼、鳜鱼、铜鱼等）肌肉组织中的 ∑HBCDs 范围为 12~330 ng/g lipid。He 等（2013）报道珠三角东江流域清道夫、鲮鱼与罗非鱼体内的 ∑HBCDs 分别为 361 ng/g lipid、58.3 ng/g lipid 和 92 ng/g lipid。这些含量都明显地高于本研究背景组含量。

地图鱼中 α-HBCD 是主要的污染物，γ-HBCD 含量较少，β-HBCD 未被检出。四间鱼中，α-、β-和 γ-HBCD 均有检出，其中 α-HBCD 约占 95%，β-HBCD 与 γ-HBCD 含量相当。与背景组类似，在控制组地图鱼与四间鱼中主要的 HBCDs 也为 α-HBCD，所占比例约为 95%，β-HBCD 与 γ-HBCD 约占 5%。由于上述背景组与控制组鱼体内 HBCDs 含量较少，且其中 β-HBCD 与 γ-HBCD 大多低于仪器检测限，因此无法对其手性异构体进行准确的定性与定量分析。

HBCDs 在背景鱼与控制鱼中类似的含量说明在控制实验中，实验环境与人为

实验操作带来的污染较少，引入的 HBCDs 可忽略不计。实验结果表明，背景四间鱼与背景地图鱼中的 HBCDs 含量都低于相应暴露喂养鱼体内的 1‰，因此背景值对暴露喂养实验中相关计算结果的影响可以忽略不计。

喂养实验开始前后，测得鱼食颗粒中的∑HBCDs 实际含量为 33.4 μg/g，低于其制备时的理论值 40 μg/g，其原因可能为鱼肝油的稀释作用（10%）以及制备过程中的挥发、瓶壁的表面吸附损失等，在相关结果的计算中，以实际含量为准。

7.1.3　HBCDs 在地图鱼肠道中的吸收与净化

在本实验中，采用地图鱼鱼粪中的 HBCDs 含量与地图鱼吃入的全部 HBCDs 含量的比值大小来评价 3 种 HBCDs 立体异构体在地图鱼胃肠道中的吸收效率。我们设定 I 来表示这一比值，I 值越小表示其肠道吸收效率越高，I 值的大小可由公式（7-2）计算：

$$I_{HBCD} = \frac{\text{排泄量}}{\text{摄入量}} = \frac{\sum C_{fi} \times \text{Mass}_{fi}}{\sum C_{ti} \times \text{Mass}_{ti}} \tag{7-2}$$

式中，C_{fi}、Mass_{fi} 分别为用第 i 缸四间鱼喂养地图鱼时鱼粪中的 HBCDs 浓度（ng/g dw）与鱼粪的质量（g）（i=tank 1，tank 2，tank 3，tank 4）；C_{ti}、Mass_{ti} 分别为喂养给地图鱼的第 i 缸四间鱼体内的 HBCDs 浓度与四间鱼质量。

根据上面的方法计算出 HBCDs 的三种立体异构体在地图鱼肠道中的 I_α、I_β、I_γ 分别为 4.78%、2.75%、2.79%，这表明地图鱼对 α-HBCD 的肠道吸收效率低于对 β-HBCD 与 γ-HBCD 的吸收效率。这一结果与 Law 等（2006b）的研究一致。Law 等利用幼年虹鳟鱼研究 HBCDs 在其体内的富集，实验包括 56 天的暴露喂养期与 112 天的净化期，暴露期间用 α-HBCD、β-HBCD 与 γ-HBCD 分别单独喂养虹鳟鱼。α-HBCD、β-HBCD 与 γ-HBCD 的平均吸收效率分别为 31.1%、 41.4%与 46.3%，表明虹鳟鱼中 β-HBCD 与 γ-HBCD 的吸收效率高于α-HBCD。与 γ-HBCD（log K_{OW}=5.47）相比，α-HBCD（log K_{OW}=5.07）相对较低的亲脂性可能是其具有较低的吸收效率的一个重要原因。在考虑鱼粪中 HBCDs 含量时，我们忽略了溶解于水体中的 HBCDs 含量。由于 α-HBCD 较高的水溶性，应有更多的 α-HBCD 存在于水体中。如果考虑这个因素，未通过吸收而被排除的 α-HBCD 的量比我们计算的量还要高，这意味着上述结果高估了 α-HBCD 的相对吸收效率。

HBCDs 各异构体间的生物吸收效率也存在其他不一致的实验结果。Haukås 等（2009）采用虹鳟鱼模型进行了类似的研究，其吸收期（14 天）与净化期（21 天）要比 Law 等（2006b）的短，结果显示虹鳟鱼中 β-HBCD 的吸收效率最高，α-HBCD 其次，而 γ-HBCD 最低。另外，Du 等（2012）报道 HBCDs 在斑马鱼

体内的吸收效率为 α-HBCD > β-HBCD > γ-HBCD。这些结果均与本研究的结果不一致。

造成上述不同结果的原因可能是评价方法的差异。在已有的研究中，吸收曲线被用来评价 3 种 HBCDs 立体异构体在生物模型中的生物富集参数。这种方法中吸收效率计算方法为吸收期鱼体内实际测得的 HBCDs 含量与通过食用加标鱼食而吃入的全部 HBCDs 的比值（经过控制组的校正）。由于 HBCDs 在鱼体内存在可能的生物代谢作用以及不同异构体之间的异构化作用，如已有研究结果表明在虹鳟鱼的整个吸收期内，γ-HBCD 与 β-HBCD 都可以向 α-HBCD 进行转化（Law et al.，2006b）。因此，这种以生物中的检测量来计算吸收效率的方法可能会歪曲结果的真实性，特别是当用 HBCDs 混合品进行喂养时。而我们的方法是直接比较肠道吸收前与肠道吸收后食物中 HBCDs 含量的变化，HBCDs 进入鱼体内的差异性代谢或异构化过程均不会影响实验结果。

上述结果证实了鱼类对 HBCDs 立体异构体的选择性肠道吸收，然而计算出的结果表明肠道是选择性地吸收 γ-HBCD 而不是 α-HBCD。这一结果显然不能用于解释 α-HBCD 在生物体内相对含量增加的现象。因此，对本实验中用到的鱼类来说，选择性吸收显然不是造成立体异构体组成发生变化的主要因素。

在整个净化期的 20 天中，地图鱼与地图鱼鱼粪中的 ΣHBCDs 浓度总体呈下降趋势。鱼粪中 HBCDs 浓度从 215 ng/g dw 降到 20 ng/g dw，地图鱼中 HBCDs 含量从平均 451 ng/g dw 降到 241 ng/g dw。在净化的前 12 天，地图鱼中 ΣHBCDs 浓度出现快速的下降趋势，12 天以后 ΣHBCDs 则呈缓慢减少趋势。3 个立体异构体在净化期随时间的变化趋势见图 7-3。从净化期开始到整个实验结束的大部分时间中，地图鱼体内的 α-HBCD 含量变化幅度很小，基本维持不变（图 7-3）。在净化开始后的前 12 天中，β-HBCD 与 γ-HBCD 的浓度水平均经历了快速的下降，12 天以后，β-HBCD 基本保持稳定，γ-HBCD 呈现出缓慢下降趋势（图 7-3）。这一结果与 Law 等（2006b）利用虹鳟鱼的暴露实验结果类似。在 Law 等的实验过程中发现，幼年虹鳟鱼体内的 α-HBCD 在净化期的前 14 天内经历初始的快速净化后，在实验剩余的时间中缓慢地净化。

地图鱼体内 β-HBCD 与 γ-HBCD 的净化速率大致符合一级动力学方程。利用 HBCDs 浓度的自然对数和净化天数进行线性拟合，发现 β-HBCD 与 γ-HBCD 在 20 天内的净化具有良好的线性关系（β-和 γ-HBCD 的相关系数 r 分别为 0.91 和 0.95，p 值均小于 0.01）。通过动力学方程计算得出 β-HBCD 和 γ-HBCD 的半衰期分别为 12.4 d 和 11.2 d。如只考虑最初快速净化的 12 d，β-HBCD 与 γ-HBCD 的半衰期则分别为 8.7 d 与 10 d。

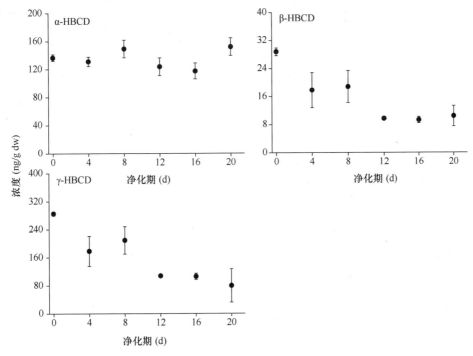

图 7-3　净化期 HBCDs 三个立体异构体浓度变化图

Law 等（2006b）通过实验室对虹鳟鱼喂养 HBCDs，计算得出 β-HBCD 与 γ-HBCD 的半衰期分别为 157 d ±71 d（标准误）与 144 d±60 d（标准误），而 α-HBCD 由于其净化过程不符合一级动力学方程而无法计算出。Du 等（2012）计算出低剂量和高剂量暴露条件下斑马鱼体内 α-HBCD 的半衰期为 17.3 d 和 8.9 d，γ-HBCD 与 β-HBCD 的半衰期分别为 6.1 d 和 8.3 d 及 7.8 d 和 6.9 d。在其他的生物体中，Geyer 等（2004）报道 ΣHBCDs 在人体脂肪中的半衰期为 64 d，在老鼠体内的半衰期为 8 d，但该作者并没有具体指出不同立体异构体的半衰期。上述结果表明 HBCDs 在不同生物体内的净化速率具有很大差异，同一生物体内不同的 HBCDs 立体异构体之间也不同，并且也与暴露的浓度相关。在有关鱼类 HBCDs 的半衰期的相关报道中，β-HBCD 与 γ-HBCD 的半衰期类似，这与本节的研究结果是一致的，而 α-HBCD 因受异构化作用影响较大而估算的半衰期值差异较大。值得说明的是，一般文献中计算的半衰期反映出的消除量并不是真正意义上的"消除"，包括了异构化作用在内。

本实验中观察到 α-HBCD 的浓度变化不大。用单一立体异构体的暴露实验证实 α-HBCD 在净化期同样存在消除作用。Law 等（2006b）的虹鳟鱼暴露实验，Du 等（2012）的斑马鱼暴露实验，都发现 α-HBCD 在净化期间的消除过程。相关老鼠肝微粒体的暴露实验也发现 α-HBCD 存在降解性,在老鼠肝微粒体中 α-HBCD 的降解速率还要大于 γ-HBCD (Esslinger et al.,2011;Hakk et al.,2012)。鉴于上述结果,本研究中 α-HBCD 含量在净化期内基本不变不能完全归因于其在地图鱼中的抗降解性,说明了体内代谢也不是导致地图鱼体内以 α-HBCD 为主的主要原因。结合前述 α-HBCD 肠道吸收效率最低的结论,剩下的原因最可能就是 HBCDs 立体异构体间的异构化作用。

在地图鱼的整个净化期内,HBCDs 异构体满足如下质量守恒方程:

$$C_0 \times \text{Mass}_0 = \sum C_i \times \text{Mass}_i + \sum C_{\text{fi}} \times \text{Mass}_{\text{fi}} + \text{elimination} \qquad (7\text{-}3)$$

式中,C_0 为净化期开始时的地图鱼体内的 HBCDs 浓度(ng/g dw),Mass_0 为 18 条地图鱼的总重量(g dw);C_i 和 Mass_i 为第 i 天收集的地图鱼体内的 HBCDs 浓度与地图鱼的质量($i = 0$ d,4 d,8 d,12 d,16 d,20 d);C_{fi} 与 Mass_{fi} 分别为第 i 天收集的地图鱼鱼粪中的 HBCDs 浓度与鱼粪的质量($i=0\sim4$ d,5~8 d,8~12 d,12~16 d,16~20 d);elimination 为整个净化期间由于其他各种因素而损失的 HBCDs 量。

以停止暴露后当天采集的地图鱼体内的 HBCDs 含量代表所有 18 条鱼净化期初始时 HBCDs 的浓度,通过上述质量守恒方程的计算,结果显示 18 条地图鱼体内的 α-HBCD 在净化期结束后的总量(30 000 ng)超过了净化开始时的量(28 000 ng),而 β-HBCD 的总量从 6000 ng 下降为 3400 ng,γ 的总量从 60 000 ng 下降为 35 000 ng。由于在净化期没有其他 α-HBCD 的暴露源,因此,在净化期 α-HBCD 总量的增加只能是来自其他 HBCDs 立体异构体的转化。

经过 20 天的净化期后,测得地图鱼体内的 HBCDs 总量为其净化期开始时的 73%,而通过鱼粪排出的 HBCDs 仅占初始总量的 0.5%,这说明有超过 26%的 HBCDs 是通过体内代谢净化的。通过上述质量守恒再对 β-HBCD 与 γ-HBCD 进行计算,结果显示有 41.1%的 γ-HBCD 与 42.7%的 β-HBCD 在整个净化期内被消除,尽管 α-HBCD 表现出增加的情况。

HBCDs 单一异构体在生物体内含量减少的途径可能有降解为代谢产物、转化为其他 HBCDs 异构体、粪便排泄、尿排泄、呼吸挥发等,而含量增加途径主要有暴露吸收与生物体内转化。本研究中,对 α-HBCD 可以假设两个极端情形,一是假定在整个净化期内,α-HBCD 清除为零,则在整个净化期内增加的 α-HBCD 量完全由 γ-HBCD 转化而来,计算结果表明这一增加量占初始 γ-HBCD 含量的 3%。另一个极端的情况是假设 α-HBCD 与 γ-HBCD 有相同的半衰期(即也有 41.1%的 α-HBCD 在净化期内从地图鱼体内消除),那么转化为 α-HBCD 的 γ-HBCD 占 γ-HBCD 初始量的 22.7%。考虑到 α-HBCD 的实际半衰期可能比上述假设值高(Du et al.,2012),因此上述假设的 22.7%可能高估了 γ-HBCD 的异构化量。值得注意的是，α-HBCD 也被发现可以向 γ-HBCD 进行异构，但是其转化速率只有后者向前者转化的 10%，因此在本研究中的影响可以忽略不计（Koeppen et al.，2008）。通过以上这两个极端假设结果可以推测，在只考虑 γ-HBCD 的异构化作用时，净化期内消除的 41%的 γ-HBCD 中，转化为 α-HBCD 的 γ-HBCD 占其初始总量的 3%～22.7%。对于 β-HBCD，虽然在净化期也存在明显的消除，但因为其所占组成比例很小、在净化期内的消除量对总消除量的贡献很少，因此 β-HBCD 的异构化作用对 α-HBCD 增加量的贡献较少，可不予考虑。

7.1.4　鱼体内 HBCDs 立体异构体的组成

整个暴露实验中，HBCDs 在加标鱼食、四间鱼、地图鱼及地图鱼鱼粪中的立体异构体组成如图 7-4 所示。加标鱼食颗粒中（$n = 2$），α-HBCD、β-HBCD 和 γ-HBCD 的组成比例（均值±标准偏差）分别为 14.3%±0.36%、15.5%±0.75%、70.2%±1.11%。暴露喂养 5 天加标鱼食后的 4 缸四间鱼的 HBCDs 组成基本一致，α-HBCD、β-HBCD 和 γ-HBCD 的相对含量分别为 18.3%±1.47%、1.6%±0.38%和 70.1%±1.3%。这一组成比例与加标鱼食相比 α-HBCDs 增加了 4%，β-HBCD 下降了 4%，而 γ-HBCD 几乎不变，这一结果表明 β-HBCD 在四间鱼体内消除速度最快。Esslinger 等（2011）在老鼠肝微粒体的培养实验中发现 β-HBCD 具有最快的降解速率，同时相关报告也指出在虹鳟鱼体内，β-HBCD 可以异构化为 α-HBCD（Law et al.，2006）。这两项结果可能有助于解释本研究中加标鱼食与暴露四间鱼体内 HBCDs 立体异构体的组成比例差异。

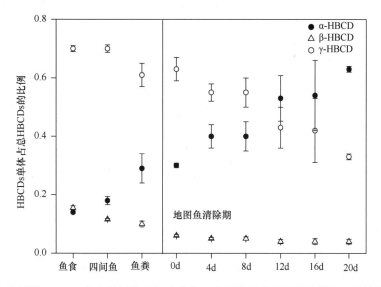

图 7-4　实验期间 HBCDs 的立体异构体组成变化。鱼粪为四个暴露期地图鱼鱼粪的平均值

暴露期地图鱼鱼粪中的 α-HBCD 也呈缓慢增加的趋势（四个鱼粪中其比例分别为 23%、29%、31% 和 32%），而 β-HBCD 与 γ-HBCD 总体上有下降趋势（β-HBCD 从 11% 降至 9%，γ-HBCD 从 66% 降至 60%）。α-HBCD 在地图鱼体内的肠胃吸收效率低于 β-HBCD 与 γ-HBCD，这可能是导致其在鱼粪中占比增高的主要原因。与四间鱼相比，暴露地图鱼鱼粪中的 α-HBCD 比例进一步增加，由此可以猜测此阶段的地图鱼体内的 α-HBCD 比例也应该相应地升高。

在暴露喂养期结束时（第 0 天），γ-HBCD 在地图鱼中仍然为优势异构体，占 HBCDs 总量的 63.3%，α-HBCD 为 30.3%，β-HBCD 为 6.4%。当净化期结束后（第 20 天），γ-HBCD 的比例从 63.3% 下降到 33.0%，而 α-HBCD 则从 30.3% 上升至 62.6%，而 β-HBCD 只下降了 2%。前面的结果显示 α-HBCD 的含量在净化期基本不变，但其组成比例逐渐升高，而 γ-HBCD 的含量与其组成比例均在逐渐下降。这些数据表明 γ-HBCD 向 α-HBCD 的异构化是净化期地图鱼中 HBCDs 立体异构体组成变化的主要原因。这一结果也同时说明，鱼体内 HBCDs 的组成也与其所处暴露时期有关，在持续的暴露期，γ-HBCD 仍是主要污染物，只有在清除期，随着清除期的延长，体内才逐渐转化为以 α-HBCD 为主。

在现有的研究中，生物体内 α-HBCD 均为主要的异构体。例如，鱼类中欧洲的牙鳕、围嘴鱼与鲽目鱼（Janák et al.，2005），中国珠三角东江流域中的鲮鱼、罗非鱼与清道夫（He et al.，2013），北美安大略湖中的湖鳟鱼、香鱼（Tomy et al.，2004），荷兰北海河口的鳝鱼（Morris et al.，2004），挪威 Mjøsa 湖中的鲈鱼、白鳟鱼、淡水鳕等（Schlabach et al.，2004）；鸟类中如格陵兰岛东部的海鸥肝脏组织（Vorkamp et al.，2012），中国南部白头鹎、棕背伯劳及鹊鸲（Sun et al.，2012）；美国大西洋沿岸白海豚脂肪与肝脏组织（Peck et al.，2008）；人类母乳等（Kakimoto et al.，2008；Shi et al.，2009）。然而也有一些研究报道了 HBCDs 在其他生物组织中不同的结果。如有研究显示 γ-HBCD 而不是 α-HBCD 是人体组织及一些生物样中的主要异构体，这其中包括美国纽约居民的脂肪组织（Johnson-Restrepo et al.，2008）、西班牙居民的母乳（Eljarrat et al.，2009）、美国沿岸的 2 种鲨鱼组织（Johnson-Restrepo et al.，2008）。本实验在地图鱼的暴露阶段，γ-HBCD 仍是主要的污染物，只有在清除期进行到一定程度后，α-HBCD 才成为主要污染物。因此，生物中以 γ-HBCD 为主的模式可能表明生物仍处于 HBCDs 工业品的持续暴露过程中。由图 7-4 可知，从加标鱼食到四间鱼，再从四间鱼到地图鱼，α-HBCD 的组成比例呈显著增加趋势，而 β-HBCD 与 γ-HBCD 则呈显著降低趋势，清晰地反映了 HBCDs 的立体异构体组成模式从以 γ-HBCD 为主的商用工业品向以 α-HBCD 为主的高营养级生物间的转化。这一研究结果与已有一些相关研究的结论是一致的。如 Tomy 等（2008）对加拿大东部海洋食物链中的 HBCDs 研究结果显示，浮游动植物、蛤蜊和海象这些相对低等级生物样品中的 γ-HBCD 比例超过 60%，而在如虾、魟鱼、鳕鱼及鲸鱼这些相对高等级的生物样品中，α-HBCD 的比例超过 γ-HBCD，达到 70%以上。

7.1.5　HBCDs 手性异构体组成变化特征

整个暴露喂养实验中，HBCDs 在加标鱼食、四间鱼、地图鱼及地图鱼鱼粪中的 EF 值如图 7-5 所示。在加标鱼食中，α-HBCD 是外消旋体（EF = 0.505 ± 0.007），β-HBCD（EF = 0.517 ± 0.0007）与 γ-HBCD（EF = 0.531 ± 0.011）是非外消旋体。4 缸四间鱼中手性异构体的组成基本一致。对 γ-HBCD，四间鱼体内的 EF 值与鱼食中的 EF 值并无显著性的差别，表明在实验期间四间鱼对 γ-HBCD 无显著性手性选择性代谢。α-HBCD 和 β-HBCD 的 EF 值分别为 0.518 ± 0.002 和 0.484 ± 0.004，显著性地区别于鱼食（$p < 0.05$），显示四间鱼对（+）α-HBCD、（−）β-HBCD 的选择性富集。

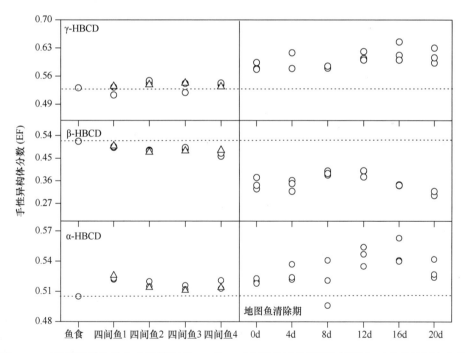

图 7-5　三种手性异构体在实验期间的 EF 值。三角形表示暴露期与四间鱼对应的地图鱼鱼粪

暴露期地图鱼鱼粪中 α-HBCD、β-HBCD 和 γ-HBCD 的平均 EF 值分别为 0.516 ± 0.007、0.484 ± 0.012 和 0.538 ± 0.004，与四间鱼中对应异构体的 EF 值基本一致（$p>0.05$）。这表明在地图鱼的肠道吸收过程中，HBCDs 不存在手性选择性吸收。否

则 EF 值将会出现明显偏差。净化期地图鱼中 α-HBCD、γ-HBCD 的平均 EF 值分别为 0.532 ± 0.012 和 0.601 ± 0.015，明显高于四间鱼体内的相应值（$p < 0.05$；$p < 0.001$），表明这两种立体异构体的（−）对映体在地图鱼体内快速地消除。而 β-HBCD 在地图鱼净化期内的平均 EF 值（0.358 ± 0.029）显著低于四间鱼体内的相应值（$p < 0.001$），表明地图鱼对（−）β-HBCD 选择性富集。

净化期地图鱼鱼粪中（图 7-5 中未列出），α-HBCD、β-HBCD 和 γ-HBCD 的平均 EF 值分别为 0.674 ± 0.027、0.304 ± 0.019 和 0.603 ± 0.029，与四间鱼相比，α-HBCD 与 γ-HBCD 均升高，β-HBCD 下降，这与地图鱼的情况是一致的。

由图 7-5 可知，从加标鱼食到四间鱼，再到地图鱼，α-HBCD 与 γ-HBCD 的 EF 值呈显著增加趋势，而 β-HBCD 的 EF 值则呈显著降低趋势，这一结果是由于食物链上不同营养级生物对 HBCDs 手性选择性富集不断积累所致。Tomy 等（2008）在对加拿大北极地区的海洋动物进行研究后发现，（−）α-HBCD 在食物链中的含量与生物营养级呈显著正相关，并且随着营养级的增加，（−）α-HBCD 的相对比例也进一步增加。这也本研究的结果正相反。

有大量文献报道鱼类富集（+）α-HBCD。如鲫鱼和泥鳅（Zhang et al.，2009）、围嘴鱼和鳕鱼（Janák et al.，2005）以及斑马鱼（Du et al.，2012）等。同时，也有一些研究在其他鱼类中发现了相反的结果，如食用螺（Zhang et al.，2009）、鳎目鱼（Szabo et al.，2010）对（−）α-HBCD 有相对较强的富集能力。大多数已有研究也显示出生物体对（+）γ-HBCD 具有选择特性富集（Luo et al.，2013），如黑鲫、鲤鱼、河鲈和梭子鱼（Harrad et al.，2009），鲫鱼和泥鳅（Zhang et al.，2009）等，与本节中地图鱼的情况一致。对（−）γ-HBCD 的特异性富集报道较为少见，如中国南部电子垃圾回收区域附近的食用螺（Zhang et al.，2009），Eljarrat 等（2009）也在西班牙的部分母乳样中发现对（−）γ-HBCD 的选择性富集，但其余部分则出现了不一致的结果：有些样品显示出选择性富集（+）γ-HBCD，有些则为外消旋体。对 β-HBCD 的手性异构体特异性富集的报道也不多见，Köppen 等对挪威 Etnefjorden 地区的海洋鱼类中的 HBCDs 进行手性拆分，计算结果表明鲭鱼、鳐鱼、比目鱼明显富集（−）β-HBCD（Köppen et al.，2010），这与本节地图鱼及四间鱼是一致的。然而 Du 等（2012）发现斑马鱼对 β-HBCD 没有明显的手性富集特征。至于选择性富集（+）β-HBCD 的报道目前还没有见到。本节的研究数据与上述已有的关于 HBCDs 在鱼类中的手性组成结果表明，HBCDs 在鱼类中的手性选择性富集具有高度的物种特异性。

造成 HBCDs 手性异构体在不同生物中富集差异的具体原因目前尚不清楚。吸收、排泄以及体内代谢被认为是可能的主要原因。由于本研究中发现吸收、排泄均不具有手性选择性，因此，体内代谢应是主要原因。本研究中 α-HBCD、β-HBCD

和 γ-HBCD 在四间鱼与地图鱼之间的 EF 平均差值分别为 0.014、0.121 及 0.066。其中 β-HBCD 的 EF 值偏离最大，α-HBCD 的 EF 值偏离程度最小。EF 偏离程度的大小与不同生物中两种手性异构体的相对降解速率（K_+/K_-）以及该立体异构体的绝对降解速率（K_++K_-）有关。当两种手性异构体的相对降解速率一定时，若两生物体内该立体异构体的绝对降解速率差值越大，则 EF 差值越大；当绝对降解速率差不多时，相对降解速率差值越大，EF 差值也越大。3 种立体异构体中，α-HBCD 的 EF 差值最小暗示着 α-HBCD 有最小的绝对降解速率或者其两种手性异构体有最小的相对降解速率，根据目前的研究成果，由前者引起的贡献值在很大可能性上要大于后者。Esslinger 等在老鼠体内发现，α-HBCD 与 γ-HBCD 两种手性异构体的相对降解速率均大于 β-HBCD 的降解速率，同时 α-HBCD 的（+）对映体的降解速率要大于（−）对映体，对于 γ-HBCD 则相反（Esslinger et al.，2011）。Du 等在斑马鱼体内没有发现对 β-HBCD 的手性富集倾向，表明其体内（+）β-HBCD 与（−）β-HBCD 可能有类似的降解速率（Du et al.，2012）。其他的可能原因还包括对映体间酶制反应活性的差异或者对映体存在主动传输机制（Willett et al.，1998）。

7.1.6 HBCDs 异构体在四间鱼与地图鱼中的代谢产物

目前，一些 HBCDs 的脱溴产物已在环境中被检测出，如 Brandsma 等（2009）在斑海豹的脂肪组织中发现了五溴环十二碳烯（PBCDs），Harrad 等（2009）在白鲑鱼组织中发现了 PBCDs。Abdallah 和 Harrad（2011）等在室内灰尘与人类母乳中均发现 PBCDs 与四溴环十二碳二烯（TBCDs）。本研究中尝试对 HBCDs 的脱溴产物 PBCDs 与 TBCDs 进行检测。脱溴产物为 HBCDs 脱掉一个或几个溴化氢的产物，据此可以采用 480.4/79.0（MRM）、560.8/79.0（MRM）作为 TBCDs 与 PBCDs 的特征检测离子。在对四间鱼与地图鱼样品的仪器分析中，都没有发现 HBCDs 相关脱溴产物特征离子的色谱峰。造成未检测到脱溴产物的原因可能有：提取方法不适当。在前处理过程中，使用了浓硫酸除脂，硫酸可与烯烃反应。二是脱溴反应未发生。三是脱溴产物太少，低于方法检测限。

本研究中还尝试对 HBCDs 的单羟基代谢产物（OH-HBCDs）进行检测。OH-HBCDs 是 HBCDs 环上的一个 H 原子被—OH 基团替代的产物，据此可以采用 656.7（HBCDs 的相对分子质量为 641.7）作为 OH-HBCDs 的特征检测离子。本研究同时采用全扫（Full Scan，>640）与多反应监测模式（MRM，656.7/79.0）对暴露四间鱼与地图鱼中可能存在的 OH-HBCDs 进行分析测定。

在全扫模式中，仅在地图鱼样的谱图中出现了 OH-HBCDs 分子的脱质子峰 [M-H]⁻（656.7）以及有两个水分子的加合离子簇峰[M-H+2H₂O]⁻（692.7）（图 7-6），并且其同位素分布模式代表的 6 个溴原子与 Esslinger 等（2011）已发表论文中的 OH-HBCDs 模式一致。该色谱峰的保留时间为 4.02 min，比 HBCDs 母体（>5min）早，这与含有—OH 后其极性增大、流出时间较早的猜测也是相符的。由以上依据可暂且将其认定为 HBCDs 的一种单羟基代谢产物。

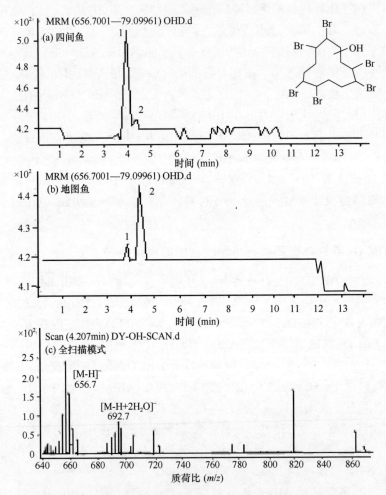

图 7-6　四间鱼与地图鱼样中 HBCDs 羟基代谢产物色谱图

在 MRM 模式中，有两个明显的色谱峰在地图鱼与四间鱼中同时被发现（图 7-6），并且在这两种鱼中的保留时间类似，而在背景组与实验控制组鱼中没有检测到这两个色谱峰，表明这两个峰很有可能为两种 OH-HBCDs。由于目前还没有 HBCDs 羟基代谢产物的标样，因此还不能对这两种 OH-HBCDs 的立体化学结构进行准确鉴定。值得注意的是，这两种 OH-HBCDs 在四间鱼与地图鱼中的比例模式明显不同，表明 HBCDs 的生物代谢途径也可能具有物种特异性。与脱溴产物一样，HBCDs 羟基代谢产物在多种生物组织中被检测出。如 Zegers 等（2005）与 Huhtala 等（2006）在老鼠肝微粒体的培养实验中发现谱图中 α-HBCD 峰附近有一个类似峰，经定性分析认定其为 α-HBCD 的单羟基代谢产物，同时发现 β-HBCD 与 γ-HBCD 也分别存在两种 OH-HBCDs。Zegers 等（2005）也在海豚的脂肪组织中发现了 OH-HBCDs。Szabo 等（2010）在给成年雌性大鼠暴露喂养 γ-HBCD 后，在其血液、胆汁、尿液中发现了几种未知的极性 HBCDs 代谢产物，可能为 OH-HBCDs。目前报道鱼类中 HBCDs 羟基代谢产物的研究不多。如 Zegers 等（2005）在比目鱼的肝微粒体培养实验中发现了 OH-HBCD。Esslinger 等（2011）在鳕鱼的肝脏组织中发现了两种二羟基化的 HBCDs。Du 等（2012）在斑马鱼中发现了单羟基双溴环十二碳二烯（OH-DBCD），并且 Du 等认为没有发现更多的代谢产物的原因可能是由于鱼类中 HBCDs 代谢产物浓度低或者由基质引起的离子抑制作用。目前由于缺乏相关的标样，都无法给出 OH-HBCDs 的结构，这限制了人们对 HBCDs 羟基化代谢途径的进一步认识。

7.2 HBCDs 在水生食物链上的富集与食物链放大

7.2.1 样品采集与分析

为了了解 HBCDs 在野外水生食物链中的富集与食物链传递过程，我们采集了清远电子垃圾污染池塘中一条水生食物链，分析了 HBCDs 在这条水生食物链生物上的污染浓度水平，讨论了 HBCDs 立体异构体沿食物链传递过程中的变化及 HBCDs 在食物链上的放大因子。

本研究所采用的生物样品与 5.2 节所用的样品是同一样品，具体的生物样品信息见 5.2.1 节。此外，我们还同时在池塘采集了 3 个水样和 3 个沉积物样品。生物样品中 HBCDs 的提取方法与 5.2.1 节 PBDEs 的提取方法相同。在 PBDEs 分析完成后，将溶剂用柔和的氮气吹干，加入甲醇重新溶解，然后加入内标 $^{13}C\text{-}\alpha\text{-}$、$^{13}C\text{-}\beta\text{-}$和 $^{13}C\text{-}\gamma\text{-}$ HBCD 进行仪器分析（因本食物链的初始目的是研究 PBDEs 的食物链传递行为，所以未在提取之前添加 HBCDs 的替代内标。但本实验室利用该方法提取鸟肌肉中 HBCDs 时，替代内标 $^{13}C\text{-}\alpha\text{-}$、$^{13}C\text{-}\beta\text{-}$和 $^{13}C\text{-}\gamma\text{-}$ HBCD 的回收率分别为 $95.0\% \pm 7.3\%$、$91.4\% \pm 4.7\%$ 和 $84.8\% \pm 3.7\%$，详见 7.3.1 节。水样和沉积物的提取方法与 5.1.1 节相同，此处省略。

HBCDs 立体异构体的定性与定量分析方法及 HBCDs 手性异构体分数的测定方法与 7.1.1 节相同，只是在进行 EF 值校正时，内标为对应的 ^{13}C 标定内标。生物样本的稳定碳、氮同位素测定方法与 5.2.1 节相同，此处省略。

7.2.2　HBCDs 的浓度及与生物营养级的关系

HBCDs 在水、沉积物及水生生物样品中的浓度见表 7-2。HBCDs 在所有的生物样品中均有检出，其在生物样品中浓度的平均值范围为 14～870 ng/g lipid。本研究中水生生物中 HBCDs 的总浓度（11～2370 ng/g lipid）比另一个电子垃圾回收区水生生物中 HBCDs 的浓度稍低（120～3530 ng/g lipid）（Zhang et al.，2009）。但该浓度要高于中国长江中的水生生物中 HBCDs 的浓度（12～330 ng/g lipid）（Xian et al.，2008）。研究池塘水生生物中 HBCDs 的浓度比北美五大湖地区（3～80 ng/g lipid）和瑞士阿尔卑斯山湖水体鱼类中 HBCDs 的浓度（最高 36 ng/g lipid）高出 2 个数量级，但与欧洲一些 HBCDs 污染区浓度接近，如英国蒂斯河（Tees River）和斯克恩河（Skerne River）（30～10270 ng/g lipid），西班牙辛卡河（Cinca River）（70～1640 ng/g lipid）和荷兰西斯海尔德河口（10～1100 ng/g lipid）（Covaci et al.，2006）。这一结果表明电子垃圾是除了 HBCDs 制造厂以外的另一个 HBCDs 污染热点。

表 7-2　环境与生物样品中 HBCDs 的浓度（生物：ng/g lipid；水：ng/L；沉积物：ng/g dw）及 EF 值

样品	脂肪含量(%)	α-HBCD	EF	β-HBCD	EF	γ-HBCD	EF	∑HBCDs
田螺	0.6 ± 0.11^a	7.7 ± 1.8	0.50^b	0.24 ± 0.24		5.9 ± 1.3		14 ± 2.6
虾	2.4 ± 0.32	270 ± 81	0.46 ± 0.03	10 ± 2.7	0.34 ± 0.05	118 ± 29	0.55 ± 0.03	395 ± 95
鲮鱼	2.9 ± 0.41	650 ± 230	0.61 ± 0.02	25 ± 9.5	0.43 ± 0.04	195 ± 67	0.53 ± 0.03	868 ± 280
鲫鱼	3.6 ± 0.71	102 ± 33	0.59 ± 0.02	5.4 ± 3.4	0.42 ± 0.05	21 ± 8.8	0.53 ± 0.02	129 ± 44
乌鳢	1.5 ± 0.31	170 ± 82	0.55 ± 0.07	3.1 ± 1.8		17 ± 9.1	0.55 ± 0.00	187 ± 93
水蛇	1.1 ± 0.15	490 ± 320	0.63 ± 0.09	8.8 ± 6.2		64 ± 43	0.50	567 ± 364
水		0.05 ± 0.01	0.53 ± 0.01			0.01 ± 0.0		0.06 ± 0.01
沉积物		61 ± 10.2	0.48 ± 0.02	23.5 ± 1.1	0.50 ± 0.01	84 ± 4.2	0.54 ± 0.02	169 ± 12

a 均值和标准偏差；b 因浓度较低，3 个样合并，只有一个值

各生物的营养级在 5.2.1 节中已给出。对 α-HBCD 和 γ-HBCD 各自两个手性异构体浓度的自然对数与生物营养等级进行简单的线性回归分析发现，对于（+）和（−）α-HBCD，浓度与营养级之间存在显著的正相关性（图 7-7），计算出的 TMF 分别为 2.22 和 2.18，表明 α-HBCD 随着营养级的增加发生了食物链放大。γ-HBCD 的两个异构体与生物营养等级间无显著的相关性。γ-HBCD 的异构化与代谢是导致未观察到生物放大的主要原因。总 HBCDs 浓度对数与生物营养等级间存在正相关

系，计算出来的 TMF 值为 1.83，但不存在统计上的显著性（$p = 0.06$），这显然是由于 γ-HBCD 的干扰所致。本研究所得到的结果与加拿大北冰洋海洋食物链中的结果基本一致。在该研究中也发现（−）α-HBCD 和 α-HBCD 的浓度对数值与生物的营养等级间显著正相关，TMF 值分别为 2.2 和 2.1（Tomy et al.，2008）。

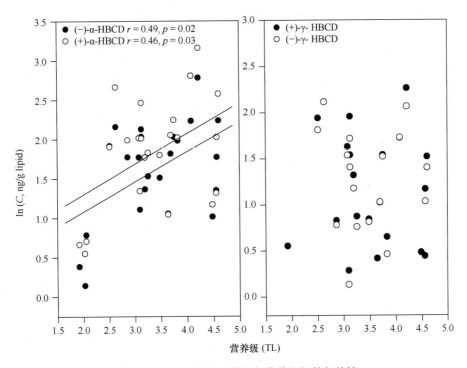

图 7-7　HBCDs 浓度对数值与营养级间的相关性

7.2.3　HBCDs 的异构体组成特征与手性分数

HBCDs 在商用工业品、水、沉积物及水生生物中的立体异构体组成见图 7-8。由于 α-HBCD 具有最高的溶解度（Covaci et al.，2006），导致水相中 α-HBCD 所占比重（80.2%～83.0%）要高于报道的商用工业品比重（10%～13%）（Heeb et al.，2005）和中国境内购买的商用品比重（9.4～10.8%）7～8 倍。沉积物中 α-HBCD 的相对比例（31.6%～42.6%）也显著地高于商用工业品，这可能是由于电子垃圾热处理过程中导致的异构体转化（Barotini et al.，2001；Heeb et al.，2008）或沉积物中异构体选择性降解所致（Davis et al.，2006）。γ-HBCD 能在温度高于 160℃（Barotini et al.，2001）甚至高于 100℃（Heeb et al.，2008）转化生成 α-HBCD。这一过程很可能发生在一些电子垃圾的焚烧处理过程中。

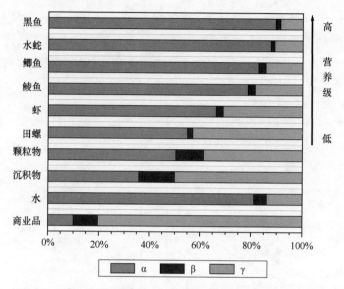

图 7-8 HBCDs 在池塘环境与生物样品中的异构体组成特征

水生生物样品中 α-HBCD 是最主要的污染物。α-HBCD 高的溶解性导致的高生物可利用性及异构体间的相互转化是主要原因。同时，α-HBCD 的相对丰度随生物营养级的增加而增加，而 γ-HBCD 随营养级增加而下降，如 7.1 节实验结果所示，γ-HBCD 向 α-HBCD 的异构化转化可能是主要原因。高营养等级生物的这种转化速率可能高于低营养等级生物。此外，一些低营养等级的无脊椎动物如田螺和虾生活在水体底层，可能直接摄食底层的沉积物样品，这样也会导致其较高的γ-HBCD 的暴露。底层滤食性动物和浮游动物以 γ-HBCD 为主，而高营养等级的生物以 α-HBCD 为主的现象也出现在加拿大东北冰洋海洋食物链中（Tomy et al.，2008）。

HBCDs 的手性组成特征具体见表 7-2。HBCDs 的工业品中三个立体异构体的α-、β-和 γ-HBCD 的手性分数 EF [代表(+)对映异构体的分数]分别为 0.497 ± 0.003、0.516 ± 0.002 和 0.504 ± 0.001。环境或生物样品中相对应的 EF 值与上述标准值显著偏离时，认为发生了手性立体异构体的选择性降解行为。水体中 α-HBCD 的 EF 值为 0.53 ± 0.02，比 0.5 略高，可能在水体中存在手性分异行为。在沉积物中，α-和 β-HBCD 的 EF 值与工业品并无明显差别，γ-HBCD 的 EF 值为 0.54 ± 0.02，明显偏离了工业品中的 EF 值，表明存在着手性选择性的降解行为，微生物降解是造成这种手性选择性的主要原因。

在生物样品中，田螺 α-HBCD 的 EF 值为 0.5，与工业品组成完全一致，表明并无手性选择性过程发生，这与田螺较低的代谢预期是一致的。虾中 α-HBCD 的

EF 值为 0.46 ± 0.03，统计检验结果表明与 0.5 并无显著性差别（$p = 0.16$）。其他所有生物样品中 α-HBCD 的 EF 值均显著地高于 0.5，表明选择性地富集(+)α-HBCD。对于 β-HBCD，能够检测到 EF 值的三个物种（虾、鲮鱼和鲫鱼）中，其 EF 值均小于 0.5，表明选择性地富集（−）β-HBCD。对于 γ-HBCD，除了蛇以外，其他所有生物检测到的 EF 值均大于 0.5，表明选择性地富集（+）γ-HBCD。所有生物样品中对于 HBCDs 三种异构体的手性异构体选择性富集的结果与 7.1 节室内暴露的实验结果是一致的，表明手性选择性代谢是导致选择性富集的一个重要原因。但从食物中继承也是一个不能排除的重要因素。比如对于 α-HBCD，水体中的 EF 值即显著地大于 0.5，因此，鱼体中的 EF 值大于 0.5 可能直接来自于水体。此外，乌鳢是本研究中营养等级最高的生物，其他生物皆是它的食物来源。但其 α-HBCD 的 EF 值却低于鲮鱼和鲫鱼。从这个现象基本可以断定乌鳢体内并不存在选择性地代谢（−）α-HBCD 的过程。这个结果也提示我们仅从生物本身的 EF 值还不足以断定是否存在手性选择性降解行为，需要了解其环境及各种食物源中化合物的 EF 组成并进行综合分析后，才能得到确切的答案。

对于 HBCDs 的生物富集的手性选择性行为目前并没有一个一致性的结果。本研究中的所有生物、西斯海尔德河口的条鳕和牙鳕（Janák et al.，2005）、加拿大东北冰洋的蛤（Tomy et al.，2008）、中国台州电子垃圾地区的鲫鱼和泥鳅（Zhang et al.，2009）都显示出选择性地富集（+）α-HBCD 。但是在很多的水生生物中也发现选择性地富集（−）α-HBCD，如西斯海尔德河口的鳎鱼（Janák et al.，2005）、中国另一电子垃圾区的螺（Zhang et al.，2009）、英国湖泊中的七种淡水鱼类（Harrad et al.，2009）。本研究中的生物和西斯海尔德河口的条鳕选择性地富集 (−)-β-HBCD（Janák et al.，2005），但英国湖泊七种淡水鱼中的 β-HBCD 却表现出外消旋或近外消旋的特征（Harrad et al.，2009）。对于 γ-HBCD，除了中国另一电子垃圾中的食用螺被报道选择性地富集（−）γ-HBCD（Zhang et al.，2009），其他有关生物的报道均显示为选择性地富集（+）γ-HBCD（Luo et al.，2013）。这些结果表明，HBCDs 的手性异构体选择性富集具有物种特异性特点。控制其手性选择性富集的机制目前并不是很清楚，手性化合物两个手性异构体毒理方面的差异也少见报道。需要开展更多的研究。

7.3　HBCDs 在鸟类中的富集与生物放大

上述两节主要探讨了 HBCDs 在水生食物链上的富集与食物链传递行为。为了进一步了解 HBCDs 在不同栖息环境的鸟类中的富集与食物链传递行为的异构体特异性行为，我们在利用第 6 章部分水鸟样品的基础上，又增加了两类陆生鸟类样品及部分水生鸟类样品，同时在鸟样采集区收集了部分鸟类食物和环境样品，以了解 HBCDs 在鸟类中的异构体特异性富集与食物链传递行为。

7.3.1 样品采集与分析

2005～2008 年间在清远市收集到鸟样共 40 只。分属于秧鸡科（白胸苦恶鸟 11 只，蓝胸秧鸡 4 只）、鹭科（池鹭 5 只）、鹬科（扇尾沙锥 8 只）、鸠鸽科（斑鸠 9 只）和雉科（中华鹧鸪 3 只）。其中部分样品与 6.1.1 节所采样品重叠。同时也采集了相关鸟类的食物及栖息环境样品，包括鲫鱼（7 只）、稻谷（5 个）、桉树叶（3 个）、水样（3 个）和泥土（4 个）。

白胸苦恶鸟、蓝胸秧鸡、池鹭和扇尾沙锥的介绍详见第 6 章。

斑鸠，拉丁名：*Streptopelia turtur*，英文名：oriental turtle dove，属于鸠鸽科，斑鸠属。常栖息在山地、山麓或平原的林区，主要在林缘、耕地及其附近集数只小群活动。觅食高粱、麦种、稻谷以及果实等，有时也吃昆虫的幼虫，冬天常吃樟树的籽核。

中华鹧鸪，拉丁名：*Francolinus pintadeanus*，英文名：Chinese francolin，属于雉科，鹧鸪属。主要栖息于低山丘陵地带的灌丛、草地、岩石荒坡等无林荒山地区，有时也出现在农地附近的小块丛林和竹林中。杂食性，主要以蚱蜢、蝗虫、蟋蟀、蚂蚁等昆虫为食，也吃各种草本植物、灌木的嫩芽、叶、浆果、果实和种子。也常到农田捡食散落的谷粒和农作物。

生物样解冻后，取 2 g 左右的样品，冷冻干燥，充分研磨，留作分析碳、氮同位素。另称取 5 g 的生物样品（鸟样采集胸部肌肉，鱼样采集腹部肌肉），用无水硫酸钠（AR，使用前 450℃烘焙 4 h）充分混合研磨后，用 200 mL 丙酮/正己烷混合溶剂（1∶1，*V/V*）于 60℃索氏抽提 48 h，抽提液浓缩，定容至 10 mL。取 1 mL 做脂肪测定（重量法），剩余 9 mL 重新定容至 10 mL 之后分体积，将此浓缩液分为 3 mL 和 7 mL，前 3 mL 用于 PBDEs 分析（大部分 PBDEs 结果已在第 6 章给出，本节不予讨论），后 7 mL 用于 HBCDs 的分析。加入 HBCDs 替代内标（^{13}C-α-、^{13}C-β-和 ^{13}C-γ-HBCD），浓缩至约 2 mL，过 GPC 色谱柱去除大分子组分（脂肪等）。用正己烷/二氯甲烷混合溶剂（1∶1，*V/V*）淋洗，0～90 mL 遗弃，收集 90～280 mL 组分。将收集的 190 mL 淋洗液旋转浓缩至 1 mL，转移至多层硅胶复合柱（内径 1 cm，8 cm 高的中性硅胶，8 cm 高的 44%浓硫酸处理的酸性硅胶）中用 30 mL 正己烷/二氯甲烷混合溶剂淋洗净化。洗脱液旋转浓缩至 1 mL，转移至 1.8 mL 细胞瓶中，氮吹至近干，甲醇定容至 200 μL，加入进样内标（氘代的 α-、β-、γ- HBCD）后进行仪器分析。

取桉树叶样品 20 g，用 200 mL 丙酮/正己烷混合溶剂（1∶1，V/V）于 60 ℃ 索氏抽提 48 h，提取液浓缩约为 30 mL，用 60 mL 浓硫酸处理过夜。取上层有机相，然后再用正己烷萃取浓硫酸 3 次，每次 40 mL。所有萃取有机相合并后，浓缩至 2 mL，过多层复合硅胶柱净化。后续处理步骤同上。

水样、稻谷与土壤样品的提取方法与 5.1.1 节相同，HBCDs 异构体定量分析及 HBCDs 的手性分数测定同 7.1.1 节，生物样品中 $\delta^{13}C$ 和 $\delta^{15}N$ 值的测定同 5.2.2 节，此处省略。

在进行样品分析的同时，进行方法空白、空白加标及样品平行样等质量保证与质量控制措施。在空白加标中 HBCDs（α-、β-、和 γ- HBCD）的平均回收率为 95%、94% 和 93%，相对偏差小于 10%。样品中 ^{13}C-α-、^{13}C-β- 和 ^{13}C-γ- HBCD 的回收率分别为 95.0% ± 7.3%、91.4% ± 4.7% 和 84.8% ± 3.7%。在方法空白中偶有目标化合物检出，在最后的结果中均经过空白扣除。化合物的定量采用内标法和多点校正曲线法，每个化合物的校正曲线的相关系数均大于 0.99。α-HBCD、β-HBCD 和 γ-HBCD 的方法检查测限为 0.26 ng/g、1.20 ng/g 和 1.53 ng/g。

7.3.2 鸟类肌肉组织的稳定碳、氮同位素组成特征

鸟类肌肉组织的稳定碳、氮同位素比值见图 7-9。样品的营养级（以 $\delta^{15}N$ 为依据）顺序依次为：斑鸠（6.0‰）<蓝胸秧鸡（6.9‰）和鹧鸪（7.0‰）<沙锥（7.8‰）<白胸苦恶鸟（9.5‰）<池鹭（11.1‰）。对于碳同位素比值结果，发现池鹭的 $\delta^{13}C$ 平均值（−22.4‰）明显大于鹧鸪（−27‰）和斑鸠（−25‰）的 $\delta^{13}C$ 值。这 3 种鸟类 $\delta^{13}C$ 值的差异主要是由食性不同引起的。池鹭是水生鸟，生活在低的灌木和小树丛中，其主要的食物是鱼，其食物构成比例是 95% 的鱼和 5% 的昆虫。而斑鸠和鹧鸪是陆生植食性的鸟，主要是以谷物、果实和植物为食（常弘，陈成成，1997）。由于水生植物的 $\delta^{13}C$ 值比陆生植物的 $\delta^{13}C$ 值高（LaZerte and Szalados，1982），所以池鹭这种以水生鱼类为主的鸟类较斑鸠和鹧鸪这类以陆生植物为主的鸟类有着更高的 $\delta^{13}C$ 值。白胸苦恶鸟经常在地面活动，生活在低的灌木和小树丛中，主要以昆虫和蠕虫为主（80%），此外还吃植物的种子、幼芽（15%）和小鱼（5%）。沙锥喜好在湿地生活，沙锥的食物构成是 70% 的昆虫幼体和 30% 的水生无脊椎动物。蓝胸秧鸡主要吃池塘/河流等水系底部的虾和蟹等，偶尔也捕食昆虫，其生活习性与沙锥类似，喜好在沼泽地等湿地活动（常弘，陈成成，1997）。这 3 种鸟类的食物来源既有一部分的陆生食源，又有一部分的水生食源，因此这 3 种鸟的 $\delta^{13}C$ 值有着较大的范围（−27.1‰ ～−19.4‰）。

7.3.3 鸟类肌肉组织中 HBCDs 的浓度及非对映异构体组成特征

六种鸟类和相关食物及环境介质中 HBCDs 的浓度范围和均值见表 7-3。谷物

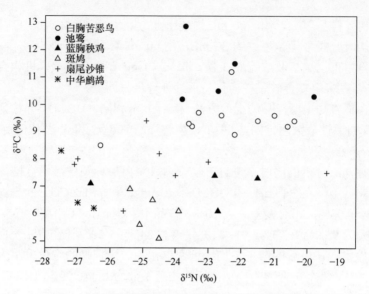

图 7-9　不同鸟类肌肉组织中稳定碳、氮同位素比值

表 7-3　HBCDs 在样品中的浓度及 EF 值.（生物：ng/g lipid；植物：pg/g dw；
水体：pg/L；土壤：ng/g dw）

	α- HBCD	β-HBCD	γ-HBCD	∑HBCDs	EF$_{α- HBCD}$	EF$_{γ-HBCD}$
池鹭	200（42～510）	nd（nd～0.87）	nd（nd～6.4）	200（46～510）	0.59（0.57～0.61）	0.61
白胸苦恶鸟	2.8（nd～6.7）	nd（nd～2.3）	2.7（nd～31）	7.3（nd～39）	0.59（0.52～0.66）	nd
扇尾沙锥	0.69（nd～17）	nd（nd～2.7）	1.4（nd～2.7）	5.2（nd～34）	0.56（0.51～0.58）	0.6
蓝胸秧鸡	nd（nd～.4.3）	nd	nd（nd～22）	nd～22	nd	nd
斑鸠	1.4（nd～24）	nd（nd～1.9）	5.4（1.7～23）	7.4（1.9～49）	0.39（0.37～0.44）	0.58（0.55～0.58）
中华鹧鸪	2.0（1.0～2.6）	0.03（nd～0.47）	2.2（2.0～7.5）	4.8（3.1～10）	0.38（0.37～0.41）	0.63
鲫鱼	96（35～280）	2（0.4～26）	13（2.2～68）	110（21～380）	0.59（0.56～0.62）	0.53（0.51～0.56）
水	42（32～69）	3（2.0～4.0）	7（5～13）	52（39～86）	0.53	nd
桉树叶	14	14	32	60	nd	nd
谷	6.2	5.5	7.1	19	nd	nd
土壤	13（1.1～29）	5.6（0.3～16）	28（5.6～73）	46（7.1～120）	0.47（0.46～0.49）	0.53（0.47～0.58）

注：浓度分别为中值与范围

与桉树叶是三个混样，这里只报道了平均值。HBCDs 在 34 只鸟中有检出。α-、β-
和 γ-HBCD 分别在 30 只、15 只和 26 只样品中有检出。β-HBCD 在所有鸟样中的
检出率最低，这与国外的研究结果相类似（Tomy et al.，2004；Zegers et al.，2005）。
最高浓度的 HBCDs 出现在池鹭肌肉样品，其浓度范围为 46～505.8 ng/g lipid，这
可能与其处于较高的营养级有关。

本研究中几种鸟体内 HBCDs 含量与珠三角地区几种陆生雀鸟中的 HBCDs 含量处于同一个数量级（3.2～220 ng/g lipid）（Sun et al.，2012）。目前，关于鸟类中 HBCDs 的研究主要集中在欧洲和北美，在亚洲地区开展的研究较少（表 7-4）。比较发现，本研究所报道的 HBCDs 含量处于世界范围内中端水平，远远低于英国报道的麻雀肌肉中含量（19 000 ng/g lipid）及北极鸥肝脏的含量（15 000 ng/g lipid）。从表 7-4 可以看出欧洲所报道鸟类中 HBCDs 的浓度最高，这可能与 HBCDs 的工业用途和用量有关。如前所述，HBCDs 作为添加型阻燃剂，主要添加在聚苯乙烯泡沫中作为建筑材料中的隔热层以及添加在一些室内装修材料中，很少添加在电子产品中。因此电子垃圾中相应 HBCDs 的量远小于其他溴系阻燃剂如 PBDEs。Sun 等（2012）对珠三角地区陆生鸟类中 HBCDs 的研究证实了电子垃圾回收区的鸟类中 HBCDs 浓度低于城市区鸟类中 HBCDs 的浓度，而 PBDEs 则相反。这进一步证明了电子垃圾拆卸活动对当地 HBCDs 的排放量相对较少。关于 HBCDs 的用量方面，据 BSEF（Bromine Science and Environmental Forum）的数据统计，全世界有 58%的 HBCDs 使用在欧洲，而只有 23%使用在亚洲。因此，欧洲地区鸟类中 HBCDs 的含量高于本地区，与 HBCDs 的区域使用量是相吻合的。

表 7-4　不同地区鸟蛋或者鸟肌肉样品中 HBCDs 浓度比较　（单位：ng/g lipid）

种类	组织	HBCDs	地点	参考文献
雀	鸟蛋	140	波罗的海	（Sellström et al.，2003）
游隼	鸟蛋	34～2400	瑞典	（Lindberg et al.，2004）
松雀鹰	肌肉	84～19 000	英国	（de Boer et al.，2004）
鸬鹚	肝脏	796～1200	英国	（Morris et al.，2004）
燕鸥	鸟蛋	1501	荷兰	（Morris et al.，2004）
燕鸥	鸟蛋	210	荷兰	（Leonards et al.，2004）
游隼	鸟蛋	17	格陵兰岛	（Vorkamp et al.，2005）
枭	鸟蛋	20～50	比利时	（Jaspers et al.，2005）
北极鸥	鸟蛋	22	挪威	（Verreault et al.，2005）
海鸟	鸟蛋	45～140	挪威	（Knudsen et al.，2005）
鸬鹚	卵黄囊	420	挪威	（Murvoll et al.，2006）
鸠	鸟蛋	138	波罗的海	（Lundstedt-Enkel et al.，2006）
鸠	肌肉	65	波罗的海	（Lundstedt-Enkel et al.，2006）
暴雪鹱	肝脏	3.8～62	挪威	（Knudsen et al.，2007）
暴雪鹱	蛋黄	7.23～63.9 ng/g wt	北极	（Knudsen et al.，2007）
鲱鱼鸥	鸟蛋	<0.01～20.7 ng/g wt	劳伦森大湖	（Gauthier et al.，2007）
非洲镖鲈	鸟蛋	<LOD～11	南非	（Polder et al.，2008）
神鹰	鸟蛋	4.8～71	南非	（Polder et al.，2008）
鹳鹚	鸟蛋	1.6	南非	（Polder et al.，2008）
猛禽	鸟蛋	7.5～3100	瑞典	（Janák et al.，2008）
鸥	肝脏	200～15000	挪威	（Sagerup et al.，2009）
鸥	大脑	5～500	挪威	（Sagerup et al.，2009）

HBCDs 在各种鸟和环境样品中的非对映异构体的组成模式如图 7-10 所示。在池鹭中，α-HBCD 是最主要的异构体，其百分含量占 91%～100%。这与国内外对水生生物、吃鱼的鸟以及海洋哺乳动物的研究结果一致（Covaci et al.，2006）。如前所述，异构体间代谢速度的差异及 γ-HBCD 在生物内异构化为 α-HBCD 是 α-HBCD 在生物体内为主要异构体的原因。

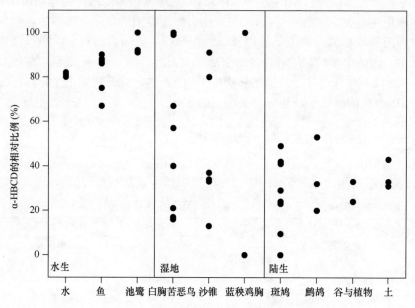

图 7-10　电子垃圾区鸟类及其环境和食物中 HBCDs 的异构体组成特征

本研究中斑鸠和鹧鸪这两种陆生鸟中 γ-HBCD 是主要的异构体，平均组成分别占到了总 HBCDs 含量的 72% 和 63%。目前为止，以 γ-HBCD 为主要异构体的仅在人体样品以及底栖生物中有所报道（Thomsen et al.，2007，Eljarrat et al.，2009；Johnson-Restrepo et al.，2008）。对于白胸苦恶鸟、蓝胸秧鸡和沙锥这 3 种湿地鸟，其体内 HBCDs 的异构体既有以 α-HBCD 为主的，也有以 γ-HBCD 为主的，同一种类的个体之间都有比较大的差异。本研究中所发现的不同种类的鸟富集不同的 HBCDs 异构体以及同一种类的鸟富集不同的 HBCDs 异构体可以用鸟的食性来解释。池鹭是一种食鱼鸟，主要是以水生生物为食。而由于 α-HBCD 在三种异构体中的溶解度最大（α-：48.8 μg/L、β-：14.7 μg/L 和 γ-：2.1 μg/L）（Hunziker et al.，2004）及鱼体内发生的异构化反应，因此在水生生物中 HBCDs 的异构体组成主要是以 α-HBCD 为主。在本研究所采集的水相以及鱼样品中，其 HBCDs 异构体组成与池鹭的一致，都是以 α-HBCD 为主（图 7-10）。而对于斑鸠和鹧鸪这两种陆生鸟，主要是以谷物、植物以及植物果实为食，本研究中谷物和植物叶中 γ-HBCD 占总

HBCDs 的 38%和 53%，均超过了 α-HBCD 所占的分数（33%和 24%）。同时，环境土壤样品中也以 γ-HBCD 为主，占总 HBCDs 的 63%。这种食物来源中本身以 γ-HBCD 为主的特征是陆生鸟体内以 γ-HBCD 为主的一个重要原因。对于白胸苦恶鸟、蓝胸秧鸡和沙锥这 3 种湿地鸟而言，其 HBCDs 异构体组成具有比较大的范围，这可能是由于这些湿地鸟的食物既有陆生的食源，又有一部分的水生食源。基于本研究中不同食性的鸟类 HBCDs 的同系物组成不同，我们推测，当鸟类的食源以水生食源为主时，其鸟类 HBCDs 的同系物组成就以 α-HBCD 为主；而当鸟类食源是以陆生食源为主时，其 HBCDs 的同系物组成就会以 γ-HBCD 为主。7.1 节的实验结果表明，当生物处在持续 HBCDs 的暴露条件下，γ-HBCD 是主要异构体。陆生鸟类中 γ-HBCD 为主的模式表明存在陆生源 HBCDs 的持续暴露过程。

为了论证我们的猜测，我们对鸟类中同系物组成与稳定碳同位素比值进行了相关性分析（图 7-11），发现 α-HBCD 的百分含量与鸟类肌肉样品的稳定碳同位素组成有着显著的线性相关性，这一结果证实了水生食源的比例占得越多，鸟体内中 α-HBCD 的百分含量就会占得越多。这一结果正好验证我们的推测。

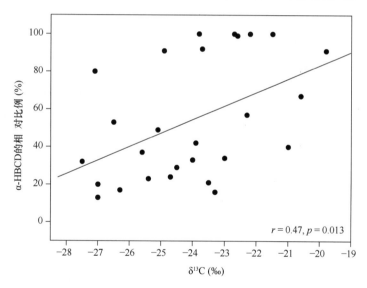

图 7-11　鸟类样品中 α-HBCD 的百分含量与 $\delta^{13}C$ 的相关性

由我们前面的室内实验及国外的一些研究（Law et al.，2006b；Zegers et al.，2005）证明，水生生物选择性富集 α-HBCD 异构体主要是由于生物体对 HBCDs 异构体的选择性代谢和转化。不同种类鸟的代谢能力不尽相同，因此鸟内对 HBCDs 代谢能力的差异也很可能造成不同鸟类具有不同的 HBCDs 异构体组成模式。为了消除生物代谢能力的影响，我们仅对同一种生物（白胸苦恶鸟）

的 HBCDs 同系物组成和稳定碳同位素比值进行了分析（图 7-12），发现当 α-HBCD 的百分含量较高时，其对应的 $\delta^{13}C$ 值也较高。这与 6.3 节对 PBDEs 的结果具有一定类似性，进一步证实了食物暴露对 HBCDs 生物富集模式具有重要的影响。当然，除了食物暴露之外，HBCDs 异构体之间的相互转化也是影响 HBCDs 富集模式的一个原因。例如本研究中池鹭的食物鱼体内 α-HBCD 的平均百分含量占到 83%，但是在池鹭中 α-HBCD 的平均百分含量占到了 97%，在这一过程中发生了异构体的相互转化，因此食物暴露以及异构体的相互转化都是影响 HBCDs 生物富集模式的因素。

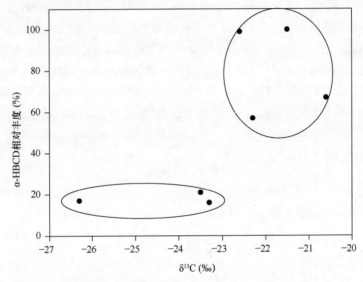

图 7-12　白胸苦恶鸟体内 α-HBCD 的百分含量与 $\delta^{13}C$ 的关系

7.3.4　HBCDs 的手性异构体组成特征

本研究只检测出了 α- 和 γ-HBCD 在鸟类肌肉组织和环境样品中的手性分数。标样中 α-、β- 和 γ-HBCD 对映异构体的 EF 值分别为 0.499 ± 0.002、0.502 ± 0.003 和 0.504±0.002（$n=5$）。与标样相比，鸟体内肌肉组织中的 α- 和 γ-HBCD 对映异构体发生了显著变化。池鹭 α-HBCD 的 EF 值（0.59 ± 0.017）显著地区别于标准品（$p<0.01$，t-test），表明相比于(–) α-HBCD，池鹭更容易选择性地富集(+) α-HBCD。然而这种选择性地富集某一种手性异构体并不一定是由于鸟内体内的选择性代谢另一种手性异构体的结果，因为在池鹭的主要食物鱼体内，其 α-HBCD 的 EF 值（0.59±0.02）与池鹭并无显著性地差异。因此池鹭体内 HBCDs 对映异构体 EF 值可能是从其食物中继承而来。对于斑鸠和鹩鸪这两种陆生鸟，其 α-HBCD 的 EF

值与标样相比有显著的差异（$p < 0.05$），其 EF 的范围为 0.37～0.44（表 7-3），表明两类陆生鸟选择性地富集了(–)α-HBCD。由于谷物和植物中 α-HBCD 的浓度较低，其手性异构体未被检出，因此无法判断陆生鸟体内的 EF 值是否与其食物的 EF 值相似。而在采集的土壤样品中检测发现，其 α-HBCD 的 EF 值（0.47 ± 0.02）也明显小于 0.5，表明土壤中可能由于微生物的作用，选择性地降解了(+)α-HBCD 这一立体异构。同时，土壤作为一种环境介质，也可以解释斑鸠和鹧鸪这两种陆生鸟选择性地富集 (–)α-HBCD 的原因。在白胸苦恶鸟、蓝胸秧鸡和沙锥这 3 种湿地鸟中，仅有 5 个样品检测出了 α-HBCD 的手性异构体，其 EF 值的范围是 0.51～0.66（表 7-3），表明这类湿地鸟中选择性地富集 (+)α-HBCD 这一手性异构体。

对 γ-HBCD 的手性异构来说，本研究中仅有 6 个样品检测出了 γ-HBCD 的手性异构，其 EF 值的范围是 0.55～0.61，表明本研究中的鸟类显著性地富集 (+)γ-HBCD，由于数据有限，本研究对 γ-HBCD 在各鸟类中的手性选择性富集不做讨论。到目前为止，较少量文献报道了鸟体内 HBCDs 对映异构体的组成特征。Janák 等（2008）研究发现游隼和普通燕鸥选择性富集 (–)α-HBCD，白尾海雕选择性富集 (+)α-HBCD。Sun 等（2012）在电子垃圾回收区陆生鸟的研究中报道了陆生雀形目鸟内选择性富集 (–)α-HBCD。这种选择性富集的具体机理仍需要更进一步的研究。

7.3.5　HBCDs 在鸟体内中的生物放大

本研究利用两种方式研究 HBCDs 在鸟体内可能的生物放大作用。一是利用鸟体内 HBCDs 的浓度与对应肌肉中的稳定氮同位素值之间的关系；二是利用池鹭—鲫鱼和斑鸠—谷粒这两个捕食和被捕食的食物链计算生物放大因子。由图 7-13 可以看出，鸟类中 α-HBCD 和 ∑HBCDs 浓度与 δ^{15}N 值之间都存在显著的正相关关系，表明了 α-HBCD 和 ∑HBCDs 在鸟类样品中存在生物放大可能。关于 HBCDs 在水生食物链上的放大已有不少报道。如安大略湖和温尼伯湖的水生食物链上 ∑HBCDs 皆存在生物放大现象（Tomy et al.，2004；Law et al.，2006a）。在加拿大东部的北极海洋食物链中发现，α-HBCD 与各种海洋生物的营养级呈显著正相关（$r^2 = 0.23$，$p = 0.0022$），脂肪化后计算所得的 TMF 值为 2.1（Tomy et al.，2008）；Haukås 等（2010）研究发现 α-HBCD 在挪威北部海洋食物链显著放大（$r^2 = 0.65$，$p < 0.001$），TMF 值为 2.6；我们在 7.2 节中发现淡水食物链中 α-HBCD 的 TMF 值为 2.2，具有显著的统计学意义。但陆生食物链上 HBCDs 的食物链放大效应目前报道并不多。

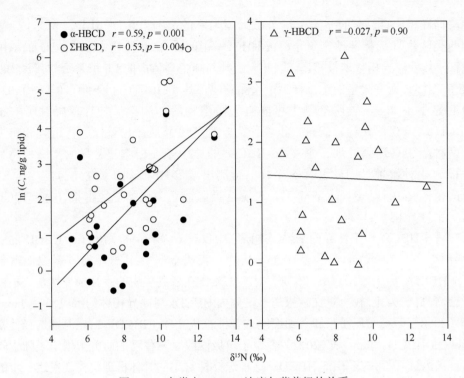

图 7-13　鸟类中 HBCDs 浓度与营养级的关系

γ-HBCD 的浓度与 δ^{15}N 值之间存在并没有显著性的相关性。Sun 等（2012）在对陆生鸟的研究中发现，在肇庆，γ-HBCD 的浓度与 δ^{15}N 值之间有显著的正相关，而在电子垃圾回收区清远却出现了不明显的正相关。在水生食物链中关于 γ-HBCD 沿营养级的生物放大的报道也呈现出不一致的结果。在温尼伯湖，γ-HBCD 与营养级呈显著正相关（Law et al.，2006a）；而在加拿大东部的北极海洋食物链中，γ-HBCD 与营养级呈显著负相关（Tomy et al.，2008）；在挪威北部及 7.2 节本研究报道的淡水食物链中，γ-HBCD 不存在显著的生物放大效应（Haukås et al.，2010）。这种现象可能与生物体对 γ-HBCD 转化/异构化有关。

由于本研究中所有的鸟类之间并不存在直接的捕食和被捕食关系，以上的相关性分析结果只能作为一个参考，只能说明可能存在食物链放大。因此，我们又计算了 HBCDs 在池鹭—鲫鱼和斑鸠—谷物中的生物放大因子（BMF）。鲫鱼和谷物的浓度为其平均浓度，而鸟类则利用个体的浓度分别计算，这样得到的 BMF 是一个范围。α-HBCD 的 BMF 在池鹭—鱼以及斑鸠—谷物这两条食物关系中分别为 4.1～5 和 2.8～75。对 γ-HBCD 来说，其 BMF 范围在这两条食物关系中分别为 1.6～3.0 和 7.1～51。从计算值可以看出，在斑鸠—谷物这一食物链上计算得到的 BMF

范围很大且均大于池鹭—鱼这一食物链计算得到的 BMF。这可能是因为谷物并不是斑鸠体内 BMF 的主要来源，而土壤、灰尘更可能是斑鸠体内 HBCDs 的主要贡献者。因为鲫鱼是池鹭的主要取食对象，因此，池鹭—鲫鱼这条食物链上计算得到的 BMF 值具有更高的可信性。池鹭—鲫鱼这一食物链 BMF 的计算结果表明，α-HBCD 和 γ-HBCD 在这条食物链上存在明显的生物放大作用。需要注意的是，本研究只取了鲫鱼这一类鱼类样品，样品的代表性不足，因此，这一结论还需要更多的数据支持。

参 考 文 献

常弘, 陈万成. 1997. 广东南岭国家自然保护区鸟类群落的研究.中山大学学报(自然科学版), 4: 74-78.

姜玉起. 2006, 溴系阻燃剂的现状及其发展趋势. 化工技术经济, 9(24): 14-18.

王亚韡, 蔡亚岐, 江桂斌. 2010. 斯德哥尔摩公约新增持久性有机污染物的一些研究进展. 中国科学, 40(2): 99-123.

Abdallah M A-E, Harrad S. 2011. Tetrabromobisphenol-A, hexabromocyclododecane and its degradation products in UK human milk: Relationship to external exposure. Environment International, 37(2): 443-448.

Alaee M, Arias P, Sjodin A, Bergman A. 2003. An overview of commercially used brominated flame retardants, their applications, their use patterns in different countries/regions and possible modes of release. Environment International, 29(6): 683-689.

Barotini, F, Cozzani, V, Petarca, L. 2001. Thermal stability and decomposition products of HBCD. Industrial & Engineering Chemistry Research, 40, 3270-3280.

Brandsma S H, van der Ven L T M, de Boer J, Leonards P E G. 2009. Identification of Hydroxylated Metabolites of Hexabromocyclododecane in wildlife and 28-days exposed wistar rats. Environmental Science and Technology, 43(15): 6058-6063.

Bromine Science Environmental Forum (BSEF). 2011. http: //www.bsef.com(accessed June 1, 2011).

Covaci A, Gerecke A C, Law R J, Voorspoels S, Kohler M, Heeb N V, Leslie H, Allchin C R, de Boer J. 2006. Hexabromocyclododecanes (HBCDs) in the environment and humans: A review. Environmental Science and Technology, 40(12): 3679-3688.

Davis J W, Gonsior S J, Markham D A, Friederich U, Hunziker R W, Ariano J M. 2006. Biodegradation and product identification of [^{14}C] hexabromocyclododecane in wastewater sludge and freshwater aquatic sediment. Environmental Science and Technology, 40: 5395-5401.

de Boer J, Leslie H A, Leonards P E G, Bersuder P, Morris S, Allchin C R. 2004. Screening and time trend study of decabromodiphenylether and hexabromocyclododecane in birds. *In*: Proceedings of the Third International Workshop on Brominated Flame Retardants, Toronto, Canada. 125-128.

Du M, Lin L, Yan C, Zhang X. 2012. Diastereoisomer-and enantiomer-specific accumulation, depuration, and bioisomerization of hexabromocyclododecanes in zebrafish (*Danio rerio*). Environmental Science and Technology, 46(20): 11040-11046.

Eljarrat E, Guerra P, Martínez E, Farré M, Alvarez J G, López-Teijón M, Barceló D. 2009. Hexabromocyclododecane in human breast milk: Levels and enantiomeric patterns.

Environmental Science and Technology, 43(6): 1940-1946.

Esslinger S, Becker R, Maul R, Nehls I. 2011. Hexabromocyclododecane enantiomers: Microsomal degradation and patterns of hydroxylated metabolites. Environmental Science and Technology, 45(9): 3938-3944.

Gauthier LT, Hebert C E, Weseloh D V C, Letcher R J. 2007. Current-use flame retardants in the eggs of herring gulls (*Larus argentatus*) from the Laurentian Great lakes. Environmental Science and Technology , 41: 4561-4567.

Geyer H J, Schramm K-W, Darnerud P O, Aune M, Feicht E A, Fried K W, Henkelmann B, Lenoir D, Schmid P, McDonald T A. 2004. Terminal elimination half-lives of the brominated flame retardants TBBPA, HBCD, and lower brominated PBDEs in humans. Organohalogen Compounds, 66: 3867-3872.

Hakk H, Szabo D T, Huwe J, Diliberto J, Birnbaum L S. 2012. Novel and distinct metabolites identified following a single oral dose of alpha- or gamma-hexabromocyclododecane in mice. Environmental Science and Technology, 46(24): 13494-13503.

Harrad S, Abdallah M A-E, Rose N L, Turner S D, Davidson T A. 2009. Current-use brominated flame retardants in water, sediment, and fish from English lakes. Environmental Science and Technology, 43(24): 9077-9083.

Haukås M, Hylland K, Nygård T, Berge J A, Mariussen E, 2010. Diasteroisomer-specific bioaccumulation of hexabromocyclododecane (HBCD) in a coastal food web, Western Norway. Science of the Total Environment, 408, 5910-5916.

Haukås M, Mariussen E, Ruus A, Tollefsen K E. 2009. Accumulation and disposition of hexabromocyclododecane (HBCD) in juvenile rainbow trout (*Oncorhynchus mykiss*). Aquatic Toxicology, 95(2): 144-151.

He M-J, Luo X-J, Yu L-H, Wu J-P, Chen S-J, Mai B-X. 2013. Diasteroisomer and enantiomer-specific profiles of hexabromocyclododecane and tetrabromobisphenol A in an aquatic environment in a highly industrialized area, South China: Vertical profile, phase partition, and bioaccumulation. Environmental Pollution, 179: 105-110.

Heeb N V, Schweizer W B, Kohler M, Gerecke A C. 2005. Structure elucidation of hexabromocyclododecanes—A class of compounds with a complex stereochemistry. Chemosphere, 61: 65-73.

Heeb N V, Schweizer W B, Mattrel P, Haag R, Gerecke A C, Schmid P, Zennegg M, Vonmont H. 2008. Regio- and stereoselective isomerization of hexabromocyclododecanes (HBCDs): Kinetics and mechanism of gamma- to alpha-HBCD isomerization. Chemosphere, 73: 1201-1210.

Huhtala S, Schultz E, Nakari T, MacInnis G, Marvin C, Alaee M. 2006. Analysis of hexabromocyclododecane and their hydroxy metabolites from *in vitro* and environmental samples by LC-MSMS. Organohalogen Compounds, 68: 1987-1990.

Hunziker R, Gonsior S, MacGregor J, Desjardins D, Ariano J, Friederich U. 2004. Fate and effect of hexabromocyclododecane in the environment. Organohalogen Compounds, 66: 2300-2305.

Janák K, Covaci A, Voorspoels S, Becher G. 2005. Hexabromocyclododecane in marine species from the Western Scheldt Estuary: Diastereoisomer- and enantiomer-specific accumulation. Environmental Science and Technology, 39(7): 1987-1994.

Janák K, Sellström U, Johansson A-K, Becher G, de Wit C A, Lindberg P, Helander B. 2008. Enantiomer-specific accumulation of hexabromocyclododecanes in eggs of predatory birds. Chemosphere, 73(1): S193-S200.

Jaspers V, Covaci A, Maervoet J, Voorspoels S, Schepens P, Eens M. 2005. Brominated flame retardants and organochlorine pollutants in eggs of little owl (*Athene noctua*) from Belgium. Environmental Pollution, 136: 81-88.

Johnson-Restrepo B, Adams D H, Kannan K. 2008. Tetrabromobisphenol A (TBBPA) and hexabromocyclododecanes (HBCDs) in tissues of humans, dolphins, and sharks from the United States. Chemosphere, 70(11): 1935-1944.

Kakimoto K, Akutsu K, Konishi Y, Tanaka Y. 2008. Time trend of hexabromocyclododecane in the breast milk of Japanese women. Chemosphere, 71(6): 1110-1114.

Knudsen L B, Borgå K, Jørgensen E H, Bavel B, Schlabach M, Verreault J, Gabrielsen G W. 2007. Halogenated organic contaminants and mercury in northern fulmars (*Fulmarus glacialis*): Levels, relationships to dietary descriptors and blood to liver comparison. Environmental Pollution, 146: 25-33.

Knudsen L B, Gabrielsen G W, Verreault J, Barrett R, Skare J U, Polder A, Lie E. 2005. Temporal trends of brominated flame retardants, cyclododeca-1, 5, 9-triene and mercury in eggs of four sea bird species from Northern Norway and Svalbard, Norwegian Pollution Control Authority, Report 942/205.

Koeppen R, Becker R, Jung C, Nehls I. 2008. On the thermally induced isomerisation of hexabromocyclododecane stereoisomers. Chemosphere, 71(4): 656-662.

Kohler M, Zennegg M, Bogdal C, Gerecke A C, Schmid P, Heeb N V, Sturm M, Vonmont H, Kohler H-P E, Giger W. 2008.Temporal trends, congener patterns, and sources of Octa-, Nona-, and decabromodiphenyl ethers (PBDE) and hexabromocyclododecanes (HBCD) in Swiss lake sediments. Environmental Science and Technology, 42(17): 6378-6384.

Köppen R, Becker R, Esslinger S, Nehls I. 2010. Enantiomer-specific analysis of hexabromocyclododecane in fish from Etnefjorden (Norway). Chemosphere, 80(10): 1241-1245

Law K, Halldorson T, Danell R, Stern G, Gewurtz S, Alaee M, Marvin C, Whittle M, Tomy G. 2006a. Bioaccumulation and trophic transfer of some brominated flame retardants in a Lake Winnipeg (Canada) food web. Environmental Toxicology and Chemistry, 25: 2177-2186.

Law K, Palace V P, Halldorson T, Danell R, Wautier K, Evans B, Alaee M, Marvin C, Tomy G T. 2006b. Dietary accumulation of hexabromocyclododecane diastereoisomers in juvenile rainbow trout (*Oncorhynchus mykiss*) I: Bioaccumulation parameters and evidence of bioisomerization. Environmental Toxicology and Chemistry, 25(7): 1757-1761.

LaZerte B D, Szalados J E. 1982. Stable carbon isotope ratio of submerged freshwater macrophytes. Limnology and Oceanography, 27: 413-418.

Leonards P, Vethaak D, Brandsma S, Kwadijk C, Mici D, Jol J, Schoute P, de Boer J. 2004. Biotransformation of polybrominated diphenyl ethers and hexabromocyclododecane in two Dutch food chains. *In*: Proceedings of The Third International Workshop on Brominated Flame Retardants, BFR 2004, Toronto, Canada. 283-286.

Lindberg P, Sellström U, Häggberg L, de Wit C A. 2004. Higher brominated diphenyl ethers and hexabromocyclododecane found in eggs of peregrine falcons (*Falco peregrinus*) breeding in Sweden. Environmental Science and Technology, 38: 93-96.

Lundstedt-Enkel K, Asplund L, Nylund K, Bignert A, Tysklind M, Olsson M, Örberg J. 2006. Multivariate data analysis of organochlorines and brominated flame retardants in Baltic Sea guillemot (*Uria aalge*) egg and muscle. Chemosphere, 65: 1591-1599.

Luo X, Wu J, Chen S, Mai B. 2013. Species-specific bioaccumulation of polybrominated diphenyl ethers, hexabromocyclododecan and dechlorane plus in biota: A review. Scientia Sinica Chimica, 43(3): 291-304.

Marvin, C. H, Maclnnis G, Alaee M, Arsenault G, Tomy G T. 2007. Factors influencing enantiomeric fractions of hexabromocyclododecane measured using lipid chromatography/tandem mass spectrometry. Rapid Communications in Mass Spectrometry, 21: 1925-1930.

Morris S, Allchin C R, Zegers B N, Haftka J J H, Boon J P, Belpaire C, Leonards P E G, van Leeuwen S P J, de Boer J. 2004. Distribution and fate of HBCD and TBBPA brominated flame retardants in north Sea estuaries and aquatic food webs. Environmental Science and Technology, 38(21): 5497-5504.

Murvoll K M, Skaare J U, Anderssen E, Jenssen B M. 2006. Exposure and effects of persistent organic pollutants in European shag (*Phalacrocorax aristotelis*) hatchlings from the coast of Norway. Environmental Toxicology and Chemistry, 25: 190-198.

Peck A M, Pugh R S, Moors A, Ellisor M B, Porter B J, Becker P R, Kucklick J R. 2008. Hexabromocyclododecane in white-sided dolphins: temporal trend and stereoisomer distribution in tissues. Environmental Science and Technology, 42(7): 2650-2655.

Polder A, Venter B, Skaare J U, Bouwman H. 2008. Polybrominated diphenyl ethers and HBCD in bird eggs of South Africa. Chemosphere, 73: 148-154.

Sagerup K, Savinov V, Savinova T, Kuklin V, Muir D C G, Gabrielsen G W. 2009. Persistent organic pollutants, heavy metals and parasites in the glaucous gull (*Larus hyperboreus*) on Spitsbergen. Environmental Pollution, 157: 2282-2290.

Schlabach M, Fjeld E, Gundersen H, Mariussen E, Kjellberg G, Breivik E. 2004. Pollution of Lake Mjøsa by brominated flame retardants. Organohalogen Compounds, 66: 3779-3785.

Sellström U, Bignert A, Kierkegaard A, Haggberg L, de Wit C A, Olsson M, Jansson B. 2003. Temporal trend studies on tetra- and pentabrominated diphenyl ethers and hexabromocyclododecane in guillemot egg from the Baltic Sea. Environmental Science and Technology, 37: 5496-5501.

Shi Z-X, Wu Y-N, Li J-G, Zhao Y-F, Feng J-F. 2009. Dietary exposure assessment of Chinese adults and nursing infants to tetrabromobisphenol-A and hexabromocyclododecanes: Occurrence measurements in foods and human milk. Environmental Science and Technology, 43(12): 4314-4319.

Sun Y-X, Luo X-J, Mo L, He M-J, Zhang Q, Chen S-J, Zou F-S, Mai B-X. 2012. Hexabromocyclododecane in terrestrial passerine birds from e-waste, urban and rural locations in the Pearl River Delta, South China: Levels, biomagnification, diastereoisomer- and enantiomer-specific accumulation. Environmental Pollution, 171: 191-198.

Szabo D T, Diliberto J J, Hakk H, Huwe J K, Birnbaum L S. 2010. Toxicokinetics of the flame retardant hexabromocyclododecane gamma: effect of dose, timing, route, repeated exposure, and metabolism. Toxicological Sciences, 117(2): 282-293.

Thomsen C, Molander P, Daae H L, Janak K, Froshaug M, Liane V H, Thorud S, Becher G, Dybing E. 2007. Occupational exposure to hexabromocyclododecane at an industrial plant. Environmental Science and Technology, 41: 5210-5216.

Tlustos C, McHugh B, Pratt I, Tyrrell L, McGovern E. 2013.Investigation into levels of dioxins, furans, polychlorinated biphenyls and brominated flame retardants in fishery produce in Ireland. Food Safety Authority of Ireland.

Tomy G T, Budakowski W, Halldorson T, Whittle D M, Keir M J, Marvin C, MacInnis G, Alaee M.

2004. Biomagnification of α-and γ-hexabromocyclododecane isomers in a Lake Ontario food web. Environmental Science and Technology, 38(8): 2298-2303.

Tomy G T, Pleskach K, Oswald T, Halldorson T, Helm P A, MacInnis G, Marvin C H. 2008. Enantioselective bioaccumulation of hexabromocyclododecane and congener-specific accumulation of brominated diphenyl ethers in an eastern Canadian Arctic marine food web. Environmental Science and Technology, 42(10): 3634-3639.

Verreault J, Gabrielsen G W, Chu S G, Muir D C G, Andersen M, Hamaed A, Letcher R J. 2005. Flame retardants and methoxylated and hydroxylated polybrominated diphenyl ethers in two Norwegian Arctic top predators: Glaucous gulls and polar bears. Environmental Science and Technology, 39: 6021-6028.

Vorkamp K, Bester K, Riget F F. 2012. Species-Specific Time Trends and Enantiomer Fractions of Hexabromocyclododecane (HBCD) in Biota from East Greenland. Environmental Science and Technology, 46(19): 10549-10555.

Vorkamp K, Thomsen M, Falk K, Leslie H, Møller S, Sørensen P B. 2005. Temporal development of brominated flame retardants in peregrine falcon (*Falco peregrinus*) eggs from South Greenland (1986–2003). Environmental Science and Technology, 39: 8199-8206.

Willett K L, Ulrich E M, Hites R A. 1998. Differential toxicity and environmental fates of hexachlorocyclohexane isomers. Environmental Science and Technology, 32(15): 2197-2207.

Xian Q, Ramu K, Isobe T, Sudaryanto A, Liu X, Gao Z, Takahashi S, Yu H, Tanabe S. 2008. Levels and body distribution of polybrominated diphenyl ethers (PBDEs) and hexabromocyclododecanes (HBCDs) in freshwater fishes from the Yangtze River, China. Chemosphere, 71(2): 268-276.

Zegers B N, Mets A, van Bommel R, Minkenberg C, Hamers T, Kamstra J H, Pierce G J, Boon J P. 2005. Levels of hexabromocyclododecane in harbor porpoises and common dolphins from western European seas, with evidence for stereoisomer-specific biotransformation by cytochrome P450. Environmental Science and Technology, 39(7): 2095-2100.

Zhang X, Yang F, Luo C, Wen S, Zhang X, Xu Y. 2009. Bioaccumulative characteristics of hexabromocyclododecanes in freshwater species from an electronic waste recycling area in China. Chemosphere, 76(11): 1572-1578.

Zhu N, Fu J, Gao Y, Ssebugere P, Wang Y, Jiang G. 2013. Hexabromocyclododecane in alpine fish from the Tibetan Plateau, China. Environmental Pollution, 181: 7-13.

第 8 章 得克隆的生物富集与放大

本章导读

- 得克隆（DP）是一类使用了近 50 年的化学品。直到 2006 年，DP 在环境和生物样品中首次检出后，DP 的环境污染才引起人们的广泛关注。

- 通过室内暴露实验调查了 DP 在鱼类、鸟类及哺乳类动物中的吸收、富集行为。发现 DP 在鱼类表现出 syn-DP 选择性富集。但富集过程存在组织差异性及动态变化。在鸟类及大鼠的暴露实验中发现，DP 只在高浓度暴露条件下表现出 syn-DP 选择性富集。DP 的脱卤产物在相关生物体内的相对含量均出现增加，但还不能断定这种增加是代谢还是选择性富集与排泄的结果。DP 的暴露同时引起了目标动物一些生化指标的改变，但没有观察到非常明显的毒副作用。

- 对清远电子垃圾污染池塘水生食物链中 DP 的研究揭示出 DP 的 TMF 大于 1，且 syn-DP 的 TMF 要高于 anti-DP。水生生物选择性富集 syn-DP，且这种选择性富集随生物的营养等级增加而增强。水鸟也表现为选择性富集 syn-DP，但陆生雀鸟未观察到 syn-DP 的选择性富集。对贵屿地区两个采样点鸡蛋和鹅蛋 DP 的研究也证实了这一点。虽然不存在捕食与被捕食关系，但陆生雀鸟中 DP 的浓度与稳定氮同位素比值之间仍表现出正相关关系。不论是水生还是陆生鸟，都观察到 syn-DP 的相对比例随生物营养等级增加而增加的现象。

- 对人体头发与灰尘中 DP 的研究揭示头发中 DP 明显受灰尘的影响。电子垃圾回收区灰尘 DP 的 f_{anti} 值显著地低于城市与乡村对照区。电子垃圾回收厂女性工人血清中 DP 的浓度高于男性，男性的脱卤产物与母体产物的比值显著地高于女性，女性的 anti-DP 分数高于男性，暗示男性代谢 DP 的能力可能强于女性。血清中 f_{anti} 值显著高于灰尘样品，可能存在着 anti-DP 的选择性富集。

得克隆（dechlorane plus，DP）即双（六氯环戊二烯），化学名为 1,2,3,4,7,8,9,10,13,13,14,14-十二氯代-1,4,4a,5,6,6a,7,10,10a,11,12,12a-十二氢化-1,4,7,10-二亚

甲基二苯并[a,e]环辛烯，分子式 $C_{18}H_{12}Cl_{12}$，相对分子量 653.72，白色粉末状结晶，是一种氯代添加型阻燃剂。20 世纪 60 年代得克隆作为氯系阻燃剂灭蚁灵（Mirex）的替代品被合成，70 年代投入生产并进入市场（Hoh et al.，2006）。由于 DP 具有良好的热稳定性、着色性、优异的电学性能（不提供自由电子）和低生烟量等优点，被广泛用于纺织品、油漆、电路板，特别是电器的塑料高聚物（如电视、电脑等的电缆和电线、电脑连接器等产品）中，产品中的添加比例为 10%～35%（Hoh et al.，2006；Xian et al.，2011）。

　　DP 工业品有三种型号：525、535 和 515。这三种型号化学组成相同，只是粒径有所差别，平均最大颗粒直径分别为 6 μm、3.5 μm 和 15 μm。DP 有顺式（syn-）和反式（anti-）两种构型，它们的结构见图 8-1，理化性质见表 8-1。工业品 DP 中 syn-DP 和 anti-DP 的比例一般为 1：3，随产品批次、产家的不同有所变化（Hoh et al.，2006；Qiu et al.，2007；Sverko et al.，2011；Tomy et al.，2007；Xian et al.，2011）。

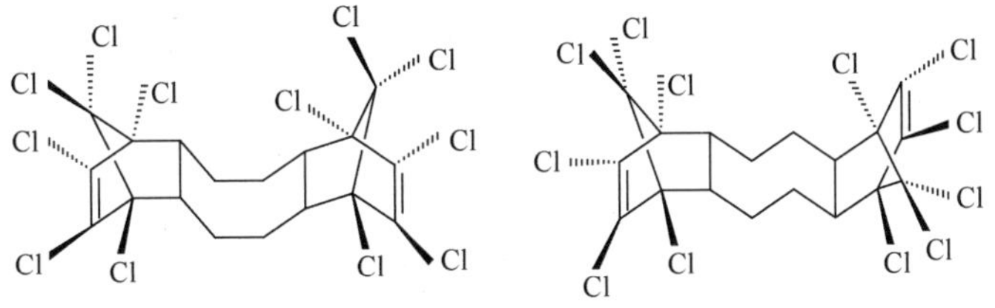

图 8-1　DP 的同分异构体

表 8-1　DP 的理化性质

性质	参数
熔点	350℃（分解）
密度	1.8 g/cm³
蒸气压	0.006 mmHg（200℃时）
水溶性	207 ng/L；572 ng/L
推荐的操作温度	285℃（最大）
辛醇/水分配系数（log K_{OW}）	9.3
辛醇/空气分配系数（log K_{OA}）	12.26
沉积物/水分配系数（log K_P）	6.65

注：数据来自 OxyChem 公司，2007（OxyChem，2007）

　　DP 在欧盟属于低产量化学品，但被美国环境保护署（USEPA）列入高产量化学品（high production volume chemical，HPVC）名录。加拿大也将其列入受审查的化学品清单（Canada's domestic substances list）（Sverko et al.，2011）。目前世界

上已知的 DP 生产厂家主要有两家，即位于美国五大湖区的 OxyChem 公司和位于中国江苏淮安的江苏安邦电化有限公司（Wang et al.，2016）。从 1986 年开始，美国 DP 年生产量 450～4500 t（Qiu et al.，2007）；中国安邦电化有限公司自 2003 年开始 DP 年生产量为 300～1000 t（Wang et al.，2010），目前全球 DP 年生产总量约为 5000 t（Ren et al.，2009）。

虽然 DP 已有很多年的生产和使用历史，但直到 2006 年才由 Hoh 等（2006）首次从北美五大湖地区的沉积物和鱼类样品中检测到 DP 的残留。随后，DP 在全球多个国家和地区的环境介质和生物样品中被检出（Arinaitwe et al.，2014；Baek et al.，2013；Barón et al.，2014；Gauthier and Letcher，2009；Jia et al.，2011；Syed et al.，2013；Tomy et al.，2007；Wolschke et al.，2015；Zhu et al.，2007），表明 DP 已成为环境中普遍存在的污染物。由于 DP 具有较高的分子量，先前一直普遍认为其生物可利用性很低。然而，随着 DP 在环境特别是生物样品中的广泛检出，意味着其对生物体可能存在潜在的危害，从而受到人们的关注。

OxyChem 公司提供的 DP 毒理学测试结果表明，DP 对白化大鼠、白化兔子和大鼠的急性毒性较低，但亚急性结果表明长期的皮肤接触和吸入高浓度的 DP 会造成肺部、肝脏和生殖系统组织病变（OxyChem，2007）。最近的一些研究结果表明，DP 能够引起大鼠 DNA 的氧化应激损伤，影响肝脏中的碳水化合物、脂质、核苷酸和能量代谢，以及信号转导过程（Wu et al.，2012）。高浓度长时间 DP 暴露会对蚯蚓产生一定的氧化损伤和神经毒性（张刘俊，2014）。

作为一类新型污染物，目前人们对 DP 的环境行为了解还非常有限。为了解 DP 在生物中的富集及食物链传递规律，我们利用室内暴露实验进行了 DP 在鱼、鸟类及哺乳类生物上的富集研究；利用野外生物样品，研究了 DP 在水生及鸟类食物链上的传递及生物放大行为；利用一电子垃圾回收区域人体头发、血清及室内灰尘样品，研究了 DP 及其降解产物在人体中的暴露源、内暴露浓度及潜在代谢。研究结果有助于我们比较全面地了解和评价 DP 的生物富集能力及其可能的负面效应。

8.1　DP 生物富集的室内暴露研究

为了了解 DP 在不同生物中的吸收富集过程，我们通过室内暴露实验，研究了 DP 及其脱氯产物在鲤鱼、鹌鹑和老鼠中的富集过程，重点关注了 DP 的立体异构体选择性富集行为。同时，还对 DP 暴露对鹌鹑及老鼠生化指标的影响进行了初步探讨。

8.1.1　DP 及其脱氯产物通过饮食暴露在鲤鱼体中的富集、清除和组织分配

1. 实验设计与样品分析

2013 年 3 月从广州花鸟市场买回 40 条长约 12 cm 的普通鲤鱼，选取 4 条鲤鱼喂养在一个长、宽、高分别为 80 cm、35 cm 和 50 cm 的水族缸内作为控制对照。其他 36 条鱼养在另一个长、宽、高分别为 120 cm、40 cm 和 60 cm 的水族缸作为暴露组。水族缸温度控制在 22℃±1℃，通过曝气保持氧气的充足，并用一潜水泵实现水体的循环。循环水的速率为 1.5 L/min。在水族缸内适应 7 天后，开始进行染毒暴露。食物喂饲量为鱼体重的 1%。

用于鱼体暴露的 DP 为从江苏安邦电化有限公司购买的 DP-25。鳕鱼肝油买自 Peter Moller（挪威）。通过人工染毒食物的方式实现鱼对 DP 的暴露。每条鱼平均的暴露剂量大约为 1.5 μg 每天。配制鱼食时，先将 DP-25 溶解在异辛烷中，然后用鱼肝油稀释到需要的浓度。取 1 mL 鱼肝油和 10 g 鲤鱼饲料混合均匀。饲料为购于长江五星水族品有限公司的悬浮性颗粒饲料，粗蛋白含量不低于 40%，粗脂肪含量大于 35%。未染毒食物由饲料和鱼肝油（未加 DP-25）混合而成。

染毒暴露一共进行 50 天，然后进行清除喂养 40 天。控制组整个实验期间都喂养未染毒食物。在暴露喂养期（第 5 天和第 45 天）和清除期（第 55 天和第 90 天），分别收集部分食物样品。同时，在暴露期的第 5、10、15、25、35、40 和 50 天及清除期的第 60、70、80、85 和 90 天收集相应的鱼粪样品。整个实验期间，每 5 天从鱼缸中收集 2 条鱼进行解剖，共采集鱼肉样品（剔除鳃和内脏后的整鱼样品）36 个、鱼血样品 18 个（每 2 条鱼的样合并为 1 个样，下同）、肝脏样品 18 个、鱼生殖腺样品（精或卵巢）18 个。

将冷冻干燥好的鱼组织样品研磨成粉，注入替代内标 BDE181，然后用正己烷：丙酮=1：1 的混合溶剂抽提 24 h。抽提液浓缩至 10 mL，取 1 mL 用于脂肪含量的测定，剩余部分用 3 mL 浓硫酸进行除脂处理。除脂后的提取液用 5% 的硫酸钠溶解洗涤去除残存的硫酸，浓缩至 1 mL，然后在复合硅胶柱（内径 1 cm，8 cm 中性硅胶，8 cm 44%浓硫酸处理的酸性硅胶，2 cm 无水硫酸钠）上进行净化分离。用 30 mL 正己烷/二氯甲烷（1：1）淋洗，浓缩后用异辛烷定容为 1 mL。进样前加入进样内标 BDE128。食物和粪便的处理方法同鱼组织样品。

对血清样品，首先注入替代内标，然后加入 HCl（6 mol/L，1 mL）和异丙醇（6 mL）振摇使蛋白质变性，然后用 6 mL 正己烷/叔丁基甲基醚（1：1）进行液–液萃取。萃取 2 次。萃取液合并后用 KCl 溶液（1%，W/W，4 mL）洗涤然后氮吹到干，测定脂肪含量。然后正己烷重溶后用浓硫酸除脂。后续处理步骤同上。

DP 及其脱氯产物采用 GC/MS (Agilent 7890A/5975B MSD；Agilent Technology, CA)在负化学电离源–选择离子模式下进行定量。色谱柱为 DB-XLB 毛细管色谱柱

（30 m × 0.25 mm ID × 0.25 μm film，J & W Scientific）。柱温程序如下：初始温度为 110℃保持 1 min，8℃/min 加热到 200℃，保持 1 min，3℃/min 加热到 240℃保持 2 min，然后 5℃/min 加热到 280℃保持 10 min，最后 10℃/min 加热到 310℃保持 10 min。进样口温度 290℃，进样量 1 μL，无分流模式进样。syn-DP 和 $anti$-DP 的监测离子为 m/z 653.8 和 651.8，$anti$-Cl_{11}-DP 和 syn-Cl_{11}-DP 的监测离子为 m/z 618 和 620；$anti$-Cl_{10}-DP 的监测离子为 m/z 584 和 586；BDE181 和 BDE128 的监测离子 m/z 79 和 81。定量离子均为两个监测离子中的前一个离子。由于无 syn-Cl_{11}-DP 标样，该化合物的定量采用 $anti$-Cl_{11}-DP 在 GC/MS 上的响应因子进行半定量。定量采用内标法。

2. 背景值及质量控制

90 天暴露实验中，鲤鱼的体长（12.4 cm ± 0.8 cm）与刚买时（12.1 cm ± 0.6 cm）无明显差别（p>0.05）。实验过程中未观察到鱼的死亡现象。实验空白中检出 $anti$-DP，其他化合物未检出。对于 $anti$-DP 的方法检测限定义为空白检出的平均值加 3 倍标准偏差。其他化合物的方法检测限定义为 10 倍信噪比时的浓度。syn-DP、$anti$-DP、$anti$-Cl_{10}-DP、syn-Cl_{11}-DP 和 $anti$-Cl_{11}-DP 的方法检测限对于鱼组织位于 0.02~0.11 ng/g ww 之间，对于鱼食和鱼粪在 0.18~0.47 ng/g dw 之间。替代物 BDE181 的回收率范围为 80%~128%。在控制对照鱼样品及鱼食样品中未检测到 $anti$-Cl_{10}-DP、syn-Cl_{11}-DP 和 $anti$-Cl_{11}-DP。但 syn-DP 和 $anti$-DP 两个化合物在控制鱼样及食物样品中均有检测。其浓度分别为 19 pg/g ww ± 12 pg/g ww、34 pg/g ww ± 26 pg/g ww 和 0.52 ng/g dw ± 0.38 ng/g dw、1.5 ng/g dw ± 1.1 ng/g dw。这些浓度均低于暴露组浓度几个数量级。

3. DP 及其相关化合物的肠道吸收及粪便排泄

在所有鱼食及鱼粪样品中均检出 syn-DP、$anti$-DP、syn-Cl_{11}-DP 和 $anti$-Cl_{11}-DP，没有 $anti$-Cl_{10}-DP 检出。染毒鱼食中 syn-DP、$anti$-DP、syn-Cl_{11}-DP 和 $anti$-Cl_{11}-DP 的平均浓度为（2071 ± 24）ng/g dw、（7826 ± 1031）ng/g dw、4.0 ± 0.3 ng/g dw 和（33.5 ± 0.4）ng/g dw。暴露期间，鱼粪中 syn-DP、$anti$-DP、syn-Cl_{11}-DP 和 $anti$-Cl_{11}-DP 的平均浓度分别为 5240 ng/g dw、19700 ng/g dw、108 ng/g dw 和 15.2 ng/g dw。四个化合物的 $C_{鱼粪}/C_{鱼食}$ 分别为 1.53~4.31、1.55~4.98、1.53~6.31 和 1.86~8.26。除了暴露期第 50 天外，$C_{鱼粪}/C_{鱼食}$ 随着暴露时间的延长有增加的趋势（图 8-2），表明 DP 的肠道吸收效率随暴露时间的延长而降低。这是因为随着暴露时间增加，鱼体中 DP 浓度逐步增加，鱼体内 DP 的浓度与肠道中食物 DP 的浓度梯度降低，导致其吸收效率降低。同时，除第 50 天外，每一组对应的 $C_{鱼粪}/C_{鱼食}$ 中，syn-DP 的比值都稍高于 $anti$-DP 的比值（成对样品的 t-test；p < 0.05）。对于两个脱氯

的单体也存在同样的规律（图 8-2）。比值越高表明随肠道排除的量越大，即肠道吸收的量越低，也就是 *syn*-DP 在肠道中的吸收效率低于 *anti*-DP。这一结果与Tomy等（2008）报道的结果正相反。

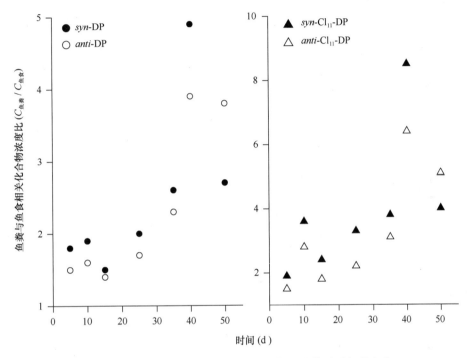

图 8-2　暴露期鱼食与鱼粪中相关化合物的比值随时间的变化

在 Tomy 等的研究中，*syn*-DP 在幼龄虹鳟鱼中展现出比 *anti*-DP 更高的同化效率。这种差异是因为两者的评价方法不同所致。在 Tomy 等的研究中，是用虹鳟鱼体内各化合物的累积曲线来推断其同化效率的，而本实验直接对比的是鱼食和鱼粪的浓度变化。化合物的累积曲线除了反映化合物的肠道吸收外，还与化合物在体内的代谢、排泄有关，是一个综合的结果。而鱼粪与鱼食的浓度比更多受单一肠道吸收的影响。

进入清除期后，鱼粪中相关化合物的浓度比在暴露期的浓度迅速下降了一个数量级，并且随清除期的延续，浓度呈指数形式的下降（图 8-3）。显然，后期鱼粪中的 DP 及相关化合物来源于鱼体对相关化合物的排泄过程。我们将鱼粪与未染毒鱼食中的相关化合物进行比较，发现此过程中鱼粪与鱼食的浓度比在各个化合物之间无明显的差别（成对 *t*-test；$p<0.05$）。表明通过鱼粪的排泄过程不存在立体异构体选择性。

DP 及相应脱氯产物的异构体组成特征用反式异构体的相对含量 f_{anti} 表示
$[f_{anti} = anti\text{-}DP/(anti\text{-}DP + syn\text{-}DP)$；$f_{anti\text{-}Cl_{11}} = anti\text{-}Cl_{11}\text{-}DP/(anti\text{-}Cl_{11}\text{-}DP + syn\text{-}Cl_{11}\text{-}DP)]$。
染毒鱼食中 f_{anti}（0.791 ± 0.02）和 $f_{anti\text{-}Cl_{11}}$（0.893）均比相应的鱼粪中的比值（平均
0.775 和平均 0.866）要高，更进一步地验证了顺式的肠道吸收效率要低于反式。而
在清除期的鱼粪中，f_{anti}（平均 0.747）和 $f_{anti\text{-}Cl_{11}}$（平均 0.703）的比值比鱼食中显著
得降低（Independent-samples t-test；$p < 0.05$），表明反式异构体在鲤鱼体内存在选择
性的代谢过程。

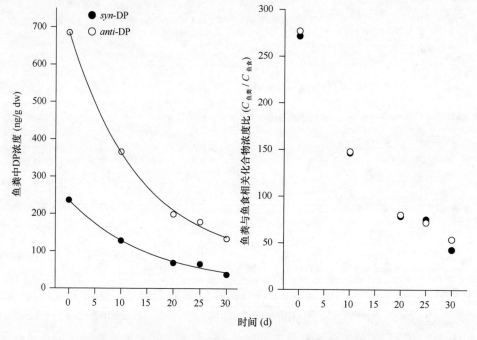

图 8-3　清除期鱼粪中相关化合物浓度及鱼粪鱼食浓度比值

4. DP 及其相关化合物的吸收及清除动力学

DP 及其脱氯产物在血清、肌肉和肝脏中的浓度及随时间的变化被用于其吸收
和排泄动力学研究（图 8-4）。四个化合物除 $syn\text{-}Cl_{11}\text{-}DP$ 未在血清中检出外，在其
他的组织中全部被检出。在血清和肌肉样品中，所有的化合物均表现为随暴露时
间线性富集的现象，并且均在暴露的第 50 天达到最高浓度。血清中 $anti\text{-}DP$、$syn\text{-}DP$
和 $anti\text{-}Cl_{11}\text{-}DP$ 线性回归方程的决定系数（r^2）分别为 0.88、0.84 和 0.69。肌肉
中 $anti\text{-}DP$、$syn\text{-}DP$、$anti\text{-}Cl_{11}\text{-}DP$ 和 $syn\text{-}Cl_{11}\text{-}DP$ 的线性回归方程的决定系数分别
为 0.84、0.81、0.84 和 0.81。50 天暴露过程中，未观察到血清和肌肉中相关化合
物的浓度达到稳定状态，表明经过 50 天的暴露，污染物仍然未达到平衡状态。

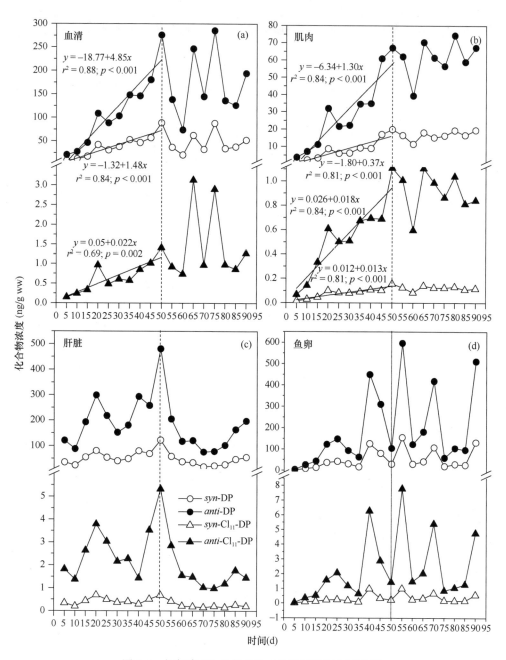

图 8-4　组织中 DP 及相关化合物浓度随时间变化图

在清除阶段，肌肉和血清样品在前 10 天表现出一个快速清除的过程，在剩下的清除期，未观察到明显的下降现象，而是出现明显的上下波动。本研究中 DP 及其相关化合物的吸收和清除动力学与其他对 DP 的暴露研究的吸收和清除现象大体一致（Fisk et al.，1998）。

DP 及其脱氯类似物在肝脏和性腺中的吸收曲线并未呈现线性增加趋势[图 8-4（c）和（d）]。性腺中相关化合物的浓度与肝脏中相关化合物的浓度表现为相同的变化趋势，但大约有 5 天的滞后期。这可能与 DP 在体内的代际传递有关。因为卵中的营养物质主要在肝脏中合成后再输送到卵泡中。DP 及其相关化合物在肝脏中呈现两阶段的清除过程。从清除开始到第 70 天，相关化合物浓度呈现出线性下降的趋势，而在后 20 天，浓度出现一定程度的回升。而在性腺体内，清除期间没有明显的规律可循。这可能与采样时单个鱼体的性腺发育阶段不同有关。有些鱼的鱼卵的发育已经非常明显，而有些还未见明显成型的鱼卵。目前还不清楚在暴露期为什么相关化合物在肝脏中未发现浓度线性增加的趋势并且在实验末期浓度出现一定的回升。肝肠循环和疏水性污染物在组织间的再分布过程可能会影响肝脏中污染物的浓度并导致肝脏中相对复杂的吸收和清除动力学（Roberts et al.，2002）。此外，肝脏中发生的潜在代谢及个体鱼之间相对较高的变异性也可能是造成肝脏中 DP 的吸收和清除未有明显规律性的原因。

整个暴露期间，syn-DP、anti-DP、syn-C_{11}-DP 和 anti-C_{11}-DP 的同化效率（鱼体中相关化合物的量与暴露鱼食中所有化合物的量之商）大约为3.8%、3.2%、20.4%和 14.8%。该同化效率与虹鳟鱼对 DP 两个异构体的同化效率相比略低（syn-DP为 6.0%，anti-DP 为 3.9%）（Tomy et al.，2008）。但二者之间均表现为 syn-DP 的同化效率要显著地高于 anti-DP（成对检验，$p<0.05$）。而前述 DP 异构体的肠道吸收效率是反式异构体稍高于顺式异构体。因此，鲤鱼体内反式异构体较低的同化率很有可能是因为在体内代谢过程中，反式异构体的代谢速率高于顺式异构体所致。

5. DP 及其相关化合物在组织间的动态分布

整个实验期间，DP 及其脱氯产物在肝脏中的浓度均高于肌肉和性腺中的浓度（$p<0.1$）（图 8-5）。脂肪含量的差别不能解释这种现象，因为肝脏中脂肪含量（1.70% ± 1.56%）显著地低于肌肉（3.39% ± 1.69%）和性腺（3.71% ± 1.96%）。这一结果表明 DP 及其脱氯产物更易在肝脏中富集。DP 与肝蛋白的结合可能是其在肝脏中相对富集的重要原因。

DP 及其脱氯产物在各组织间的分布随实验的进程呈现出动态变化。在暴露的最初始阶段，肝脏与其他组织的浓度比值最大。随着实验的进行，相应的浓度比值逐渐下降，直到实验结束阶段，相关的比值接近 1（图 8-5）。这一结果表明，DP 进入鱼体后首先是在肝脏中沉积。这一结果与 PBDEs 鲤鱼暴露实验中肝脏与

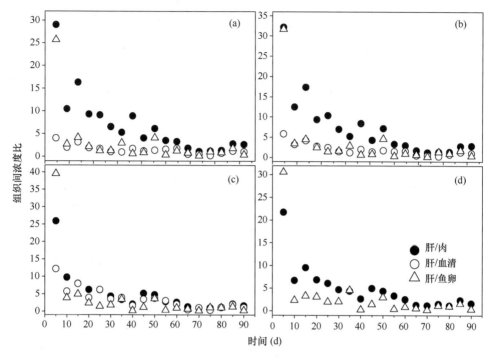

图 8-5 DP 及相关化合物肝脏浓度与其他组织浓度比值的时间变化

（a）*syn*-DP；（b）*anti*-DP；（c）*anti*-Cl$_{11}$-DP；（d）*syn*-Cl$_{11}$-DP

血清中 PBDEs 最先达到平衡的现象是一致的（参见 4.1 节）。虽然肝脏中 DP 及其脱氯产物的浓度最高，但在整个实验中，肌肉组织中沉积的 DP 及其脱氯产物的绝对量都是最高的（图 8-6）。在整个实验阶段，肌肉中 DP 及其相关脱氯产物占鱼体中污染物总量的 60%以上，这主要是鱼体肌肉是鱼体中质量最多的组织的原因。肌肉中污染物占比在实验的 75 天达到最大（占 95%），随后，肌肉中相关污染物的占比出现下降趋势直至实验结束。与之相对应的是，肝脏中污染物的占比由第 5 天的 23%下降到第 75 天的 3%。显然，DP 及其脱氯产物在肌肉中的逐渐累积是这种变化的主要原因。在最后的 15 天，肌肉中污染物占比下降而肝脏中污染物占比回升，表明在实验的最后阶段，污染物在各组织中出现了再分布现象。

性腺组织中相关污染物的占比没有明显的规律可循。这也是因为采样时各鱼体性腺发育成熟度不一致的原因。DP 及其脱氯产物在性腺中的占比从 2%到 20%不等，但大多都大于 5%。同时，性腺中相关污染物的浓度要高于肌肉中的浓度（One-Way ANOVA，$p<0.05$），这与 Peng 等（2012）对中华鲟的研究结果是一致的，他们发现鱼卵与母体中 DP 的浓度比值大于 1。这一结果表明 DP 及其脱氯产物较易通过代际传递传给子代。考虑到污染物通常对孵化期幼体的健康风险远高于成体（Abdelouahab et al.，2009），DP 及其脱氯产物的这种高的代际传递能力对

鱼幼体的可能危害需要展开更多的研究。

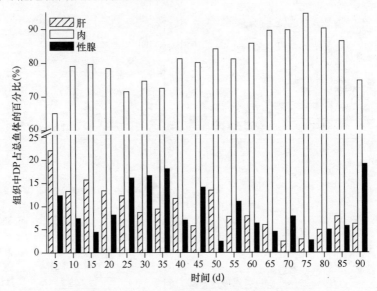

图 8-6　DP 及相关化合物在各组织中的占比分布

　　DP 及其脱氯产物的异构体组成也表现为组织的差异性和随时间的动态变化（图 8-7）。肝脏中的 f_{anti} 和 $f_{anti\text{-}Cl_{11}}$ 比值要高于肌肉、血清和性腺组织，表明肝脏中可能对反式异构体存在更高的亲和力。血液与其他组织相比，顺式异构体的相对含量更高，表明顺式异构体在血清中有较高的亲和力。但是，DP 及其脱氯产物的异构体组成也呈现一个动态的变化过程。在实验的初始阶段，f_{anti} 和 $f_{anti\text{-}Cl_{11}}$ 在各组织中的比值皆低于工业品相应的比值。但是，随着实验的进行，鱼体肌肉中的 f_{anti} 和 $f_{anti\text{-}Cl_{11}}$ 比值逐渐接近工业品中相应的比值。同时，各组织间 f_{anti} 和 $f_{anti\text{-}Cl_{11}}$ 的差别也逐渐减小如血清和肝脏由相差 0.09 到最后基本一致。DP 在环境样品中的异构体选择性富集已有较多的报道，如 Zhang 等（2011）发现鲤鱼脑对反式异构体存在选择性富集。Peng 等（2012）发现中华鲟母体组织中 f_{anti} 的值高于鱼卵，而 $f_{anti\text{-}Cl_{11}}$ 值则低于鱼卵。同时，f_{anti} 在心脏、小肠和性腺中的值低于在肉和肝脏中的值。这些结果表明，DP 异构体的选择性富集是一个非常复杂的过程，众多的因素都可能影响其在体内的选择性富集。如不同组织对不同异构体的亲和力、暴露的浓度、生物样品与环境之间是否达到平衡等。在现阶段，我们还无法给出这种选择性富集的更多机理，需要待以后开展更深入的研究。

　　为了评估 DP 是否在鱼体内发生脱氯代谢过程，我们计算了肌肉组织中脱氯产物与母体产物之间的比值并与工业品的比值进行比较（图 8-8）。在暴露期，脱

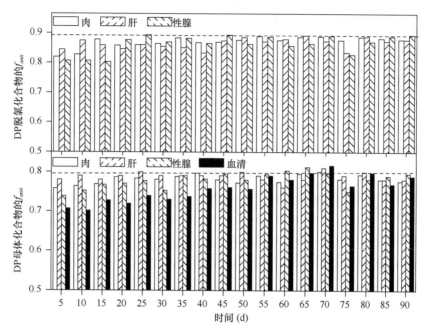

图 8-7　DP 及脱氯产物异构体组成动态变化图

虚线为饲料中的组成

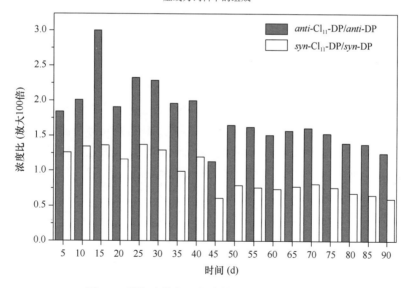

图 8-8　脱氯产物与母化合物比值的时间变化图

氯化合物与母体化合物的比值要高出染毒鱼食中相关比值约 5 倍（鱼食中反式异构体比值为 0.0043，顺式异构体比值为 0.0020）。这种升高有可能是脱氯代谢的结果，但也可能是吸收速率差别所致。在清除阶段，脱氯产物与其母体之间的比值随时间延长逐渐降低，表明其脱氯产物的清除速率要高于其母体化合物。但也不能完全排除脱氯代谢过程的存在。因为如果脱氯代谢速率小于脱氯产物在体内的清除速度，相应的比例会随着时间的增加而减少。尽管目前还不能明确确定鱼体内是否存在脱氯过程，但反式异构体比顺式异构体较高的肠道吸收效率、相同的肠道排泄速率和较低的同化效率表明在鱼体内要么存在两种异构体的选择性代谢（反式代谢速率高于顺式异构体）要么存在对反式异构体的单一代谢过程。这种代谢过程有可能是脱氯代谢，也有可能是其他代谢途径如羟基化。

8.1.2　DP 及其脱氯产物在 SD 大鼠和鹌鹑中的立体选择性富集

1. 实验设计与样品分析

从维通利华实验动物中心购买 42 只雄性 SD（sprague dawley）大鼠。鼠龄 35 天，平均体重 110 g。分别将 42 只大鼠分成 6 组，每只鼠分别喂养在通风换气的小笼里，温度控制在 20～26℃之间，湿度为 50%～70%。其中 4 组老鼠暴露于 DP-25 剂量为 0、1 mg/(kg·d)、10 mg/(kg·d)、100 mg/(kg·d) 的食物中 90 天，另外两组老鼠分别暴露在剂量为 0 和 100 mg/(kg·d) 的食物中 45 天，然后再喂饲未染毒的食物 45 天。实验结束后，所有老鼠安乐死，解剖取肌肉、肝脏和血清样品，分别冷冻在 −20℃ 或 −80℃ 的冰箱中待分析。

从北京一农场购买 60 只雄性鹌鹑（common quail, *Coturnix coturnix*），年龄 6～8 周，平均体重 125 g。每只鹌鹑分别放在悬挂的鸟笼中喂养。喂养房间温度控制在 20～26℃之间，14 天适应期过后，随机分成 4 组，通过玉米油进行 DP-25 的喂养暴露。暴露剂量分别为 0、1 mg/(kg·d)、10 mg/(kg·d) 和 100 mg/(kg·d)，暴露时间为 90 天。实验结束后，所有鹌鹑安乐死，肝脏组织当场用冰冷的生理盐水（0.9% 氯化钠溶液）灌注，直至肝脏颜色变白。然后取下整个肝脏组织，称重，剪成碎片，液氮冷冻，在 −80℃ 冰箱保存。同时收集胸部肌肉和血清，液氮冷冻后，−80℃ 冰箱保存。

生物样品中 DP 及其脱氯副产物的提取、纯化与定量分析见 8.1.1 节，这里省略。

对于 SD 大鼠的暴露，我们用标准光谱分析法检测了血液的生物参数指标，包括丙氨酸氨基转移酶（ALT）、天冬氨酸氨基转移酶（AST）、白蛋白（ALB）、碱性磷酸酶（ALP）、总胆汁酸（TBA）、尿氮（BUN）、肌氨酸酐（CRE）、胆固醇（CHO）、甘油三酯（TG）、高密度胆固醇（HDL-C）、低密度胆固醇（LDL-C）、肌酸激酶（CK）和葡萄糖；用化学发光法检测了总甲状腺素（T4），三碘甲状腺原氨酸（T3），自由态 T4、T3 水平。检测了 DP 暴露导致的基因响应如 *N*-乙酰转移酶（Nat2）和磺基转移酶的 mRNA 表达水平，总 RNA 用 Trizol Reagent 提取，用光谱仪测定 260 nm 峰吸收总浓度，用 260/280 nm 吸收峰比值测定其纯度。肌动蛋白（β-actin）用作内参基因。同时测定了 CYP1A2、2B1、2B2、3A 及谷胱甘肽-S-转移酶（GST）的活性。

对于鹌鹑的暴露，我们采用 Burke 和 Mayer（1974）的方法检测了肝微粒体中 7-乙氧异吩噁唑酮-O-脱乙基酶（EROD）、7-甲氧基-异吩噁唑酮-脱甲基酶（MROD）、7-戊氧基-异噁唑-O-脱烷基酶（PROD）、红霉素-N-脱甲基酶（ERND）和 7-苄基-4-三氟甲基香豆素脱苄基酶（BFCD）的活性。采用商品试剂盒检测了过氧化氢酶（CAT）、超氧化物歧化酶（SOD）、马来醛（MDA）、谷胱甘肽过氧化物酶（GSH）活性。

2. DP 在鸟及鼠类组织中的富集

DP 及相应的脱氯副产物在不同剂量染毒暴露中老鼠和鹌鹑三个组织中的浓度见表 8-2 和表 8-3。在鹌鹑和老鼠的空白对照中，均检测到了 DP 的两个异构体，表明食物或室内灰尘本身存在着 DP 的污染。

表 8-2　不同暴露处理 SD 大鼠三种组织中相关化合物的浓度及 DP 异构体组成特征

化合物	组织	90 天暴露 [mg/(kg·d)]				45 天暴露 [100 mg/(kg·d)]	
		对照组	1	10	100	暴露期	清除期
anti-DP (μg/g)	肌肉	0.88 ± 0.18	22 ± 4.1	29 ± 5.4	22 ± 3.1	17 ± 0.84	10 ± 2.4
	肝脏	1.3 ±0.53	160 ± 29	250 ± 14	320 ± 49	90 ± 17	110 ± 12
	血清	5.2 ± 0.4	330 ± 25	160 ± 14	190 ±34	190 ± 20	20 ± 2
syn-DP (μg/g)	肌肉	0.28 ± 52	7.7 ± 1.4	85 ± 18	61 ± 9.5	51 ± 4.9	25 ± 5.3
	肝脏	0.43± 0.15	47± 7.9	620 ± 48	750 ± 120	220 ± 44	190 ± 20
	血清	2.3 ± 0.3	85 ± 7	430 ±43	500 ± 75	540 ± 91	32 ±3
anti-Cl_{11}-DP (ng/g)	肌肉	N.D	33± 3.2	70 ± 14	58 ± 7.7	59 ± 6.2	32 ± 6.1
	肝脏	N.D	204 ± 29	350 ± 23	480 ± 75	190 ± 41	15 ± 2.1
	血清	N.D	1.1 ± 0.1	0.42 ± 0.1	0.63 ± 0.2	0.65 ± 0.1	N.D
syn-Cl_{11}-DP (ng/g)	肌肉	N.D	N.D	36 ± 11	30 ± 4.7	37 ± 4.4	19 ± 4.7
	肝脏	N.D	6.3 ± 2.3	120 ± 9.6	140 ± 23	93 ± 15	6.6 ± 0.48
	血清	N.D	N.D	0.11± .03	0.20 ± 0.1	0.21 ± 0.1	N.D

注：血清中浓度为 ng/mL

表 8-3　不同暴露处理鹌鹑三种组织中相关化合物的浓度及 DP 异构体组成特征

化合物	组织	不同暴露处理组 [mg/(kg·d)]			
		0	1	10	100
anti-DP (μg/g)	肌肉	1± 0.33	140± 38	160 ±40	77 ±17
	肝脏	15 ±8.1	300 ± 120	260 ±39	100 ± 34
	血清	6.5 ± 1.6	87 ±7.6	68 ±7.4	43 ±13

续表

化合物	组织	不同暴露处理组 [mg/(kg·d)]			
		0	1	10	100
syn-DP（μg/g）	肌肉	5.8 ± 2	61± 18	560 ± 120	240± 58
	肝脏	10 ±5.9	150 ± 69	1500± 400	460 ± 180
	血清	3.9 ± 1.2	42 ± 5.6	310±39	160 ± 53
$anti$-Cl_{11}-DP（ng/g）	肌肉	55 ± 11	371± 75	364± 76	266± 57
	肝脏	83 ± 37	611 ± 88	570 ± 100	401 ± 92
	血清	75 ±11	417± 29	180± 38	195 ± 39
syn-Cl_{11}-DP（ng/g）	肌肉	25 ±3.4	80 ±17	309± 59	278 ±57
	肝脏	48 ±14	127 ± 8.1	655 ±125	424 ± 90
	血清	53 ±8.7	101 ±8.5	233 ±70	203± 39
f_{anti}	肌肉	0.74 ± 0.05	0.75 ± 0.00	0.26 ± 0.01	0.26 ± 0.00
	肝脏	0.76 ± 0.01	0.77 ± 0.01	0.29 ± 0.01	0.30 ± 0.00
	血清	0.72 ± 0.01	0.80 ± 0.00	0.27 ± 0.00	0.27 ± 0.01

　　SD 大鼠暴露组，最高的 syn-DP 和 $anti$-DP 浓度都出现在 100 mg/(kg·d) 暴露组的肝脏样品中，且两个 DP 异构体的浓度随暴露剂量的增加而增加。肌肉样品最高浓度出现在 10 mg/(kg·d) 暴露组。血清样品，syn-DP 的最高浓度出现在 100 mg/(kg·d) 暴露组，而 $anti$-DP 的最高浓度则出现在 1 mg/(kg·d) 暴露组。鹌鹑暴露实验中，syn-DP 的最高浓度均出现在 10 mg/(kg·d) 暴露组；而 $anti$-DP，肌肉中的最高浓度出现在 10 mg/(kg·d) 暴露组，血清和肝脏中的最高浓度则出现在 1 mg/(kg·d) 暴露组，并且 $anti$-DP 的浓度在这两个组织中随着暴露剂量的增加，浓度反而出现下降。以上结果表明，DP 在生物体内的富集与物种、生物组织及暴露剂量均存在较大的关系。本研究中并未表现出暴露剂量与浓度之间很好的相关性，这可能和暴露组剂量设置浓度过高有关。

　　DP 两个脱氯产物在暴露组生物各组织中均有检出。对于 SD 大鼠暴露组，与其母体化合物一样，两个脱氯异构体的最高浓度都出现在 10 mg/(kg·d) 暴露组的肝脏样品中，且浓度随暴露剂量增加而增加。在肌肉样品中，$anti$-Cl_{11}-DP 和 syn-Cl_{11}-DP 的最高浓度也出现在 10 mg/（kg·d）暴露组。对于血清样品，$anti$-Cl_{11}-DP 随暴露剂量增加浓度下降，而 syn-Cl_{11}-DP 的浓度随暴露剂量增加浓度增加。在鹌鹑暴露组中，$anti$-Cl_{11}-DP 在三个组织中的最高浓度均出现在 1 mg/(kg·d) 暴露组，并且随暴露剂量增加浓度下降。对于 syn-Cl_{11}-DP，三个组织中最高浓度均出现在 10 mg/(kg·d) 暴露组。整体上看，两个脱一氯产物的富集特征与其母体基本一致。

　　除了两个一脱氯产物外，在暴露组的生物中还检出两个未知的化合物（图 8-9）。我们对 $anti$-DP 和 syn-DP 进行了有机溶剂条件下的紫外光降解实验，发现主要的

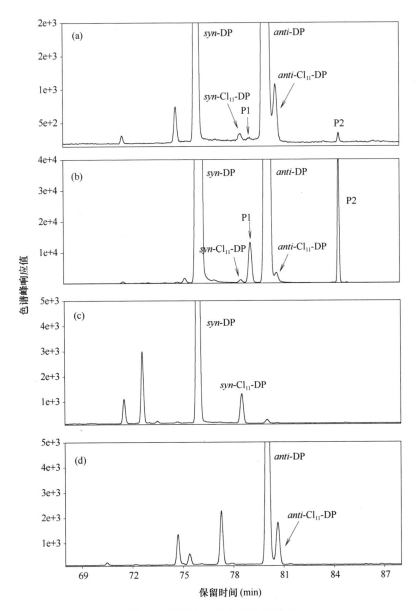

图 8-9　肝脏中未知化合物色谱图

（a）工业品（10 μg/mL）；（b）肝脏；（c）*syn*-DP（UV）；（d）*anti*-DP（UV）

降解产物是脱一个氯（−Cl+H）和脱二个氯（−2Cl+2H）的脱氯产物（Wang et al.，2011）。与光降解产物相比较，暴露组生物中出现的两个未知化合物显然不是脱二氯的产物，应该是其他未知的产物。在生物的肝脏样品中，这两个未知化合物的相对丰度明显要高出两个脱一氯产物（*anti*-Cl$_{11}$-DP 和 *syn*-Cl$_{11}$-DP）。而在工业品中，这两个未知化合物也存在，但其峰的相对丰度要低于 *anti*-Cl$_{11}$-DP 和 *syn*-Cl$_{11}$-DP 这两个化合物的丰度。因此，这两个未知化合物很有可能是 DP 或其脱氯产物更进一步降解的结果，但也不能排除这两个化合物为有更高的生物富集潜力的其他结构的未知化合物。

　　与鱼暴露一样，我们也计算了脱氯产物与母体产物在生物组织中的比值（图8-10）。SD 大鼠体两种异构体的脱氯产物与母体的比值均显著地低于相应工业品的比值。这种比值的降低基本上可以排除体内脱氯降解的可能。在三个组织中，肝脏中这一比值要明显地低于肌肉和血清，这一现象表明，肝脏对脱氯的两个异构体的代谢速率可能要高于其母体化合物。更易降解脱氯的化合物也可以解释脱氯产物与母体产物比值降低的现象。但在鹌鹑体内，对于顺式异构体而言，脱氯产物与母体的比值与工业品相当或略高，但不存在统计上的显著性。对于反式异构体，低剂量暴露时，脱氯产物与母体的比值要低于工业品。在高剂量暴露时，该比值与工业品相当或略高，但没有统计差别。这一结果表明，鹌鹑对脱氯产物的代谢能力可能要低于大鼠。

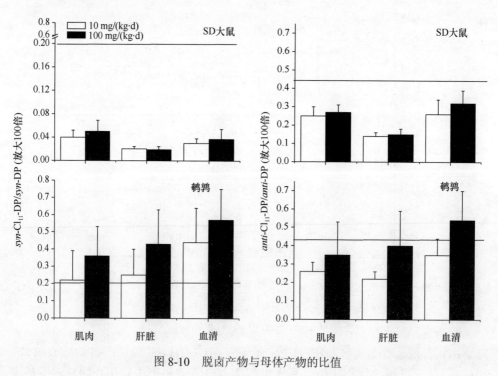

图 8-10　脱卤产物与母体产物的比值

　　为了解 DP 及其脱氯产物在大鼠中的清除动力学，我们进行了 45 天暴露后，接着进行 45 天的清除实验。实验结果发现，清除期过后，*syn*-DP 和 *anti*-DP 在肌肉和血清中的浓度显著地下降。肌肉中 *syn*-DP 和 *anti*-DP 的浓度只有暴露结束时的 49%和 58%，血清中 *syn*-DP 和 *anti*-DP 浓度只有暴露期结束时的 6%和 10%。由此估算得到 *syn*-DP 在肌肉中的半衰期为 44 d，在血清中为 11 d。*anti*-DP 在肌肉中半衰期为 59 d，在血液中为 14 d。显然，*syn*-DP 的清除速率要快于 *anti*-DP。这与虹鳟鱼的实验结果正好相反，虹鳟鱼体内 *syn*-DP 的清除速率是慢于 *anti*-DP。在 SD 大鼠肝脏组织中，无论是 *syn*-DP 还是 *anti*-DP，其清除期结束后的浓度与暴露结束期的浓度并无统计性差别，肝脏中 *anti*-DP 中的浓度甚至高于暴露期。这表明 DP 在肝脏中不容易被清除，甚至存在着从其他组织中向肝脏中转移的可能。

为了解 DP 在肝脏和肌肉中的分配情况，我们计算了肝脏与肝脏和肌肉中浓度和之比，即 $L/(L+M)$。在暴露期结束时，*syn*-DP 和 *anti*-DP 的 $L/(L+M)$ 比值分别为 0.79 和 0.82，明显高于 0.5，表明 DP 更容易在肝脏中富集。这与鱼的暴露实验是一致的。到清除期结束时，该比值分别变为 0.88 和 0.92。导致该比值的上升有两个可能的原因：一是 DP 在肌肉中的清除速度要高于在肝脏中的清除速度；二是从肌肉中向肝脏中的转移。考虑到在清除期肝脏中 *anti*-DP 的浓度比暴露期结束时的浓度还要高，从肌肉中向肝脏中的转移更有可能是主要原因。这与我们对鱼暴露实验过程中观察到清除后期肝脏中的污染物浓度出现升高的现象是一致的。

但对于脱氯产物而言，其清除过程与其母体完全不同。清除期结束时，两个脱氯产物在三个组织中的浓度都显著地低于暴露期结束时的浓度。*syn*-Cl_{11}-DP 和 *anti*-Cl_{11}-DP 在肌肉中的浓度只有暴露结束时的 51%和 55%；而在肝脏组织中，相关浓度只有暴露期结束时的 7%和 8%。由此估算到其相应的半衰期在肌肉中分别为 47 d 和 51 d，在肝脏中分别为 12 d 和 13 d。在血清中已检测不到这两个脱氯产物。这一结果表明，与对母体化合物完全相反，肝脏对于脱氯产物并不具有高的亲和力，相反，肝脏中的两个一脱氯产物的清除半衰期要小于肌肉，表明肝脏对两个脱氯产物具有较高的代谢作用。这与脱氯产物与母体的比值的结果是一致的，表明当母体脱一个氯后，会更容易通过肝脏的代谢被清除。

3. DP 立体异构体选择性富集行为

在低剂量暴露组[1 mg/(kg·d)]，无论是鹌鹑还是 SD 大鼠，三种组织中 DP 异构体组成（以反式异构体所占比例 f_{anti} 表示）均与工业品（0.80）接近（图 8-11）。但在高剂量暴露组[10 mg/(kg·d) 和 100 mg/(kg·d)]中，两物种 3 个组织的 f_{anti} 比值均明显地低于工业品，表明选择性富集了 *syn*-DP。由于本实验没有检测整个暴露期的动态过程，也没有检测肠道吸收过程，因此，无法了解这种顺式异构体选择性富集是因为肠道选择性富集的结果还是体内选择性代谢反式异构体的结果。也无法了解在吸收过程中是否如鱼 DP 暴露那样 f_{anti} 存在动态变化过程。但 DP 的选择性富集的浓度依赖性是确定无疑的。高浓度暴露导致 syn-DP 相对富集有以下几个可能原因：高浓度暴露条件下，导致对 DP 异构体的代谢加快。而 anti-DP 由于其特定构型，使得其环辛烷内侧 4 个碳原子的位阻比 syn-DP 的高，因而导致 anti-DP 更易被代谢。anti-DP 的选择性被代谢会导致 syn-DP 的相对比例上升。另外一种可能是顺反异构体与特定内源物的结合能力存在差别，在浓度较低时，结合部位对于 DP 来说比较充足，因而顺反式都能被结合上去，但当暴露浓度增加后，结合部位数量不足，顺式可能比反式更容易与内源物质结合，使得顺式异构体呈现相对富集现象。第三个原因可能是顺式异构体存在着肠道内的选择性吸收。这一点可能与鲤鱼的暴露情况正相反。进入清除期后，可以看到 f_{anti} 的比值有一定程度回升，表明 syn-DP 的清除速度要比 anti-DP 快。可能顺式异构体结合上去容易，解离也相对容易，因此。在进入清除期后，更多的顺式异构体从体内清除，导致 f_{anti} 比值出现一定程度回升。

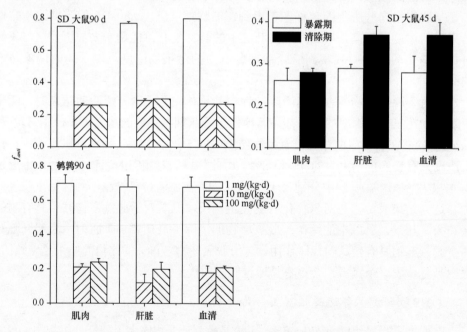

图 8-11　DP 在不同浓度暴露组三种组织中的组成特征

两个脱一氯异构体在 SD 大鼠和鹌鹑三个组织中的立体选择性富集行为与其母体存在明显差别（图 8-12）。对于 SD 大鼠而言，$f_{anti\text{-}Cl_{11}}$ 在两个高浓度暴露组中并没有表现出与工业品显著的不同，表明没有立体选择性富集。在暴露期结束后的清除期，也没有观察到两个异构体组成的显著性变化。对鹌鹑而言，像母体化合物一样，随着暴露剂量的增加，顺式异构体的选择性富集现象仍然存在。其 $f_{anti\text{-}Cl_{11}}$ 值从 0.80 降到 0.50 左右，下降幅度要低于母体化合物（从 0.7 左右下降至 0.2 左右）。这表明脱氯产物的选择性富集现象远不如其母体化合物那样明显。在大鼠体内已经没有立体异构体选择性富集现象了。显然，立体异构体选择性富集与化合物的结构及生物物种存在明显关系。

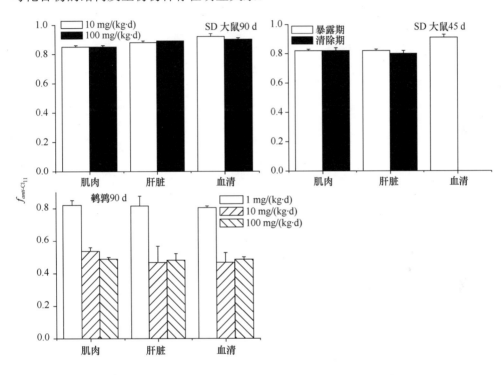

图 8-12　脱氯产物在不同浓度暴露组三种组织中的组成特征

4. DP 暴露对 SD 大鼠和鹌鹑的生理影响

DP 暴露后血液中的生化参数指标见表 8-4。低暴露剂量下，所有参数与对照组无明显差别，高暴露组仅 ALT，ALP 和 TBA 与控制组相比显著下降，葡萄糖的含量与控制组相比出现显著上升（$p < 0.05$），其他参数无明显差别。暴露组体重和肝重与控制组无明显差别。肝重与体重之比也无明显的差异。这表明在现有暴露剂量下，DP 对 SD 大鼠无明显毒性。实验中也未观察到肝病理组织学上的损害。甲状腺水平（总 T4，总 T3，自由态 T4 和自由态 T3）都没有明显差别和剂量效应关系。

表 8-4　DP 暴露条件下 SD 大鼠血清生化参数与对数组比较

参数	控制组	DP 暴露组 [mg/(kg·d)]		
		1	10	100
ALT（IU/L）	35.72 ± 3.35	37.00 ± 3.87	33.57 ± 4.19	**31.00 ± 5.66***
AST（IU/L）	95.55 ± 12.35	97.71 ± 19.20	101.71 ± 13.63	88.60 ± 15.79
ALB（g/L）	34.35 ± 1.45	35.41 ± 1.76	35.02 ± 1.25	34.59 ± 0.99
ALP（IU/L）	112.8 ± 20.89	109.00 ± 33.47	104.57 ± 19.10	**84.90 ± 22.68***
TBA（umol/L）	29.25 ± 22.10	15.60 ± 12.69	18.59 ± 5.22	**12.28 ± 6.37***
BUN（mmol/L）	6.09 ± 0.47	5.57 ± 0.76	5.41 ± 0.81	6.01 ± 1.03
CRE（umol/L）	23.09 ± 3.51	20.71 ± 3.09	22.43 ± 5.35	21.80 ± 3.71
CHO（mmol/L）	1.31 ± 0.35	1.46 ± 0.15	1.25 ± 0.36	1.20 ± 0.25
TG（mmol/L）	0.49 ± 0.07	0.63 ± 0.17	0.47 ± 0.18	0.53 ± 0.18
HDL-C（mmol/L）	1.11 ± 0.28	1.24 ±0.69	1.10 ± 0.24	0.98 ± 0.26
LDL-C（mmol/L）	0.17 ± 0.07	0.15 ± 0.04	0.19 ± 0.08	0.23 ± 0.27
CK（U/L）	3277.70 ± 704.34	3220.90 ± 1028.84	3869.90 ±359.77	2988.10 ± 576.37
葡萄糖（mmol/L）	6.23 ± 0.46	6.51 ± 0.61	6.23 ± 0.49	**6.80 ± 0.35****
FRT4（pmol/L）	14.98 ± 2.82	17.05 ± 4.24	12.47 ± 2.00	16.09 ± 1.84
FRT3（pmol/L）	3.13 ± 0.48	3.47 ± 0.34	3.17 ±0.36	3.52 ± 0.28
TSH（IU/mL）	0.006 ± 0.012	0.006 ± 0.005	0.01 ± 0.009	0.14 ± 0.01
TT3（nmol/L）	0.70 ± 0.17	0.57 ± 0.15	0.58 ± 0.12	0.62 ± 0.11
TT4（nmol/mL）	103.57 ± 13.20	105.51 ± 19.04	93.03 ± 10.49	101.33 ±12.89

*表示 $p<0.05$，**表示 $p<0.01$

　　N-乙酰转移酶（Nat2）在甲磺基-PCB 的代谢过程中起到重要作用。磺基转移酶在外源物的 II 相代谢过程中起重要作用。暴露在外源药物或污染物的情况下，磺基转移酶的活性会受到一定程度的抑制。在本研究中，Nat2 的表达在 10 mg/(kg·d) 暴露组中出现显著的下降。SULT1A1、1C2、2A1 在 1 mg/(kg·d) 暴露组的表达也出现显著的下降，这种下降可能是生物应对 DP 暴露的生理响应。

　　细胞色素酶是一组负责对药物和外源化合物进行氧化的蛋白酶。由于 mRNA 表达的变化并不能直接反映酶的活性变化，我们同时测定了 CYP1A2、2B1、2B2、3A 及谷胱甘肽-S-转移酶（GST）的活性。结果表明，CYP2B1 的活性在 1 mg/(kg·d) 暴露组与控制组和其他暴露组之间存在显著的差别，但其他酶的活性并无显著性的差别，表明暴露于 DP 后对相关酶的活性并无明显的负面影响。

　　鹌鹑三个 DP 暴露组肝微粒体中 EROD、MROD、PROD 和 BFCD 的酶活性与控制组相比出现了显著的下降（图 8-13）。PROD 活性的下降可能会对鹌鹑造成负面的影响。因为 PROD 是 CYP2B 的标志酶，而 CYP2B 则负责几类外源化合物（如类固醇、性腺激素）的代谢和脱活作用。两个高剂量暴露组的 ERND 的活性要高于控制组。ERND 是 CYP3A 的标志酶，CYP3A 系列酶是丰度最高的负责外源化合物如农药、各类污染物及内源物质如类固醇激素和胆汁酸的代谢。本研究中 ERND 活性的增加有可能改变 CYP3A 对外源物的代谢活性。

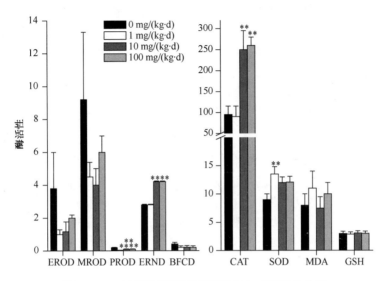

图 8-13　DP 暴露下鹌鹑各种酶活性与对照组的差别

**表示 $p < 0.01$

　　CAT、SOD 和 MDA 是机体的主要抗氧化酶。本研究中两个高暴露组 CAT 的活性要显著地高于控制组，SOD 在暴露组中的浓度也高于控制组，并且低剂量暴露组的 SOD 浓度要显著地高于控制组。CAT 可催化分解过氧化氢，使其避免与氧气在铁螯合物的作用下生成羟基自由基。SOD 是体内清除羟基自由基的酶。CAT 和 SOD 的增加表明 DP 的暴露诱导了体内的氧化应激。

8.2　DP 生物富集的野外调查

8.2.1　DP 在清远电子垃圾污染池塘水生生物中的富集及食物链传递

　　1. DP 在水生生物中的污染水平及异构体组成特征

　　水生食物链样品采自清远龙塘受电子垃圾污染的池塘。具体采样信息见 5.2.1 节。样品的处理与分析与 PBDEs 的分析处理步骤相同，DP 的定量分析与 8.1.1 节相同。此处不再赘述。

　　龙塘镇白鹤塘水体中溶解态、悬浮颗粒物及表层沉积物中 DP 的含量分别为 0.80 ng/L、3930 ng/g dw 和 7590 ng/g dw。DP 在水生生物中的浓度范围为 19～

9630 ng/g lipid。最高的平均浓度出现在水蛇体内（1970 ng/g lipid），然后是鲮鱼（1710 ng/g lipid）、鲫鱼（277 ng/g lipid）、乌鳢（255 ng/g lipid）、草虾（190 ng/g lipid）和田螺（20.2 ng/g lipid）。本池塘鲮鱼中 DP 的含量是对照区鲮鱼体内 DP 含量的 3～159 倍。本池塘水生生物中 DP 的含量比北美五大湖区水体鱼中 DP 含量（0.015～4.41ng/g lipid）要高 1～4 个数量级（Hoh et al, 2006；Tomy et al., 2007），沉积物比北美五大湖区沉积物中 DP 的最高含量（586 ng/g）还要高出 1 个数量级（Qiu et al., 2007；Sverko et al., 2008），表明本池塘受到了 DP 较严重的污染，电子垃圾是 DP 的主要来源。

DP 的异构体组成特征（f_{anti}）在不同介质和生物中存在较明显的差别。沉积物中 f_{anti} 的平均值为 0.72 ± 0.01，与 DP 工业品的组成（$f_{anti} = 0.75～0.80$）近似，表明沉积物中没有明显的异构体选择性富集现象。溶解相和颗粒相中 f_{anti} 的比值分别为 0.66 和 0.84，沉积物的 f_{anti} 比值刚好位于二者中间。这可能是因为两个异构体的溶解度差异。据报道，DP 两个异构体在水中的溶解度分别为 207 ng/L 和 572 ng/L（OxyChem，2007），但具体哪个异构体的溶解度高不是很清楚。从本研究的结果来看，可能 syn-DP 具有较高的溶解度，使得溶解相中的 f_{anti} 比值降低，而悬浮颗粒物中的 f_{anti} 比值升高。但是也不能排除选择性的微生物降解、光降解、生物吸收导致溶解相、悬浮颗粒相和沉积相中 f_{anti} 比值出现差异。

除了两个田螺样品中未检出 syn-DP 外，其他生物样品中均检出了相应的两个异构体。生物样品中 f_{anti} 的比值明显低于沉积物中该比值（图 8-14），表明生物

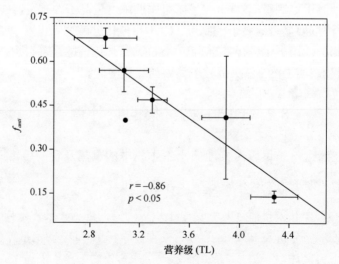

图 8-14　生物样中 f_{anti} 值与营养级之间关系
虚线为沉积物 DP 的 f_{anti} 值

体选择性地富集了 *syn*-DP ，这与五大湖地区中几个鱼种中的现象是一致的（Hoh et al.，2006）。正如前面暴露实验和 Tomy 等（2008）虹鳟鱼暴露实验所揭示的，*syn*-DP 在鱼体内较高的同化效率、*anti*-DP 在鱼体内较高的清除速度可能是导致 *syn*-DP 相对富集的主要原因。草虾中 f_{anti} 值（0.65～0.74）与沉积物中的 f_{anti} 值相近，草虾的底栖生活环境及杂食性习性是造成这种相似性的原因。此外，虾类对外源污染物较低的代谢能力也可能导致 DP 的异构体组成没有明显变化。相对应的，乌鳢在本食物链中占有最高的营养级，但其 f_{anti}（0.09～0.20）却是所有生物样品中最低的。

对 f_{anti} 比值与生物的营养级进行相关性分析发现，f_{anti} 值与生物所占营养级之间存在明显的线性负相关关系（$r = -0.86$，$p < 0.05$）（图 8-14）。这一结果表明高营养级生物可能对 *anti*-DP 具有相对更高的代谢速度，或者 *syn*-DP 的高同化效率随生物营养级的增加逐级累积。DP 的光降解实验表明（Sverko et al.，2008），*anti*-DP 比 *syn*-DP 具有更高的光降解速度。在水生生物中观察到的相对低的 f_{anti} 值表明 *anti*-DP 的生物降解速度可能高于 *syn*-DP。

2. DP 的生物富集因子和食物链放大系数

利用生物中 DP 的浓度和水体溶解态 DP 的浓度，计算出该池塘生物中 DP 的生物富集因子（log BAF）的平均值范围为 2.13 (田螺)～4.40 (水蛇)。除了田螺和乌鳢外，所有生物的 BAF 值均大于 5000，表明 DP 存在着较高的生物富集潜力，是生物可富集的化合物。田螺中较低的 BAF 可能是因为其较低的营养级，但是乌鳢的营养级在所有生物中最高，其相对较低的 BAF 值可能是因为该物种对 DP 有较高的代谢速度。*syn*-DP 的 BAF 显著地高于 *anti*-DP，这是由生物对 *syn*-DP 的选择性富集所致。

对生物的营养级与浓度（自然对数转化）进行回归分析发现，如果排除乌鳢，则 DP 浓度与生物的营养等级间存在明显的正相关性（图 8-15）。而如果包含乌鳢，则 *syn*-、*anti*-和总 DP 相应的决定系数由 0.90、0.82 和 0.88 变为了 0.49、0.05 和 0.36。乌鳢对 DP 较高的代谢能力可能是导致其偏离回归方程的主要原因。按照前面指定的 TMF 的计算方法，在排除了乌鳢后，*syn*-、*anti*-和总 DP 的 TMF 值分别为 11.3、6.5 和 10.2，该结果表明 DP 在该食物链上存在着明显的生物放大，而 *syn*-DP 的食物链生物放大因子几乎是 *anti*-DP 的两倍。

在其他有关水生食物链的研究中，DP 的食物链放大行为的结果并不是一致的。在安大略湖的食物链中，DP 的浓度和生物所处的营养等级间无显著的相关性。温尼伯湖食物链中，*anti*-DP 被发现存在着食物链放大现象，食物链放大因子为 2.54，而 *syn*-DP 则发现随营养级增加而出现浓度稀释的现象（Tomy et al.，2007）。

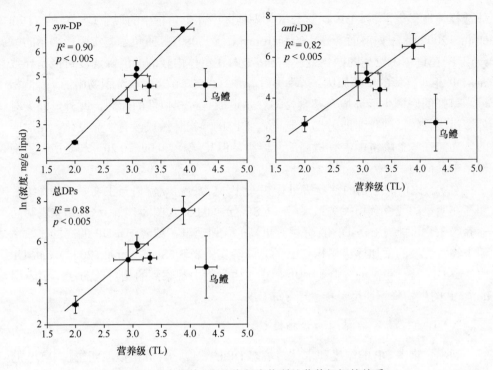

图 8-15　生物体 DP 浓度与生物所处营养级间的关系

很难解释这些自相矛盾的实验观察结果。从我们前面的暴露喂养实验来看，不同物种、不同浓度、不同组织 DP 的富集与清除行为均存在差异。因此，关于 DP 的生物放大行为需要有更多的实验去证实。

　　有前面的章节中，我们报道了 PBDEs 在该食物链上的富集与食物链传递。对 DP 和 PBDEs 进行相关性分析发现，syn-DP 和 PBDEs 具有较好的相关性（$r = 0.76$，$p<0.05$），但是 $anti$-DP 与 PBDEs 之间没有显著的相关性（$p = 0.14$）。表明 syn-DP 的生物富集行为与 PBDEs 类似，但 $anti$-DP 与 PBDEs 之间存在差别。立体选择性地代谢 $anti$-DP 是一个可能的原因。BDE47、BDE100 和 BDE154 在这个食物链上存在显著的食物链放大现象。但这三个单体的食物链放大因子（2.28、2.64 和 2.25）比起 DP 两个单体的食物链放大因子而言要小得多。在计算 DP 时，排除了乌鳢这一物种是造成这种差别的一个重要原因。

8.2.2　DP 在清远电子垃圾区水鸟和广东雀鸟中的富集及食物链传递

　　1. DP 在水鸟及雀鸟中的浓度及其组成特征

　　5 种湿地水生鸟类（白胸苦恶鸟、蓝胸秧鸡、池鹭、赤眼田鸡、扇尾沙锥）采自清远电子垃圾回收区、3 种陆生雀鸟（白头鹎、棕背伯劳和鹊鸲）采自广东省珠江三角洲。具体的采样地点和样品信息见 6.1.1 节和 6.2.1 节。提取方法与前述 PBDEs 的提取方法完全相同，定量方法见 8.1.1 节。

DP 在清远电子垃圾回收区域 5 种水鸟中的浓度见表 8-5。*syn*-和 *anti*-DP 在所有鸟类样品中均有检出（除一只池鹭外）。肌肉、肝脏和肾脏中 DP 的浓度依次为 nd～610 ng/g lipid，nd～1800 ng/g lipid 和 nd～2200 ng/g lipid。蓝胸秧鸡体内的 DP 浓度水平最高，肌肉为 14～610 ng/g lipid，肝脏中为 55～920 ng/g lipid，肾脏中为 21～830 ng/g lipid。除赤眼田鸡外，DP 在鸟内的污染水平比 PBDEs 低 1～2 个数量级。

表 8-5　**DP 在清远电子垃圾回收区 5 种水鸟不同组织中 DP 的浓度**（单位：ng/g lipid）

			脂肪含量 （%）	δ^{15}N （‰）	*Syn*-DP	*anti*-DP	*anti*-Cl$_{11}$-DP
湿地水 生鸟类	白胸 苦恶鸟	肌肉	1.6（1.0～4.5）	9.4（6.3～11）	38（8.0～300）	21（1.1～61）	—
		肾脏	2.6（1.7～3.9）	—	63（20～720）	52（1.6～360）	—
		肝脏	3.0（2.6～5.0）	—	39（12～620）	27（12～260）	—
	池鹭	肌肉	2.1（1.7～3.8）	11（10～12）	44（nd～100）	25（nd～30）	—
		肾脏	2.2（1.8～4.9）	—	100（nd～540）	89（nd～250）	—
		肝脏	3.4（1.8～3.8）	—	43（nd～220）	25（nd～84）	—
	蓝胸 秧鸡	肌肉	1.6（1.4～4.3）	7.3（6.1～8.0）	42（7.9～160）	120（5.9～450）	—
		肾脏	2.7（2.3～4.4）	—	280（27～400）	560（21～830）	—
		肝脏	3.4（2.8～5.6）	—	200（25～300）	390（30～570）	—
	赤眼 田鸡	肌肉	3.3（1.0～4.8）	8.2（7.7～10）	31（12～85）	25（9.2～65）	—
		肾脏	2.8（2.1～5.1）	—	26（nd～99）	20（nd～80）	—
		肝脏	4.7（2.4～5.8）	—	16（11～61）	13（8.2～56）	—
	扇尾 沙锥	肌肉	2.3（1.9～2.3）	9.4（8.2～10）	6.2（1.5～217）	1.3（0.8～390）	—
		肾脏	1.8（1.6～1.9）	—	110（53～790）	67（3.5～1400）	—
		肝脏	2.3（2.0～2.5）	—	120（58～540）	100（46～1300）	—
陆生雀鸟	白头鹎	肌肉	3.7（2.2～4.3）	6.3（2.3～9.1）	3.8（0.53～15）	14（3.4～52）	nd（nd～0.85）
		肝脏	4.9（2.8～7.9）	—	36（1.0～290）	86（6.1～655）	nd（nd～4.0）
	棕背伯 劳	肌肉	3.9（2.0～5.9）	5.8（2.6～8.8）	13（2.6～150）	51（9.6～360）	nd（nd～7.6）
		肝脏	6.2（2.6～9.5）	—	30（2.8～260）	148（10～730）	nd（nd～7.2）
	鹊鸲	肌肉	3.4（1.8～5.1）	6.9（3.2～9.4）	22（5.7～276）	67（16～652）	0.05（nd～7.1）
		肝脏	4.4（2.4～7.3）	—	82（33～417）	260（95～920）	0.78（nd～7.5）

在广东境内采集的三种雀鸟中均检出 *syn*-和 *anti*-DP。其浓度范围分别为 0.53～420 ng/g lipid 和 3.4～920 ng/g lipid。最低浓度（3.9 ng/g lipid）出现在白头鹎的肌肉样品中，而最高浓度（1300 ng/g lipid）则出现在鹊鸲的肝脏中。

迄今为止，有关鸟类样品中 DP 含量的报道还比较少。Guerra 等（2011）报道了加拿大和西班牙地区游隼蛋中 DP 的浓度范围为 0.30 ～ 209 ng/g lipid。这一浓度和本区域雀鸟 DP 的浓度在同一个数量级上。Venier 等（2010）报道五大湖地区秃鹰血清中 DP 的平均浓度为 0.19 ng/g ww ± 0.10 ng/g ww。在北美五大湖地区银鸥鸟蛋中 DP 的浓度范围为 1.5～4.5 ng/g ww（Gauthier and Letcher，2009），高于本研究池鹭肌肉组织中 DP 的浓度（nd～2.2 ng/g ww），但是低于本区域蓝胸秧鸡肌肉组织中检出的最高浓度（11.6 ng/g ww）。本研究中池鹭的肾脏和肝脏组织中 DP 浓度中值依次为 3.9 ng/g ww 和 2.5 ng/g ww，和劳伦斯大湖湖畔银鸥鸟蛋中 DP 的浓度水平一致（中值为 2.4 ng/g ww）。在西班牙白鹳蛋中检测出的 DP 浓度范围为 0.003～1.4 ng/g ww（Muñoz-Arnanz et al.，2011），该浓度低于本区域水鸟中 DP 的浓度。

在三种雀鸟中，我们同时检测到了 DP 的脱氯产物。现有的研究表明在环境样品中存在两个 DP 的脱氯产物 $anti$-Cl_{11}-DP（$C_{18}H_{13}Cl_{11}$）和 $anti$-Cl_{10}-DP（$C_{18}H_{14}Cl_{10}$）（Sverko et al.，2008；Ren et al.，2009；Guerra et al.，2011）。本研究中没有检测到 $anti$-Cl_{10}-DP，但 $anti$-Cl_{11}-DP 在白头鹀、棕背伯劳和鹊鸲中的检出频率分别为 28%、37% 和 55%，其浓度范围为 nd～7.6 ng/g lipid。此外，我们还在 7 个棕背伯劳和 8 个鹊鸲样品中检测到另一个脱氯产物，通过对 GC-ECNI-MS 色谱图与 DP 光降解产物色谱图的比对，初步确认为其是 syn-DP 的脱一个氯的产物，但具体脱氯位置不能确定。应用 $anti$-Cl_{11}-DP 的响应因子进行半定量，其浓度范围为 nd～41 ng/g（数据未在表 8-5 中列出）。有关脱氯产物目前仅在加拿大游隼蛋中有检出，$anti$-Cl_{11}-DP 和 $anti$-Cl_{10}-DP 在游隼蛋中的浓度为 1.1～2.4 ng/g lipid（Guerra et al.，2011）。由于环境样品及 DP 工业品中都能检测到 DP 的脱氯产物，因此，到目前为止还不能确定鸟中的脱氯产物是体内脱氯代谢的结果还是直接从环境中富集而来。

同一种鸟各种组织中 f_{anti} 的比值存在一定差别，总体上看肝脏中该比值要高于肌肉，但都不存在统计意义上的显著性。因此，我们将同一种鸟各组织的 f_{anti} 作为一个整体进行处理和分析。五种水鸟池鹭、白胸苦恶鸟、沙锥、赤眼田鸡和蓝胸秧鸡的 f_{anti} 均值分别为 0.34、0.36、0.43、0.46 和 0.61。该比值明显低于工业品中的 f_{anti}，表明存在着顺式富集的现象（图 8-16）。在关于水生鸟体内 PBDEs 富集模式讨论中，我们发现部分白胸苦恶鸟和蓝胸秧鸡的 PBDEs 组成与其他鸟类的 PBDEs 组成存在明显差异。在这些鸟体内 BDE209 是主要 PBDEs 单体。同时稳定碳、氮同位素数据揭示这些样品的食源明显区别于其他鸟类（参见 6.2 节讨论）。这部分白胸苦恶鸟和蓝胸秧鸡的 f_{anti} 明显高于其他水生鸟类（图 8-16 中白胸苦恶鸟 2 和蓝胸秧鸡）。这一结果表明食源不同也是造成鸟体内 DP 的立体异构体组成存在差异的一个重要原因。8.1 节有关水生鱼类的研究表明，水生鱼类生物中普遍选择性富集 *syn*-DP，水生鸟类中出现的选择性富集 *syn*-DP 是因为继承了食物中 DP 组成特点的原因。在陆生雀鸟白头鹎、棕背伯劳和鹊鸲肌肉组织中 f_{anti} 值分别为 0.80±0.07、0.78±0.05 和 0.75±0.06，肝脏组织中其值分别为 0.78±0.07、0.78±0.06 和 0.74±0.03。肌肉和肝脏中也没有显著的差别。但三种陆生鸟的 f_{anti} 比值要高于我们在市场上购买的一种 DP 工业品的 f_{anti} 值（0.70），并且显著地高于几种水生鸟类。关于鹌鹑的喂饲实验，我们发现 DP 在清除阶段，*syn*-DP 的清除速度要高于 *anti*-DP，这可能是这些陆生雀鸟 f_{anti} 值相对较高的原因。

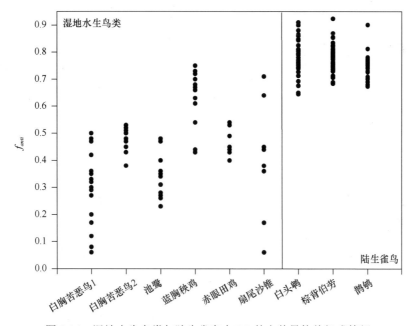

图 8-16　湿地水生鸟类与陆生雀鸟中 DP 的立体异构体组成特征

　　水生生物中我们发现，f_{anti} 值与生物所处营养等级间存在着显著的负相关。为了解这种现象是否也出现在鸟类样品中，我们对鸟类样品中的 f_{anti} 值和营养级进行了相关性的分析（图 8-17）。对于三种陆生鸟类，由于个体间的稳定氮同位素相差较大，而三种鸟的 $\delta^{15}N$ 的平均值相差不大，所以在分析时以个体鸟样本进行分析。两组白胸苦恶鸟的 DP 异构体组成特征也存在非常大的差别（一组肌肉、肾脏和肝脏分别为 0.22±0.12、0.31±0.13 和 0.34±0.11；另一组肌肉、肾脏和肝脏分别为 0.46±0.06、0.46±0.06 和 0.48±0.04），因此在分析时仍按两组进行处理。分析发现，无论是水鸟还是陆生雀鸟，f_{anti} 均随着生物体所处营养等级的增加而降低。这

表明 f_{anti} 随生物营养等级的增加而出现下降可能是比较普遍的现象。但是，由于上述鸟类之间并不存在实际的捕食/被捕食关系，也不能排除是由于各种鸟类食物来源中 DP 的差别导致其组成存在差别，如两组白胸苦恶鸟。因此，研究 DP 的立体异构体选择性富集随食物链迁移的变化，还需要研究更多的存在明确取食关系的食物链中 DP 的立体异构体组成变化。

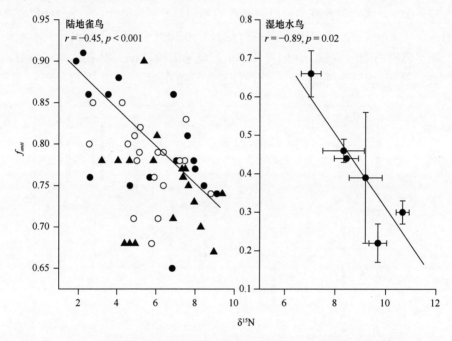

图 8-17　鸟类样品中 DP 的异构体组成与稳定氮同位素组成间的关系

2. DP 在鸟类样品中的组织分布及与营养级的关系

对于 5 种水鸟，我们测定了肝脏、肾脏和肌肉组织中的 DP 浓度，对于 3 种雀鸟，测定了肌肉和肝脏中的浓度。为消除数据的非正态分布，我们利用 $L/(L+M)$ 的值去分析 DP 在肌肉和肝脏中的组织分布。该值大于 0.5 表明肝脏中富集程度高于肌肉。反之亦然。从图 8-18 可见，不论是水鸟还是陆生雀科鸟类，所有 $L/(L+M)$ 的值都要显著地高于 0.5。表明肝脏组织中优先富集 DP，这与我们鱼、鸟及 SD 大鼠的实验结果均是一致的，进一步证明了 DP 易在肝脏组织中富集。而在 5 种水鸟的肾脏组织中，DP 的浓度大多超过其肝脏中的浓度，少数几个样品中肝脏浓度高于肾脏。我们的研究结果表明，DP 在组织中的分布存在组织的差异性。DP 与组织中内源物质的结合力的强弱应是导致这种组织差异的原因。

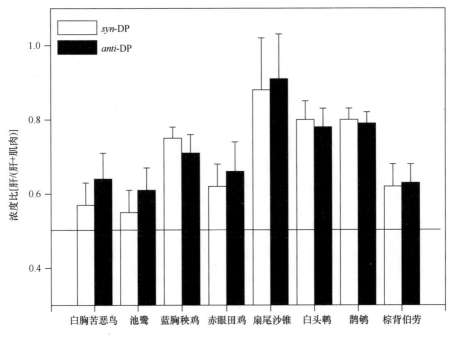

图 8-18　鸟类样品中 DP 在肝脏与肌肉组织间的分布

由于不同的鸟类所处的营养级别存在差异,我们对 DP 浓度与生物所处营养等级进行了分析(图 8-19)。分析结果表明,在 5 个水生鸟类样品中,无论是 *syn*-还是 *anti*-DP,均没有发现 DP 的浓度与生物营养等级之间存在显著的正相关。但是,在陆生雀鸟中,我们发现 *syn*-和 *anti*-DP 浓度都与样品的营养等级存在正相关关系。需要注意的是,无论是水鸟中没有发现 DP 与营养级间的正相关关系,还是雀鸟中 DP 与营养级存在正相关性,都不能判定 DP 是否存在食物链放大。这是因为本研究中各种鸟类之间不存在取食/被捕食关系。此外,陆生雀鸟还是取自广东省不同地区,其 DP 的背景污染各地方也可能是不一样的。但是,DP 的浓度与其鸟类所处的营养级间存在正相关关系表明 DP 在陆生食物链上是可能存在食物链放大的,因此,对 DP 的生物富集研究还需要引起更多的关注。

8.2.3　贵屿电子垃圾区两个站点鸡蛋和鹅蛋中的 DP 富集特征

1. 样品采集与分析

为进一步了解不同栖息环境(水生、陆生)对生物选择性富集 DP 的影响,于2013 年 12 月在贵屿电子垃圾回收区采集鸡蛋和鹅蛋样品,样品采集地点信息见图8-20。采样点 1 和 2 离电子垃圾拆解工厂中心区域的距离分别约为 2 km 和 2.5 km。经纬度分别为:采样点 1,北纬 23°19′38″,东经 116°21′39″;采样点 2,

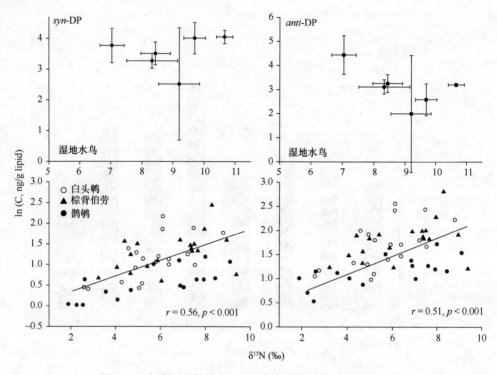

图 8-19　鸟类肌肉样品中 DP 浓度与稳定氮同位素间的关系

北纬 23°19′4″，东经 116°21′23″。采样点 1 的鹅白天在附近农田放养，晚上回居民区农舍栖息。采样点 2 的鹅就在居民区附近及周边池塘活动。采集的鸡蛋和鹅蛋的具体信息见表 8-6。蛋类样品先清洗干净、去壳保存于干净烧杯中，冷冻干燥之后研磨成小颗粒，用锡箔纸包装放在密实袋中于 -20℃冰箱保存。

图 8-20　生物样品采集地点（广东省贵屿镇）

每个蛋称取约 1g 干重，索氏抽提、除脂、净化后进仪器分析。具体的前处理步骤及仪器分析与前述方法相同。样品中替代内标的回收率范围为 72%～117%。方法空白中无 DP 检出。

表 8-6　贵屿家禽蛋样品信息

样品类型	地点	样品量	生物栖息环境	样品湿重（g）
鸡蛋	采样点 1	8	居民区陆生	49±4
	采样点 2	9	居民区陆生	54±3
鹅蛋	采样点 1	12	农田区水生	191±28
	采样点 2	11	居民区水生	194±9

2. 蛋中 DP 的污染水平及立体异构体组成特征

DP 在采样点 1 和 2 鸡蛋中的浓度范围分别为 30～2200 ng/g lipid 和 46～165 ng/g lipid，中值分别为 120 ng/g lipid 和 75 ng/g lipid。鹅蛋在采样点 1 和 2 中的浓度分别为 14～123 ng/g lipid 和 30～450 ng/g lipid，中值分别为 21 ng/g lipid 和 78 ng/g lipid。贵屿电子垃圾区鸡蛋中 DP 的浓度要高于广东三种雀鸟肌肉中 DP 的浓度，而鹅蛋中 DP 的浓度与清远湿地水鸟肌肉中的浓度相当（具体数据见表 8-5）。

DP 在鸡蛋和鹅蛋两个采样点间的浓度分布是不同的。对于鸡蛋而言，采样点 1 的 DP 浓度要显著地高于采样点 2（数据经对数转化后进行均值比较，$p < 0.01$）。但鹅蛋中 DP 的浓度却是采样点 2 大于采样点 1（$p < 0.01$）。这种物种差异性的区域分布是由于鸡和鹅的栖息环境不同所致。对于鸡来说，两个采样点的栖息环境类似，都在居民区附近的陆地生活。采样点 1 比采样点 2 更靠近电子垃圾回收区，我们以前的研究都表明，随着距离电子垃圾回收区的距离增加，相关污染物的浓度迅速下降（Luo et al.，2009），所以导致采样点 1 鸡蛋中的 DP 浓度显著地高于采样点 2 鸡中的浓度。而对于鹅来说，采样点 1 的鹅白天基本是在农田或者水渠中捕食，晚上才回到居民区的农舍休息，而采样点 2 的鹅基本上整天都是在居民区捕食和活动。而已有研究发现，贵屿地区居民区的 PBDEs 浓度显著地高于农田区（Zhang et al.，2014b），因此，这就很好地解释了采样点 2 地区鹅蛋中 DP 浓度要显著高于采样点 1 鹅蛋中 DP 浓度。

鸡蛋中 DP 的 f_{anti} 值为 0.74 ± 0.06（采样点 1）和 0.76 ± 0.02（采样点 2）。鸡蛋的 f_{anti} 值与文献报道我国另一电子垃圾区鸡蛋的 f_{anti} 值（0.63～0.75）（Zheng et al.，2012）以及西班牙报道的陆生鸟蛋中的 f_{anti} 值（0.62～0.75）相似（Guerra et al.，2011）。本研究中所有鹅蛋中 DP 的 f_{anti} 值为 0.64 ± 0.04，该结果与文献报道的水生鸟白鹳蛋中 DP 的 f_{anti} 值相当（马德里：0.64 ± 0.07 和达那国家公园：0.66 ± 0.12）（Muñoz-Arnanz et al.，2011），同时与来自劳伦森大湖的银鸥鸟蛋中 DP 的 f_{anti} 值（0.69 ± 0.08）相当（Gauthier and Letcher，2009）。

如图 8-21 所示，同一地区鸡蛋中的 f_{anti} 值要显著地高于鹅蛋中的 f_{anti} 值（$p <$ 0.001），结果表明鸡蛋中 anti-DP 所占的比重要高于其在鹅蛋中所含的比重。造成以上差异性的原因可能是由于 DP 同分异构体（anti-DP 和 syn-DP）之间不同的物理化学性质而使得其环境行为不同（如不同的溶解度）。目前已知 DP 的两个异构体在溶解度上存在较大的差别（207 µg/L vs 527 µg/L），但还不清楚究竟是谁的溶解度更大。但是根据这两个化合物在非极性毛细管色谱柱上的流出顺序，我们可以大致猜测 anti-DP 是比 syn-DP 亲脂性更强而水溶性较低的化合物。由于鹅喜欢在水体环境中活动，因此，就更容易富集水体中的 syn-DP。与此同时，鹅在取食水体中的鱼虾时，也会导致鱼虾中相对富集的 syn-DP 传导到鹅体内，使其相对富集 syn-DP。

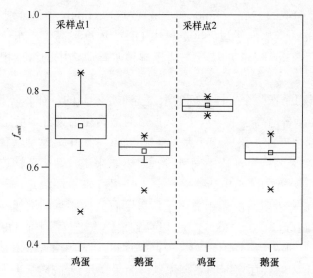

图 8-21　贵屿电子垃圾地区家禽蛋类样品中 f_{anti} 值

通过以上三个野外案例的分析，我们得到如下几个基本的认识：水生生物优先富集 syn-DP，而陆生鸟类这种 syn-DP 优先富集的特点并不明显；syn- 和 anti-DP 异构体溶解度的差异可能是造成这种差异的原因之一。在水生及陆生生物中均发现 syn-DP 比例随生物营养等级增加而增加的现象，对这种现象还缺乏足够令人信服的解释。DP 的两个异构体均发现有食物链放大的现象。但需要更多具有直接捕食/被捕食关系的食物链的分析才能够确认 DP 的生物放大及立体异构体选择性富集行为。

8.3　DP 在电子垃圾回收区人群中的暴露与富集

清远电子垃圾回收区受污染水体水生生物及水鸟中检测到较高的 DP 浓度表

明电子垃圾回收区环境中相对较多的 DP 排放。为了解电子垃圾回收区居民和电子垃圾回收工厂工人的 DP 暴露情况及灰尘对 DP 暴露的影响，我们对清远电子垃圾回收区居民、回收厂工人及城市和乡村对照区人群的头发和灰尘样品进行了采集和分析。为了解电子垃圾回收厂工人 DP 的暴露情况及是否存在性别差异，我们采集了电子垃圾回收厂不同年龄段男女工人的血清样品，并检测了其中 DP 及其脱氯产物的含量。

8.3.1　室内灰尘样品、人头发和血清样品的采集

人体头发和室内灰尘样品主要采自广州市、清远市源潭镇和龙塘镇三地区居民，分别代表了珠江三角洲地区典型的工业城市、农村和拆解电子废物造成的污染区域。于 2009 年 12 月分别在广州市海珠区和天河区各两个住宅小区附近理发店、在清远市源潭镇理发店以及龙塘镇三个主要的电子废物拆解场地附近村庄的理发店寻找愿意参与调查研究的志愿者。在收集头发样品前，向志愿者详细说明了本次研究的目的和意义。在征得志愿者的同意后，理发店理发师按本研究要求剪发并在收集头发样品的同时记录问卷调查结果。未满 18 岁的志愿者征得其监护人同意后进行样品收集。志愿者征集的标准为近期无使用任何染发剂、烫发等影响研究结果的处理手段。同时，本研究要求理发师在剪发前不对志愿者的头发进行清洗等任何处理，并且尽可能剪取靠近头皮处毛发。问卷调查所使用的问卷包括年龄、职业、籍贯、从业时间等信息（表 8-7）。

表 8-7　头发采集志愿者调查问卷

采集编号：	采集日期：	采集地点：
性别：　　　　年龄：　　　　职业：　　　　从业时间：		
籍贯：1. 本地　2.（外地）　　　/ 移居时间		
吸烟：1. 否　　2. 是/吸烟量　　　　酗酒：1. 否　　2. 是/饮酒量		

在广州的样品采集点一共采集了 34 名志愿者头发，职业包括学生、教师、家政工人、企业行政人员、商人、退休工人及其他职业，其中 18 岁以下 8 人，19~60 岁 22 人，60 岁以上 4 人；其中女性 4 人。在源潭镇一共采集了 39 名志愿者头发样品，主要从事职业包括农民、学生、汽车司机、陶瓷厂工人以及商人等；其中 18 岁以下 11 人，其他均在 19~60 岁之间；其中女性 3 人。在龙塘镇的三个电子废物回收村的理发店一共采集了 114 名志愿者头发样品。其中普通居民 83 人，职业暴露工人 31 人。普通居民年龄 18 岁以下 42 人，其中 7 岁以下儿童 26 人，19~60 岁之间为 23 人，60 岁以上 18 人；职业暴露工人年龄分布在 20~63 岁之间，其中女性工人 1 名。

采集灰尘使用的工具为羊毛刷，刷子在使用之前用酒精浸泡过夜，用超纯水冲洗，烘干。电子废物拆解作坊灰尘的采集主要从摆放在作坊里面的桌子、窗户边缘以及近期明显没有人为活动干扰到的房屋角落的地面或者一些障碍物的底下收集；居民住宅区域的灰尘样品采集包括了电子废物拆解区域以及广州和源潭地区，主要以较少清理的衣柜的顶部为最佳采样对象，同时也从桌椅和靠近室内的窗台，以及卧室和客厅的地面表层收集灰尘。采集时用刷子轻轻地将表面降尘聚拢，从同一个作坊或者住宅不同地方收集的灰尘混合在一起，计为一个样品，用锡箔纸包好，放在密封袋密封保存。

室内灰尘是从头发提供者的住所或者工作场地采集。在头发的提供者中，筛选合适且愿意提供其住所或工作场地作为灰尘收集的样点。本研究原计划对每个头发提供者的生活环境都进行灰尘样品的采集，试图构建灰尘和头发一对一的相关性研究。但是，在灰尘样品的采集过程中，部分提供者不同意提供作坊和住所，尤其是卧室，进行样品采集。在电子废物拆解作坊，由于电子废物拆解活动的合法性并不确定，电子废物拆解作坊的拥有者对于陌生人进入拆解区域较为敏感，加上电子废物拆解工人的流动性较大，因而也未能实现完全一对一的采样。考虑到不同作坊拆解的对象有差异，一些作坊以回收电动机械的铜为主，一些作坊以分拣塑料制品为主，还有一些作坊以回收电缆的铜线为主，因而在选择灰尘样品采集对象时尽量保证覆盖大部分类型的回收作坊。在对于电子废物拆解区域的普通住宅进行样品采集时，则按照其距电子废物拆解作坊的远近选择，尽量覆盖到整个电子废物拆解区域。在对照区，清远市源潭镇样品收集点包括靠近道路和不靠近道路的城镇住宅区和农村房屋；在广州城区，样品采集点覆盖了高档住宅小区、普通居民区、高校住宅以及少量的出租房屋。本次研究一共采集了 60 个灰尘样品，分别包括 10 个源潭镇的城镇和农村的住宅、27 个广州市的城区住宅、10 个电子废物拆解区域的普通住宅和 13 个电子废物拆解作坊。

在清远龙塘电子垃圾回收厂工人中征得 70 名志愿者提供血清样品。血样的采集在当地医院，每名志愿者采集血样 8~10 mL。同时，在广州城区采集了 13 名志愿者的血液样品作为城区对照样品。在采样之前，向志愿者详细说明了本次研究的目的和意义，并进行与头发采样相同的问卷调查。血液采集后，进行离心获得血清样品。血清样品立即冷冻处理运回实验室储存于–80℃的冰箱中等分析。

8.3.2 样品的处理与仪器分析

每个头发样品放入三角瓶中，加入足够量的 Milli-Q 超纯水，在摇床中振荡洗涤 1 h，摇床内温度保持在 40℃，转速为 300 r/min。重复两次。将清洗干净的头发样品–20℃冷冻干燥 48 h，用不锈钢剪刀（使用前依次用丙酮、二氯甲烷和正己烷超声清洗）将头发剪细（2~3 mm），充分混匀。称取 2 g 左右的头发，添加替代内标 BDE181，加入 40 mL 经过萃取后的盐酸（4 mol/L）和 40 mL 正己烷/二氯甲烷混合溶剂（4：1，V/V），放入摇床中振荡过夜（40℃，300 r/min）。其后，利用液–液萃取（liquid-liquid extraction，LLE）方法从混合溶液中分离目标化合物。将混合溶液转移至离心管中，3000 r/min 离心 10 min，取出上层有机溶剂部分；然后向下层无机溶液中加入 40 mL 正己烷/二氯甲烷混合溶剂（4：1，V/V），充分振荡后，再离心，取出上层，重复 3 次。最后，收集所有的上层有机溶剂，浓缩至 1 ml，过多层硅胶复合柱，用 40 mL 二氯甲烷/正己烷混合溶剂（1：1，V/V）洗脱。洗脱液浓缩至 1 mL 左右，转换溶剂为正己烷，氮吹定容至 200 μL（对照区灰尘样品定容至 50 μL），加入 BDE128 内标，待上机分析。

灰尘样品在挑选出明显的杂物后，−20℃冷冻干燥 48 h，过筛（500 μm）。称取 0.2 g 左右样品（污染区）或 2g 左右样品（其他地区），加入一定量的 BDE181回收率指示物和铜片（去除元素硫）后，用内酮/二氯甲烷混合溶剂（1：1，V/V）索氏抽提 48 h。抽提液浓缩至 1.0 mL 左右，转换溶剂为正己烷，再浓缩至约 1 mL，过多层硅胶柱，用 40 mL 二氯甲烷/正己烷混合溶剂（1：1，V/V）洗脱。洗脱液浓缩至 1 mL 左右，转换溶剂为正己烷，氮吹定容至 200 μL（对照区灰尘样品定容至 50 μL），加入 BDE128 内标后进样分析。

对血液样品，取 3~4 mL 血清样品转入特氟龙离心管，加入替代内标 BDE181，过夜后，加入 1.5 mL 6 mol/L 的盐酸和 8 mL 异丙醇使蛋白质变性。然后加 10 mL正己烷 / 叔丁基甲基醚（1：1，V/V）进行液–液萃取。萃取共进行 3 次。萃取液用氯化钾溶液（1%）5 mL 清洗后，然后用 4 mL 浓硫酸除脂。除脂后的提取液用硅胶柱进行净化，然后定容为 100 μL，进样前加入进样内标 BDE128。

仪器分析与前述章节相同，略去。BDE181 的回收率在灰尘样品、头发样品及血清样品中分别为 72%~110%、72%~113%和 73%~106%。灰尘、头发和血清基质加标中 syn-DP 的回收率分别为 77%~89%、91%~98%和 80%~92%，anti-DP的加标加收率分别为 87%~112%、93%~96%和 89%~98%。信噪比 10 作为方法的检测限，以头发、灰尘 2 g 样品计，血清平均脂肪量 0.0191 g 计，syn-DP、anti-DP和 anti-Cl$_{11}$-DP 在头发和灰尘中的检测限分别为 3.1 pg/g、2.8 pg/g、2 pg/g；在血清中的检测限分别为 3.1 ng/g lipid、1.3 ng/g lipid 和 0.51 ng/g lipid。

8.3.3　DP 在人群头发和室内灰尘中浓度及组成

在 4 个研究人群的头发样品中都有 DP 检出，∑DP(anti-DP 和 syn-DP 之和) 的浓度范围在 0.02~58 ng/g 之间（表 8-8）。4 个研究区域人群头发 DP 的含量顺序依次为龙塘镇电子废物拆解职业暴露工人（1.5~58 ng/g）> 龙塘镇普通居民（0.19~36 ng/g）> 源潭镇普通居民（0.09~8.4 ng/g）≈ 广州市普通居民（0.02~

表 8-8　头发与灰尘样品中 DP 的浓度（均值和范围）及组成

	电子垃圾作坊		电子垃圾居民区		源塘对照区		广州对照区	
	头发 (n=30)	灰尘 (n=13)	头发 (n=82)	灰尘 (n=10)	头发 (n=32)	灰尘 (n=10)	头发 (n=29)	灰尘 (n=27)
syn-DP	6.9 (0.66~20)	720 (160~3038)	2.5 (0.06~115)	100 (19~480)	0.19 (0.02~1.1)	16 (6.6~27)	0.22 (0.004~1.1)	4.6 (nd~21.6)
$anti$-DP	8.5 (0.8~44)	790 (120~1900)	3.6 (0.13~255)	280 (26~1300)	0.84 (0.07~7.3)	49 (26~91)	0.65 (0.01~3.9)	14 (1.8~62)
$\sum$DP	15 (1.5~58)	1500 (340~4200)	6.1 (0.19~36)	380 (45~1800)	1.0 (0.09~8.4)	65 (33~120)	0.87 (0.02~5.0)	19 (2.8~70)
$anti$-C$_{11}$-DP	0.06 (0.01~0.23)	8.8 (1.8~20)	0.03 (0.004~0.17)	2.7 (nd~7.5)	nd	(nd~2.6) *	nd	nd
f_{anti}	0.55 (0.25~0.75)	0.54 (0.28~0.77)	0.62 (0.34~0.9)	0.66 (0.35~0.77)	0.76 (0.54~0.94)	0.76 (0.68~0.8)	0.74 (0.45~0.85)	0.70 (0.43~0.88)

*表示只有 2 个样品有检出，未列出均值；

注：nd 表示低于检测限

5.0 ng/g）（表 8-8）。源潭镇居民头发 DP 的含量与广州市居民头发样品中 DP 的含量没有显著性差异（$p>0.05$），龙塘镇居民头发中∑DP 的含量极显著高于上述两个地区（$p<0.01$），龙塘镇电子废物拆解职业暴露工人头发中∑DP 含量又极显著高于当地普通居民（$p<0.01$）。DP 的脱氯产物 1,6,7,8,9,14,15,16,17,17,18-十八-7,15-二烯，$anti$-Cl_{11}-DP，在 93%的拆解作坊工人头发和 83%龙塘镇居民头发样品中被检出，但在广东和源潭镇居民头发中无检出。$anti$-Cl_{11}-DP 在拆解作坊工人头发和龙塘镇居民头发中的浓度范围分别为 0.01～0.23 ng/g 和 0.004～0.17 ng/g。

龙塘镇非职业暴露居民较大的样本量使得分析年龄与 DP 暴露之间的关系成为可能。测定结果表明（图 8-22），青少年组（7～18 岁）、儿童组（0～6 岁）和成年人组（19～60 岁）头发 DP 之间的含量没有显著性的差别，但是老年组（>60 岁）头发中 DP 的含量显著高于其他年龄段。老年人的头发生长速度较慢，同样长短的头发，老年人需要更长的生长时间，因此，可能累积有更多时间的 DP，这可能是老年组头发中 DP 含量较高的原因。

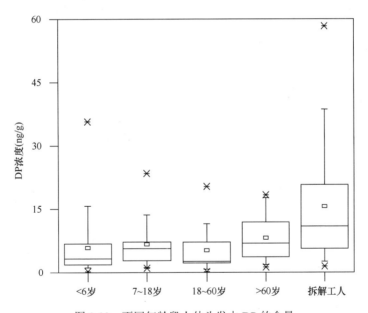

图 8-22　不同年龄段人体头发中 DP 的含量

不同区域人群的头发中 f_{anti} 值存在明显差异。城市和农村居民头发中 f_{anti} 值的平均值分别为 0.76 和 0.74，与工业品中该值一致。但是，龙塘镇电子废物拆解职业暴露工人头发中的平均 f_{anti} 值为 0.55，龙塘镇普通居民头发样品中的平均 f_{anti} 值为 0.62，显著低于农村居民和城市居民头发样品中的值（$p<0.05$），也与工业品的

f_{anti} 值有显著差别。汕头贵屿电子垃圾区职业暴露工人人体血清中 DP 的 f_{anti} 值（0.58 ± 0.11）也显著地低于对照区（0.64 ± 0.05）。这些结果表明，电子垃圾排放的 DP 较背景排放的 DP 具有更低的 f_{anti} 值。本研究中龙塘镇普通居民的 f_{anti} 值在职业暴露工人（0.55）和源潭镇普通居民的 f_{anti} 值（0.74）之间。显然，电子废物拆解地区居民受到了电子废物拆解活动释放的 DP 以及本地区农村背景 DP 的双重影响。假定龙塘与源潭镇背景排放具有相同的 f_{anti} 值，并且人体头发中不存在明显的立体异构体选择性富集，则可以根据二端元混合模型计算电子废物排放 DP 对居民头发中 DP 的贡献。计算得到的贡献分数为 0.65，即龙塘镇普通居民头发中的 DP 有近三分之二来源于电子废物拆解活动。

龙塘镇电子垃圾拆解作坊和居民住宅室内灰尘中 DP 浓度范围分别为 340～4200 ng/g 和 45～1800 ng/g。拆解作坊灰尘中 DP 的浓度显著地高于居民区室内灰尘中 DP 的含量。广州市区和源潭镇居民室内灰尘的 DP 含量分别为 2.8～70 ng/g 和 33～120 ng/g，远低于电子垃圾拆解作坊和电子垃圾区普通居民室内灰尘中 DP 的浓度。这与头发中 DP 浓度的区域性分布一致。加拿大渥太华居民室内灰尘中 DP 的含量除开一离群点（5683 ng/g）外的范围为 2.3～182 ng/g（Zhu et al.，2007）。该值与本研究中两个对照区的浓度在同一范围，但远低于电子垃圾拆解区室内灰尘中 DP 的含量。

$anti$-Cl_{11}-DP 在电子垃圾拆解作坊室内灰尘样品中的检出率为 100%，在龙塘镇居民住宅的室内灰尘中的检出率为 70%，在广州市和源潭镇居民住宅室内灰尘中，仅在两份样品中有检出。灰尘样品中的 $anti$-Cl_{11}-DP 浓度在不同样区的分布趋势与 DP 的分布趋势基本一致，即龙塘镇电子废物拆解作坊和民居室内灰尘中 $anti$-Cl_{11}-DP 含量高于两个对照区。电子废物拆解作坊室内灰尘样品中 $anti$-Cl_{11}-DP 的 100%检出率以及较高浓度，说明 $anti$-DP 的脱氯作用可能发生在电子废物的拆解回收过程中。这与电子废物拆解区域的灰尘中 f_{anti} 值较低的情况是一致的。

电子废物拆解作坊室内灰尘样品中的 f_{anti} 均值为 0.54，显著低于在龙塘镇民居（0.66）、广州市民居（0.76）和源潭镇民居（0.70）所采集的室内灰尘样品的 f_{anti}（$p < 0.01$）。和头发样品一样，广州市及源潭镇居民室内灰尘的 f_{anti} 与 DP 工业品的 f_{anti} 基本一致，这与其他有关大气中 DP 的研究结果是一致的，说明在灰尘中 DP 并没有出现显著的立体选择性降解。电子废物拆解作坊室内灰尘中 $anti$-DP 的减少可能是由于 DP 在电子废物处理处置过程中受热作用或其他化学过程的作用选择性降解所致。

8.3.4 头发和灰尘中 DP 的相关性

由于无法取得与人体头发一一对应的室内灰尘样品，我们将四个区域的人体头发和灰尘样品按采样区域作为一个整体进行相关性分析。为保证数据的正态分布，在进行相关性分析之前先对数据进行对数化处理，分析结果见图 8-23。由图可见，室内灰尘中 syn-和 anti-DP 含量与人体头发中对应的化合物存在着明显的正相关关系。这种正相关关系一方面表明了头发作为人体 DP 暴露评价介质的有效性，另一方面也说明灰尘中的 DP 是头发中 DP 的重要来源。灰尘中的 DP 可能通过两种途径进入头发，一个是外暴露途径，即灰尘中的 DP 从灰尘中脱出，直接吸附在头发上；另一个是内暴露途径，即通过人体在消化道或呼吸道吸收灰尘中的 DP，然后通过血液循环进入头发。除了灰尘暴露外，饮食暴露也是持久性有机污染物暴露的重要途径。由于电子垃圾区居民和电子垃圾拆卸作坊工人的饮食习惯没有差别，而头发中 DP 的浓度差异显著，因此，推断灰尘应为人体 DP 暴露的主要途径。

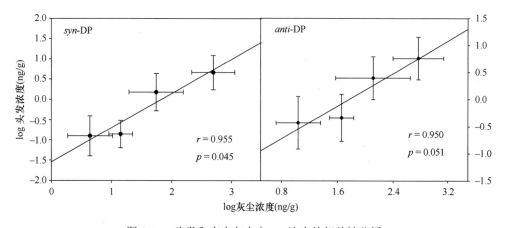

图 8-23　头发和室内灰尘中 DP 浓度的相关性分析

头发中 DP 的 f_{anti} 也与灰尘中 DP 的 f_{anti} 值存在一一对应的关系。在头发样品中，电子垃圾拆解作坊、电子垃圾居民区、广州市区和源潭镇的 f_{anti} 分别为 0.55 ± 0.11、0.62 ± 0.09、0.76 ± 0.07 和 0.74 ± 0.07。与之相对应的灰尘样品的 f_{anti} 值分别为 0.54 ± 0.05、0.66 ± 0.12、0.76 ± 0.03 和 0.70 ± 0.11。头发与灰尘中 f_{anti} 值的一一对应关系更进一步地表明了灰尘是头发中 DP 的主要来源。

人体头发中的 $anti\text{-}Cl_{11}\text{-}DP$ 有可能直接来源于环境，也有可能通过体内脱氯途径代谢而来。为进一步了解头发中 $anti\text{-}Cl_{11}\text{-}DP$ 的来源，我们首先对进样分析过程中是否存在裂解导致生成脱氯产物进行了确认。对 DP 工业品的进样表明，DP 工业品中确实检测出了 $anti\text{-}Cl_{11}\text{-}DP$。这表明进样过程中存在着裂解脱氯的可能性，也可能是工业品本身就含有微量不纯的脱氯产物。但 DP 工业品进样过程中检测到的 $anti\text{-}Cl_{11}\text{-}DP$ 与其母体化合物 $anti\text{-}DP$ 的比值（< 0.002）要远低于样品中的比值

（0.004～0.054）。这表明 $anti$-Cl_{11}-DP 并不是完全由进样裂解所致。

我们进一步对 $anti$-Cl_{11}-DP 及其母体化合物的关系及这种关系在灰尘与头发中是否存在差异进行了分析（图 8-24）。对这两个化合物的简单线性回归分析表明，无论是灰尘还是头发样品，$anti$-Cl_{11}-DP 都与 $anti$-DP 存在显著的线性正相关关系，更为重要的是两个线性回归方程的斜率基本一样，并未出现明显的变化。而 $anti$-Cl_{11}-DP 与 $anti$-DP 的比值在电子垃圾拆解作坊灰尘（0.014 ± 0.005）及居民室内灰尘（0.0012 ± 0.007）要稍大于相应的人群头发中的比值（0.0089 ± 0.006 和 0.0089 ± 0.006），但并不存在统计显著性。这一结果表明头发中的 $anti$-Cl_{11}-DP 更可能是直接来源于环境而不是体内代谢。但这一结果的前提是从人体其他组织向头发的传递过程中，DP 的母体化合物及其脱氯产物具有相同的传递效率。如果传递效率存在差别，则仍存在 $anti$-Cl_{11}-DP 来自体内代谢的可能性。

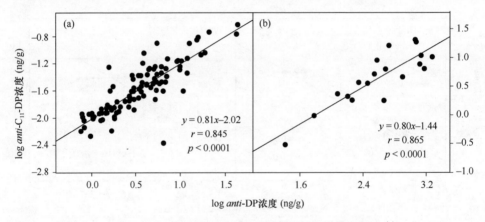

图 8-24　头发和灰尘中 $anti$-DP 之间的相关性分析

（a）灰尘；（b）头发

8.3.5　人体血清中 DP 的浓度及组成特征

$anti$-DP 在所有人体血清样品中都有检出（表 8-9）。syn-DP 在所有职业暴露工人的血清中都有检出，但仅在 3 个广州市居民血清中有检出。syn-DP 较低的检出限一是因为该化合物的方法检测限较高，二是其在体内相对较低的浓度。DP 的浓度在电子垃圾拆解工人血清中的浓度范围为 22～2200 ng/g lipid，中值为 150 ng/g lipid。广州市区人体血清中 DP 的浓度范围 2.7～91 ng/g lipid，中值浓度为 4.6 ng/g lipid。Ren 等（2009）报道了另一个电子垃圾区贵屿人体血清中 DP 的浓度，其浓度范围为 7.8～470 ng/g lipid，中值浓度为 43 ng/g lipid。这一浓度要远低于本研究中电子垃圾拆解工人血清中的浓度。这可能是两个研究的人群存在差别所致。在 Ren 等的研究中，血清采自贵屿居民，并没有区分是否职业暴露。而本研究中所有血液样品均来自电子垃圾拆解工人。前面有关居民与职业暴露工人头发中 DP 的研究已经表明，职业暴露工人头发 DP 的含量是远高于普通居民的。脱氯产物 anti-Cl$_{11}$-DP 在 51 个拆解工人的血清样品中被检出，但在广州人群血清样品中未检出。anti-Cl$_{11}$-DP 的浓度范围为 nd～9.9 ng/g lipid，中值为 1.5 ng/g lipid。

表 8-9　电子垃圾回收厂工人及对照区人体血清中 DP 的含量　　（单位：ng/g lipid）

	电子垃圾拆卸工人			对照区		
	男 (n=33)	女 (n=37)	总体 (n=70)	男 (n=7)	女 (n=6)	总体 (n=13)
年龄（年）	43 (22～57)	45 (20～59)	44.5 (20～59)	27 (25～40)	26 (24～46)	27 (24～46)
职业暴露时间	6 (1～20)	7 (2～20)	6.5 (1～20)	0	0	0
BMI^a (kg/m^2)	23.1 (18.3～28.7)	23.6 (17.5～30.8)	23.4 (17.5～30.8)	24.3 (19.1～26.3)	20.1 (18.2～22.5)	22.6 (18.2～26.3)
syn-DP	45 (7.4～200)	81 (12～580)	53 (7.4～580)	3.01^d	5.3 和 36^d	nd (nd～36)^d
anti-DP	74 (14～500)	180 (15～1600)	100 (14～1600)	4.1 (2.7～7.5)	6.0 (3.2～55)	4.6 (2.7～55)
∑ DP^b	120 (22～700)	270 (27～2200)	150 (22～2200)	4.1 (2.7～11)	8.7 (3.2～91)	4.6 (2.7～91)
anti-Cl$_{11}$-DP	1.0 (nd～4.8)	1.7 (nd～9.9)	1.5 (nd～9.9)	nd	nd	nd
f_{anti}^{c}	0.64 (0.48～0.73)	0.70 (0.52～0.76)	0.66 (0.48～0.76)	0.71^d	0.56 和 0.60^d	0.60 (0.56～0.71)^d

a 平均值与范围；b 中值与范围；c 平均值与范围；d 均表示有一个或两个数据

当不考虑性别时，血清中 DP 的浓度与年龄和从事拆解电子垃圾的年限间均没有显著的相关性。这与 Ren 等（2009）的研究结果是一致的。但当按性别和年龄分组后，则出现了不一样的结果。对于男性而言，不同年龄组（<40 岁，40～49 岁，>49 岁）之间血清 DP 浓度仍然没有显著性的差别，血清 DP 浓度与年龄间没有显著的关系。但对于女性而言，>49 岁年龄组血清中 DP 的浓度最高，然后是 40～49 岁年龄组，< 40 岁年龄组浓度最低。DP 与年龄之间也存在明显的相关性（p=0.047）（图 8-25）。在头发样品的分析中，我们发现老年组头发 DP 的浓度要明显高于其他年龄组。在本研究中，由于没有 60 岁以上年龄组样品，因此，无法得知老年组 DP 的浓度是否要高于其他组。血清中 DP 与年龄关系的男女差别可能与 DP 在男女体内的半衰期不同有关。DP 在男性体内的半衰期短，在女性体内半衰期长（参见 8.3.6 节具体论述），因为女性表现出明显的浓度-年龄依赖性。

电子垃圾拆解工人血清中 f_{anti} 值的范围为 0.48～0.76，中值 0.66。在广州城区样品中，由于只有 3 个样品检出 syn-DP，f_{anti} 值为 0.60、0.71 和 0.56。因此，无法对两个区域人群血清中的 f_{anti} 值进行比较。整体上看，血清中的 f_{anti} 是低于工业品中 DP 的 f_{anti} 值的。但由此并不能断定存在 syn-DP 富集的现象，因为无法得知人体外暴露各种介质中 DP 的 f_{anti}。由于电子垃圾拆解工人的一个重要暴露途径是室

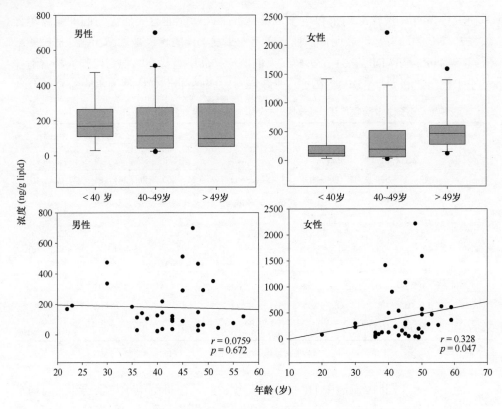

图 8-25　电子垃圾拆解工人血清中 DP 浓度与年龄关系的男女差异

内灰尘，特别是工作区间的灰尘。由 8.3.3 节可知，工作厂房灰尘的 f_{anti} 值是 0.54，低于人体血清中的 f_{anti} 值。因此，可以判断人体中基本不存在顺式异构体的富集情况。在电子垃圾拆解工人的头发样品中，f_{anti} 值为 0.55，稍低于血清样品。后续有关头发和血清一一对应样品的分析也揭示出头发中 f_{anti} 值要低于血清中 f_{anti} 值。可能表明在从血液向头发转移过程中存在选择性的转移过程。Ren 等（2009）对贵屿电子垃圾回收区人群中血清的 DP 研究发现，其 f_{anti} 的范围与本研究相同（0.40～0.77），但平均值（0.58）要低于本研究。除了环境介质中 f_{anti} 值存在差异外，两组样品人群的组成不同也是造成这种差别的原因之一。在本研究中，男、女比例接近 1∶1，但在 Ren 等（2009）的研究中，样本主要是男性。而男女血清中的 f_{anti} 比值是存在明显差别的（参见 8.3.6 节讨论）。

8.3.6　血清中 DP 浓度及组成的性别差异

由于较少的样品，我们没有讨论广州城区人群血清中 DP 的性别差异。将浓度进行对数转化后，*syn*-、*anti*-、总 DP 和 *anti*-Cl$_{11}$-DP 的浓度数据符合正态分布，因此，对转化后的数据进行 student's *t*-test。结果发现，女性中 *syn*-、*anti*-、总 DP 和 *anti*-Cl$_{11}$-DP 的浓度均显著地高于男性（*p* 值分别为 0.018、0.009、0.01、0.018）。*f*$_{anti}$ 比值女性（0.70）也显著地高于男性（0.64）（图 8-26）。由于所采集样品的男女在年龄、从业时间及体重指数上都没有明显的差别，并且男女的样本量也基本对等（37 和 33），同时，所采集的人群都居住在同一区域，具有相同的饮食和生活习惯，因此，上述血清在 DP 浓度及组成方面的差异最有可能是男女性在 DP 的吸收、排泄和代谢方面存在差异所致。因为以前的研究表明，*anti*-DP 更有可能被生物代谢，则男性体内较低的 *f*$_{anti}$ 比值表明男性对 DP 有比女性更高的代谢能力。由于 *anti*-Cl$_{11}$-DP 是 *anti*-DP 的脱氯产物，因此，两个化合物的浓度之比及其相关性应该能反映 DP 代谢的性别差异。计算结果发现，男性血清中 *anti*-Cl$_{11}$-DP/*anti*-DP 的值（0.0093～0.0337，中值 0.0157）要显著地高于女性血清中该比值（0.0047～0.0229，中值 0.0086）。而 *anti*-Cl$_{11}$-DP 和 *anti*-DP 的线性回归发现二者之间存在明显的相关系（男性：$r = 0.95$，$p < 0.0001$；女性：$r = 0.88$，$p < 0.001$），但男性的回归线的斜率（0.73）要高于女性（0.69）。男性中 *anti*-Cl$_{11}$-DP 相对含量高于女性，而 *f*$_{anti}$ 比值又显著地低于女性。这些结果表明男性对 DP 的代谢能力可能要稍高于女性，从而导致男性血清中 DP 的浓度相应低于女性血清。否则，很难解释观察到的男女在 DP 浓度和组成上的差别。

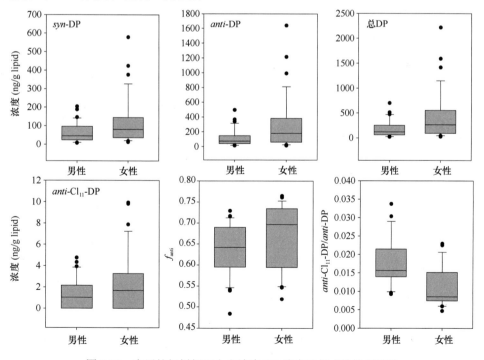

图 8-26　电子垃圾拆解工人血清中 DP 浓度及组成的性别差异

关于 *anti*-Cl_{11}-DP 是否是 *anti*-DP 在生物体内的降解产物，目前一直缺乏直接的证据。我们有关鱼的 DP 暴露实验发现鱼体内脱氯产物与母体产物的比值要显著地高于工业品中的比值，暗示有可能是脱氯代谢作用的结果。而前面我们发现f_{anti}比值随生物营养等级的增加而下降也表明可能存在着对 *anti*-DP 的选择性降解作用，但这些都只是一些间接的证据。相反，头发样品中 DP 与脱氯产物之间的相关性表明，脱氯产物可能更多直接来源于环境中富集。而大鼠 DP 暴露实验表明，在清除期，*anti*-DP 的清除半衰期要长于 *syn*-DP，并不支持 *anti*-DP 更易降解的说法。但同样的，以上结果也只是一些间接证据，不能直接证明两个异构体之间是否存在选择性的代谢过程。我们前面对 DP 在三个不同物种中的暴露实验发现，DP 母体及脱氯产物在生物中的立体选择性富集存在着物种、化合物、组织以及暴露浓度的依赖性，这使得解释相关的结果变得异常困难。因此，有关 DP 的富集特性及其生物代谢特征需要更多的研究。

参 考 文 献

张刘俊. 2014. 得克隆对赤子爱胜蚓的毒性效应研究. 南京: 南京大学.

Abdelouahab N, Suvorov A, Pasquier J C, Langlois M F, Praud J P, Takser L. 2009. Thyroid disruption by low-dose BDE-47 in prenatally exposed lambs. Neonatology, 96: 120-124.

Arinaitwe K, Muir D C, Kiremire B T, Fellin P, Li H, Teixeira C. 2014. Polybrominated diphenyl ethers and alternative flame retardants in air and precipitation samples from the Northern Lake Victoria Region, East Africa. Environmental Science and Technology, 48(3): 1458-1466.

Baek S Y, Jurng J, Chang Y S. 2013. Spatial distribution of polychlorinated biphenyls, organochlorine pesticides, and dechlorane plus in Northeast Asia. Atmospheric Environment, 64: 40-46.

Barón E, Máñez M, Andreu A C, Sergio F, Hiraldo F, Eljarrat E, Barceló D. 2014. Bioaccumulation and biomagnification of emerging and classical flame retardants in bird eggs of 14 species from Doñana Natural Space and surrounding areas (South-western Spain). Environment International, 68: 118-126.

Burke M D, Mayer R T. 1974. Ethoxyresorufin: Direct fluorimetric assay of microsomal O-dealkylation which is preferentially inducible by 3-methylcholanthrene. Drug Metabolism and Disposition, 2: 583–588.

Fisk A T, Cymbalisty C D, Tomy G T, Muir D C. 1998. Dietary accumulation and depuration of individual C_{10}-, C_{11}-and C_{14}-polychlorinated alkanes by juvenile rainbow trout (*Oncorhynchus mykiss*). Aquatic Toxicology, 43, 209-221.

Gauthier L T, Letcher R J. 2009. Isomers of dechlorane plus flame retardant in the eggs of herring gulls (*Larus argentatus*) from the Laurentian Great Lakes of North America: Temporal changes and spatial distribution. Chemosphere, 75(1): 115-120.

Guerra P, Fernie K, Jiménez B, Pacepavicius G, Shen L, Reiner E, Eljarrat E, Barceló D, Alaee M. 2011. Dechlorane plus and related compounds in peregrine falcon (*Falco peregrinus*) eggs from Canada and Spain. Environmental Science and Technology, 45: 1284-1290.

Hoh E, Zhu L, Hites R A. 2006. Dechlorane plus, a chlorinated flame retardant, in the Great Lakes.

Environmental Science and Technology, 40(4): 1184-1189.

Jia H, Sun Y, Liu X, Yang M, Wang D, Qi H, Shen L, Sverko E, Reiner E J, Li Y F. 2011. Concentration and bioaccumulation of dechlorane compounds in coastal environment of Northern China. Environmental Science and Technology, 45(7): 2613-2618.

Luo Y, Luo X J, Lin Z, Chen S J, Liu J, Mai B X, Yang Z Y. 2009. Polybrominated diphenyl ethers in road and farmland soils from an e-waste recycling region in southern China: Concentrations, source profiles, and potential dispersion and deposition. Science of the Total Environment, 407: 1105-1113.

Muñoz-Arnanz J, Sáez M, Hiraldo F, Baos R, Pacepavicius G, Alaee M, Jiménez B. 2011. Dechlorane plus and possible degradation products in white stork eggs from Spain. Environmental Pollution, 34(7): 1164-1168.

OxyChem. 2007. Dechlorane Plus Manual. http://docplayer.net/14606577-Oxychem-dechlorane-plus-manual.html.

Peng H, Zhang K, Wan Y, Hu J. 2012. Tissue distribution, maternal transfer, and age-related accumulation of dechloranes in Chinese sturgeon. Environmental Science and Technology, 46: 9907-9913.

Qiu X, Marvin C H, Hites R A. 2007. Dechlorane plus and other flame retardants in a sediment core from Lake Ontario. Environmental Science and Technology, 41(17): 6014-6019.

Ren G, Yu Z, Ma S, Li H, Peng P, Sheng G, Fu J. 2009. Determination of dechlorane plus in serum from electronics dismantling workers in South China. Environmental Science and Technology, 43(24): 9453-9457.

Roberts M S, Magnusson B M, Burczynski F J, Weiss M. 2002. Enterohepatic circulation: Physiological, pharmacokinetic and clinical implications. Clinical Pharmacokinetics, 41: 751-790.

Sverko E, Tomy G T, Marvin C H, Zaruk D, Reiner, E, Helm P A, Hill B, McCarry B E. 2008. Dechlorane plus levels in sediment of the lower Great Lakes. Environmental Science and Technology, 42: 361-366.

Sverko E, Tomy G T, Reiner E J, Li Y F, McCarry B E, Arnot J A, Law R J, Hites R A. 2011. Dechlorane Plus and related compounds in the environment: A review. Environmental Science and Technology, 45(12): 5088-5098.

Syed J H, Malik R N, Li J, Wang Y, Xu Y, Zhang G, Jones K C. 2013. Levels, profile and distribution of dechlorane plus (DP) and polybrominated diphenyl ethers (PBDEs) in the environment of Pakistan. Chemosphere, 93(8): 1646-1653.

Tomy G T, Pleskach K, Ismail N, Whittle D M, Helm P A, Sverko E, Zaruk D, Marvin C H. 2007. Isomers of dechlorane plus in Lake Winnipeg and Lake Ontario food webs. Environmental Science and Technology, 41(7): 2249-2254.

Tomy G T, Thomas C R, Zidane T M, Murison K E, Pleskach K, Hare J, Arsenault G, Marvin C H, Sverko E. 2008. Examination of isomer specific bioaccumulation parameters and potential in vivo hepatic metabolites of *syn*-and *anti*-dechlorane plus isomers in juvenile rainbow trout (*Oncorhynchus mykiss*). Environmental Science and Technology, 42(15): 5562-5567.

Venier M, Wierda M, Bowerman W W, Hites R A. 2010. Flame retardants and organchlorine pollutants in bald eagle plasma from the Great Lakes region. Chemosphere, 80: 1234-1240.

Wang D G, Yang M, Qi H, Sverko E, Ma W L, Li Y F, Alaee M, Reiner E J, Shen L. 2010. An Asia-specific source of dechlorane plus: Concentration, isomer profiles, and other related compounds. Environmental Science and Technology, 44(17): 6608-6613.

Wang J, Tian M, Chen S J, Zheng J, Luo X J, An T C, Mai B X. 2011. Dechlorane plus in house dust from e-waste recycling and urban areas in South China: Sources, degradation, and human exposure. Environmental Toxicology and Chemistry, 30(9): 1965-1972.

Wang P, Zhang Q, Zhang H, Wang T, Sun H, Zheng S, Li Y, Liang Y, Jiang G. 2016. Sources and environmental behaviors of Dechlorane Plus and related compounds—A review. Environment International, 88: 206-220.

Wolschke H, Meng X-Z, Xie Z, Ebinghaus R, Cai M. 2015. Novel flame retardants(N FRs), polybrominated diphenyl ethers (PBDEs) and dioxin-like polychlorinated biphenyls (DL-PCBs) in fish, penguin, and skua from King George Island, Antarctica. Marine Pollution Bulletin, 96(1): 513-518.

Wu B, Liu S, Guo X C, et al. 2012. Responses of mouse liver to dechlorane plus exposure by integrative transcriptomic and metabonomic studies. Environmental Science and Technology, 46(19): 10758-10764.

Xian Q, Siddique S, Li T, Feng Y L, Takser L, Zhu J. 2011. Sources and environmental behavior of dechlorane plus—A review. Environment International, 37(7): 1273-1284.

Zhang L J, Ji F N, Li M, et al. 2014a. Short-term effects of dechlorane plus on the earthworm Eisenia fetida determined by a systems biology approach. Journal of Hazard Materials, 273: 239-246.

Zhang S H, Xu X J, Wu Y S, Ge J J, Li W Q, Huo X. 2014b. Polybrominated diphenyl ethers in residential and agricultural soils from an electronic waste polluted region in South China: Distribution, compositional profile, and sources. Chemosphere, 102: 55-60.

Zhang Y, Wu J P, Luo X J, Wang J, Chen S J, Mai B X. 2011. Tissue distribution of Dechlorane Plus and its dechlorinated analogs in contaminated fish: High affinity to the brain for *anti*-DP. Environmental Pollution, 159: 3647-3652.

Zheng X B, Wu J P, Luo X J, Zeng Y H, She Y Z, Mai B X. 2012. Halogenated flame retardants in home-produced eggs from an electronic waste recycling region in South China: Levels, composition profiles, and human dietary exposure assessment. Environment International, 45: 122-128.

Zhu J, Feng Y L, Shoeib M. 2007. Detection of dechlorane plus in residential indoor dust in the city of Ottawa, Canada. Environmental Science and Technology, 41(22): 7694-7698.

第9章 短链氯化石蜡在电子垃圾回收区水生与陆生生物中的富集

本章导读

- 氯化石蜡（CPs）是一类组成非常复杂的氯代烷烃，其准确定量分析迄今为止仍是世界性难题。因此，关于氯化石蜡的环境行为现在了解的非常有限。这成了准确评价其生态环境风险的障碍。

- 以清远一受电子垃圾污染池塘的水体、沉积物和水生生物为研究对象，阐明了短链氯化石蜡（SCCPs）在环境及生物介质中的污染水平、组成特征。通过对生物富集因子、生物–沉积物富集因子的计算及其与化合物辛醇/水分配系数关系的研究，发现不同生物富集水体中 SCCPs 的途径存在差异。脂肪含量是决定 SCCPs 组织分布重要的但非唯一的因素。肝脏比其他组织能富集更多高 K_{OW} 的化合物，并且富集途径会影响到 SCCPs 的组织分布。此食物链上 SCCPs 的 TMF < 1，这与 PBDEs、PCBs 等污染物存在明显区别。

- 以同一区域中 7 种雀形目鸟类为研究对象，阐明了 SCCPs 在陆生鸟类中的污染水平及组成特征。结果表明 2 种冬候鸟的污染水平显著地低于本地留鸟，揭示了电子垃圾是本地 SCCPs 重要污染源；植食性鸟 SCCPs 的浓度要高于昆虫食性和杂食性的鸟，这与其他卤代有机污染物在鸟类中的分布存在明显差别。SCCPs 浓度与营养等级间未观察到明显相关性，可能是受到了研究区域 SCCPs 污染的高度不均一性影响。研究区域内 SCCPs 存在两种来源（背景排放和电子垃圾排放），这可能是导致鸟体内表现出两种 SCCPs 组成特征的原因。

9.1 氯化石蜡简介

氯化石蜡（chlorinated paraffins，CPs）又称为氯代饱和烃（polychlorinated

n-alkanes，PCAs），化学通式为 $C_mH_{2m+2-n}Cl_n$，是一组人工合成的正构烷烃氯代衍生物，其碳链长度为 10～30 个碳原子，氯含量通常在 30%～72% 之间（质量分数）（Filyk et al.，2002；Tomy et al.，1999）。按照碳链长度不同，CPs 可分为短链氯化石蜡（C_{10}～C_{13}，short chain chlorinated paraffins，SCCPs）、中链氯化石蜡（C_{14}～C_{17}，medium chain chlorinated paraffins，MCCPs）和长链氯化石蜡（C_{18}～C_{30}，long chain chlorinated paraffins，LCCPs），其化学结构示意图见图 9-1。

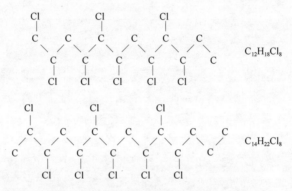

图 9-1　SCCPs 和 MCCPs 的结构示意图

　　CPs 是在高温紫外照射条件下由烷烃直接氯化生成，由于该反应的氯化位点选择性低，根据氯原子取代数目和位置的不同，其同系物、对映体和非对映体的数量巨大，假设每个碳原子位置上最多被三个氯取代，则 SCCPs 和 MCCPs 理论上有上万种异构体（Bayen et al.，2006；Tomy et al.，1997）。

　　CPs 复杂的组成成分使得其物理化学性质差别很大，目前有关各类 CPs 物理和化学性质的信息非常有限（表 9-1）。理论上，CPs 的理化性质受碳链长度、氯

表 9-1　氯化石蜡（CPs）部分同系物组的理化性质

SCCPs 同系物组	相对分子质量	理论氯含量(%)	$\log p_L{}^a$ (25℃)	$\log K_{OA}{}^b$ (0℃)	$\log K_{OA}{}^c$ (25℃)	$S_W{}^d$ (μg/L, 25℃)	$\log K_{OW}{}^e$ (25℃)	$\log K_{OW}{}^f$
$C_{10}H_{17}Cl_5$	315	56.4	−2.29	8.48	6.92	50.12	5.09	4.92
$C_{10}H_{16}Cl_6$	349	61.0	−2.94	9.15	7.54	21.29	5.22	5.11
$C_{10}H_{15}Cl_7$	384	64.8	−3.58	9.81	8.18	9.21	5.42	5.35
$C_{10}H_{14}Cl_8$	418	67.9	−4.23	10.47	8.81	3.95	5.65	5.61
$C_{10}H_{13}Cl_9$	453	70.6	−4.87	11.17	9.48	1.56	5.74	5.88
$C_{10}H_{12}Cl_{10}$	487	72.9	−5.52	11.87	10.13	0.50	6.67	6.13
$C_{11}H_{19}Cl_5$	329	54.0	−2.65	8.93	7.28	15.32	5.24	5.19
$C_{11}H_{18}Cl_6$	363	58.7	−3.29	9.59	7.91	6.67	5.43	5.29
$C_{11}H_{17}Cl_7$	398	62.5	−3.94	10.26	8.54	2.87	5.56	5.47

续表

SCCPs 同系物组	相对 分子质量	理论氯含量(%)	$\log p_L$ [a] （25℃）	$\log K_{OA}$ [b] （0℃）	$\log K_{OA}$ [c] （25℃）	S_w [d] （μg/L, 25℃）	$\log K_{OW}$ [e] （25℃）	$\log K_{OW}$ [f]
$C_{11}H_{16}Cl_8$	432	65.7	−4.58	10.92	9.18	1.23	5.68	5.68
$C_{11}H_{15}Cl_9$	467	68.5	−5.23	11.58	9.81	0.52	6.04	5.90
$C_{11}H_{14}Cl_{10}$	501	70.9	−5.87	12.24	10.44	0.20	6.36	6.12
$C_{12}H_{21}Cl_5$	343	51.8	−3.00	9.38	7.64	4.81	5.64	5.53
$C_{12}H_{20}Cl_6$	377	56.5	−3.64	10.04	8.28	2.08	5.66	5.58
$C_{12}H_{19}Cl_7$	412	60.4	−4.29	10.71	8.91	0.89	5.76	5.68
$C_{12}H_{18}Cl_8$	446	63.7	−4.93	11.37	9.55	0.38	5.97	5.83
$C_{12}H_{17}Cl_9$	481	66.5	−5.58	12.03	10.18	0.16	6.10	5.99
$C_{12}H_{16}Cl_{10}$	515	68.9	−6.22	12.69	10.81	0.07	6.31	6.16
$C_{13}H_{23}Cl_5$	357	49.8	−3.35	9.83	8.00	1.51	5.98	5.92
$C_{13}H_{22}Cl_6$	391	54.5	−4.00	10.49	8.65	0.65	5.76	5.88
$C_{13}H_{21}Cl_7$	426	58.4	−4.64	11.15	9.28	0.28	5.89	5.96
$C_{13}H_{20}Cl_8$	460	61.7	−5.29	11.82	9.91	0.12	6.04	6.12
$C_{13}H_{19}Cl_9$	495	64.6	−5.93	12.48	10.54	0.05	6.21	6.31
$C_{13}H_{18}Cl_{10}$	529	67.1	−6.58	13.14	11.17	0.02	6.43	6.52

a 数据来自 Drouillard et al.，1998a；b，c，d，e 数据采用 EPIWEBv4.1 软件估算；f 数据来自 Hilger et al.，2011

原子取代个数和位置影响，碳链越长，氯化程度越高，则辛醇/水分配系数（octanol water partition coefficient，K_{OW}）越高，水溶性越小，饱和蒸气压越小。Hilger 等（2011）测得的 CPs 同系物的 $\log K_{OW}$ 范围在 4.10（C_{10}，氯含量 50.2%）～ 11.34（C_{28}，氯含量 54.8%）之间，单体 CPs 的 $\log K_{OW}$ 值在 3.82～7.75 之间；$\log K_{OW}$ 值与碳链长度线性正相关，但与氯化程度呈现随着氯含量的增加，$\log K_{OW}$ 先降低后增加。Drouillard 等（1998a；1998b）测得的 C_{10}～C_{12} 单体的蒸气压力在 $0.028×10^{-7}$～$2.8×10^{-7}$ Pa，溶解度为 400～960 μg/L 之间。

CPs 自 20 世纪 30 年代首次合成后，由于其良好的阻燃性和电绝缘性、低挥发性和高稳定性以及廉价易得等优点，被广泛用作金属加工/金属切割润滑液、聚氯乙烯（PVC）和密封胶的添加剂、辅助增塑剂、橡胶、涂料涂层以及纺织品的阻燃剂等，还曾用作 PCBs 的替代品（Tomy et al.，1998）。据统计，1964 年全球 CPs 总产量不足 50 000 t，1977 年为 230 000 t（Zencak and Oehme，2006），1985 年为 300 000 t，1985～1998 年间保持每年 1%的速度增加（Lahaniatis et al.，2000；Muir et al.，2001）。20 世纪 90 年代末，全球的 SCCPs 年产量达到 500 000 t（Feo et al.，2009）。中国从 20 世纪 50 年代末开始生产 CPs，1963 年总产量不足 2000 t，1980

年达到 18 000 t（唐恩涛和姚丽芹，2005），至 2003 年年产量则达到 150 000 t，出口 100 000 t 以上（Filyk et al.，2002）。2007 年，中国 CPs 总产量达到 600 000 t，是日本的 10 倍，成为世界最大的 CPs 生产国（de Boer，2010）。2009 年，中国 CPs 年产量估计在 600 000～1 000 000 t 之间（van Mourik et al.，2015）。我国的氯化石蜡生产企业众多，据估计目前已超过 100 家，主要集中在东部沿海；氯化石蜡产品主要是 CP-42、CP-52 和 CP-70，其中 CP-52 为主要产品，其产量约占 CPs 总产量的 80%以上（唐恩涛和姚丽芹，2005）。

由于尚未证明 CPs 存在自然来源，因此环境中的 CPs 被认为主要来自 CPs 和含有 CPs 产品的工业生产、存储、运输、使用和处置。目前的研究发现，CPs 的毒性变化规律是碳链越短，毒性越强。因此，与中长链的 CPs 相比，SCCPs 的生态毒性相对较大，其在环境中的生态风险也已引起了世界卫生组织和环境研究者的关注（Tomy et al.，1998；WHO，1996）。有限的研究已经表明，SCCPs 具有持久性（Iozza et al.，2008；Thompson and Noble，2007；Tomy et al.，1999）、长距离迁移性（Reth et al.，2006；Strid et al.，2013）、生物积累性（Basconcillo et al.，2015；Houde et al.，2008；Zeng et al.，2011）以及潜在毒性效应（Cooley et al.，2001；Geng et al.，2015；Geng et al.，2016；Warnasuriya et al.，2010）等 POPs 特性，对环境及生态系统均有一定的影响。目前，美国环境保护署（USEPA）已经把 SCCPs 列入排放毒性化学品目录，欧盟、日本和加拿大也将 SCCPs 列入优先控制有毒化合物（UNEP，2015a）。此外，SCCPs 目前正在作为潜在的持久性有机污染物接收斯德哥尔摩公约 POPs 审查委员会的审查（UNEP，2015b）。

由于 CPs 是由成千上万的单体组成的复合混合物，这使得 CPs 不能像其他化合物那样能够被准确地定量分析。迄今为止，关于 CPs 的准确定量仍是一个世界性的难题。现存的一些方法只能给出一个近似值。由于以上原因，目前尚无法在单个化合物水平上分析 CPs 的环境行为和归宿。这使人们对 SCCPs 的环境行为的了解远未有其他卤代有机污染物深入。为了了解 SCCPs 在水生与陆生食物链上富集的特征及差异性，我们在清远电子垃圾回收区采集了水生生物及陆生鸟类样品，对 SCCPs 在两种不同生态系统生物中的富集及食物链传递行为进行了研究。

9.2　SCCPs 在电子垃圾污染池塘水生生物中的富集

9.2.1　样品的采集与前处理

2014 年 12 月在清远市龙塘镇白鹤塘电子垃圾拆解地附近的一个池塘采集样品，具体采样点描述见 5.2.1 节。利用电捕及网捕方式采集了鱼类（乌鳢, snakehead,

Ophicephalus argus；革胡子鲶，catfish，*Clarias batrachus*；鲮鱼，mud carp，*Cirrhinus molitorella*；鲫鱼，Crucian carp，*Carassius auratus*）、虾类（oriental river prawn，*Macrobrachium nipponense*）和蟹类（Chinese mitten crab，*Eriocheir sinensis*）等生物样品。同时采集表层水（0.5 m 以下）和表层沉积物样品，样品详细信息见表 9-2。样品采集后，运回实验室−20℃冷冻保存至分析。

表 9-2　生物参数及 SCCPs 在生物、水体及沉积物中的浓度（单位：生物：ng/g lipid；水：ng/L；沉积物：ng/g dw）

样品名称	样品数[a]	体长（cm）	体重（g）	脂肪含量（%）[b]	$\delta^{15}N$（‰）	SCCPs
革胡子鲶	2	39 ± 16	759 ± 822	2.8 ± 3.3	11 ± 0.85	7900 ± 7500
乌鳢	5	35 ± 3.4	359 ± 32	0.74 ± 0.37	13 ± 0.77	2700 ± 900
鲮鱼（大个体）	5	49 ± 3.0	1818 + 253	2.7 ± 1.2	8.5 ± 0.29	2100 ± 160
鲮鱼（小个体）	5（60）	8.2 ± 1.1	5.3 ± 1.5	3.4 ± 0.54	12 ± 0.22	3400 ± 1100
鲫鱼	5（16）	12 ± 0.58	28 ± 4.8	2.2 ± 0.29	10 ± 0.28	9800 ± 8200
日本沼虾	5（50）	2.0 ± 0.21	1.2 ± 0.14	1.9 ± 0.15	10 ± 0.37	12000 ± 2400
螃蟹	5（16）	2.7 ± 1.1	2.3 ± 0.26	1.3 ± 0.26	7.3 ± 0.16	44000 ± 40000
水	3	—	—	—	—	61 ± 5.5
沉积物	4	—	—	15 ± 16	—	100000 ± 170000

a 括号内数字为样品个数，括号前为混合样品数。数据表达为均值±标准偏差。b 对沉积物为总有机碳含量（TOC）

生物样品采集后对其进行物种鉴定，量取体长和体重参数。对于个体较大的乌鳢和鲮鱼样品，样品清洗干净后，取鱼皮、肌肉、鱼鳃、肾脏和肝脏组织，进行组织分配研究；其他鱼类样品去除内脏后取肌肉组织进行分析，其中小鲮鱼与小鲫鱼为除去内脏后的残体。虾和蟹类样品取可食用部分进行分析。根据样品量的多少，以 2～10 个个体样品组成一个混合样。

所取生物组织经冷冻干燥 72 h 后，研磨成均匀粉末。准确称取适量干重样品，加入回收率指示物（ε-HCH，购于德国 Dr. Ehrenstorfer 公司），用 200 mL 1∶1 正己烷/二氯甲烷于 50℃索氏抽提 48 h，抽提液旋转蒸发浓缩并转换溶剂为正己烷，准确定容至 10 mL，取 2 mL 采用重量法测定脂肪含量；剩余 8 mL 采用浓硫酸氧化法除去脂肪等杂质用于目标化合物测定。样品离心后转移出有机相置于特氟龙管中，用 6 mL 正己烷反萃浓硫酸相两次，合并有机相。有机相用水洗至中性，并过无水硫酸钠除水转移到鸡心瓶中。旋转蒸发至 0.5 mL 左右，过弗罗里硅胶复合层析柱（内径为 1cm，从下至上填充 20 cm 弗罗里土、2 cm 中性硅胶和 5 cm 酸性硅胶）进一步纯化，先用 10 mL 正己烷淋洗弃去，再用 70 mL 正己烷洗脱 PCBs

和 PBDEs 等组分，然后用 60 mL 二氯甲烷洗脱收集 CPs 组分，旋转蒸发浓缩后氮吹，加入回收率内标（$^{13}C_{10}$-*trans*-chlordane，购于美国 Cambridge Isotope Laboratories）用异辛烷定容至 100 μL。

沉积物样品冷冻干燥后除去贝壳、沙石等杂物，研磨后过 80 目筛。准确称量适量样品，加入一定量的回收率指示物和 5 g 铜粉（用于脱硫）后用 200 mL 1∶1 正己烷/二氯甲烷索氏抽提 48 h。提取液旋浓缩至 0.5 mL，经弗罗里硅胶复合柱分离纯化，后续处理同生物样品方法。

水样经过玻璃纤维膜过滤收集溶解相，添加回收率指示物后采用 100 mL 1∶1 正己烷/二氯甲烷液–液萃取，共萃取 3 次，合并有机相后旋转蒸发浓缩到 0.5 mL，经弗罗里硅胶复合柱分离纯化，后续处理方法同上。

生物样品的稳定碳、氮同位素组成测定方法见 5.2.1 节。沉积物经盐酸除去无机碳后，取 10 mg 左右样品用元素分析仪（Elementar 公司，型号为 EL III）测定总有机碳（total organic carbon，TOC）含量。

9.2.2　CPs 的仪器分析

采用岛津气相色谱–质谱联用仪（Shimadzu QP2010 GC-MS），负化学电离（NCI），选择离子监测模式（SIM）下测定 SCCPs 含量。色谱柱为 DB-5HT 色谱柱（15 m × 0.1 μm i.d. × 0.25 mm），载气为高纯氦气，反应气为甲烷。不分流进样，进样体积 1μL，进样口温度为 250℃，接口温度为 280℃，离子源温度为 200℃。柱流速 1.5 mL/min。升温程序为 80℃保持 3 min，以 25℃/min 升温到 160℃，保持 6 min，然后以 20℃/min 升温到 280℃，保持 15 min。为了增强仪器的灵敏度和降低 SCCPs 与 MCCPs 之间的干扰，每个样品分四次进样，具体分组为：C_{10} 和 C_{15}、C_{11} 和 C_{16}、C_{12} 和 C_{17}、C_{13} 和 C_{14}（Zeng et al.，2011）。具体的监测离子见表 9-3。

本节主要讨论 SCCPs。$\sum$SCCPs 定量采用 Reth 等（2005）报道的方法，标准品和样品中同系物组成特征由实际峰面积经同位素丰度和响应因子校正后得到（Tomy et al.，1997）。具体的化学计算方法见 Reth 等（2005）和 Tomy 等（1997）的文献报道。

9.2.3　生物样品中的稳定碳、氮同位素组成特征

尽管所有的生物样品都采自一个相对封闭的池塘，但各个生物采食的偏好及所处营养级的差别仍会造成其稳定碳、氮同位素的差异。为了表征所采生物样品的碳来源和所处的营养等级，我们分析了各个生物样品的稳定碳、氮同位素的组成（图 9-2）。从稳定氮同位素组成特征上看，如果以 3‰作为营养级富集因子，则所有生物样品大致存在三个营养级别。螃蟹的营养等级最低，$\delta^{15}N$ 值为 7.3‰，乌鳢的

表9-3　SCCPs 和 MCCPs 监测离子

分子式	定量离子	定性离子	分子式	定量离子	定性离子	分子式	定量离子	定性离子	分子式	定量离子	定性离子
$C_{10}H_{17}Cl_5$	279	277	$C_{12}H_{21}Cl_5$	307	305	$C_{14}H_{25}Cl_5$	335.1	333.1	$C_{16}H_{29}Cl_5$	363.1	361.1
$C_{10}H_{16}Cl_6$	312.9	314.9	$C_{12}H_{20}Cl_6$	341	343	$C_{14}H_{24}Cl_6$	371	369	$C_{16}H_{28}Cl_6$	399	397
$C_{10}H_{15}Cl_7$	346.9	348.9	$C_{12}H_{19}Cl_7$	374.9	376.9	$C_{14}H_{23}Cl_7$	405	403	$C_{16}H_{27}Cl_7$	433	431
$C_{10}H_{14}Cl_8$	380.9	382.9	$C_{12}H_{18}Cl_8$	408.9	410.9	$C_{14}H_{22}Cl_8$	436.9	438.9	$C_{16}H_{26}Cl_8$	467	465
$C_{10}H_{13}Cl_9$	416.8	414.8	$C_{12}H_{17}Cl_9$	442.9	444.9	$C_{14}H_{21}Cl_9$	472.9	470.9	$C_{16}H_{25}Cl_9$	500.9	498.9
$C_{10}H_{12}Cl_{10}$	450.8	448.8	$C_{12}H_{16}Cl_{10}$	476.8	478.8	$C_{14}H_{20}Cl_{10}$	506.9	504.9	$C_{16}H_{24}Cl_{10}$	534.9	532.9
$C_{11}H_{19}Cl_5$	293	291	$C_{13}H_{23}Cl_5$	321.1	319.1	$C_{15}H_{27}Cl_5$	349.1	347.1	$C_{17}H_{31}Cl_5$	377.1	375.1
$C_{11}H_{18}Cl_6$	327	329	$C_{13}H_{22}Cl_6$	355	357	$C_{15}H_{26}Cl_6$	383	385	$C_{17}H_{30}Cl_6$	413.1	411.1
$C_{11}H_{17}Cl_7$	360.9	362.9	$C_{13}H_{21}Cl_7$	389	391	$C_{15}H_{25}Cl_7$	419	417	$C_{17}H_{29}Cl_7$	447	445
$C_{11}H_{16}Cl_8$	394.9	396.9	$C_{13}H_{20}Cl_8$	422.9	424.9	$C_{15}H_{24}Cl_8$	453	451	$C_{17}H_{28}Cl_8$	481	479
$C_{11}H_{15}Cl_9$	430.9	428.9	$C_{13}H_{19}Cl_9$	458.9	456.9	$C_{15}H_{23}Cl_9$	486.9	484.9	$C_{17}H_{27}Cl_9$	514.9	512.9
$C_{11}H_{14}Cl_{10}$	464.8	462.8	$C_{13}H_{18}Cl_{10}$	492.9	490.9	$C_{15}H_{22}Cl_{10}$	520.9	518.9	$C_{17}H_{26}Cl_{10}$	548.9	546.9

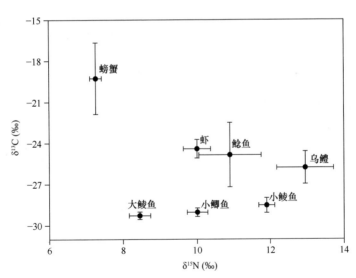

图9-2　生物样品中稳定碳、氮同位素组成图
数据线为标准偏差

营养等级最高，$\delta^{15}N$ 值为 13‰，大致高螃蟹 2 个营养等级；而虾和鲫鱼大致高螃蟹 1 个营养等级，其 $\delta^{15}N$ 均在 10‰左右。鲶鱼和小鲮鱼的营养等级介于虾和乌鳢之间，而大鲮鱼的营养等级仅高于螃蟹。总体来讲，$\delta^{15}N$ 所表征的生物营养等级

基本上与预想的营养等级一致。小鲮鱼的营养等级要明显地高于大鲮鱼，可能与鲮鱼不同生长阶段取食习性差别有关。鲮鱼刚孵化出不久，主要取食浮游动物，而长大后，主要以浮游植物为主，这可能是小鲮鱼比大鲮鱼的营养级高的原因。碳同位素主要反映生物的食物来源。从稳定碳同位素的组成来看，两种鲤科鱼类的 $\delta^{13}C$ 基本上是一致的，反映鲤科鱼相同的食物来源。而螃蟹的 $\delta^{13}C$ 明显地高于其他物种，表明此池塘中的螃蟹的食源与其他生物存在明显的差别。鲶鱼和乌鳢是肉食性鱼类，主要以小型鱼类、虾类、蛙与蝌蚪、水生昆虫和水生动物为食。从其稳定碳同位素组成来看，鲶鱼和乌鳢的稳定碳同位素组成虽然位于鱼和虾之间，但更接近虾的碳同位素组成，这表明虾作为食物的贡献要高于鲮鱼和鲫鱼。

9.2.4　SCCPs 的浓度与组成

电子垃圾回收区池塘水生生物、水体和表层沉积物中 SCCPs 浓度见表 9-2。水生生物体中 SCCPs 浓度范围在 1700～95 000 ng/g lipid 之间。螃蟹中 SCCPs 的平均浓度最高（44 000 ng/g lipid），其次为虾（12 000 ng/g lipid）、鲫鱼（9 800 ng/g lipid）和革胡子鲶（7 900 ng/g lipid），鲮鱼和乌鳢中 SCCPs 浓度最低。对于同一物种，大鲮鱼样品中 SCCPs 浓度显著地低于小鲮鱼样品（表 9-2）。尽管鲶鱼只有两个样本，但是小个体 SCCPs 浓度约为大个体的 6 倍（2600 ng/g lipid *vs* 13 000 ng/g lipid）。这些结果表明，在该水体的鲮鱼及鲶鱼体内，SCCPs 主要表现为生长稀释作用。

水和表层沉积物中 SCCPs 平均浓度分别为 61 ng/L 和 100 000 ng/g dw。其中，沉积物四个样品浓度范围变化很大（82～350 000 ng/g dw），这主要是由于该池塘沉积物的不均一性造成的。TOC 分析结果表明，SCCPs 高的 2 个沉积物样品，TOC 值也异常高（分别为 40%和 13%）。这两个沉积物样品中混杂了大量的电子垃圾颗粒。TOC 值为 1.5%和 3.1%的两个样品，SCCPs 浓度分别为 82 ng/g dw 和 420 ng/g dw。在后续计算生物–沉积物富集因子时，采纳了 2 个低 TOC 含量的沉积物 SCCPs 浓度数据。

与其他研究相比，电子垃圾回收区革胡子鲶和鲫鱼中 SCCPs 浓度与中国北京接收污水处理厂排污废水的高碑店湖中大口鲶（*Silurus meridionalis*）（11 000 ng/g lw）和鲫鱼（*Carassius auratus*）（25 000 ng/g lipid）的浓度相当或略低；我们水体的 SCCPs 浓度低于该湖泊浓度（160～176 ng/L），但是表层沉积物中 SCCPs 的浓度高出该湖泊浓度的 1～2 个数量级（Zeng et al.，2011）。这是因为本研究中有些表层沉积物实际上为电子垃圾的缘故。中国辽东湾报道的海洋鱼类的 SCCPs 浓度在 9700～33000 ng/g lipid 之间，与我们的研究结果相当，但是电子垃圾回收区沉积物和水中 SCCPs

的浓度均显著高于辽东湾的沉积物（299 ng/g dw）和水体（7.7 ng/L）的浓度（Ma et al.，2014a）。本研究中水体和鱼类中 SCCPs 浓度也高于北美安大略湖水体（0.60～1.9 ng/L）和鱼类（4.6～34 ng/g lipid）SCCPs 浓度（Houde et al.，2008）。最近报道的加拿大淡水河流高营养级捕食者鱼类中 SCCPs 浓度为（12～288 ng/g lipid），比我们的研究结果低 2 个数量级（Basconcillo et al.，2015）；珠江口水域海洋鱼类 SCCPs 浓度（460～1600 ng/g lipid）比池塘鱼类中 SCCPs 的浓度低一个数量级（Sun et al.，2016）。本研究中水体 SCCPs 浓度高于日本河流的 SCCPs 浓度（7.6～31 ng/L）（Iino et al.，2005），但是低于英国工业区河流水体 SCCPs 浓度（100～1700 ng/L）（Nicholls et al.，2001）。该池塘水体中 SCCPs 浓度仍未高于《欧盟水框架指令》（European Water Framework Directive）表层水 SCCPs 标准（400 ng/L）（Gandolfi et al.，2015）。

与预想结果一致，水体中 SCCPs 含有较多低碳链组分，而沉积物中则相对含有更多高碳链组分（图 9-3）。这主要是由化合物的性质决定的，长碳链组分有更高的辛醇/水分配系数，因而更易富集在颗粒物中。生物样品中 SCCPs 组成大致可分为三组。两种鲤科鱼的 SCCPs 组成特征基本相同，都具有较低的 C_{10} 含量。底栖甲壳类生物螃蟹和虾则相对含有较高的低碳链组分，这与珠江口生物的研究

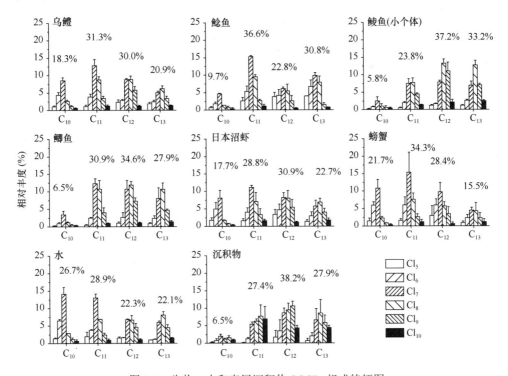

图 9-3　生物、水和表层沉积物 SCCPs 组成特征图

结果一致（Sun et al.，2016）。两种肉食性鱼类中均以 C_{11}-SCCPs 为主，所占比例达 37%。乌鳢的 SCCPs 化合物组成特征与河虾的 SCCPs 组成特征非常相似。这与稳定碳同位素揭示的虾类与乌鳢具有相同食源的结论相一致，表明乌鳢中的 SCCPs 可能更多来源于虾类。

9.2.5　SCCPs 的生物富集因子与生物–沉积物富集因子

计算生物富集系数时生物中 SCCPs 浓度以湿重含量为基准，而计算生物–沉积物富集系数时生物样中 SCCPs 浓度以脂重含量为准，沉积物含量以有机碳归一化含量为准。计算得到的四种鱼类（鲶鱼、乌鳢、鲮鱼和鲫鱼）的 log BAF 分别为 3.05、2.32、3.12 和 3.32。而该池塘中 PCBs 在乌鳢、鲮鱼和鲫鱼中的 log BAF 分别为 4.50、4.78 和 4.61；PBDEs 的 log BAF 分别为 4.30、4.53 和 4.11。以现有标准（log BAF>3.7）来衡量，SCCPs 还不能算是强生物富集性化合物。显然，SCCPs 的生物富集潜力不如 PCBs 和 PBDEs。

以计算得到的 log BAF 与化合物的 log K_{OW} 作图（图 9-4），可以看到，对于两种鲤科鱼，log BAF 和 log K_{OW} 之间遵循相似的规律，都表现为随 K_{OW} 增加而增加，然后在 6 左右出现下降。这与有关生物浓缩经验模型的预测是一致的（Bintein et al.，1993；Fisk et al.，1998；Kannan et al.，1998；Meylan et al.，

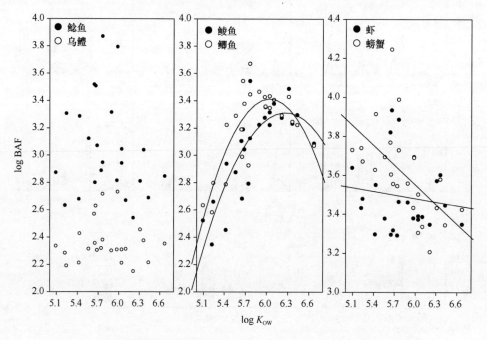

图 9-4　生物富集因子与化合物辛醇/水分配系数在不同生物中的相关性图

1999）。这一结果表明生物浓缩作用在两种鲤科鱼累积 SCCPs 的过程中起到重要作用，是主要的富集途径。而对两种甲壳动物而言，log BAF 和 log K_{OW} 之间呈现出负相关关系，这与传统的生物浓缩理论是完全相反的，表明生物浓缩作用应不是这两种生物富集 SCCPs 的主要途径。虾和蟹是底栖甲壳类生物，主要活动在水体底层。同时，虾、蟹坚硬的外壳也可能起到了阻止 SCCPs 从水体向体内的扩散。因此，从水相向生物相的分配不是这两种生物累积 SCCPs 的主要途径。对于两种肉食性鱼类，log BAF 和 log K_{OW} 之间也无显著的相关关系。这一结果表明，生物浓缩作用可能也不是它们累积 SCCPs 的主要原因。乌鳢和鲶鱼是两种底栖性的肉食性鱼类，主要活动在水体底部。此外，这两种肉食性鱼类均以底栖无脊椎动物、甲壳类动物及小鱼为食。因此，对于这两种肉食性鱼类来说，从沉积物中获得 SCCPs 或从食物中获得 SCCPs 可能是比从水体中获得 SCCPs 更为重要的途径。

　　计算得到的总 SCCPs 的 BSAF 值范围为 0.28（乌鳢）～4.53（蟹）。虾、蟹的 BSAF 值大于 1，四种鱼类的 BSAF 值均小于 1。总体上看，C_{12} 和 C_{13} 组化合物的 BSAF 值低于 C_{10} 和 C_{11} 组化合物；同一碳链长度内，氯取代数增加，BSAF 值降低（图 9-5）。这些结果表明，高 log K_{OW} 化合物更易累积到沉积物中，这主要是因为沉积物中的有机质对这些高 log K_{OW} 化合物的亲和力高于生物脂质对这些化合物的亲和力，使得这些污染物不容易累积到生物体内。这正好与污染物在水体和生物体之间的分配行为相反。

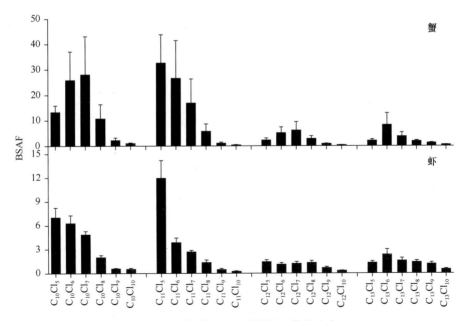

图 9-5　虾和蟹 BSAF 值随化合物的分布

将 BSAF 与 log K_{OW} 进行拟合分析发现,在两种甲壳类生物及两种肉食性鱼类中, BSAF 均随着化合物 log K_{OW} 的增加呈现指数形式的降低 (图 9-6)。而对两种鲤科鱼类而言,鲮鱼呈现负线性相关,而鲫鱼则没有明显的相关性 ($p>0.05$)。从以上结果并结合生物富集因子与化合物性质的关系可以推测虾、蟹主要通过生物–沉积物体系获得 SCCPs,而两种鲤科鱼主要通过生物–水体系获得 SCCPs。至于两种肉食性鱼类,则更多可能是通过生物-沉积物体系或取食甲壳类生物而获得 SCCPs。

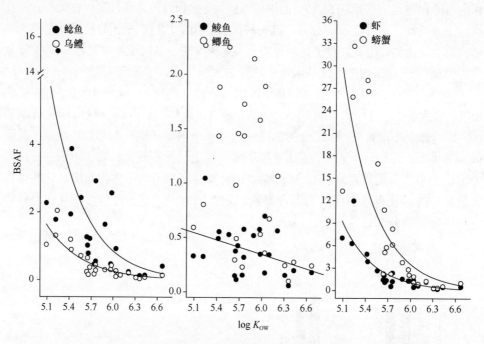

图 9-6　BSAF 与化合物的 log K_{OW} 之间关系图

9.2.6　SCCPs 在两种鱼体内的组织分布特征

大个体鲮鱼和乌鳢被用来进行 SCCPs 的组织分布特征研究。当以湿重浓度表示时, SCCPs 在鲮鱼和乌鳢两种鱼不同组织浓度均值从高到低均依次为肝脏、鱼鳃、肾脏、鱼皮和鱼肉 (表 9-4)。我们将鲮鱼和乌鳢不同组织的 SCCPs 湿重浓度与其脂肪含量分别进行拟合后发现,两种鱼不同组织的 SCCPs 浓度均与脂肪含量呈显著正相关(图9-7,鲮鱼和乌鳢的相关系数分别为0.92和0.74,p 均小于0.0001)。显然脂肪含量是影响 SCCPs 在不同组织间分配的重要因素。当浓度经脂肪归一化后,对于鲮鱼而言,5 个组织之间 SCCPs 脂重浓度无显著差异($p>0.05$)。但乌鳢肾脏中 SCCPs 脂重浓度显著高于肉和肝 ($p<0.05$),其他组织间并无显著差异

（$p>0.05$）。这表明对于乌鳢而言，除了脂肪含量这一因素外，还有其他因素影响 SCCPs 在不同组织间的分配。

表 9-4 鲮鱼和乌鳢不同组织的 SCCPs 浓度

		脂肪含量（%）	SCCPs（ng/g ww）	SCCPs（ng/g dw）	SCCPs（ng/g lipid）
鲮鱼	鱼皮	5.6±2.4	94±21	390±64	1800±300
	鱼肉	2.7±1.2	48±20	230±90	2000±160
	鱼鳃	10.5±1.5	150±43	570±140	1400±240
	肾脏	7.2±1.7	130±53	690±220	1800±340
	肝脏	11.5±3.5	210±53	750±120	1800±290
乌鳢	鱼皮	0.9±0.5	41±7	180±3	4500±1600
	鱼肉	0.7±0.4	18±4	81±17	2700±900
	鱼鳃	6.2±4.0	260±190	1000±510	4300±2400
	肾脏	3.4±1.4	200±94	1100±660	5900±2100
	肝脏	12.4±4.0	260±100	830±220	2000±280

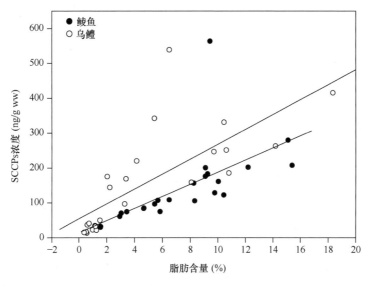

图 9-7 鲮鱼和乌鳢 SCCPs 浓度与脂肪的关系

为进一步探讨不同分子式化合物在组织间的分布特点，我们以肝脏组织为基准，计算了脂肪归一化的SCCPs浓度在其他组织与肝脏组织间的比值。为防止数据太过发散，计算时采用$C_{其他组织}/（C_{其他组织}+C_{肝脏组织}）$的方式进行。当该比值显著偏离0.5 时，表明肝脏与其他组织间存在显著差别。对于总SCCPs，计算结果与单因素方差分析结果一致，鲮鱼各组织间无显著差异，而乌鳢肝脏中SCCPs的浓度显著地低于除了肌肉之外的其他组织。

对各分子式 SCCPs，其他组织与肝脏中浓度比与相应分子式的 log K_{OW} 进行拟合作图发现（图 9-8），对于鲹鱼而言，四个浓度比均随化合物的 log K_{OW} 值增加而降低。这一结果与溴代阻燃剂在新孵小鸡肌肉与肝脏中的分布结果类似（Zheng et al, 2014；Li et al, 2016），表明肝脏更易富集含有高亲脂性的污染物。这可能是因为肝脏的脂质成分与其他组织的脂质成分具有较大区别的原因。对新孵鸡肝脏与肌肉的脂质成分的分析表明，肝脏中的脂质成分主要为中性脂质成分（如胆固醇酯和甘油三酯），而肌肉的脂质成分主要为磷酸酯及胆固醇等极性脂质（Noble et al.，1990）。

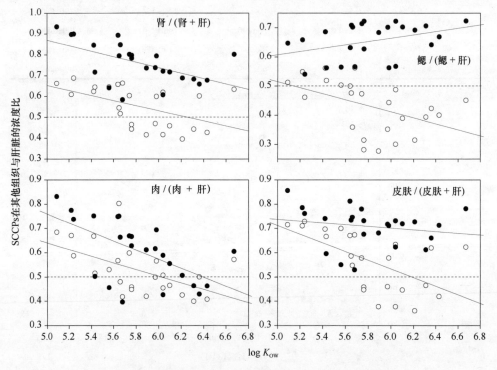

图 9-8　各组织浓度与肝脏浓度比值与化合物 log K_{OW} 之间关系

对于乌鳢而言，肾脏与肌肉组织浓度比与化合物 log K_{OW} 之间遵循上述规律，但对于鳃和皮肤，则不遵循上述规律。对于这种差异性的组织分布，我们认为主要是两种鱼对 SCCPs 的富集途径不同所致。如前所述，鲹鱼主要通过生物浓缩作用富集 SCCPs，不论是外部组织（皮肤和鳃）还是内部组织（肉、肝和肾），其主要富集途径均是一致的。因此，SCCPs 在组织间的分配主要由各组织间固有的脂质成分的差异决定。对乌鳢而言，其外部组织与内部组织富集 SCCPs 的途径可能存在差异。从生物富集因子与化合物的辛醇/水分配系数的讨论中，我们得出乌鳢肌肉组织富集 SCCPs 可能更多是通过生物–沉积物体系或取食甲壳类生物而不是通过生物–水的生物浓缩机制。但对于皮肤和鳃而言，由于这两个组织直接与水体接触，因此，受生物浓缩作用的影响更大。生物浓缩作用可能是这两个组织富集 SCCPs 的主要途径。由这两个组织计算得到的生物富集因子与化合物的 log K_{OW} 之间的关系证实了这一点。如图 9-9 所示，两个组织的 log BAF 与 log K_{OW} 呈现明显的正相关关系，符合生物浓缩的理论预期。由于生物浓缩过程富集因子与化合物的 log K_{OW} 正相关，这就抵消了肝脏对高 K_{OW} 物质的优先富集作用，因此，使这两个组织偏离了正常的规律。

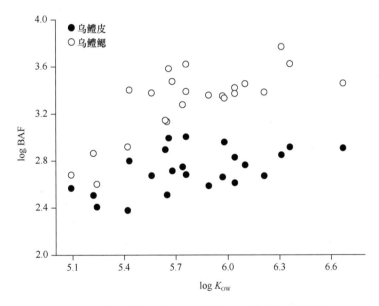

图 9-9　乌鳢皮与鳃的 BAF 值与 K_{OW} 值之间的关系

9.2.7 SCCPs 的食物链迁移

考虑到肌肉组织是鱼中生物量最大的组织，并且肌肉中的污染物总量远高于其他组织，在本研究中以鱼肌肉组织中的浓度为基准计算了 SCCPs 的食物链放大因子（trophic magnification factor，TMF）。如图 9-10 所示，对数转化后的 SCCPs 浓度与生物的 $\delta^{15}N$ 值之间存在显著的负相关关系，计算得到的 TMF 值为 0.17。

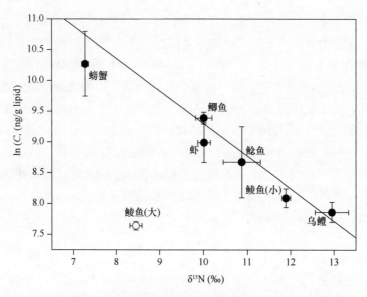

图 9-10　SCCPs 浓度与稳定氮同位素值之间的关系

　　这一结果表明，SCCPs 在此食物链的传递过程中出现食物链稀释。这一结果与 PCBs 和 PBDEs 的结果完全不同，以往的研究结果表明，PCBs 和 PBDEs 等卤代持久性有机污染物在此食物链上均表现出食物链放大现象（Wu et al.，2009）。

　　前期关于 SCCPs 在水生食物链上的放大研究大多表明 SCCPs 在水生食物链上主要表现为食物链放大。如在中国北部辽东湾浮游动物—虾—鱼的食物链中，SCCPs 的 TMF 值为 2.38 （Ma et al.，2014a），在高碑店湖水生食物链中 SCCPs 的 TMF 值为 1.6（Zeng et al.，2011）。密歇根湖水生食物链中测得的 TMF 值为 1.2（Houde et al.，2008）。从已有的信息很难对本实验结果与已有结果的差异进行精确的解释。食物链的结构、生物样品的大小、物种的取食习性、生物对 SCCPs 的生物转化、对离异值的处理，以及环境参数如温度、溶解有机物、颗粒有机物含量等都可能影响观测得到的 TMF 值。在辽东湾的研究中，作者在进行回归分析时剔除了壳类底栖动物数据，因为壳类生物的数据明显扭曲了浓度与营养级间的回归关系。这些壳类生物具有低的营养等级，但却有高的 SCCPs 浓度，这些样品的存在使得 SCCPs 浓度与营养级之间的线性关系受到影响。在高碑店湖的食物链研究中，食物链的组成成分也包含有鲶鱼和鲫鱼。但与本研究不同的是，高碑店湖中的鲶鱼同时具有最低的营养等级和最低的 SCCPs 浓度；而本研究中，鲶鱼具有较高的营养等级和较低的 SCCPs 浓度。从本研究的结果可以看出，样品个体的大小对鱼的营养等级和 SCCPs 浓度均有明显的影响。因此，不同研究中鱼类样品个体的大小差异也可能导致完全不同的结果。在安大略湖的水生食物链 SCCPs 的研究结果也发现 TMF 值小于 1，表现为生物稀释效应。造成这种稀释效应的原因是鳟鱼体内 SCCPs 的浓度比其几种食物中的 SCCPs 浓度低。作者认为这种降低可能是因为 SCCPs 在鳟鱼体内降解的缘故（Houde et al. 2008）。在 9.2.6 节关于 SCCPs 的组织分布研究中，我们也发现鲮鱼各组织与肝脏中 SCCPs 的比值要低于乌鳢中的相应比值。考虑到肝脏是主要的代谢器官，乌鳢中其他组织与肝脏组织的浓度比升高可能表明乌鳢的肝脏组织比鲮鱼的肝脏组织具有更高代谢 SCCPs 的能力。因此，不同营养级生物对 SCCPs 的代谢差异可能是导致 SCCPs 在本研究中出现食物链稀释的原因。目前，关于 SCCPs 的生物代谢还知之甚少，需要更多的研究去佐证相关的论点。另外，以前的研究大多在较为开放的湖泊、海洋体系，而本研究则取样于一个相对封闭的小池塘，样品间是否存在确切的取食关系也可能是导致出现不同结果的原因。

对不同分子式的化合物进行 TMF 的计算，结果表明，除 $C_{10}H_{17}Cl_5$、$C_{12}H_{21}Cl_5$、$C_{13}H_{13}Cl_5$、$C_{12}H_{16}Cl_{10}$ 和 $C_{13}H_{19}Cl_9$ 外，其余的化合物的浓度与生物的营养级之间均存在显著的负相关性。将每个化合物的 TMF 值与化合物的 K_{OW} 进行回归分析发现，在 $\log K_{OW}$ 小于 6.3 时，TMF 值与 $\log K_{OW}$ 之间是正线性相关，但当 $\log K_{OW}$ 大于 6.3 时，TMF 和 $\log K_{OW}$ 之间出现了负相关（图 9-11）。由于中链氯化石蜡一般比短链氯化石蜡的 K_{OW} 值要高，这一结果表明，对于 MCCPs 很可能不存在食物链放大。这与 MCCPs 食物链放大的野外研究结果是一致的（Houde et al.，2008，Thompson and Vaughan，2014）。

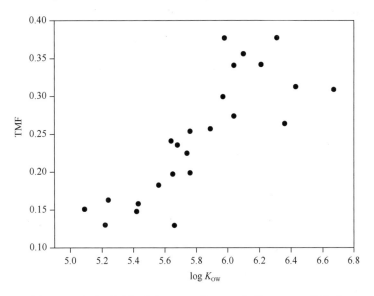

图 9-11　各个不同分子式 SCCPs 的 TMF 与其 $\log K_{OW}$ 的关系

通过本研究可以看出，不同生物由于其栖息环境和取食习性的差异，从水体中富集 SCCPs 的途径存在明显差异。这种富集途径的差异可影响到 SCCPs 在不同组织和器官间的分配。SCCPs 在本食物链中表现为食物链稀释现象，这与 PCBs、PBDEs 等污染物不同，也与已有的一些报道结果不同，造成这种差异的原因还需要更深入的开展研究。

9.3　SCCPs 在电子垃圾回收区陆生雀鸟中的富集

9.3.1　样品的采集、前处理与仪器分析

为了了解 SCCPs 在陆生鸟类中的富集情况，我们于 2011 年 11 月至 2012 年 5 月间在广东清远龙塘镇一电子垃圾回收区附近（与 9.2 节水生池塘在同一区域）的林地中利用网捕法采集了 7 种类型共 38 只雀形目鸟类。分别为 7 只白鹡鸰（white wagtails，*Motacilla alba*）、6 只棕背伯劳（long-tailed shrikes，*Lanius schach*）、4 只红胁蓝尾鸲（red-flanked bluetails，*Tarsiger cyanurus*）、4 只灰背鸫（grey-backed thrushes，*Turdus hortulorum*）、9 只大山雀（great tits，*Parus major*）、5 只鹊鸲（oriental magpie-robins，*Copsychus saularis*）和 3 只金翅雀（goldfinches，*Carduelis sinica*）。捕鸟获得了广东省林业部门的批准。在 7 种鸟中，有 5 种是本地留鸟，红胁蓝尾鸲和灰背鸫是两种冬候鸟，它们夏季主要在东北的林地生活，冬季迁移到南方过冬（MacRinnon et al.，2000）。鸟样采集后，立即运送到实验室，在室内运用氮气施行安乐死。然后取其胸部肌肉储存于–20℃待分析。

棕背伯劳与鹊鸲的生活习性和食性介绍详见 6.2.1 节。

白鹡鸰，是雀形目鹡鸰科的鸟类，属小型鸣禽，全长约 18 cm，翼展 31 cm，体重 23 g。栖息于村落、河流、小溪、水塘等附近，在离水较近的耕地、草场等均可见到。经常成对活动或结小群活动。以昆虫为食。觅食时地上行走，或在空中捕食昆虫。

红胁蓝尾鸲，雀形目鹟科。小型鸟类，体长 13～15 cm。主要为地栖性，一般多在林下灌丛间活动和觅食。红胁蓝尾鸲在中国繁殖，也在中国越冬，既是夏候鸟，也是冬候鸟。繁殖期间主要以甲虫、小蠹虫、天牛、蚂蚁、泡沫蝉、尺蠖、金花虫、蛾类幼虫、金龟子、蚊、蜂等昆虫和昆虫幼虫为食。迁徙期间除吃昆虫外，也吃少量植物果实与种子等植物性食物。在中国主要繁殖于东北和西南地区，越冬于长江流域和长江以南广大地区。

灰背鸫，雀形目鹟科，中型鸟类，体长 20～23 cm，体重 50～73 g。主要栖息于海拔 1500 m 以下的低山丘陵地带的茂密森林中。以鞘翅目步行虫科、叩头虫科、

埋葬虫科，以及鳞翅目和双翅目等昆虫和昆虫幼虫为食。繁殖于俄罗斯西伯利亚东南部、远东、中国和朝鲜，秋冬季节偶见于越南和日本。

　　大山雀，雀形目山雀科，中小型鸟类，体长 13～15 cm。栖息于低山和山麓地带的次生阔叶林、阔叶林和针阔叶混交林中，也出入于人工林和针叶林。性较活泼而大胆，不甚畏人。主要以金花虫、金龟子、毒蛾幼虫、刺蛾幼虫、尺蠖蛾幼虫、库蚊、花蝇、蚂蚁、蜂、松毛虫、浮尘子、蝽象、瓢虫、蟊斯等昆虫为食。

　　金翅雀，雀形目雀科。小型鸟类，体长 12～14 cm。栖息于海拔 1500 m 以下的低山、丘陵、山脚和平原等开阔地带的疏林中。主要以植物果实、种子、草子和谷粒等农作物为食。

　　取 2～4 g 肌肉样品，充分混匀，加入 20 ng 替代内标（1,1,1,3,10,11-六氯十一烷），然后用 200 mL 丙酮/正己烷（1∶1，V/V）索氏抽提 24 h。抽提液浓缩为 10 mL，取其中 1 mL 用重量法测脂肪含量。其余抽提液先用凝胶渗透色谱（Gel Permeation Chromatography，GPC，填装有 40 g SX-3 Bio-beads，购自 Bio-Rad Laboratories，Hercules，CA）除脂。用二氯甲烷/正己烷（$V/V=1∶1$）淋洗，收集 90～280 mL 的淋洗液。淋洗液浓缩至 1 mL 后再在多层复合柱[直径 1 cm，从下至上充填 5 cm 弗罗里土，2 cm 中性硅胶，5 cm 浓硫酸酸化硅胶（30%，W/W），4 cm 无水硫酸钠]上净化。复合柱先用 50 mL 正己烷清洗，上样后用 40 mL 正己烷淋洗，然后用 100 mL 二氯甲烷/正乙烷（$V/V=1∶1$）淋洗。收集第二组分的淋洗液，浓缩并氮吹定容到 200 μL，进样前加 20 ng ^{13}C-ε-HCH 作为回收率内标然后进行仪器分析。样品的仪器分析如 9.2.2 节，生物样品稳定碳、氮同位素的测定如 5.2.1 节，此处不再赘述。

　　质量保证与质量控制措施包括方法空白、空白加标、基质加标和样品平行样，3 个方法空白中没有 SCCPs 检出，25 ng 的空白加标和基质加标的回分率分别为 82%～97%和 76%～99%。相对标准偏差小于 20%。替代内标的回收率为 76%～105%。样品平行样的标准偏差小于 15%。

9.3.2　鸟体内 SCCPs 浓度及影响浓度的因素

　　除了 C_{10}、C_{11} 和 C_{13} 碳链上的十氯取代物和 C_{10}、C_{11} 碳链上的九氯取代化合物未检测到外，其他所有分子式的 SCCPs 化合物都在鸟类肌肉中有检出。SCCPs 的浓度见表 9-5。SCCPs 在鸟类肌肉中的浓度范围为 620～17 000 ng/g。鹊鸲体内 SCCPs 的含量（平均 4900 ng/g lipid）与 PBDEs 的浓度相当（870～15 000 ng/g lipid；中值 5200 ng/g lipid）（Sun et al.，2012），但比相应的 PCBs 浓度低 1 个数量级（6100～190 000 ng/g lipid；中值，48 000 ng/g lipid）。迄今为止，有关鸟类中 SCCPs 的含量水平还少有报道，特别是陆生鸟类。Reth 等（2006）报道了加拿大贝尔艾兰岛

表 9-5　鸟类样品信息及 SCCPs 浓度

	白鹡鸰	棕背伯劳	红胁蓝尾鸲	灰背鸫	大山雀	鹊鸲	金翅雀
样品数量	7	6	4	4	9	5	3
迁移性	留鸟	留鸟	Migratory	Migratory	留鸟	留鸟	留鸟
取食习性	昆虫食性	昆虫食性	昆虫食性	昆虫食性	昆虫食性	杂食性	植食物
脂肪含量 (%)ᵃ	2.3 (1.7~2.9)	2.3 (1.9~2.7)	6.4 (3.9~8.4)	2.7 (1.9~4.3)	2.0 (1.3~2.4)	2.0 (1.1~3.8)	2.6 (1.9~3.5)
$\delta^{13}C$ (‰)	−21.9 (−23.7~ −20.4)	−22.4 (−24.1~ −21.0)	−24.1 (−25.3~ −22.1)	−22.0 (−22.7~ −21.3)	−23.6 (−24.6~−22.0)	−24.9 (−25.4~ −24.4)	−27.3 (−27.6~−27.2)
$\delta^{15}N$ (‰)	8.0 (5.6~11.4)	7.3 (4.5~9.4)	6.9 (5.8~8.3)	5.6 (4.6~7.1)	7.2 (4.4~9.9)	9.4 (7.5~10.7)	4.2 (3.8~4.5)
SCCPsᵇ	170 (120~260)	140 (110~190)	71 (66~75)	28 (19~37)	160 (140~200)	93 (64~150)	300 (220~340)
SCCPsᶜ	7600 (4700~13 000)	6300 (4300~9900)	1200 (870~1700)	1200 (620~1900)	8200 (6400~11 000)	4900 (4000~5400)	12 000 (9100~17 000)

a 平均值和范围；b 为湿重归一化浓度（ng/g ww）；c 为脂肪归一化浓度（ng/g lipid）

两种海鸟（小海雀和三趾鸥）中 SCCPs 的浓度，其浓度范围为 5～16 ng/g ww，其浓度明显低于本研究雀鸟的浓度（19～340 ng/g ww）。西班牙埃布罗河三角洲自然公园中两种鸥类鸟蛋中 SCCPs 的浓度分别为 4.5 ng/g ww 和 6.4 ng/g ww（Morales et al.，2012），该浓度比本研究中的浓度低 1～2 个数量级。

各鸟类中 SCCPs 的浓度存在明显的差异。SCCPs 的最高浓度出现在金翅雀中，其平均含量为 12 000 ng/g lipid；最低浓度出现在红胁蓝尾鸲和灰背鸫中，两鸟体内 SCCPs 的平均浓度均为 1200 ng/g lipid（图 9-12）。单因子方差分析结果表明，红胁蓝尾鸲和灰背鸫中 SCCPs 的浓度要显著地低于其他鸟类中的 SCCPs 含量（$p < 0.01$），而金翅雀和大山雀中 SCCPs 的浓度则显著地高于鹊鸲中 SCCPs 的浓度（$p < 0.05$）。

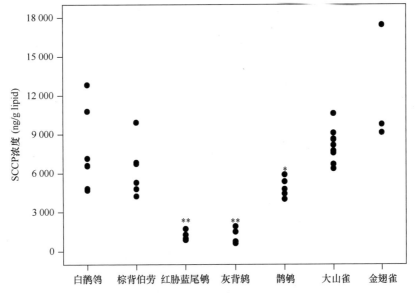

图 9-12　SCCPs 在 7 种鸟中的浓度分布

**表示显著地低于其他 5 种鸟浓度（$p < 0.01$）；*表示鹊鸲浓度显著低于大山雀和金翅雀（$p < 0.05$）

鸟的迁徙模式可以部分解释本研究中 SCCPs 浓度的差异。红胁蓝尾鸲和灰背鸫是两种冬候鸟。这两种鸟夏季主要在我国东北地区繁殖，到冬季飞回南方越冬。本研究鸟样采自冬春季，这两种鸟刚从北方飞回。因此，这两种鸟在采样区域的停留时间要明显地少于本地留鸟。由于采样区域是电子垃圾回收区，我们以前对珠三角水体沉积物中 SCCPs 的分析表明，在受到电子垃圾污染水体的沉积物中检测到远比其他区域高的 SCCPs 浓度（Chen et al.，2011）。因此，由于较少的暴露时间，两种候鸟中 SCCPs 的浓度最低。鸟类由于其巨大的数量、高的营养等级、长距离迁移的特点，是污染物进行长距离迁移的重要载体（Choy et al.，2010；Evenset et al.，2007）。这些候鸟在电子垃圾区越冬后，有可能将本区域的污染通过长距离迁移运移到其繁殖区域，增加其繁殖区内的暴露风险。

在以往关于鸟类卤代有机污染物的研究过程中，均发现植食性鸟体内污染物的浓度要低于昆虫食性的鸟，而肉食性鸟中则表现为最高的浓度（Hong et al.，2014；Luo et al.，2009a；Naso et al.，2003）。但 SCCPs 在本区域鸟内中的分布并不符合这一规律。金翅雀是一种植食性的鸟，主要取食树本和杂草的种子。但是，金翅雀体内的 SCCPs 浓度却要显著地高于其他昆虫食性和杂食性的鸟类。从食性的角度而言，鹊鸲的营养等级应最高，其体内最高的 $\delta^{15}N$ 也证实了这一点（见表 9-5）。其他鸟基本上都是以昆虫为主要食物，但鹊鸲主要以小动物为食，偶尔会吃小鱼和小蛇（MacRinnon et al.，2000）。但其体内的浓度在 5 种留鸟体内也是最低的（表 9-5）。

为更进一步地了解食性及营养等级对鸟体内 SCCPs 浓度的影响，我们对鸟体内的稳定碳、氮同位素及与 SCCPs 的关系进行了分析。从图 9-13 可以看出，金翅雀的稳定碳、氮同位素组成都是最低的，并且其值相对均一。这与金翅雀的植食性取食特点是相一致的。但是其他几种鸟稳定碳、氮组成相当分散。这表明研究区域鸟的食源相当广泛。同时，鸟的个体年龄的差异也可能是造成不同鸟个体之间稳定碳、氮同位素组成差别较大的原因。

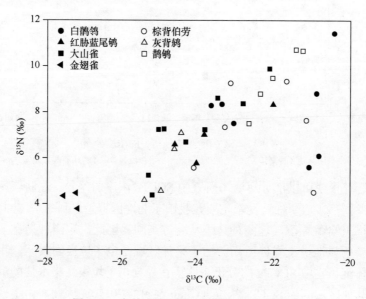

图 9-13　鸟体内稳定碳、氮同位素组成特征

　　由于鸟的个体之间稳定碳、氮同位素组成有较大的差异,我们以每个鸟个体的稳定氮同位素组成与 SCCPs 浓度进行相关性分析。分析结果表明,当所有的样品放在一起考虑时,鸟的 $\delta^{15}N$ 值与其 SCCPs 浓度之间并没有显著的相关性,即 SCCPs 浓度与其营养等级并没有相关性。这与水生食物链的结果完全不一样。考虑到本研究中同时包含了不在同一生境中生活的留鸟和候鸟,若将所有样品放在一起分析则不能够准确反映发生在环境中的实际情况。因此,我们将留鸟和候鸟进行分开处理。结果发现,两种候鸟体内 SCCPs 的浓度与其稳定氮同位素组成间存在显著的正相关关系;而五种留鸟体内,营养级与 SCCPs 间没有显著的相关性(图 9-14)。出现这种现象的原因我们认为主要与采样区域 SCCPs 污染的高度不均一性有关。在电子垃圾区,由电子垃圾释放的污染物并不是均匀地遍布整个区域,而是主要存留在电子垃圾处置及堆放点附近(Luo et al., 2009b)。而鸟的取食具有随机性,有时鸟可能取食电子垃圾附近的食物,有时又可能在远离电子垃圾的非污染区域取食。污染的空间异质性和鸟类取食的随机性使得电子垃圾区鸟类中 SCCPs 的浓度可能更多受其取食区域的控制,而与其营养级之间关系并不密切。而对于候鸟而言,候鸟从其繁殖地迁移过来后,到本研究区域的暴露时间并不长,还未受到电子垃圾区较多的影响,所以我们仍能够观察到浓度随营养等级增加的现象。

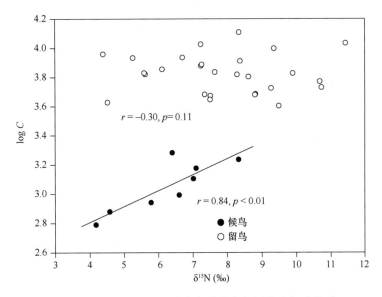

图 9-14　鸟体内 SCCPs 浓度与其稳定氮同位素组成关系

　　需要注意的是,从本研究结果并不能够判断 SCCPs 在鸟类中是否存在食物链放大现象。首先，本研究每个样品的数量非常有限。从这些有限的数量样品中得到的任何结论都存在高度的不确定性。第二，关于食物链放大因子的计算一般要求不同生物间存在确切的取食关系。但本研究中鸟类之间并无捕食/被捕食关系。因此，有关候鸟中稳定氮同位素值与 SCCPs 的浓度之间的相关性可能并不是真实食物链传递关系。但是，本研究中植食性鸟类具有最高 SCCPs 浓度，具有最高营养等级的鹊鸲体内 SCCPs 的浓度却明显低于其他鸟类，暗示 SCCPs 可能并不是像其他卤代有机污染物一样一定有食物链放大的能力。

9.3.3　SCCPs 的组成特征

SCCPs 各不同分子式化合物的组成特征详见图 9-15。六氯取代、碳链长度为 10 和 11 的化合物在所有鸟类中都是丰度最高的化合物。以不同碳链长度化合物的丰度作为比较的依据，则发现七种鸟类中存在两种组成类型。对于大山雀和鹊鸲，各碳链长度的化合物丰度基本上是一致的。这种组成特征与 Reth 等（2006）在海鸟中观察到的 SCCPs 的组成特征一致。另外 5 种鸟中，碳链长度为 10 和 11 的化合物的丰度明显要高于碳链长度为 13 的化合物（$p<0.05$）。与清远池塘水生生物的 SCCPs 的组成模式相比，鸟类中碳链长度为 10 的化合物的丰度显著增加。

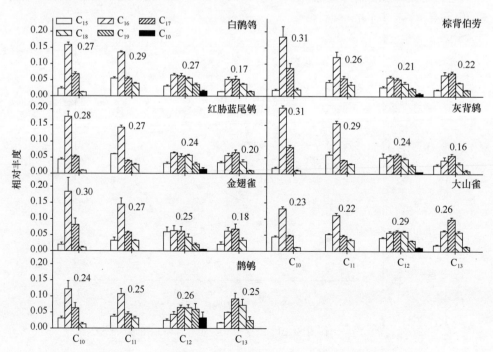

图 9-15　清远电子垃圾区 7 种鸟类肌肉中 SCCPs 的组成特征

而长碳链 C_{13} 化合物的丰度明显下降。鸟类和水生生物获得 SCCPs 的途径差异是造成这种组成模式的主要原因。对于水生生物，从水中富集 SCCPs 时，高辛醇/水分配系数的单体优先富集到生物体中，如清远池塘中的鲮鱼和鲫鱼。而对于鸟类而言，更多是通过取食灰尘中或植物中的 SCCPs，低辛醇/水分配系数的单体易于从灰尘中释放从来，就如同虾、蟹从沉积物中富集 SCCPs 一样。

在对本区域河流沉积物中 SCCPs 的研究中我们发现，受电子垃圾回收活动影响的流域和不受电子垃圾回收活动影响的流域沉积物中 SCCPs 的组成明显不同（Chen et al.，2011）。高氯代单体（十氯取代的碳链为 10 的化合物和八氯取代的其他化合物）在受电子垃圾回收活动影响区域的沉积物中区具有最高的丰度，而相对低氯取代（七氯取代碳链长为 10 的化合物和六氯取代的化合物）在非电子垃圾区沉积物中具有最高的丰度。鉴于此，我们提出鸟类中的两种组成模式可能是由于环境中存在两类 SCCPs 的源所致。大山鹊和鹊鸲体内 SCCPs 中六氯取代化合物的丰度（对 C_{10} 而言分别为 55% 和 52%，对 C_{11} 而言为 44% 和 47%）比其他鸟类六氯取代的丰度（C_{10} 而言平均 59%～65%，C_{11} 而言平均 47%～55%）要低。而六氯取代单体的高丰度是非电子垃圾污染区沉积物中 SCCPs 组成的主要特征。因此，我们推测大山鹊和鹊鸲可能受到了更多电子垃圾释放的 SCCPs 的影响。这与大山鹊和鹊鸲的生活习性是一致的。大山鹊和鹊鸲更喜欢到离人类居住区域较近的开阔的林地、农田取食，因此有更多的机会暴露于电子垃圾相关的污染物中。此外，物种间对 SCCPs 代谢的差异也可能是造成 SCCPs 组成差异的原因。这需要更多的实验去验证。

红胁蓝尾鸲和灰背鸫是两种候鸟，基于暴露区域存在差异，我们预想这两种鸟 SCCPs 的组成与本地留鸟会有一定差异。然而实验结果表明，这两种候鸟体内 SCCPs 的组成与其他三种本地留鸟（不包括大山鹊和鹊鸲）体内 SCCPs 的组成并不存在显著的差别。上述结果表明，这两种候鸟的主要繁殖区 SCCPs 的组成特征和本研究区域背景 SCCPs（非电子垃圾排放源）的组成特征可能是一致的，也进一步表明大山鹊和鹊鸲可能更多受到了电子垃圾排放 SCCPs 的影响。

通过本研究可以看出，本地留鸟 SCCPs 的水平要显著地高于候鸟，表明研究区域的电子垃圾回收活动使本区域的鸟类受到了较高的 SCCPs 暴露。植食性鸟中 SCCPs 的浓度要高于昆虫食性的鸟和杂食性的鸟，这明显区别于其他卤代有机污染物在鸟类中的污染特征。鸟类的 SCCPs 水平与营养等级间未发现明显的规律，这很可能是因为研究区域类 SCCPs 的环境污染水平高度不均一所致。研究区域存在两种不同的 SCCPs 排放源可能是造成鸟体内存在两种 SCCPs 组成模式的主要原因。

参 考 文 献

唐恩涛, 姚丽芹. 2005. 氯化石蜡行业现状及发展趋势. 中国氯碱, (2): 1-3.

Basconcillo L S, Backus S M, McGoldrick D J, Zaruk D, Sverko E, Muir D C. 2015. Current status of short-and medium chain polychlorinated n-alkanes in top predatory fish across Canada. Chemosphere, 127: 93-100.

Bayen S, Obbard J P, Thomas G O. 2006. Chlorinated paraffins: A review of analysis and environmental occurrence. Environment International, 32(7): 915-929.

Bintein S, Devillers J, Karcher W. 1993. Nonlinear dependence of fish bioconcentration on n-octanol/water partition coefficient. SAR and QSAR in Environmental Research, 1(1): 29-39.

Chen M Y, Luo X J, Zhang X L, He M J, Chen S J, Mai B X. 2011. Chlorinated paraffins in sediments from the Pearl River Delta, South China: Spatial and temporal distributions and implication for processes. Environmental Science and Technology, 45(23): 9936-9943.

Choy E S, Kimpe L E, Mallory M L, Smol J P, Blais J M. 2010. Contamination of an Arctic terrestrial food web with marine-derived POPs transported by breeding seabirds. Environmental Pollution, 158(11): 3431-3438.

Cooley H, Fisk A, Wiens S, Tomy G, Evans R, Muir D. 2001. Examination of the behavior and liver and thyroid histology of juvenile rainbow trout (*Oncorhynchus mykiss*) exposed to high dietary concentrations of C_{10}-, C_{11}-, C_{12}-and C_{14}-polychlorinated *n*-alkanes. Aquatic Toxicology, 54(1): 81-99.

de Boer C. 2010. Chlorinated paraffins. Springer.

Drouillard K G, Hiebert T, Tran P, Tomy G T, Muir D C, Friesen K J. 1998a. Estimating the aqueous solubilities of individual chlorinated *n*-alkanes (C_{10}–C_{12}) from measurements of chlorinated alkane mixtures. Environmental Toxicology and Chemistry, 17(7): 1261-1267.

Drouillard K G, Tomy G T, Muir D C, Friesen K J. 1998b. Volatility of chlorinated *n*-alkanes (C_{10}–C_{12}): Vapor pressures and Henry's law constants. Environmental Toxicology and Chemistry, 17(7): 1252-1260.

Evenset A, Carroll J, Christensen G N, Kallenborn R, Gregor D, Gabrielsen G W. 2007. Seabird guano is an efficient conveyer of persistent organic pollutants (POPs) to Arctic Lake ecosystems Environmental Science and Technology, 41(4): 1173-1179.

Feo M, Eljarrat E, Barcelo D, Barceló D. 2009. Occurrence, fate and analysis of polychlorinated *n*-alkanes in the environment. Trends in Analytical Chemistry, 28(6): 778-791.

Filyk G, Lander L, Eggleton M. 2002. Short chain chlorinated paraffins (SCCP) substance dossier (final draft II). Techniacl Report. Environment Canada.

Fisk A T, Norstrom R J, Cymbalisty C D, Muir D C. 1998. Dietary accumulation and depuration of hydrophobic organochlorines: Bioaccumulation parameters and their relationship with the octanol/water partition coefficient. Environmental Toxicology and Chemistry, 17(5): 951-961.

Gandolfi F, Malleret L, Sergent M, Doumenq P. 2015. Parameters optimization using experimental design for headspace solid phase micro-extraction analysis of short-chain chlorinated paraffins in waters under the European water framework directive. Journal of Chromatography A, 1406: 59-67.

Geng N, Zhang H, Xing L, Gao Y, Zhang B, Wang F, Ren X, Chen J. 2016. Toxicokinetics of short-chain chlorinated paraffins in Sprague–Dawley rats following single oral administration. Chemosphere, 145: 106-111.

Geng N, Zhang H, Zhang B, Wu P, Wang F, Yu Z, Chen J. 2015. Effects of short-chain chlorinated paraffins exposure on the viability and metabolism of human hepatoma HepG2 Cells. Environmental Science and Technology, 49(5): 3076-3083.

Hilger B, Fromme H, Völkel W, Coelhan M. 2011. Effects of chain length, chlorination degree, and structure on the octanol-water partition coefficients of polychlorinated *n*-alkanes. Environmental Science and Technology, 45(7): 2842-2849.

Hong S H, Shim W J, Han G M, Ha S Y, Jang M, Rani M, Hong S, Yeo G Y. 2014. Levels and profiles of persistent organic pollutants in resident and migratory birds from an urbanized coastal region of South Korea. Science of the Total Environment, 470-471: 1463-1470.

Houde M, Muir D C, Tomy G T, Whittle D M, Teixeira C, Moore S. 2008. Bioaccumulation and trophic magnification of short-and medium-chain chlorinated paraffins in food webs from Lake Ontario and Lake Michigan. Environmental Science and Technology, 42(10): 3893-3899.

Iino F, Takasuga T, Senthilkumar K, Nakamura N, Nakanishi J. 2005. Risk assessment of short-chain chlorinated paraffins in Japan based on the first market basket study and species sensitivity distributions. Environmental Science and Technology, 39(3): 859-866.

Iozza S, Müller C E, Schmid P, Bogdal C, Oehme M. 2008. Historical profiles of chlorinated paraffins and polychlorinated biphenyls in a dated sediment core from Lake Thun (Switzerland). Environmental Science and Technology, 42(4): 1045-1050.

Kannan K, Nakata H, Stafford R, Masson G R, Tanabe S, Giesy J P. 1998. Bioaccumulation and toxic potential of extremely hydrophobic polychlorinated biphenyl congeners in biota collected at a superfund site contaminated with Aroclor 1268. Environmental Science and Technology, 32(9): 1214-1221.

Lahaniatis M R, Coelhan M, Parlar H. 2000. Clean-up and quantification of short and medium chain polychlorinated *n*-alkanes in fish, fish oil and fish feed. Organohalogen Compounds, 47: 276-279.

Li Z R, Luo X J, Huang L Q, Mai B X. 2016. In ovo uptake, metabolism, and tissue-specific distribution of chiral PCBs and PBDEs in developing chicken embryos. Scientific Report. 6.

Luo X J, Zhang X L, Liu J, Wu J P, Luo Y, Chen S J, Mai B X, Yang Z Y. 2009a. Persistent halogenated compounds in waterbirds from an e-waste recycling region in South China. Environmental Science and Technology, 43(2): 306-311.

Luo Y, Luo X J, Lin Z, Chen S J, Liu J, Mai B X, Yang Z Y. 2009b. Polybrominated diphenyl ethers in road and farmland soils from an e-waste recycling region in southern China: Concentrations, source profiles, and potential dispersion and deposition. Science of the Total Environment, 407: 1105-1113.

Ma X, Zhang H, Wang Z, Yao Z, Chen J, Chen J. 2014a. Bioaccumulation and trophic transfer of short chain chlorinated paraffins in a marine food web from the Liaodong Bay, North China. Environmental Science and Technology, 48: 5964-5971.

Ma X, Chen C, Zhang H, Gao Y, Wang Z, Yao Z, Chen J, Chen J. 2014b. Congener-specific distribution and bioaccumulation of short-chain chlorinated paraffins in sediments and bivalves of the Bohai Sea, China. Marine Pollution Bulletin, 79(1): 299-304.

MacRinnon J, Phillipps K, He F Q. 2000. 中国鸟类野外手册. 卢何芬择. 长沙: 湖南教育出版社.

Meylan W M, Howard P H, Boethling R S, 1999. Aronson D, Printup H, Gouchie S. Improved method for estimating bioconcentration/bioaccumulation factor from octanol/water partition coefficient. Environmental Toxicology and Chemistry, 18(4), 664-672.

Morales L, Martrat M G, Olmos J, Parera J, Vicente J, Bertolero A, Ábalos M, Lacorte S, Santos F J, Abadm E. 2012. Persistent organic pollutants in gull eggs of two species (*Larus michahellis* and *Larus audouinii*) from the Ebro delta Natural Park. Chemosphere, 88: 1306-1316.

Muir D, Tomy G, Teixeira C, Wilkinson B, Bennie D, Stern G, Whittle D. 2001. Accumulation of short chain chlorinated paraffins in water, sediments and fish from Lake Ontario. Abstracts from the 44 th Conference on Great Lakes Research, June 10-14, 2001. Great Lakes Science: Making it Relevant. 97, 98.

Naso B, Perrone D, Ferrante M C, Zaccaroni A, Lucisano A. 2003. Persistent organochlorine pollutants in liver of birds of different trophic levels from coastal areas of Campania, Italy. Archives of Environmental Contamination and Toxicology, 45: 407-414.

Nicholls C, Allchin C, Law R. 2001. Levels of short and medium chain length polychlorinated *n*-alkanes in environmental samples from selected industrial areas in England and Wales. Environmental Pollution, 114(3): 415-430.

Noble R C, Cocchi M. 1990. Lipid-metabolism and the neonatal chicken. Progress in Lipid Research, 29: 107-140.

Reth M, Ciric A, Christensen G N, Heimstad E S, Oehme M. 2006. Short-and medium-chain chlorinated paraffins in biota from the European Arctic—Differences in homologue group patterns. Science of the Total Environment, 367(1): 252-260.

Reth M, Zencak Z, Oehme M. 2005. New quantification procedure for the analysis of chlorinated paraffins using electron capture negative ionization mass spectrometry. Journal of Chromatography A, 1081(2): 225-231.

Strid A, Bruhn C, Sverko E, Svavarsson J, Tomy G, Bergman Å. 2013. Brominated and chlorinated flame retardants in liver of Greenland shark (*Somniosus microcephalus*). Chemosphere, 91(2): 222-228.

Sun R, Luo X, Tang B, Li Z, Huang L, Wang T, Mai B. 2016. Short-chain chlorinated paraffins in marine organisms from the Pearl River Estuary in South China: Residue levels and interspecies differences. Science of the Total Environment, 553: 196-203.

Sun Y X, Luo X J, Mo L, Zhang Q, Wu J P, Chen S J, Zou F S, Mai B X. 2012. Brominated flame retardants in three terrestrial passerine birds from South China: Geographical pattern and implication for potential sources. Environmental Pollution, 162(5): 381-388.

Thompson R, Noble H. 2007. Short-chain chlorinated paraffins (C_{10}-C_{13}, 65% chlorinated): Aerobic and anaerobic transformation in marine and freshwater sediment systems. Draft Report No BL8405/B. Brixham Environmental Laboratory, AstraZeneca UK Limited.

Thompson R, Vaughan M. 2014. Medium-chain chlorinated paraffins (MCCPs): A review of bioaccumulation potential in the aquatic environment. Integrated Environmental Assessment and Management, 10(1): 78-86.

Tomy G T, Stern G A, Muir D C, Fisk A T, Cymbalisty C D, Westmore J B. 1997. Quantifying C_{10}-C_{13} polychloroalkanes in environmental samples by high-resolution gas chromatography/electron capture negative ion high-resolution mass spectrometry. Analytical Chemistry, 69(14): 2762-2771.

Tomy G, Stern G, Lockhart W, Muir D. 1999. Occurrence of C_{10}-C_{13} polychlorinated *n*-alkanes in Canadian midlatitude and arctic lake sediments. Environmental Science and Technology, 33(17): 2858-2863.

Tomy G, Fisk A, Westmore J, Muir D. 1998. Environmental chemistry and toxicology of polychlorinated *n*-alkanes. *In*: Ware G W. Reviews of environment contamination and toxicology. New York: Springer, 53-128.

UNEP. 2015a. Report of the Persistent Organic Pollutants Review Committee UNEP/ POPS/POPRC. 11/10. United Nations Environmental Programme Stockholm Convention on Persistent Organic Pollutants, Rome.

UNEP. 2015b. Short-chained chlorinated paraffins: Risk profile UNEP/POPS/POPRC. 11/10/Add.2. United Nations Stockholm Convention on Persistent Organic Pollutants, Rome.

van Mourik L M, Leonards P E G, Gaus C, de Boer J. 2015. Recent developments in capabilities for analysing chlorinated paraffins in environmental matrices: A review. Chemosphere, 136: 259-272.

Warnasuriya G D, Elcombe B M, Foster J R, Elcombe C R. 2010. A mechanism for the induction of renal tumours in male Fischer 344 rats by short-chain chlorinated paraffins. Archives of Toxicology, 84(3): 233-243.

WHO. 1996. Environmental health criteria 181-Chlorinated paraffins. WHO, Geneva, Switzerland.

Wu J P, Luo X J, Zhang Y, Yu M, Chen S J, Mai B X, Yang Z Y. 2009. Biomagnification of polybrominated diphenyl ethers (PBDEs) and polychlorinated biphenyls in a highly contaminated freshwater food web from South China. Environmental Pollution, 157(3): 904-909.

Zencak Z, Oehme M. 2006. Recent developments in the analysis of chlorinated paraffins. Trends in Analytical Chemistry, 25(4): 310-317.

Zeng L, Lam J C, Wang Y, Jiang G, Lam P K. 2015. Temporal trends and pattern changes of short-and Medium-chain chlorinated paraffins in marine mammals from the South China Sea over the past decade. Environmental Science and Technology, 49(19): 11348-11355.

Zeng L, Wang T, Wang P, Liu Q, Han S, Yuan B, Zhu N, Wang Y, Jiang G. 2011. Distribution and trophic transfer of short-chain chlorinated paraffins in an aquatic ecosystem receiving effluents from a sewage treatment plant. Environmental Science and Technology, 45(13): 5529-5535.

Zheng X B, Luo X J, Zeng Y H, Wu J P, Chen S J, Mai B X. 2014. Halogenated flame retardants during egg formation and chicken embryo development: Maternal transfer, possible biotransformation, and tissue distribution. Environmental Toxicology and Chemistry, 33(8): 1712-1719.

索　引

B

八溴联苯醚　97
胞饮作用　19
被动吸收　49
被动转运　19
表观溶解态浓度　25
表观生物放大系数　121

C

长链氯化石蜡　302
肠道吸收效率　258
超氧化物歧化酶（SOD）活性　76
沉降作用　46
持久性有机污染物　2
穿透实验　54

D

大容量空气总悬浮颗粒采样器　52
得克隆　254
滴滴涕　1
冬候鸟　321
动态分布　262
短链氯化石蜡　302
对映异构体　217
多氯联苯　2
多溴联苯醚　2, 96

E

蒽酮比色法测定　77
二噁英　2

F

反式异构体的相对含量　260

范德华力　21
非竞争性抑制　24
非职业暴露　291
分蘖数　78
分析仪–稳定同位素比率质谱仪　104
分子连接性指数　35
分子平均最大直径　8
分子有效截面直径　8
粪便检测　198

G

肝肠循环　21
高产量化学品　255
根部活性　79
根–茎传递因子　87
过氧化物酶（POD）活性　76

J

机理模型　33, 36
基准值　7
简单扩散　19
鉴定食丸　198
鉴定胃容物　198
结构–活性关系　110
结构–活性关系模型　33
经济合作与发展组织　25
经验模型　33
茎–叶传递因子　87, 88
竞争性抑制　24

K

克劳修斯–克拉珀龙（Clausius-Clapeyron）

方程　56
跨膜转运　18
跨细胞上皮电阻　9
昆虫食性　322

L

离子结合　21
两室模型　47
量子化学描述符　35
留鸟　321
六氯环己烷　2
六溴环十二烷　217
录像研究　198
氯化石蜡　301
滤过　19

M

酶的抑制作用　24
酶的诱导效应　24
模拟研究　7
模型模拟　7

N

内消旋体　218
奈斯勒试剂测定　77
浓度–年龄依赖性　295

P

排泄　18, 20
片段常数法　35
平衡分配气沉降　45
评判指标　7

Q

气沉降　46
氢键　21
全氟辛烷磺酸类　2
雀形目留鸟　188

S

森林过滤效应　63
生理毒代动力学模型　37
生理放大　4
生物–沉积物富集因子　310
生物参数指标　266
生物代谢　6, 22
生物放大　4
生物放大机理　28
生物放大因子　4, 205
生物富集　3
生物富集动力学方程　26
生物富集过程　4
生物富集模型　33
生物富集因子　4, 310
生物可利用性　6
生物累积　3
生物浓缩　3, 24
生物浓缩经验模型　310
生物浓缩因子　3
生物吸收　18
生物稀释　4
生物蓄积　3
湿重浓度　25
十二烷基硫酸钠–聚丙烯酰胺凝胶电泳法　76
十氯酮　2
十溴联苯醚　97
食物链放大　4
食物链放大因子　4, 315
食物链稀释　316
食物链依赖性　207
食物网构成　199
食性分析　198
食性观察　199
手性分异　238

手性异构体分数　218

疏水性模型　33

束颈法　198

四溴环十二碳二烯　222

速率常数模型　37

T

胎盘屏障　22

特殊转运　19

梯度洗脱　221

同时法　27

土壤–根部富集因子　85

吞噬作用　19

W

稳定氮同位素　32

稳定碳同位素分析　102

五溴环十二碳烯　222

五溴联苯醚　97

物种特异性　207

X

吸附/解吸　6

吸附机制　58

吸收　18

吸收机制　58

吸收及清除动力学　260

吸收效率　225

细胞色素 P450 酶系　23

相平衡分配理论　5

硝酸还原酶　77

辛醇/空气分配系数　11

辛醇/水分配系数　8

性别差异　296

序贯法　26

血脑屏障　22, 183

Y

野外监测　7

叶片单位面积质量比　76

液–液萃取　53

一室模型　47

异构化作用　228

易化扩散　19

逸度　4, 117

逸度模型　37

逸度容量　29

逸度速率常数　38

营养级富集因子　32

有机氯农药　2

有机碳归一化的分配系数　50

Z

杂食性　322

蒸腾流浓缩因子　51

脂肪车间　182

脂肪归一化浓度　25

直接观察　198

职业暴露　291

植食性鸟体　322

植物大气分配系数　71

植物根系吸收机制　49

植物叶面吸收机制　47

中链氯化石蜡　302

主动吸收　49

主动转运　19

自由溶解态浓度　25

组织分布　21

组织分配　6

其他

anti-Cl$_{10}$-DP　258

anti-Cl$_{11}$-DP　258

C 鱼粪/C 鱼食　258

DDT　1

DP 立体异构体选择性富集行为　271

HBCDs 的单羟基代谢产物　233

NIH 迁移　112

OECD TG 305　26

PBDEs 的甲氧基化　110

PBT 物质　2

RoHS 指令　98

Rubisco 酶粗提液　76

SCCPs 的组成特征　324

syn-Cl$_{11}$-DP　258

1,2-迁移　112

I 相反应　22

II 相反应　23